“十三五”江苏省高等学校重点教材(编号2017-1-091)
高等职业教育“十三五”规划教材
机电专业系列

自动化生产线安装与调试

主　编　李爱民　范学慧
副主编　黄继战　李姗姗　张广超

扫码加入读者圈 轻松解决重难点

南京大学出版社

FOREWORD 前言

自动化生产线系统已经广泛应用于许多生产领域。本书以自动化生产线实训系统为主要对象，详细介绍了机电一体化专业中的PLC、触摸屏、气动、液压、传感器、电机驱动与控制等多种技术，使这些知识真正融合在一起，应用于生产实践，适合相关专业学生进行工程实践、课程设计及工程技术人员进行培训等。

本书由五部分组成：第一部分是认知自动化生产线，主要是对典型自动化生产线进行介绍；第二部分是自动化生产线各单元安装与调试，主要针对自动化生产线各单元的机械装配、电路设计、程序的编写与调试等问题进行讲述；第三部分是自动化生产线整机控制，主要讲解如何实现自动化生产线的整体协调工作；第四部分是自动化生产线人机界面设计与调试，主要讲解如何实现对自动化生产线的监视和控制；第五部分讲述工业机器人和柔性生产线的应用。

本书的编写以项目单元为载体，注重提高读者综合运用技术的能力。本书内容贴近生产实际，运用边学边做的方式，能使读者较快地掌握相应的技能。

由于编者水平有限，书中难免有不当之处，真诚希望广大读者批评指正。

编　者

2019年6月

CONTENTS 目录

项目1 认知自动化生产线

学习目标

(1) 了解自动化生产线的工作流程。

(2) 了解自动化生产线的核心技术。

(3) 掌握自动化生产线的操作方法。

任务1.1 了解自动化生产线及应用

自动化生产线是在流水线的基础上逐渐发展起来的。它不仅要求线体上各种机械加工装置能自动地完成预定的各道工序及工艺过程，使制品成为合格的产品，而且要求装卸工件、定位夹紧、工件在工序间的输送、工件的分拣甚至包装等都能自动地进行。使其按照规定的程序自动地进行工作。我们称这种自动工作的机械、电气一体化系统为自动化生产线(简称自动线)。

自动化生产线的任务就是为了实现自动生产，如何才能达到这一要求呢?

自动化生产线综合应用机械技术、控制技术、传感技术、网络技术等，通过一些辅助装置按工艺顺序将各种机械加工装置连成一体，并控制液压、气动和电气系统，将各个部分动作联系起来，完成预定的生产加工任务。

1. 自动线的组成

自动线是在生产流水线的基础上，配以必要的自动检测、控制、调整补偿装置及自动供送料装置，使物品在无须人工直接参与操作的情况下自动完成送料、生产的全过程，并取得各机组间的平衡协调。

自动线除了具有生产流水线的一般特征外，还具有更严格的生产节奏和协调性。它主要由自动生产机械、运输储存装置和自动控制系统三大部分组成，如图1-1所示。

其中，自动生产机械是最基本的工艺设备，而运输储存装置是必要的辅助装置。它们都依靠自动控制系统来完成确定的工作循环。所以，运输储存装置和自动控制系统是区别流水线和自动线的重要标志。当今出现的自动线，逐渐采用了系统论、信息论、控制论和智能论等现代工程基础科学，并应用各种新技术来检测生产质量和控制生产工艺过程的各环节。

自动线的建立已为产品生产过程的连续化、高速化奠定了基础。今后的工业生产不但

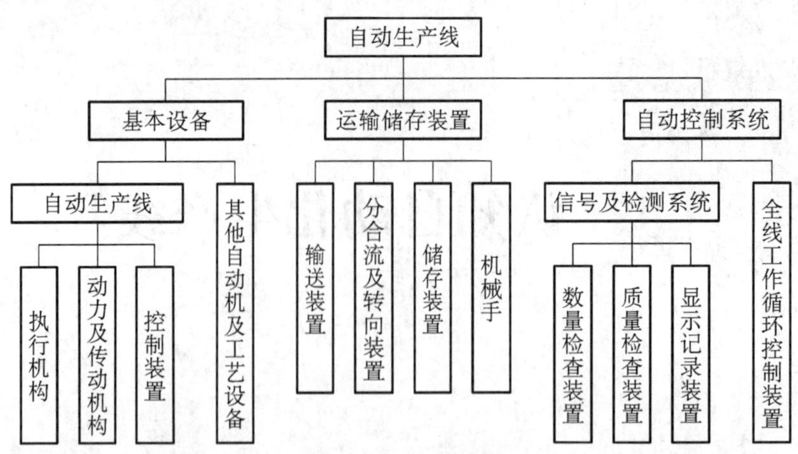

图 1-1　自动线的组成

要求有更多不同产品和规格的自动线，而且还要实现产品生产过程的综合自动化，即向自动化生产车间和自动化生产工厂的方向发展。

2. 自动线的分类

自动线有许多不同的类型，从自动线的结构特点出发，可将自动线从以下两方面进行分类：

(1) 按所用工艺设备类型进行分类。

① 通用机床自动线：这类自动线多数是在流水线的基础上，利用现有通用机床进行自动化改装后构成的。

② 专用机床自动线：这类自动线所采用的工艺设备以专用自动机床为主。

③ 组合机床自动线：这类自动线是用组合机床连成的，在大批量生产中得到了普遍的应用。

(2) 根据自动线中有无储料装置进行分类。

① 刚性连接的自动线：在这类自动线中没有储料装置，机床按照工艺顺序依次排列，工件由输送装置强制性地从一个工位移送到下一个工位，直到加工完毕。这种自动线越长，因故障而停歇的时间损失就越大。

② 柔性连接的自动线：在这类自动线中设有必要的储料装置，根据实际需要可以在每台机床之间设置储料装置，也可以相隔若干台机床设置储料装置，将自动线分为若干工段。这样，当某一台机床因故障停歇时，其余的机床可以在一定的时间内继续工作，或当前后相邻两台机床的生产节拍相差较大时，储料装置可以在一定时间内起调节平衡的作用，不致使工作节拍短的机床总要停下来等候。

③ 半刚半柔自动线：根据工作需要，可以结合上面两种生产线的优点，适当布置设备。在两台容易出现故障的设备之间安置储料装置，而在不容易出现故障的设备之间采用刚性连接方式。

任务 1.2　认识典型自动化生产线

如图 1-2 所示是以工业生产中的自动化装配生产线为原型开发的实训综合应用平台。

系统控制过程中除涵盖多种基本控制方法外，还凸现组态控制、工业总线、电脑视觉、实时监控等先进技术，为培养现代化应用型人才创设了完整、灵活、模块化、易扩展的理想工业场景。

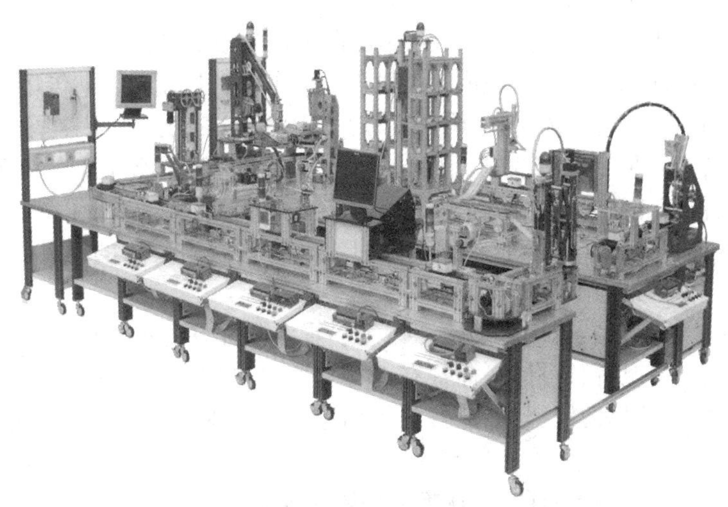

图1-2　自动化装配生产线实训综合应用平台

为便于协调整个生产线的全程控制，系统设置了一个主站总控制台，主站总控制台是整个装配生产线连续运行的指挥调度中心，其主要功能是实现全程运行的总体控制，完成全系统的通信连接等。装配生产线示意图如图1-3所示。

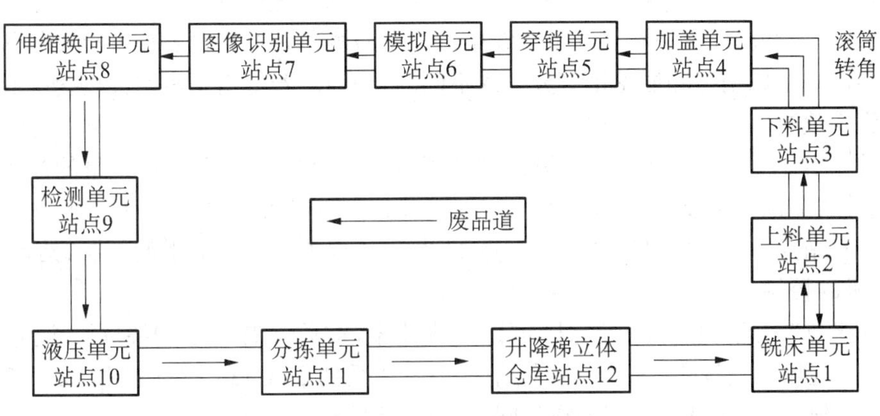

图1-3　连续生产线示意图

整个系统主要由12个从站点组成，每个从站单元完成特定的工作任务，以装配、检验、分拣、入库的方式顺序完成各种装配操作和物流处理过程。各单元的主要功能如下所述。

(1) 铣床单元(站点1)：本站有工件时，进行自动卡紧和铣削加工。

(2) 上料单元(站点2)：根据工件的位置情况，从料槽中抓取装配主体送入数控铣床单元或将铣床单元加工后的产品转送下料单元。

(3) 下料单元(站点3)：将前站送入本单元下料仓的工件主体，通过直流电机驱动间歇机构带动同步齿形带使之下落，工件主体下落至托盘后经传送带向下站传送。

(4) 加盖单元(站点 4):通过直流电机带动蜗轮蜗杆,经减速电机驱动摆臂将上盖装配至工件主体,完成装配后工件随托盘向下站传送。

(5) 穿销单元(站点 5):通过旋转推筒推送销钉的方法,完成工件主体与上盖的实体连接装配,完成装配后的工件随托盘向下站传送。

(6) 模拟单元(站点 6):本站增加了由模拟量控制的 PLC 特殊功能模块,以实现对完成装配的工件进行模拟喷漆和烘干,完成喷漆烘干后的工件随托盘向下站传送。

(7) 图像识别单元(站点 7):运用电脑识别技术将前站传送来的工件进行数字化处理(通过图形摄取装置采集工件的当前画面与原设置结果进行比较),并将其判定结果输出。经检验处理后工件随托盘向下站传送。

(8) 伸缩换向单元(站点 8):将前站传送过来的托盘及组装好的工件经换向、提升、旋转、下落后伸送至传送带向下站传送。

(9) 检测单元(站点 9):运用各类检测传感装置对装配好的工件成品进行全面检测(包括上盖、销钉的装配情况,销钉材质、标签有无等),并将检测结果送至 PLC 进行处理,以此作为后续站控制方式选择的依据(如分拣站依标签有无判别正、次品;仓库站依销钉材质确定库位)。

(10) 液压单元(站点 10):通过液压换向回路实现对工件的盖章操作,完成对托盘进件、出件后再经 90°旋转换向送至下一单元。

(11) 分拣单元(站点 11):根据检测单元的检测结果(标签有无),采用气动机械手对工件进行分类,合格产品随托盘进入下一站入库;不合格产品进入废品线,空托盘向下站传送。

(12) 升降梯立体仓库(站点 12):本站由升降梯与立体仓库两部分组成,可进行两个不同生产线的入库和出库。在本装配生产线中可根据检测单元对销钉材质的检测结果将工件进行分类入库(金属销钉和尼龙销钉分别入不同的仓库)。若传送至本单元的为分拣后的空托盘,则将其放行。

综上所述,站点 1、2、3、4、5 主要完成顺序逻辑控制;站点 6 实现对模拟量的控制;站点 7 引入了先进的图像识别技术;站点 9 综合了激光发射器、电感式、电容式、色彩标志等多种传感器的应用,站点 10 为液压传动控制、站点 11 突出体现了气动机械手的控制,站点 12 则实现步进电机的控制。

在装配生产线运行中各个站点既可以自成体系,彼此又有一定的关联。为此,采用了 PROFIBUS 现场总线技术,通过 1 个主站(S7-300 系列 PLC)和 12 个从站(S7-200 系列 PLC)组成系统,实现主从站之间的通信联系,控制系统组成框图如图 1-4 所示。

在主站总控制台的上位计算机上安装有 Wincc 组态监控软件,Wincc 所创建的监控功能可通过动画组件对各单元的工作情况进行实时模拟,为操作人员提供系统运行的相关信息,实现对装配生产线的全程监控。

本系统涉及现场所需的诸多综合技术应用,如:机械传动技术、电气控制技术、气动与液压技术、传感器的应用、PLC 控制技术、过程控制技术和现代化生产中的组态控制、工业总线、电脑视觉、实时监控等技术。

在完成项目时应由易到难,逐步深入,可从单站控制入手。完成单站控制的步骤如图 1-5所示。

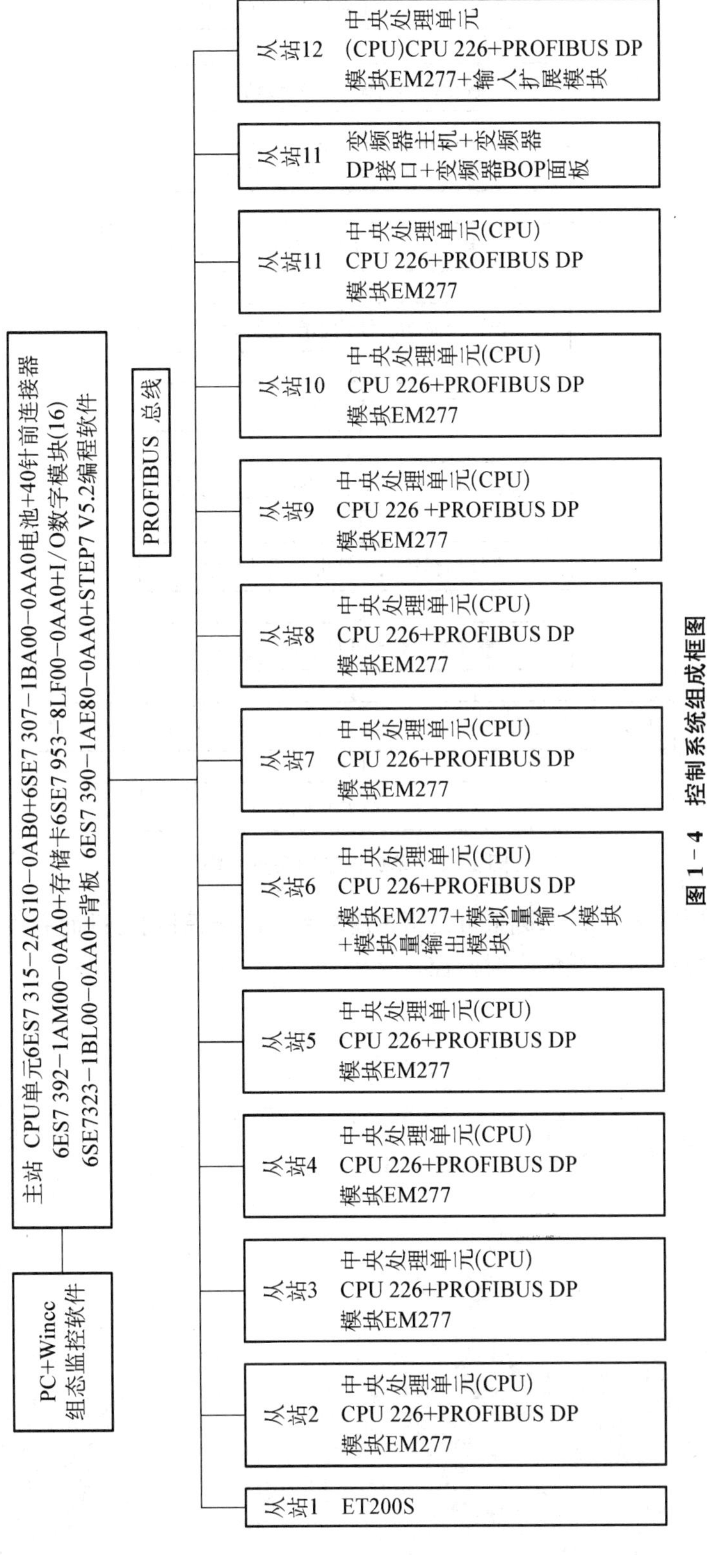

图1-4　控制系统组成框图

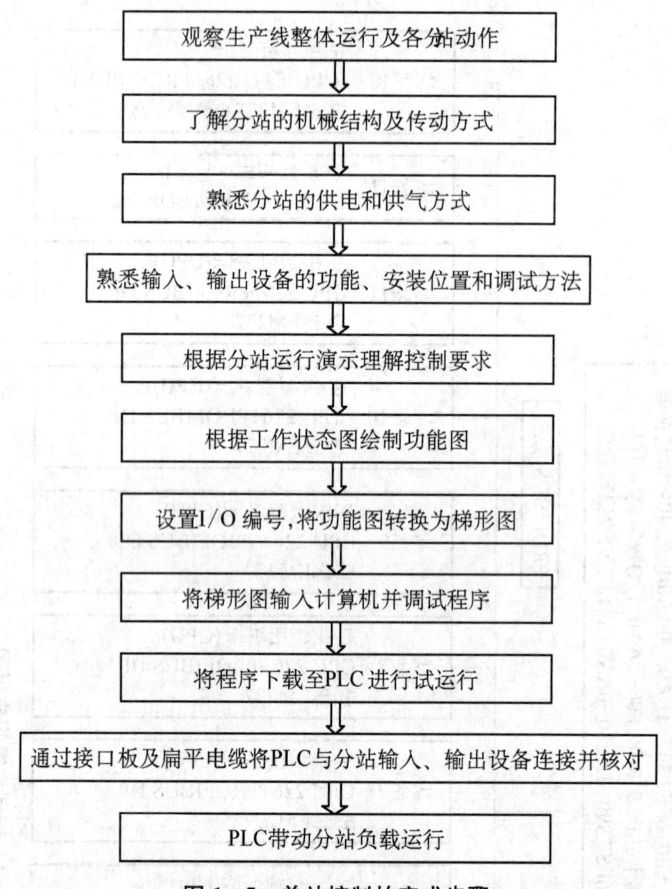

图 1-5 单站控制的完成步骤

在每一站点单元控制的基础上可以再扩展为系统的全程控制,进而完成 PROFIBUS 现场总线控制和对整个生产线的实时监控。

项目 2　自动化生产线各单元安装与调试

本自动化生产线配置了 12 个站，每个站可以自成体系独立运行，又可以任意组合应用，这体现了 PLC 核心技术在不同的工作环境下、不同的应用领域下、不同的应用时效下的应用。通过 PLC 核心技术在不同工作环境下的反复应用，反映了它在机电控制领域的核心地位，体现了 PLC 核心技术与教学环境一体化课程建设思路。

学习目标

(1) 能在规定时间内完成自动化生产线各站的安装和调试；

(2) 能根据控制要求进行各站控制程序的设计和调试；

(3) 能解决自动化生产线的安装与在运行过程中出现的常见问题。

训练模式

3 人一组分工协作，完成对生产线中 12 个分站的安装、调试等工作。

为了达到训练目的，现在就从上料单元开始吧。

任务 2.1　上料单元安装与调试

学习目标

(1) 掌握本单元的结构组成、功能及安装，了解本单元的工作过程。

(2) 了解传感器的功能和在上料单元中的作用。

(3) 掌握步进电机的功能和在上料单元中的使用。

(4) 掌握气动原理图、电气原理图和电气接线的方法。

(5) 掌握用 PLC 控制上料单元的工作过程并编写程序。

任务描述

学生根据控制要求，选择所需元器件和工具，绘制气动原理图，绘制电路图，熟悉 I/O 分配，编写程序并调试，完成上料单元的工作过程。

2.1.1 认识上料单元

上料单元是整个装配生产线的起点，该单元的主要功能是根据不同的控制要求从料槽中抓取装配主体送入数控铣床单元或将铣床单元加工后的产品转送到下料单元。

本单元的主体结构组成如图 2-1 所示，包括扬臂同步带传动机构，旋转行星齿轮传动机构、水平移动支架及其齿轮齿条传动机构、托盘直线传送单元、托盘转向从动单元、轨道等。

图 2-1 工件主体上料单元

2.1.2 相关知识：步进电机认知及应用

步进电动机是一种把电脉冲信号转换成机械角位移的控制电机，每输入一个电脉冲，电机就会旋转一定的角度，其常作为数字控制系统中的执行元件。

一、步进电机的工作原理

三相步进电机的工作方式可分为：三相单三拍、三相单双六拍、三相双三拍等。

1. 三相单三拍

"三相"指定子绕组有 3 组；"单"指每次只能一相绕组通电；"三拍"指通电三次完成一个通电循环。如图 2-2 所示。

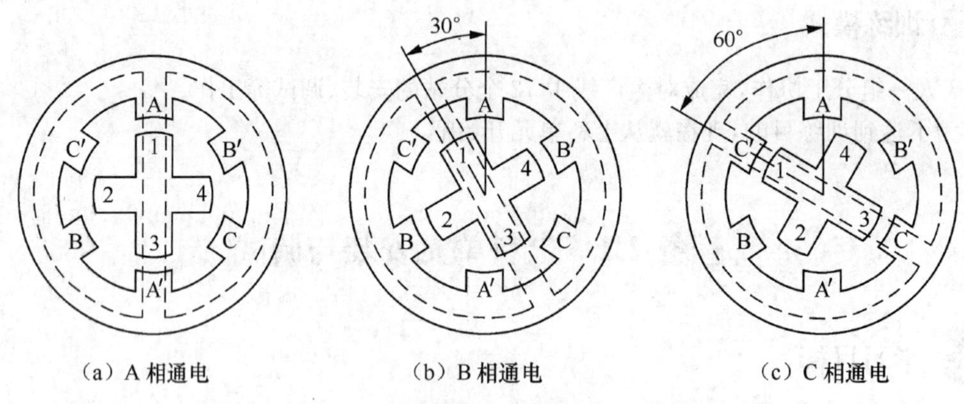

(a) A 相通电　(b) B 相通电　(c) C 相通电

图 2-2 三相单三拍步进电机工作原理

当 A 相定子绕组通电，其余两相均不通电，电机内建立以定子 A 相极为轴线的磁场。由于磁通具有力图走磁阻最小路径的特点，使转子齿 1、3 的轴线与定子 A 相极轴线对齐，如图 2-2(a)所示。若 A 相定子绕组断电、B 相定子绕组通电时，转子在转矩的作用下，逆时针转过 30°，使转子齿 2、4 的轴线与定子 B 相极轴线对齐，即转子走了一步，如图 2-2(b)所示。若再断开 B 相，使 C 相定子绕组通电，转子顺时针方向又转过 30°，使转子齿 1、3 的轴线与定子 C 相极轴线对齐，如图 2-2(c)所示。如此按 A→B→C→A 的顺序轮流通电，转子就会一步一步地按逆时针方向转动。

这种工作方式，因三相绕组中每次只有一相通电，而且，一个循环周期共包括三个脉冲，所以称三相单三拍。

2. 三相双三拍

"双"是指每次有两相绕组通电，每通入一个电脉冲，转子也是转30°，即步距角为30°。

逆时针旋转：AB→BC→CA→AB；

顺时针旋转：AC→CB→BA→AC。

3. 三相单双六拍

即一相通电接着二相通电间隔地轮流进行，完成一个循环需要经过改变6次通电状态，其步距角为15°。

逆时针旋转：A→AB→B→BC→C→CA→A；

顺时针旋转：A→AC→C→CB→B→BA→A。

二、步进电机的结构

步进电机的外形如图2-3(a)所示，步进电机由转子(转子铁心、永磁体、转轴、滚珠轴承)，定子(绕组、定子铁心)，前后端盖等组成，如图2-3(c)所示。

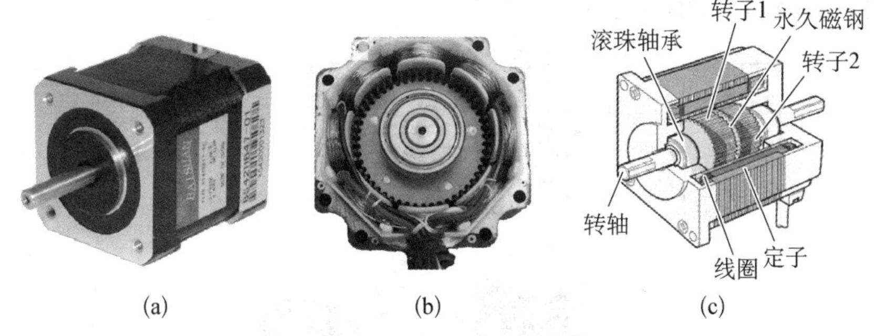

图2-3 步进电机的结构

定子铁心：定子铁心为凸极结构，由硅钢片叠压而成。在面向气隙的定子铁心表面有齿距相等的小齿。

定子绕组：定子每极上套有一个集中绕组，相对两极的绕组串联构成一相。步进电动机可以做成二相、三相、四相、五相、六相、八相等。

转子：转子上只有齿槽没有绕组，系统工作要求不同，转子齿数也不同。

三、步进电机的重要参数

1. 步距角

步进电机每接收一个步进脉冲信号，电机就旋转一定的角度，该角度称为步距角θ。

$$\theta=\frac{360^\circ}{ZKm}$$

式中，Z为转子齿数；K为通电系数，当前后通电相数一致时，$K=1$，否则，$K=2$；m为相数。

目前常用的有二相、三相、四相、五相步进电机。电机相数不同，其步距角也不同，一般二相、四相步进电机的步距角为0.9°/1.8°、三相的为3°/1.5°、五相的为0.36°/0.72°。在没有细分驱动器时，用户主要靠选择不同相数的步进电机来满足自己对步距角的要求。如果使用细分驱动器，则“相数”将变得没有意义，用户只需在驱动器上改变细分数，就可以改变步距角。

步进电机的步距角一般为1.8°、0.9°、0.72°、0.36°等。步距角越小，则步进电机的控制精度越高，根据步距角可以控制步进电机行走的精确距离。比如说，步距角为0.72°的步进电机，每旋转一周需要的脉冲数为360/0.72=500脉冲，也就是对步进电机驱动器发出500个脉冲信号，步进电机才旋转一周。

2. 步进电机的速度

步进电机的转速取决于各相定子绕组通入电脉冲的频率，其转速 n 为

$$n=\frac{60f}{KmZ}=\frac{\theta}{6^{\circ}}f\,(\mathrm{r/min})$$

式中，f 为电脉冲的频率，即每秒脉冲数(简称PPS)；Z 为转子齿数；K 为通电系数。

四、步进控制系统的组成

步进控制系统的组成如图2-4所示。

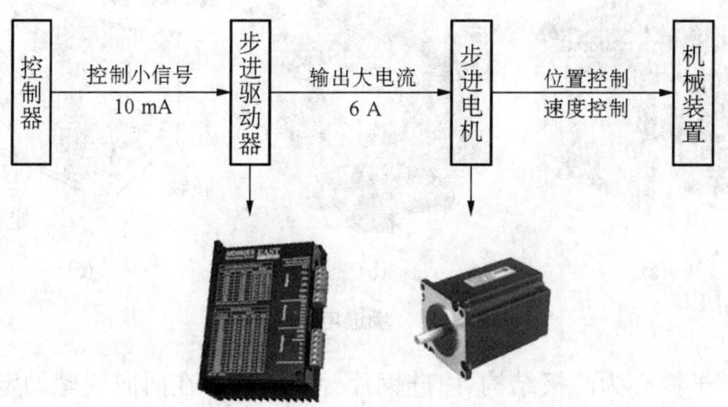

图2-4　步进控制系统的组成

五、西门子PLC的高速脉冲输出PTO

西门子S7-200 PLC提供两个高速脉冲输出点(Q0.0和Q0.1)，用来驱动步进电机和伺服电机，实现对速度和位置的开环控制。

高速脉冲输出有脉冲串输出PTO和脉宽调制输出PWM两种形式。

每个CPU有两个PTO/PWM发生器，一个发生器分配给输出端Q0.0，另一个分配给Q0.1。当Q0.0或Q0.1设定为PTO或PWM功能时，其他操作均失效。不使用PTO/PWM发生器时，Q0.0或Q0.1作为普通输出端子使用。通常在启动PTO或PWM操作之前，用复位R指令将Q0.0或Q0.1清零。

1. 脉冲输出指令PLS

PLS指令用于S7-200 CPU集成点Q0.0和Q0.1的高速脉冲输出，其指令格式及功能如表2-1所示。

表 2-1　PLS 指令格式及功能

梯形图 LAD	语句表 STL		功　能
	操作码	操作数	
PLS EN　ENO Q0.X	PLS	Q0.X	当使能端 EN 有效时，PLC 首先检测脉冲输出为 Q0.X 设置的特殊存储器位，然后激活由特殊存储器位定义的脉冲操作

说明：
(1) 高速脉冲串输出 PTO 和脉宽调制输出 PWM 都由 PLS 指令来激活；
(2) 操作数 X 指定脉冲输出端子，0 为 Q0.0 输出，1 为 Q0.1 输出；
(3) 高速脉冲串输出 PTO 可采用中断方式进行控制，而脉宽调制输出 PWM 只能由指令 PLS 来激活。

2. PLC 控制步进电机

(1) PTO 的认知与 PLS 指令编程。

高速脉冲输出功能在 S7-200 系列 PLC 的 Q0.0 或 Q0.1 输出端产生高速脉冲，用来驱动诸如步进电机一类负载，实现速度和位置控制。

高速脉冲输出有脉冲输出 PTO(如图 2-5)和脉宽调制输出 PWM 两种形式。每个 CPU 有两个 PTO/PWM 发生器，分配给输出端 Q0.0 和 Q0.1。当 Q0.0 或 Q0.1 设定为 PTO 或 PWM 功能时，其他操作均失效。不使用 PTO 或 PWM 发生器时，则作为普通端子使用。通常在启动 PTO 或 PWM 操作之前，用复位指令 R 将 Q0.0 或 Q0.1 清零。

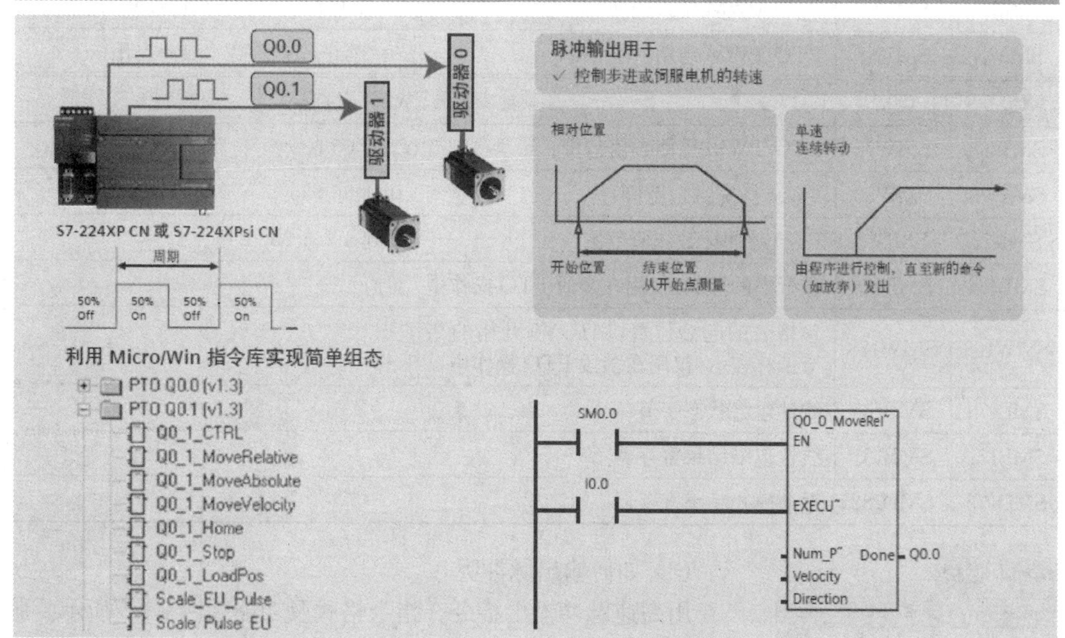

图 2-5　脉冲输出 PTO

由于控制输出为步进电动机负载，所以我们只研究脉冲串输出(PTO)，PTO 功能可以发出方波(占空比 50%)，并可指定输出脉冲的数量和周期时间，脉冲数可指定 1～4 294 967 295。

周期可以设定成以 μs 为单位或以 ms 为单位，设定范围为 50～65 535 μs 或 2～65 535 ms。

(2) 怎样才能控制 Q0.0 呢？

Q0.0 和 Q0.1 输出端子的高速功能输出通过 PTO/PWM 寄存器的不同设置来实现。PTO/PWM 寄存器由 SMB65～SMB85 组成，它们的作用是监视和控制脉冲输出(PTO)和脉宽调制(PWM)功能。各寄存器的字节值和位值的意义如表 2-2 所示。

表 2-2 各寄存器的字节值和位值的意义

Q0.0	Q0.1	状态位		
SM66.4	SM76.4	PTO 包络被中止(增量计算错误)：	0=无错	0=中止
SM66.5	SM76.5	由于用户中止了 PTO 包络：	0=不中止	1=中止
SM66.6	SM76.6	PTO/PWM 管线上溢/下溢	0=无上溢	1=溢出/下溢
SM66.7	SM76.7	PTO 空闲	0=在进程中	1=PTO 空间
Q0.0	Q0.1	控制字节		
SM67.0	SM77.0	PTO/PWM 更新周期：	0=无更新	1=更新周期
SM67.1	SM77.1	PWM 更新脉宽时间：	0=无更新	1=更新脉宽
SM67.2	SM77.2	PTO 更新脉冲计数值：	0=无更新	1=更新脉冲计数
SM67.3	SM77.3	PTO/PWM 时间基准：	0=1 μs/刻度	1=1 ms/刻度
SM67.4	SM77.4	PWM 更新方法：	0=异步	1=同步
SM67.5	SM77.5	PTO 单个/多个段操作：	0=单个	1=多个
SM67.6	SM77.6	PTO/PWM 模式选择	0=PTO	1=PWM
SM67.7	SM77.7	PTO/PWM 启用：	0=禁止	1=启用
Q0.0	Q0.1	其他 PTO/PWM 寄存器		
SMW68	SMW78	PTO/PWM 周期数值范围：	2 到 65 535	
SMW70	SMW80	PWM 脉宽数值范围：	0 到 65 535	
SMD72	SMD82	PTO 脉冲计数数值范围：	1 到 4 294 967 295	
SMB166	SMB176	进行中的段数(仅用在多段 PTO 操作中)		
SMW168	SMW178	包络表的起始位置，用从 V0 开始的字节偏移表示(仅用在多段 PTO 操作中)		
SMB170	SMB180	线性包络状态字节		
SMB171	SMB181	线性包络结果寄存器		
SMD172	SMD182	手动模式频率寄存器		

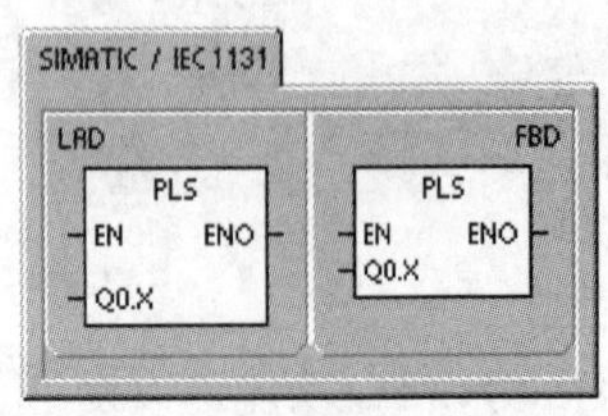

图 2-6 高速脉冲输出指令

(3) 如何输出脉冲呢。

用高速脉冲输出指令。指令格式及功能如图 2-6 所示。脉冲输出指令(PLS)用于在高速输出(Q0.0 和 Q0.1)上控制脉冲串输出(PTO)和脉宽调制(PWM)功能。

3. 开环位控信息简介

为了简化用户应用程序中位控功能的使用，STEP7-Micro/

WIN 提供的位控向导可以帮助用户在几分钟内全部完成 PTO、PWM 或位控模块的组态。向导可以生成位置指令，用户可以用这些指令在其应用程序中为速度和位置提供动态控制。

开环位控用于步进电动机的基本信息借助位控向导组态 PTO 输出时，需要用户提供一些基本信息，逐项介绍如下：

(1) 最大速度(MAX_SPEED)和启动/停止速度(SS_SPEED)，图示 2－7 是这两个概念的示意图。

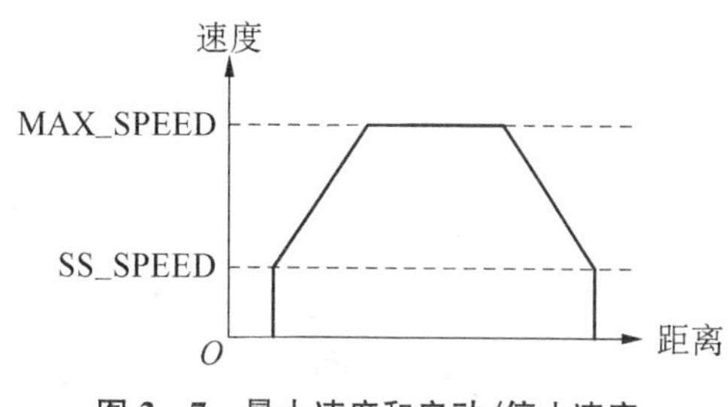

图 2－7　最大速度和启动/停止速度

MAX_SPEED 是允许的操作速度的最大值，它应在电动机转矩能力的范围内。驱动负载所需的力矩由摩擦力、惯性以及加速/减速时间决定。

SS_SPEED：该数值应满足电动机在低速时驱动负载的能力，如果 SS_SPEED 的数值过低，电动机和负载在运动的开始和结束时可能会摇摆或颤动。如果 SS_SPEED 数值过高，电动机会在启动时丢失脉冲，并且负载在试图停止时会使电动机超速。通常，SS_SPEED 值是 MAX_SPEED 值的 5%～15%。

(2) 加速和减速时间。加速时间 ACCEL_TIME 是指电动机从 SS_SPEED 速度加速到 MAX_SPEED 速度所需的时间。减速时间 DECEL_TIME 是指电动机从 MAX_SPEED 速度减速到 SS_SPEED 速度所需要的时间。

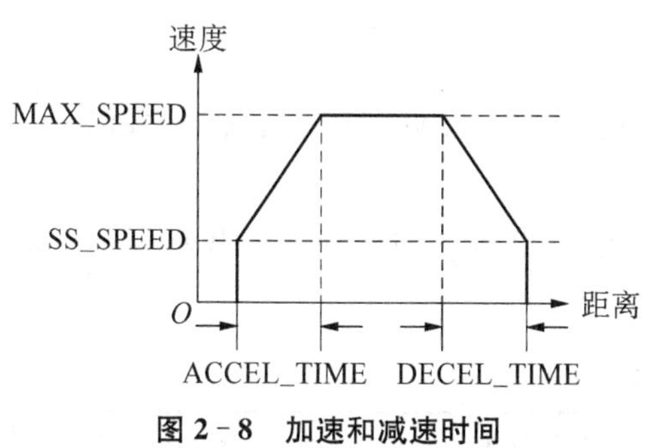

图 2－8　加速和减速时间

加速时间和减速时间的默认设置都是 1 000 ms。通常，电动机可在小于 1 000 ms 的时间内工作。如图 2－8 所示，这两个值设定要以 ms 为单位。

(3) 移动包络。一个包络是一个预先定义的移动描述，它包括一个或多个速度，影响着从起点到终点的移动。一个包络由多段组成，每段包含一个达到目标速度的加速/减速过程和以目标速度匀速运行的一串固定数量的脉冲。

在 STEP7－Micro/WIN 的位控向导中提供移动包络定义界面，应用程序所需的每一个移动包络均可在这里定义。PTO 支持最大 100 个包络。

① 定义一个包络，包括如下几点：

a. 选择操作模式；

b. 为包络的各步定义指标；

c. 为包络定义一个符号名。

② 选择包络的操作模式：PTO 支持相对位置和单一速度的连续转动，如图 2－9 所示，相对位置模式指的是运动的终点位置是从起点侧开始计算的脉冲数量。单速连续转动则不需要提供终点位置，PTO 一直持续输出脉冲，直至有其他命令发出，如到达原点要求停发脉冲。

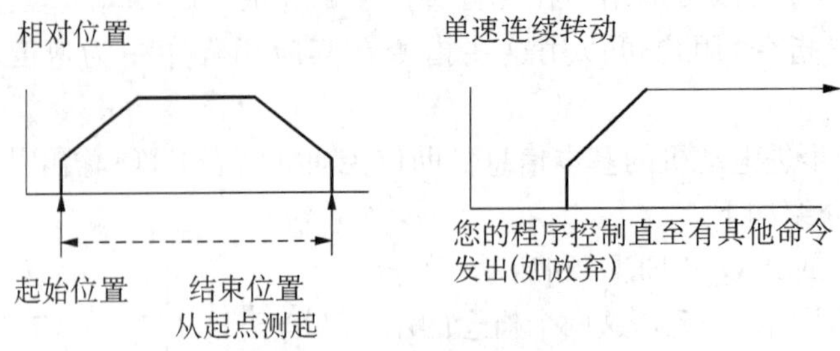

图 2－9　包络的操作模式

③ 包络中的步：一个步是工件运动的一个固定距离，包括加速和减速时间内的距离。PTO 每一包络最大允许 29 步。

每一步包括目标速度和结束位置或脉冲数目等几个指标。如图 2－10 所示为一步、两步、三步和四步包络。注意一步包络只有一个常速段，两步包络有两个常速段，以此类推。步的数目与包络中常速段的数目一致。

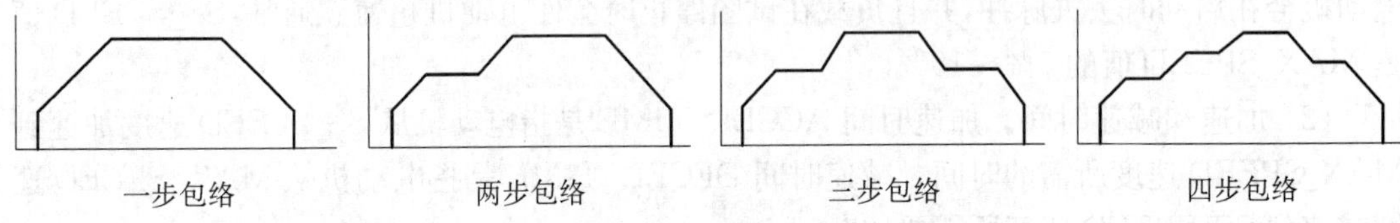

图 2－10　包络中的步

4. 使用位控向导编程

STEP7－Micro/WIN 软件的位控向导能自动处理 PTO 脉冲的单段管线和多段管线、脉宽调制、SM 位置配置和创建包络表。

本任务将给出一个简单工作任务例子，阐述使用位控向导编程的方法和步骤。如表 2－3 所示是实现步进电动机运行所需的运动包络。

表 2－3　运动包络数据

运动包络	位移脉冲量	目标速度	移动方向
1	85 600	60 000	
2	50 000	60 000	
3	40 000	60 000	
4	160 000	50 000	DIR
5	单速返回	30 000	DIR

使用位控向导编程的步骤如下：

(1) 为 S7－200PLC 选择选项组态内置 PTO/PWM 操作。

在 STEP7－Micro/WIN 软件菜单中选择“工具”—“位置控制向导”命令，并选择配置“S7－200 PLC 内置 PTO/PWM 操作”，如图 2－11 所示。

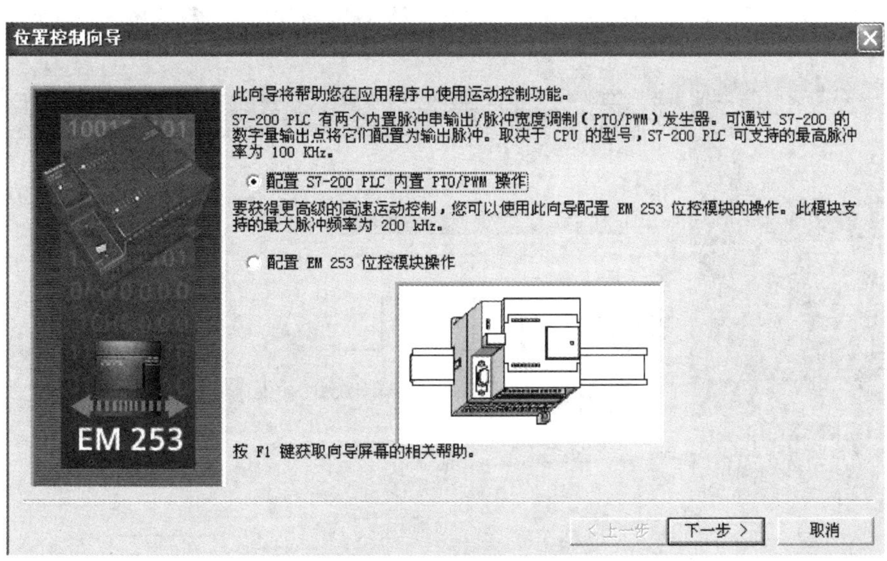

图 2－11　位置控制向导

(2) 单击“下一步”按钮选择“Q0.0”，如图 2－12 所示。

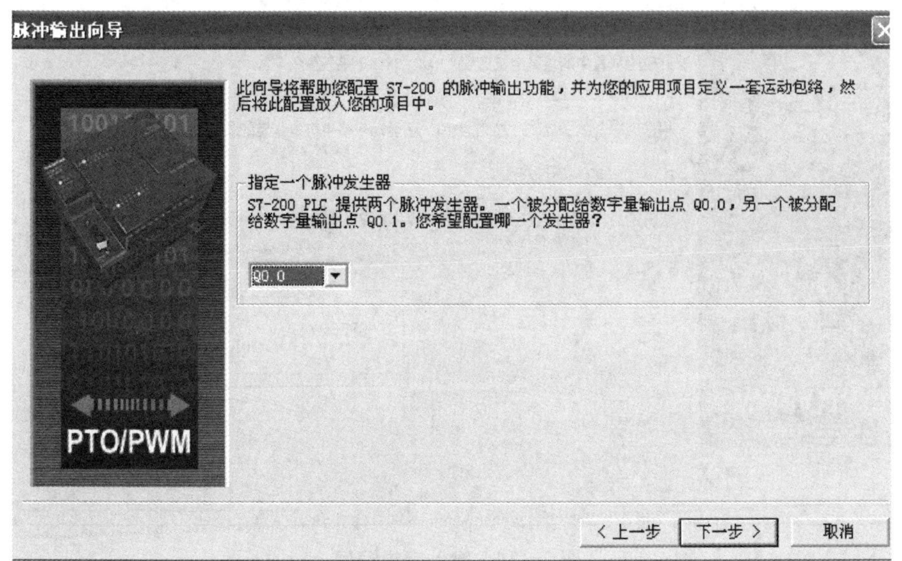

图 2－12　指定脉冲发生器

再单击“下一步”按钮选择“线性脉冲输出(PTO)”选项，如图 2－13 所示。

(3) 单击“下一步”按钮后，在对应的文本框中输入 MAX_SPEED 和 SS_SPEED 速度值。

输入最高电动机速度“90 000”，把电动机启动/停止速度设定为“600”。这时，如果单击 MIN_SPEED 值对应的灰色框，可以发现，MIN_SPEED 值改为 600(MIN_SPEED 值由计算得出)，用户不能在此域中输入其他数值，如图 2－14 所示。

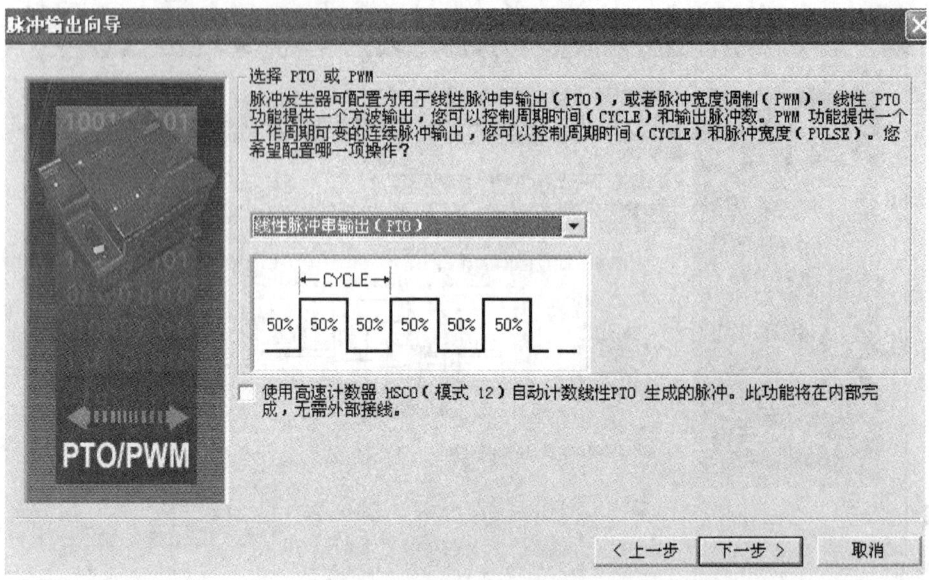

图 2-13　选择 PTO 或 PWM

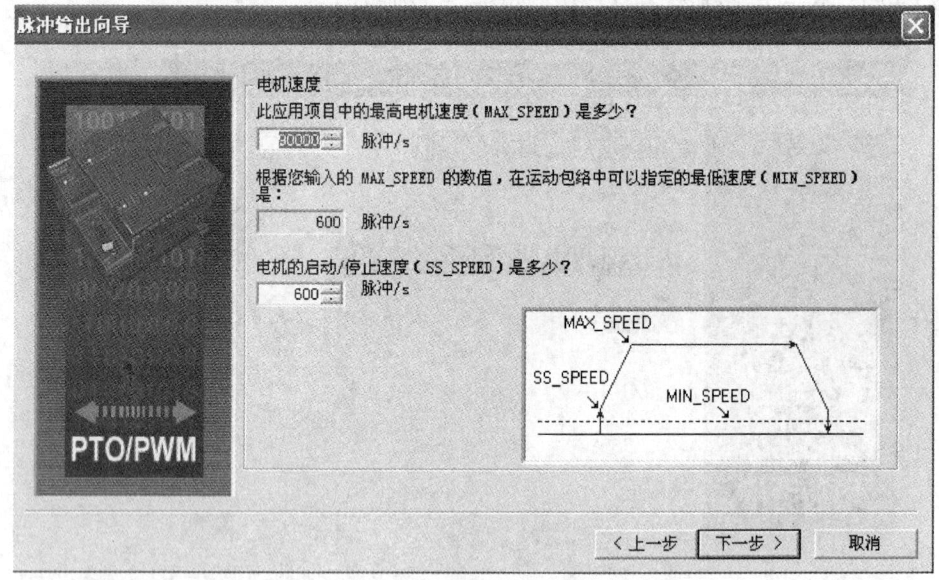

图 2-14　输入电机速度

(4) 单击“下一步”按钮填写电动机加速时间“1 500”和电动机减速时间“200”，如图 2-15所示。

(5) 单击“下一步”按钮，进入配置运动包络界面，如图 2-16 所示。

该界面要求设定操作模式，1 步的目标速度、结束位置等步的指标，以及定义这一包络的符号名(从第 0 个包络第 0 步开始)。

在操作模式选项中选择位置控制，设置“包络 0”中数据目标速度为 60 000，结束位置为 85 600，单击“绘制包络”按钮，如图 2-17 所示，注意，这个包络只有 1 步。

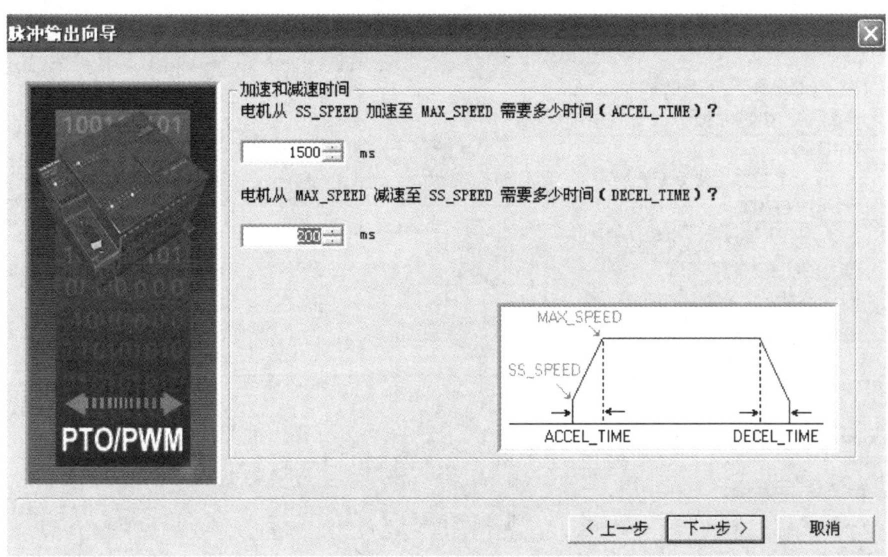

图 2－15　输入加减速时间

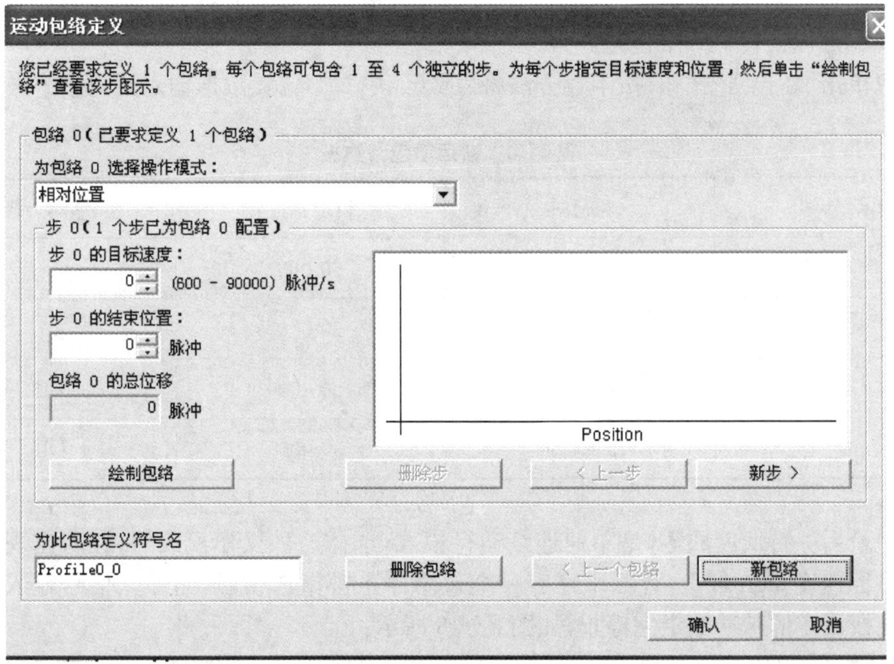

图 2－16　定义运动包络 1

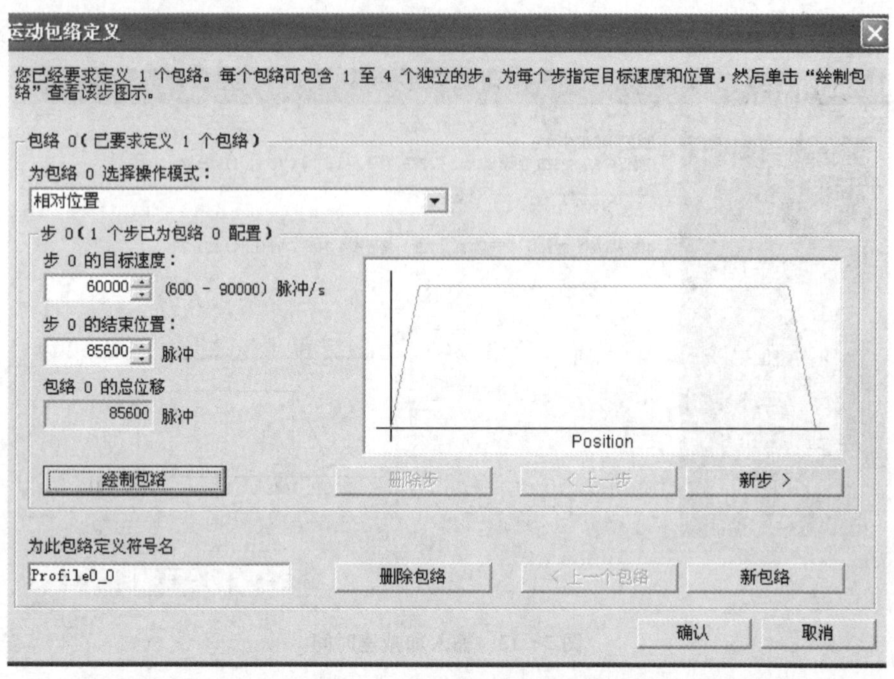

图 2-17 定义运动包络 2

包络的符号名按默认定义(Profile0_0)。这样，第 0 个包络所设置的运动包络设置就完成了。现在可以设置下一个包络。

可以单击“新包络”按钮，按上述方法将表 2-4 中 3 个位置数据输入到包络中去。

表 2-4 新运动包络数据

运动包络	位移脉冲量	目标速度	移动方向
2	50 000	60 000	
3	40 000	60 000	
4	160 000	50 000	DIR
5	单速返回	30 000	DIR

表中最后一行低速回零，是单速连续运行模式，选择这种操作模式后，在所出现的界面中输入目标速度“20 000”。界面中还有一个包络停止操作选项，是当停止信号输入时再向运动方向按设定的脉冲数走完停止，如图 2-18 所示。

(6) 运动包络编写完成单击“确认”按钮，向导会要求为运动包络指定 V 存储区地址，如图 2-19 所示，这里采用建议设置。

单击“下一步”按钮出现图 2-20 所示界面，单击“完成”按钮。

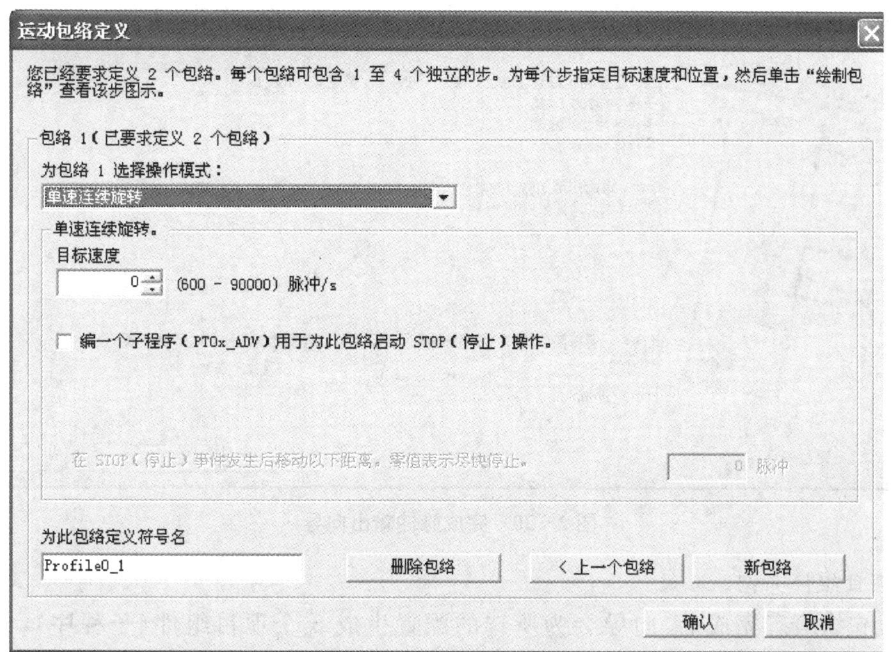

图 2－18　定义运动包络 3

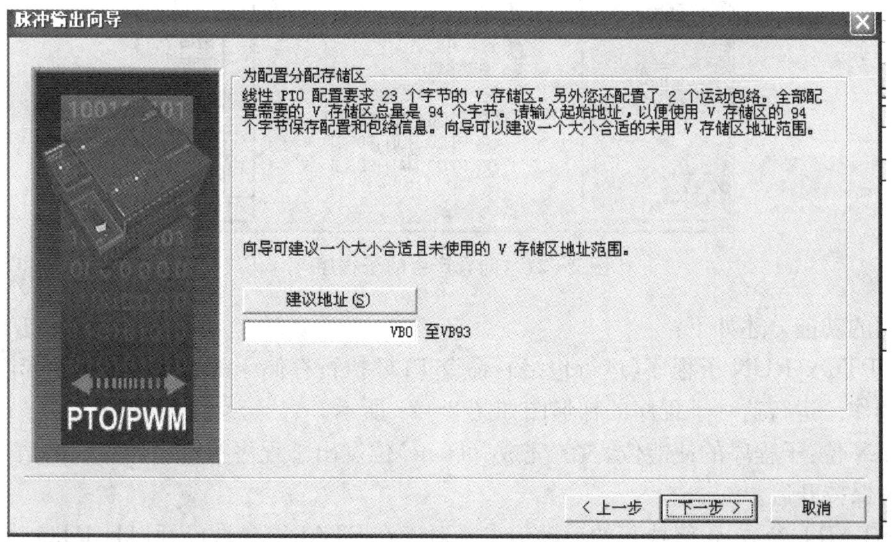

图 2－19　为运动包络指定 V 存储区

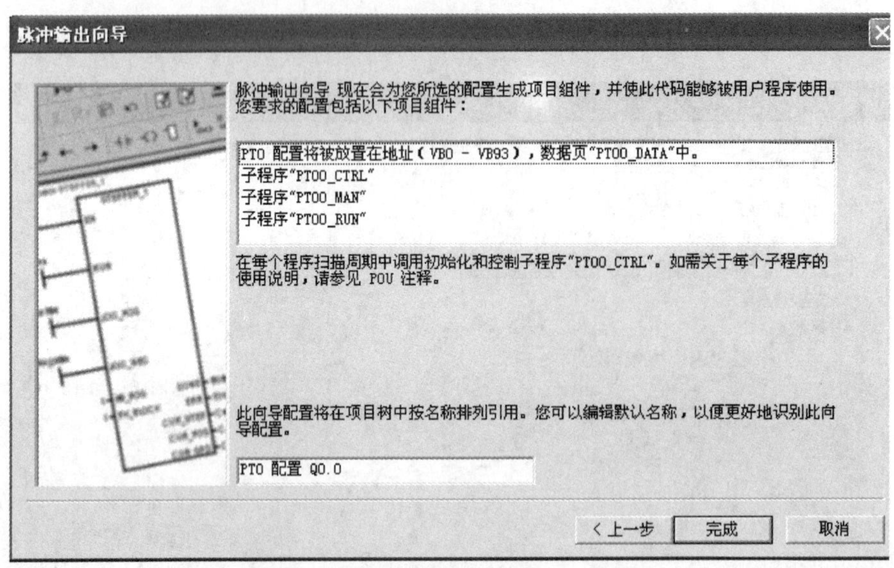

图 2－20　完成脉冲输出向导

5. 项目组件介绍

运动包络组态完成后，向导会为所选的配置生成 3 个项目组件（子程序），分别是：PTOx_RUN 子程序（运行包络）、PTOx_CTRL 子程序（控制）和 PTOx_MAN 子程序（手动模式）。一个由向导产生的子程序就可以在程序中调用，如图 2－21 所示。

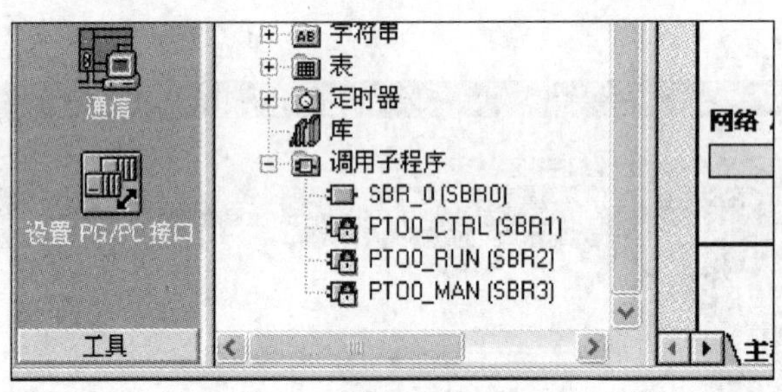

图 2－21　向导产生的子程序

它们的功能分述如下：

(1) PTOx_RUN 子程序（运行包络）：命令 PLC 执行存储于配置/包络表的特定包络中的运动操作。运行这一子程序的梯形图如图 2－22 所示。

① EN 位：子程序的使能位。在"完成"(Done)位发出子程序执行已经完成的信号前，应使 EN 位保持开启。

② START 参数：包络执行的启动信号。对于在 START 参数已开启且 PTO 当前不活动时的每次扫描，此子程序会激活 PTO。为了确保仅发送一个命令，请使用上升沿以脉冲方式开启 START 参数。

③ Profile(包络)参数：数值量输入包含为此运动包络指定的编号或符号名。

④ Abort(终止)参数命令：终止命令为 ON 时位控模块停止当前包络，并减速至电动机

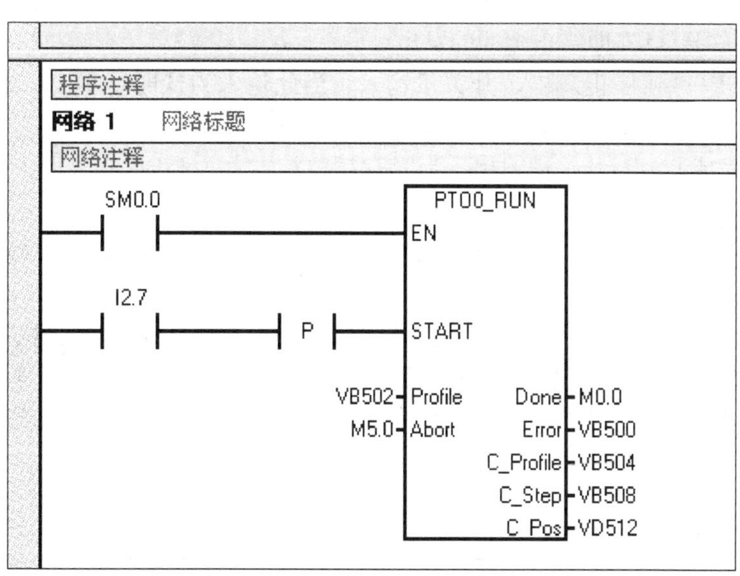

图 2-22　PTOx_RUN 子程序

停止。

⑤ Done(完成)参数:本子程序执行完成时,输出 ON。

⑥ Error(错误)参数:输出本子程序执行的结果的错误信息。无错误时输出 0。

⑦ C_Profile 参数:输出位控模块当前执行的包络。

⑧ C_Step 参数:输出目前正在执行的包络步骤。

(2) PTOx_CTRL 子程序:(控制)启用和初始化与步进电动机的 PTO 输出。在用户程序中只使用一次,并且需确定在每次扫描时得到执行。即始终使用 SM0.0 作为 EN 的输入,如图 2-23 所示。

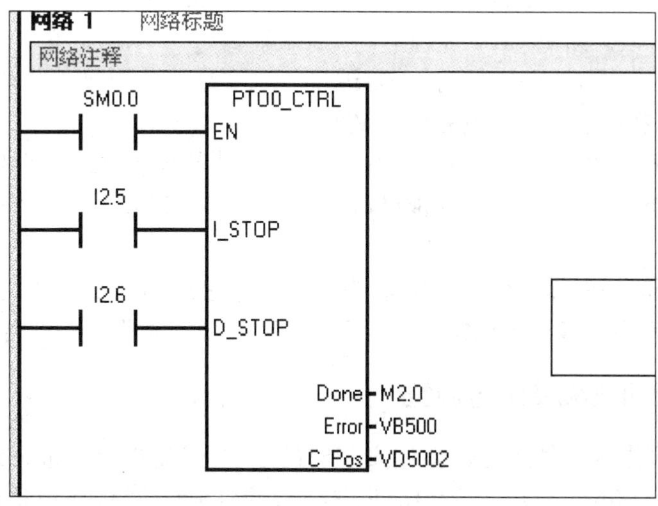

图 2-23　PTOx_CTRL 子程序

① I_STOP(立即停止)输入:开关量输入。当此输入为低时,PTO 功能会正常工作。当此输入变为高时,PTO 立即终止脉冲的发出。

② D_STOP(减速停止)输入:开关量输入。当此输入为低时,PTO 功能会正常工作。当此输入变为高时,PTO 会产生将电动机减速至停止的脉冲串。

③ Done(完成)输出:开关量输出。当"完成"位被设置为高时,它表明上一个指令错误或有错误代码的正常完成。

如果 PTO 向导的 HSC 计数器功能已启用,C_Pos 参数包含用脉冲数目表示的模块,否则此数值始终为零。

(3) PTOx_MAN 子程序(手动模式):将 PTO 输出置于手动模式。执行这一子程序允许电动机启动、停止和按不同的速度运行。但当 PTOx_MAN 子程序已启用时,除 PTOx_CTRL 外任何其他 PTO 子程序都无法执行。运行这一子程序的梯形图如图 2-24 所示。

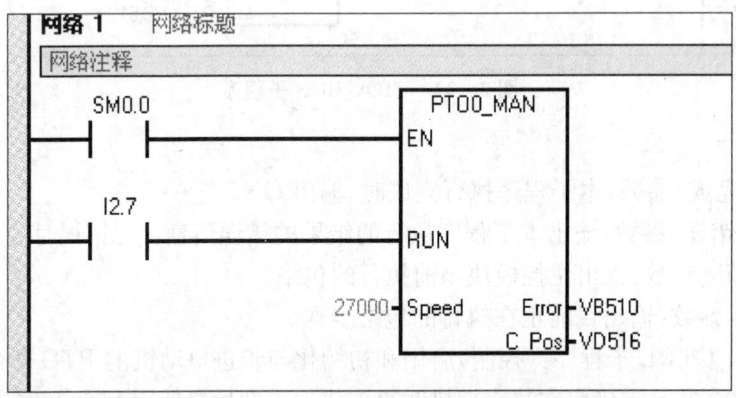

图 2-24 PTOx_MAN 子程序

① RUN(运行/停止)参数:命令 PTO 加速至指定速度(Speed 参数)。从而允许在电动机运行中更改 Speed 参数的数值。停用 RUN 参数命令 PTO 减速至电动机停止。

② 当 RUN 已启用时,Speed 参数确定速度。速度是一个用每秒脉冲数计算的 DINT(双整数)值。可以在电动机运行中更改此参数。

③ Error(错误)参数:输出本子程序的执行结果的错误信息,无错误时输出 0。

如果 PTO 向导的 HSC 计数器功能已启用,C_Pos 参数包含用脉冲数目表示的模块;否则此数值始终为零。

由上述 3 个子程序的梯形图可以看出,为了调用这些子程序,编程时应预置一个数据存储区,用于存储子程序执行时间参数,存储区所存储的信息可根据程序的需要调用。

2.1.3 上料单元的机械装配与调整

扫码见上料单元视频

首先把上料单元各零件组合成整体安装时的组件,然后把组件进行组装。所组合成的组件包括:行星齿轮系组件、螺纹微调机构组件、齿轮齿条机构组件、张紧机构组件等。如图 2-25 所示:

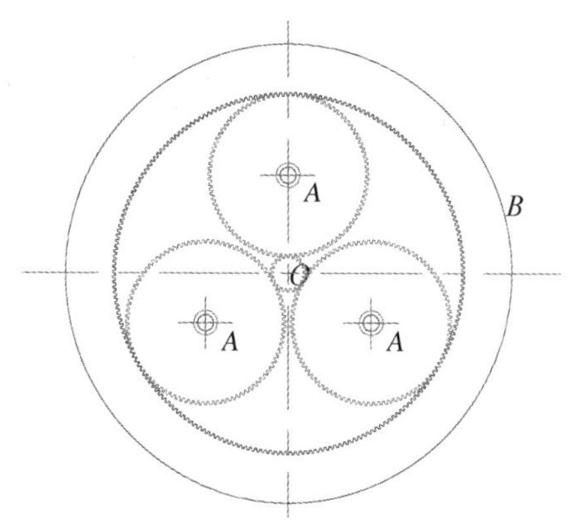

机构名称：行星齿轮系

工作特性：降速比大，增加扭矩。齿轮 O 和电机安装在一起，齿轮 A 与齿轮 O、B 相啮合。

本机构应用目的：齿轮 A 带动旋转盘（齿轮 B）取、送件。

图 2－25　行星齿轮系结构图

螺纹微调机构结构图如图 2－26 所示。

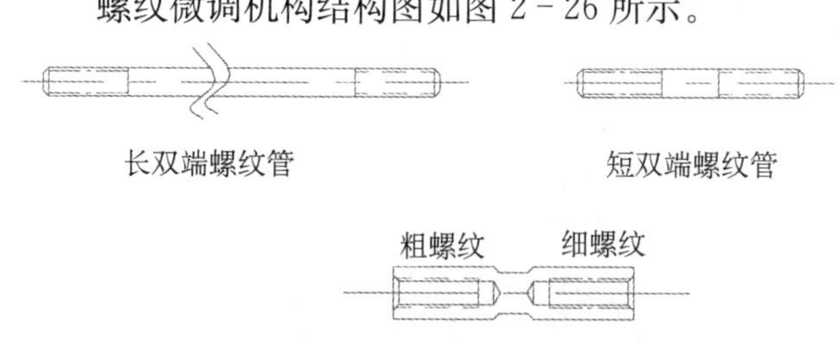

机构名称：螺纹微调机构

工作特性：调动螺母，利用螺距差实现微调

本机构应用目的：调节平行四边形的精度

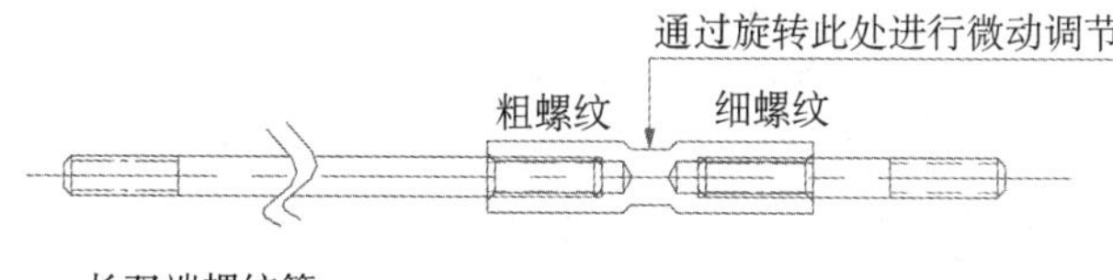

图 2－26　螺纹微调机构结构图

齿轮齿条机构结构图如图 2－27 所示：

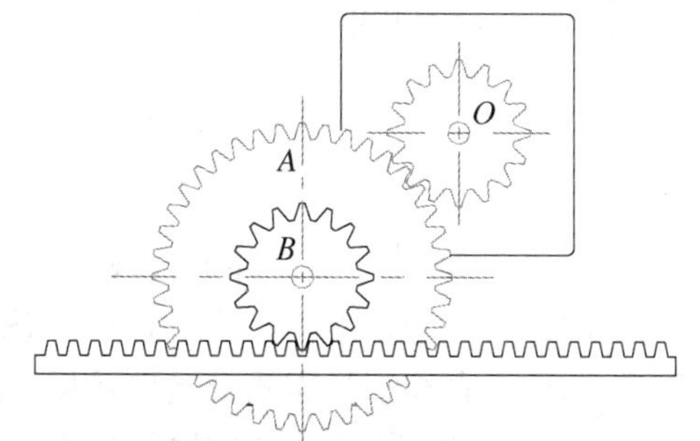

机构名称：齿轮齿条机构

工作特性：降速比大，增加水平推动力。齿轮 O 和电机安装在一起，与齿轮 A 相啮合。齿轮 B 与齿轮 A 同轴，与齿条相啮合，将旋转运动转为直线运动

本机构应用目的：电机带动齿轮齿条行走。

图 2－27　齿轮齿条机构结构图

各组件装配好后，用螺栓把它们连接为总体，然后将连接好的机械部分以及电磁阀组、PLC 和接线端子排固定在底板上，最后固定底板完成对上料单元的安装。

安装过程中应注意：

(1) 装配铝合金型材支撑架时，注意调整好各条边的平行及垂直度，锁紧螺栓。

(2) 机械机构固定在底板上的时候，需要将底板移动到操作台的边缘，螺栓从底板的反面拧入，将底板和机械机构部分的支撑型材连接起来。

1. 取件机构

取件机构如图 2-28 所示。

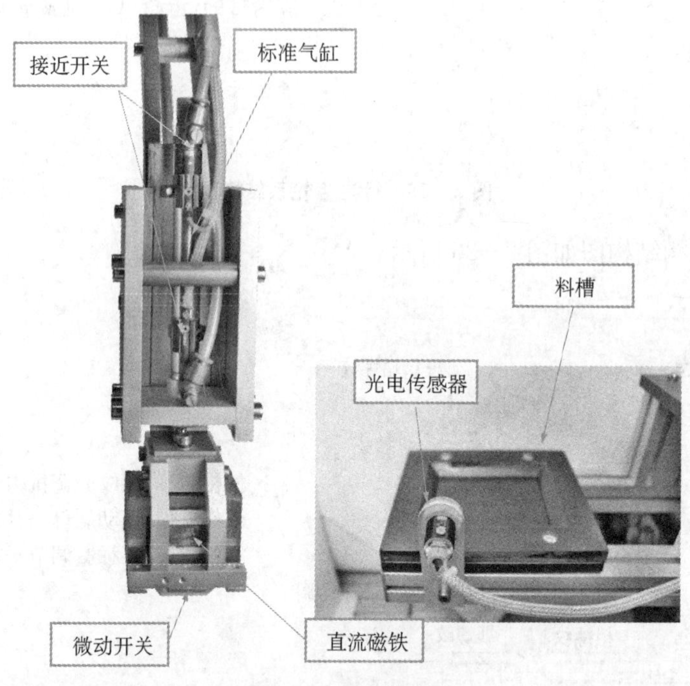

图 2-28 取件机构

(1) 功能或工艺过程。

光电传感器检测到料槽内有工件，垂直气缸伸出，至位后电磁铁上电，微动开关若检测到工件则气缸复位，同时电磁铁把工件吸起。

(2) 技术参数。

气缸行程 100 mm、双极性接触式磁性开关、光电传感器检测范围 50～200 mm。

2. 上料主体结构

上料主体结构如图 2-29 所示。

(1) 功能或工艺过程。

步进电机驱动器发出脉冲信号使步进电机带动同步带驱动扬臂持工件上行或下行；直流电机 2 带动行星齿轮动作，使扬臂持工件顺向或逆向旋转；直流电机 4 驱动齿轮齿条动作，使上料单元右行或左行、上行或下行、顺转或反转、左移或右移都是靠槽形光电传感器来定位，同时为防止传感器失灵而发生意外，还使用微动开关作为断路器使电机断电；直流电机 1 带动传送带使托盘到达下料单元。

(2) 技术参数。

MOONS 步进电机驱动器：工作电压 24～75 V DC、工作电流 2.4 A～7.8 A、控制方式

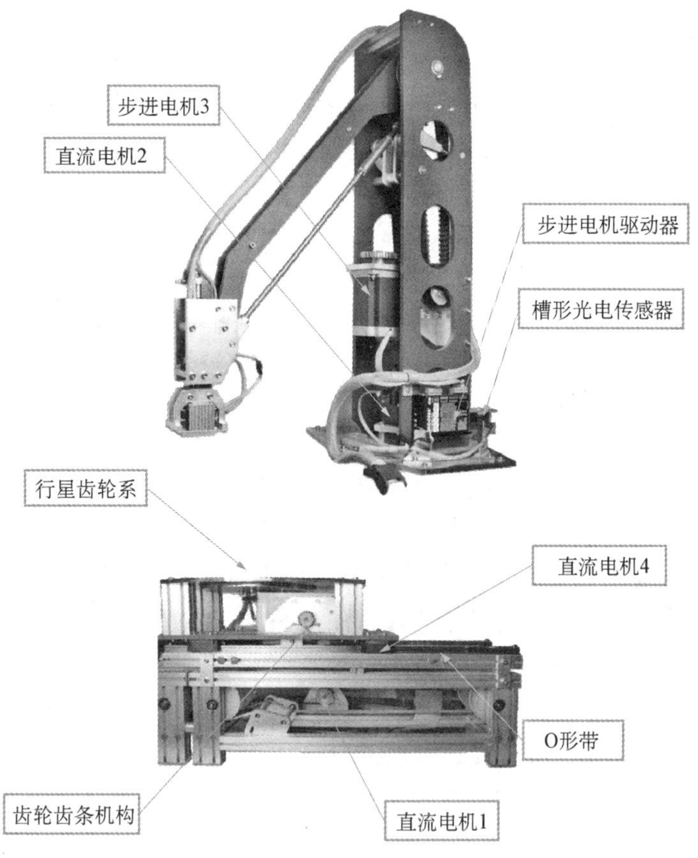

图 2-29 上料主体结构

为脉冲/方向;MOONS 步进电机:静力矩 8.4 N/m、步距角 1.8°、额定电流 5.6 A、转数 1 500 r/min;红湖直流电机:额定电压 DC 24 V、额定电流 0.7 A、额定电机转速 55 r/min、额定功率 16 W;P+F 凹槽形光电传感器:槽宽 5 mm、开关点功能为亮通+暗通。

3. 调速盒、继电器及电磁阀组

调速盒、继电器及电磁阀组如图 2-30 所示。

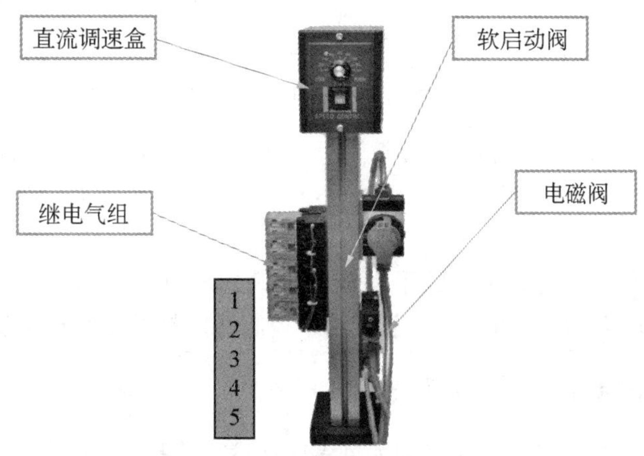

图 2-30 调速盒、继电器及电磁阀组

(1) 功能或工艺过程。

直流调速盒用来调整上料机构顺转、逆转和左行、右行的速度；电磁阀控制气缸的伸出和缩回；继电器组：继电器 1 和 2 用来控制直流电机 4 的左行和右行，继电器 3 和 4 用来控制直流电机 2 的顺转和逆转，继电器 5 用来控制步进电机驱动器的上电。

(2) 技术参数。

直流调速盒：电枢和电磁两种模式、DC 24 V；Festo 软启动阀：阀功能 3/2、单稳式、进气 G1/4 出气 G1/4 排气 G1/4、流动方向不可逆；Weidmuller 继电器：DC 24 V(带灯)、触点 2NO＋2NC、负载 10 A、AC 250 V；Festo 电磁阀：阀功能 5/2、单电控、接口进气 G1/8 出气 G1/8 排气 G1/8、DC 24 V。

2.1.4　上料单元气动元件的安装与连接

气动控制回路是本工作单元的执行机构之一，由 PLC 控制取料。气动控制回路的工作原理如图 2－31 所示。气缸在两个极限工作位置安装有磁感应接近开关；上料单元的阀组由一个二位五通的电磁阀组成。电磁阀安装在汇流板上，汇流板中两个排气口末端均连接了消声器。电磁阀对气缸进行控制，以改变动作状态。

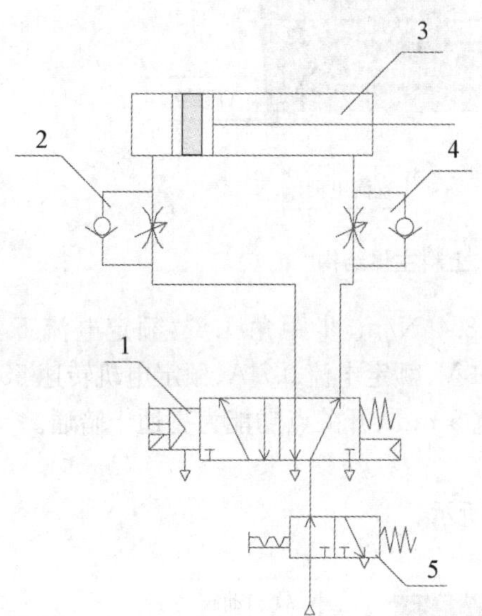

序号	名　　称
1	二位五通阀
2	单向节流阀
3	双作用气缸
4	单向节流阀
5	截止阀

图 2－31　上料单元气动原理图

连接步骤：:从汇流排开始，按图 2－31 所示的气动控制回路原理图连接电磁阀、气缸。连接时注意气管走向应按序排布，均匀美观，不能交叉、打折；气管要在快速接头中插紧，不能有漏气现象。

气路调试包括：(1) 用电磁阀上的手动换向加锁钮验证顶料气缸和推料气缸的初始位置和动作位置是否正确。(2) 调整气缸节流阀以控制活塞杆的往复运动速度。

2.1.5　上料单元 PLC 的安装与接线

为实现本单元的控制功能，在主体结构的相应位置装设了光电传感器、磁性接近开关、微动开关等检测与传感装置，并配备了步进电机、直流电机、直动气缸、电磁铁等执行机构和电磁阀、继电器等控制元件，详见图 2－32 所示。

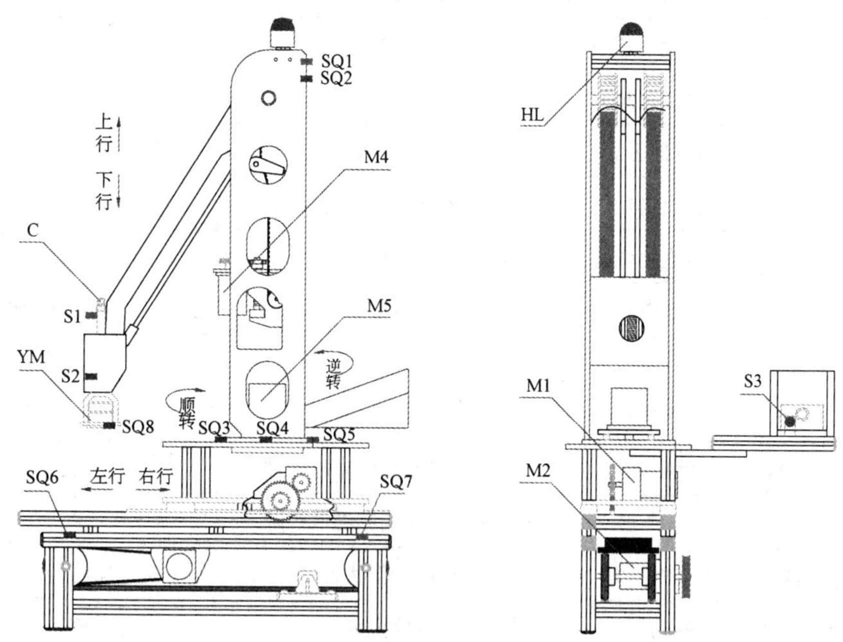

SQ1—扬臂下行检测；SQ2—扬臂上行检测；SQ3—顺转检测；SQ4—90°旋转检测；SQ5—逆转检测；SQ6—左行检测；SQ7—右行检测；SQ8—工件吸持检测；S1—气缸升检测；S2—气缸降检测；S3—工件检测；M4—扬臂升降电机；M5—旋转电机；M1—行进电机；M2—直线Ⅰ电机；YM—直流电磁铁；C—直动气缸；HL—指示灯

图 2－32　上料单元检测元件、控制机构安装位置示意图

电气接线包括在工作单元装置侧完成各传感器、电磁阀、电源端子等引线到装置侧接线端口之间的接线；在 PLC 侧进行电源连接、I/O 点接线等。

上料单元装置侧的接线端口上各电磁阀和传感器的引线安排如表 2－5 所示。

表 2－5　上料单元检测元件、执行机构、控制元件一览表

类别	序号	编号	名　称	功　　能	安装位置
检测元件	1	SQ1	微动开关	确定扬臂下行位置	两支撑侧板顶部型材
	2	SQ2	微动开关	确定扬臂上行位置	两支撑侧板顶部型材
	3	SQ3	微动开关	确定扬臂顺转位置	圆盘
	4	SQ4	微动开关	确定扬臂 90°旋转位置	圆盘
	5	SQ5	微动开关	确定扬臂逆转位置	圆盘
	6	SQ6	微动开关	确定扬臂左行位置(铣床方向)	圆盘左面支撑型材
	7	SQ7	微动开关	确定扬臂右行位置(下料方向)	圆盘右面支撑型材

续 表

类别	序号	编号	名 称	功 能	安装位置
检测元件	8	SQ8	微动开关	工件吸持检测	电磁铁上
	9	S1	磁性接近开关	确定气缸初始位置	气缸
	10	S2	磁性接近开关	确定气缸伸出位置	气缸
	11	S3	光电传感器	检测工件槽工件	工件槽侧面
执行机构	1	M5	直流电机	驱动扬臂旋转	圆盘
	2	M4	步进电机	驱动扬臂升降	两支撑侧板中间
	3	M1	直流电机	驱动上料单元行进	滑轨支撑板
	4	M2	直流电机	驱动直线Ⅰ传送带	直线单元
	5	M3	直流电机	驱动直线Ⅱ传送带	升降梯旁直线单元
	6	YM	直流电磁铁	控制扬臂电磁铁吸放工件	扬臂
	7	C	直动气缸	驱动扬臂顶端电磁铁升降	扬臂
	8	HL	工作指示灯	显示工作状态	两支撑侧板顶部型材
	9	HA1	蜂鸣器	事故报警	控制板
	10	HA2	蜂鸣器	事故报警	控制板
控制元件	1	KM1	继电器	扬臂左行控制	直线单元内侧
	2	KM2	继电器	扬臂右行控制	直线单元内侧
	3	KM3	继电器	控制步进电机得电、失电	直线单元内侧
	4	KM4	继电器	扬臂顺时旋转控制	直线单元内侧
	5	KM5	继电器	扬臂逆时旋转控制	直线单元内侧
	6	YV	电磁阀	直动气缸伸缩控制	两支撑侧板中间

要实现 PLC 对上料单元运行过程的控制，首先要绘制系统电气原理图和进行基本的 I/O 分配，然后进行软件程序的编制。上料单元 PLC 的 I/O 信号如表 2－6 所示。PLC 的 I/O 接线原理图如图 2－33～图 2－41 所示。

接线时应注意，装置侧接线端口中，输入信号端子的上层端子（＋24 V）只能作为传感器的正电源端，切勿用于电磁阀等执行元件的负载。电磁阀等执行元件的正电源端和 0 V 端应连接到输出信号端子下层端子的相应端子上。装置侧接线完成后，应用扎带绑扎，力求整齐美观。

PLC 侧的接线，包括电源接线，PLC 的 I/O 点和 PLC 侧接线端口之间的连线，PLC 的 I/O 点与按钮指示灯模块的端子之间的连线。具体接线要求与工作任务有关。电气接线的工艺应符合国家职业标准的规定，例如，导线连接到端子时，采用压紧端子压接方法；连接线须有符合规定的标号；每一端子连接的导线不超过 2 根等。

表 2－6　上料单元 I/O 分配表

<table>
<tr><th>形式</th><th>序号</th><th>名　称</th><th>PLC 地址</th><th>编号</th><th>地址设置</th></tr>
<tr><td rowspan="16">输入</td><td>1</td><td>扬臂下行检测(复位)</td><td>I0.0</td><td>SQ1</td><td rowspan="16">EM277 总线模块设置的站号为:10
与总站通信的地址为:16～17</td></tr>
<tr><td>2</td><td>扬臂上行检测</td><td>I0.1</td><td>SQ2</td></tr>
<tr><td>3</td><td>顺转检测</td><td>I0.2</td><td>SQ3</td></tr>
<tr><td>4</td><td>逆转检测(复位)</td><td>I0.3</td><td>SQ5</td></tr>
<tr><td>5</td><td>工件检测</td><td>I0.4</td><td>S3</td></tr>
<tr><td>6</td><td>气缸升检测(复位)</td><td>I0.5</td><td>S1</td></tr>
<tr><td>7</td><td>气缸降检测</td><td>I0.6</td><td>S2</td></tr>
<tr><td>8</td><td>左行检测(铣床方向)</td><td>I0.7</td><td>SQ6</td></tr>
<tr><td>9</td><td>右行检测(下料方向)</td><td>I1.0</td><td>SQ7</td></tr>
<tr><td>10</td><td>工件吸持检测</td><td>I1.1</td><td>SQ8</td></tr>
<tr><td>11</td><td>90°旋转检测</td><td>I1.2</td><td>SQ4</td></tr>
<tr><td>12</td><td>手动/自动按钮</td><td>I2.0</td><td>SA</td></tr>
<tr><td>13</td><td>启动按钮</td><td>I2.1</td><td>SB1</td></tr>
<tr><td>14</td><td>停止按钮</td><td>I2.2</td><td>SB2</td></tr>
<tr><td>15</td><td>急停按钮</td><td>I2.3</td><td>SB3</td></tr>
<tr><td>16</td><td>复位按钮</td><td>I2.4</td><td>SB4</td></tr>
<tr><td rowspan="14">输出</td><td>1</td><td>顺时旋转(至位)</td><td>Q0.0</td><td>KM4</td><td rowspan="14">EM277 总线模块设置的站号为:10
与总站通信的地址为:16～17</td></tr>
<tr><td>2</td><td>上行电机(至位)</td><td>Q0.1</td><td>M4:P</td></tr>
<tr><td>3</td><td>左行电机(至位)</td><td>Q0.2</td><td>KM1</td></tr>
<tr><td>4</td><td>右行电机(复位)</td><td>Q0.3</td><td>KM2</td></tr>
<tr><td>5</td><td>逆时旋转(复位)</td><td>Q0.4</td><td>KM5</td></tr>
<tr><td>6</td><td>下行电机(复位)</td><td>Q0.5</td><td>M4:P+D</td></tr>
<tr><td>7</td><td>气缸电磁阀</td><td>Q0.6</td><td>YV</td></tr>
<tr><td>8</td><td>直流电磁铁</td><td>Q0.7</td><td>YM</td></tr>
<tr><td>9</td><td>工作指示灯</td><td>Q1.0</td><td>HL</td></tr>
<tr><td>10</td><td>直线 I 电机</td><td>Q1.1</td><td>M2</td></tr>
<tr><td>11</td><td>直线 II 电机</td><td>Q1.2</td><td>M3</td></tr>
<tr><td>12</td><td>步进电机切换继电器</td><td>Q1.4</td><td>KM3</td></tr>
<tr><td>13</td><td>蜂鸣器报警</td><td>Q1.6</td><td></td></tr>
<tr><td>14</td><td>蜂鸣器报警</td><td>Q1.7</td><td></td></tr>
<tr><td colspan="2">发送地址</td><td colspan="4">V2.0～V3.7(200PLC⟶300PLC)</td></tr>
<tr><td colspan="2">接收地址</td><td colspan="4">V0.0～V1.7(200PLC⟵300PLC)</td></tr>
</table>

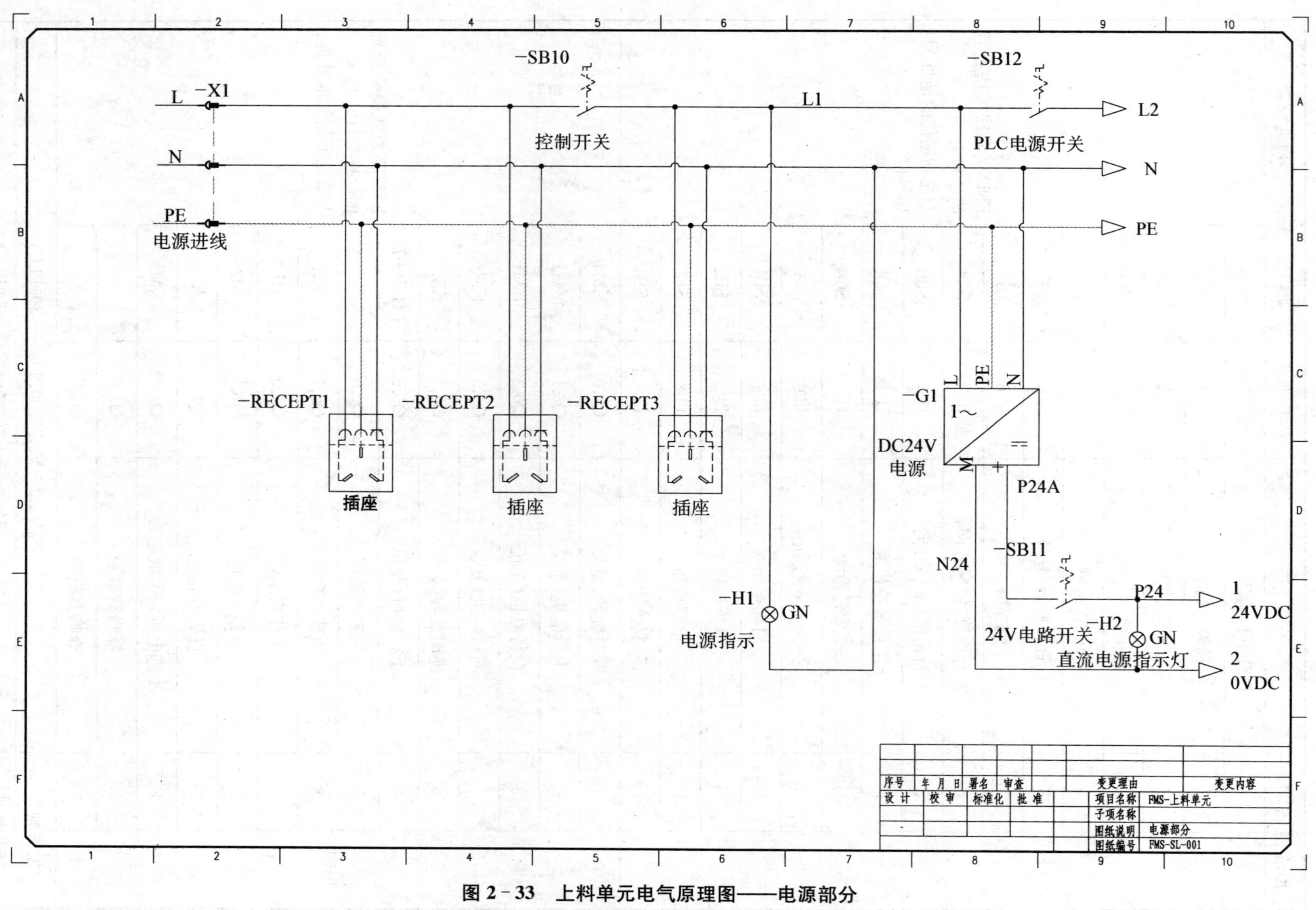

图 2-33 上料单元电气原理图——电源部分

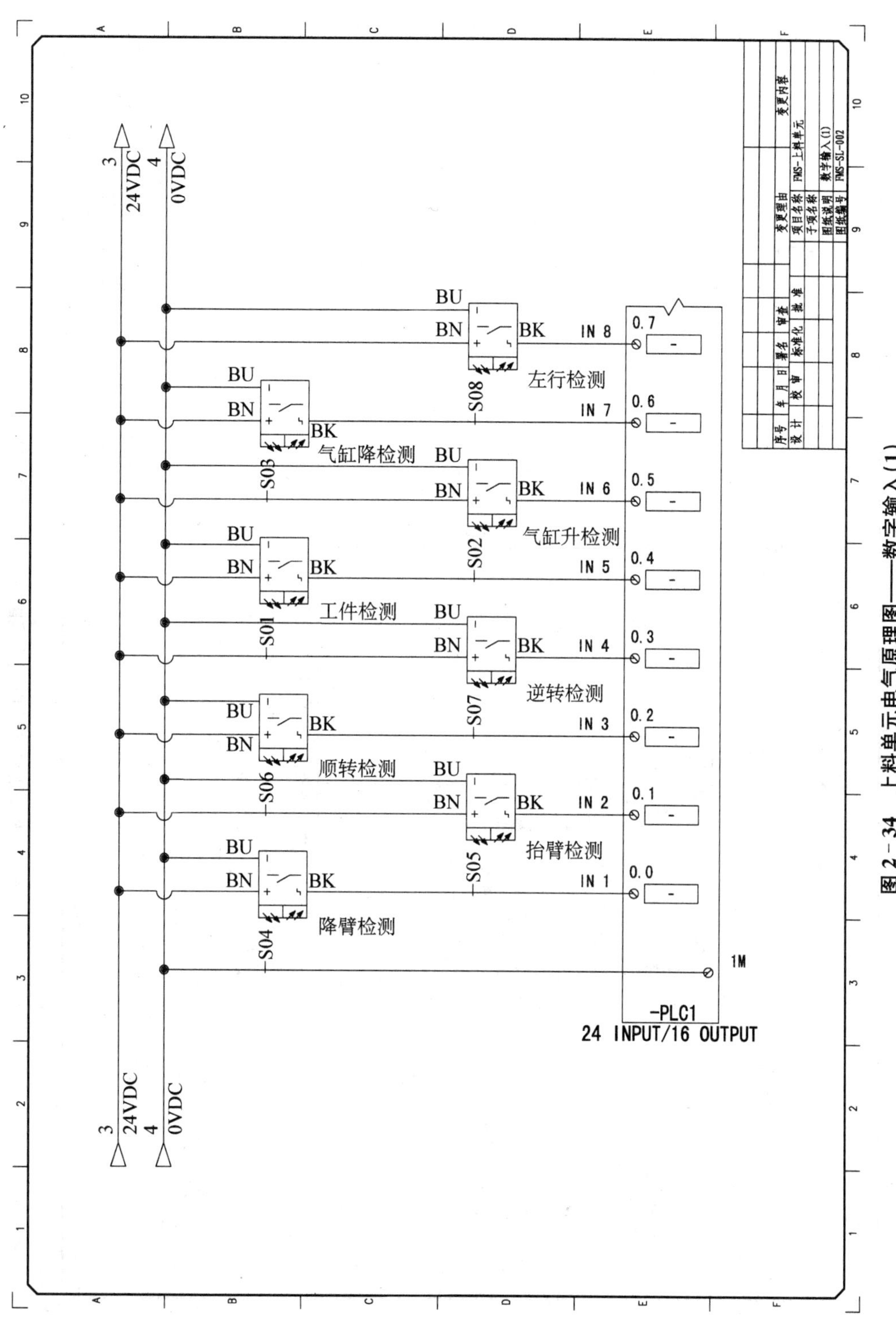

图 2-34　上料单元电气原理图——数字输入(1)

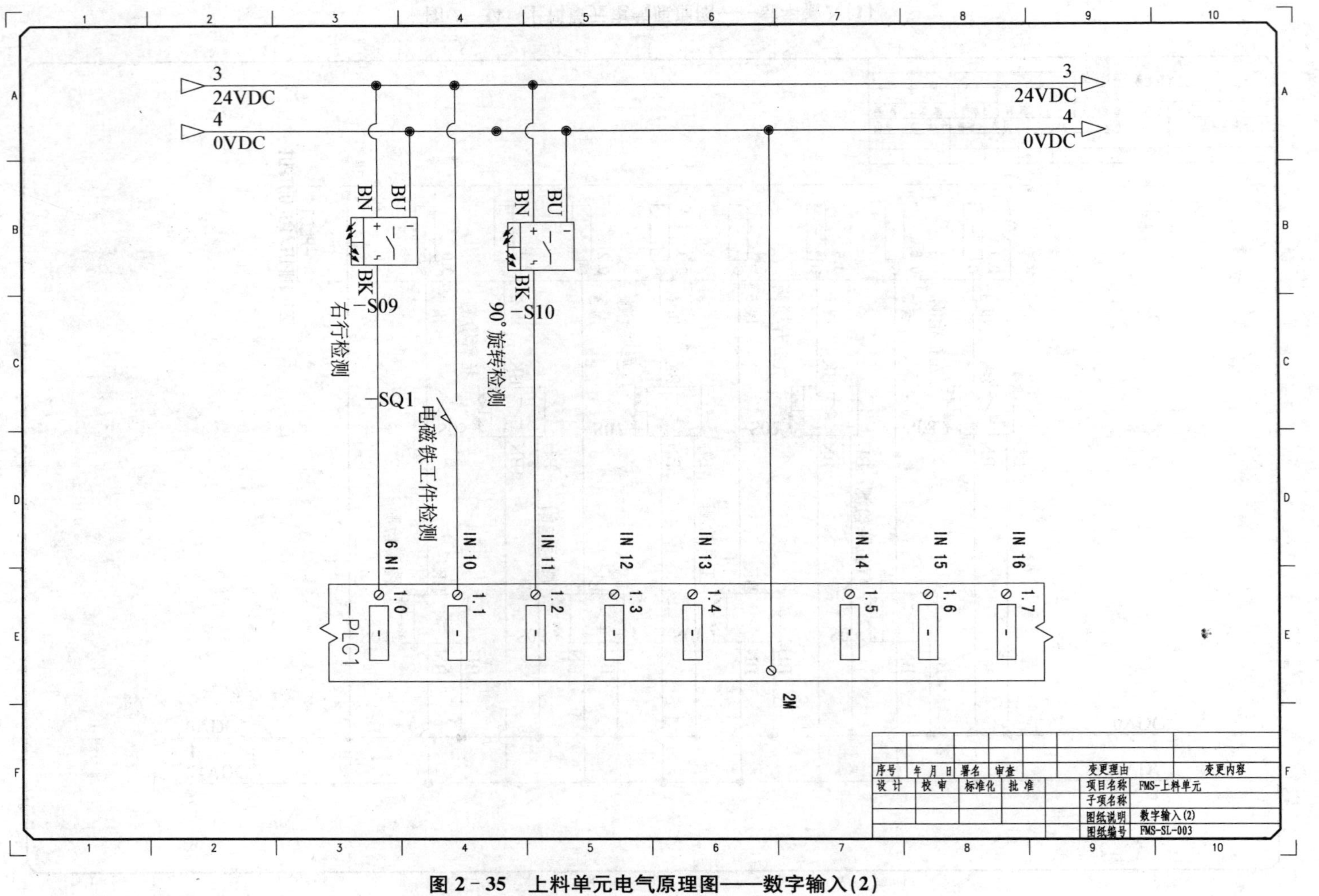

图 2-35 上料单元电气原理图——数字输入(2)

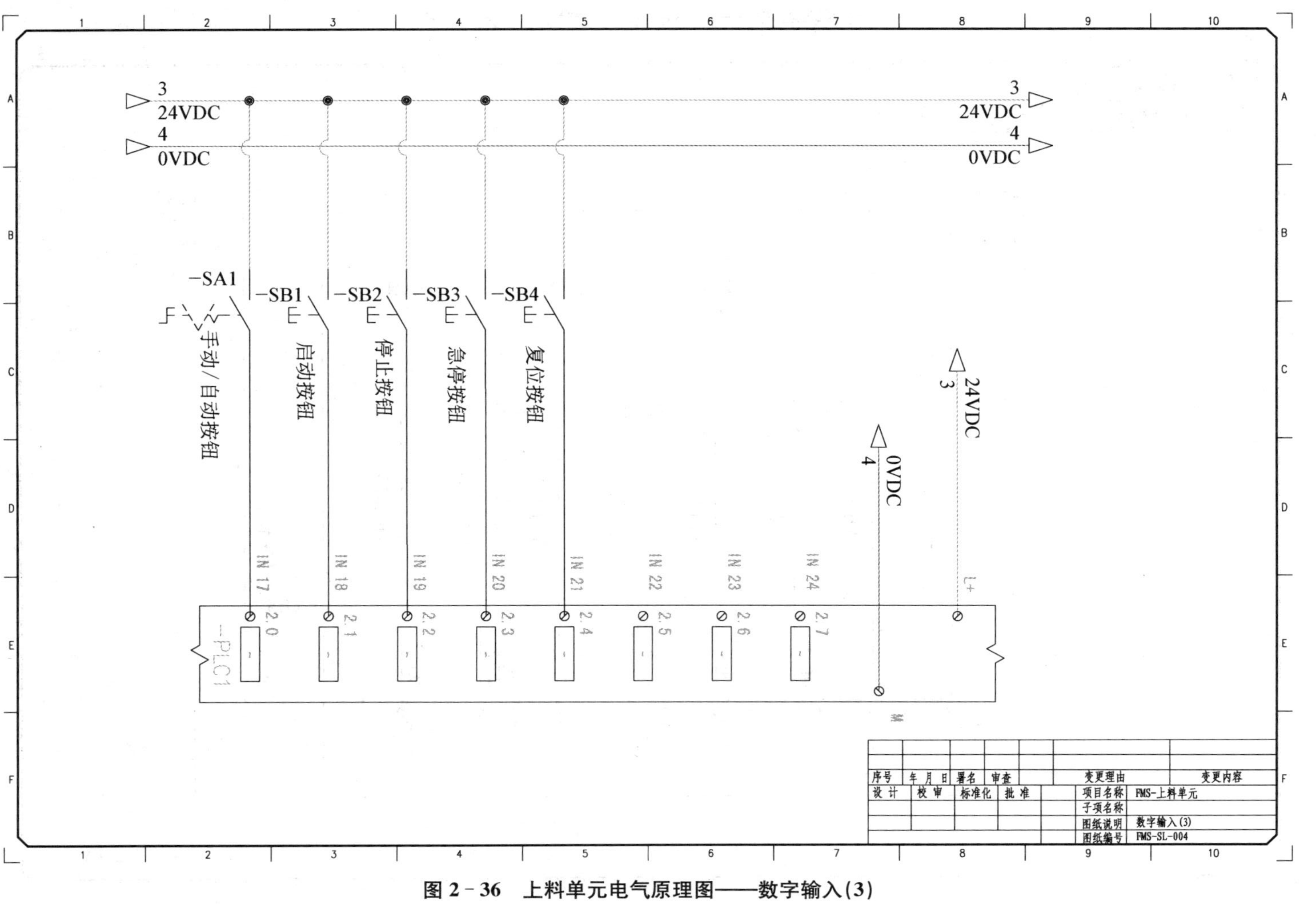

图 2-36　上料单元电气原理图——数字输入(3)

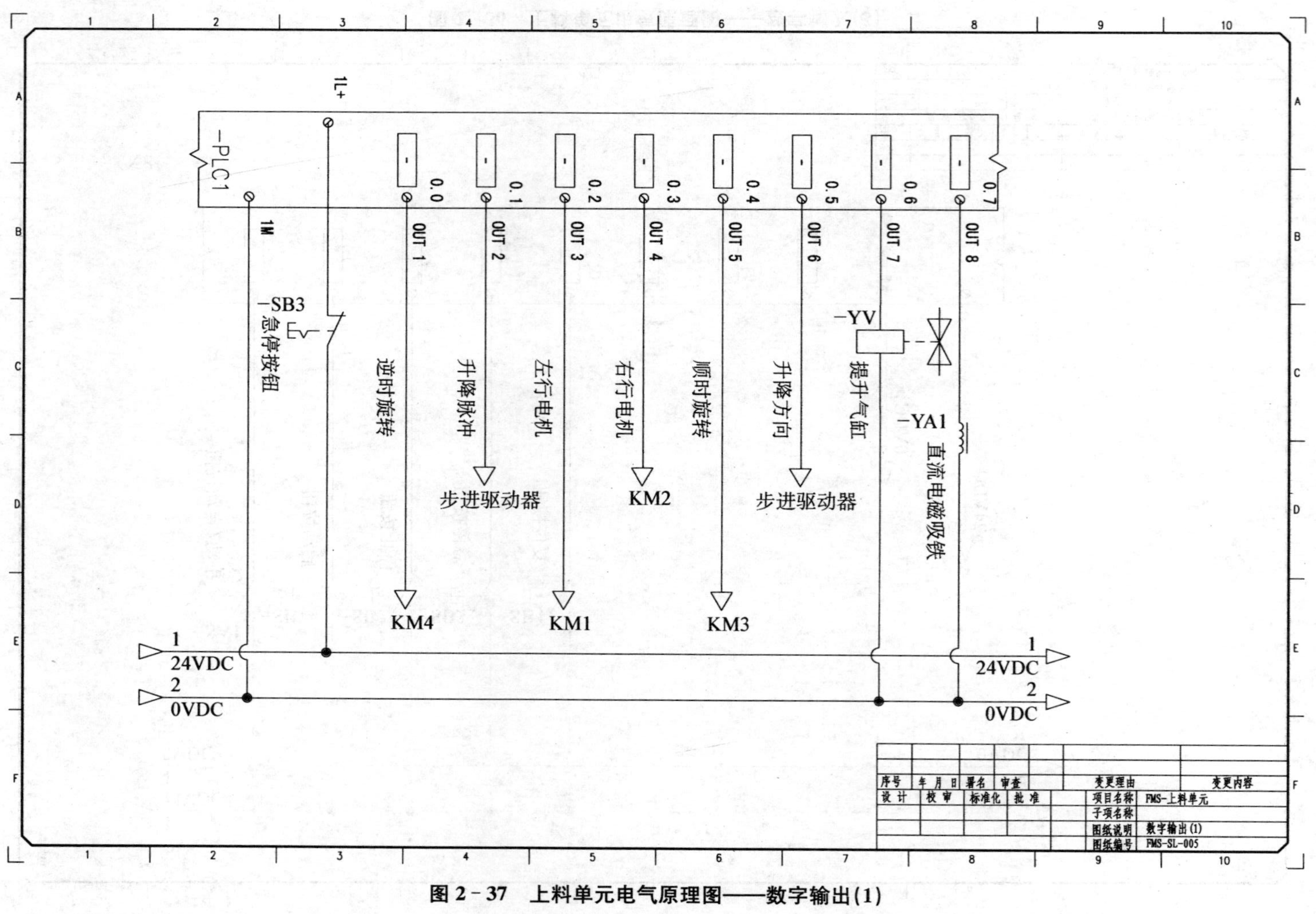

图 2-37 上料单元电气原理图——数字输出(1)

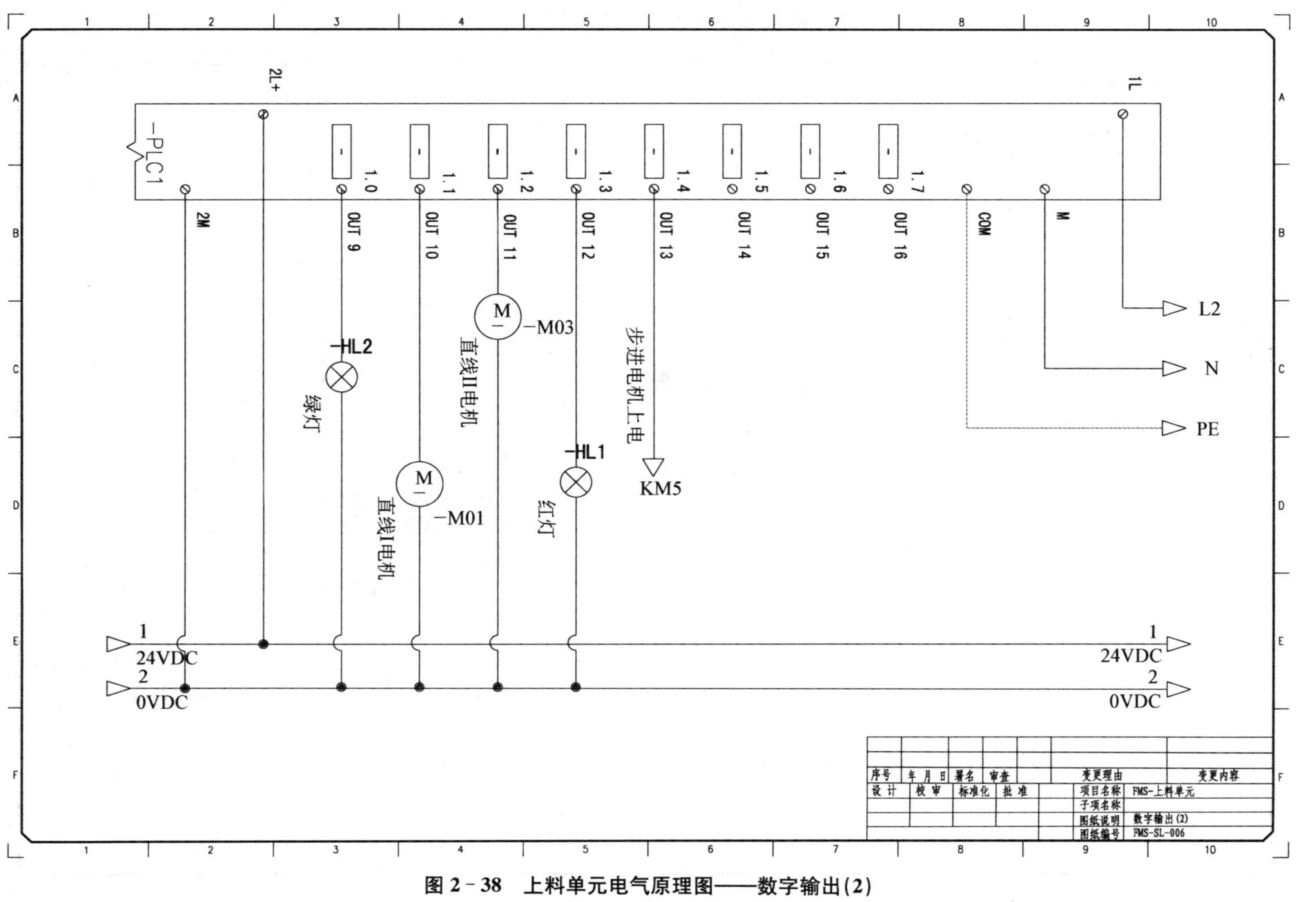

图 2-38　上料单元电气原理图——数字输出(2)

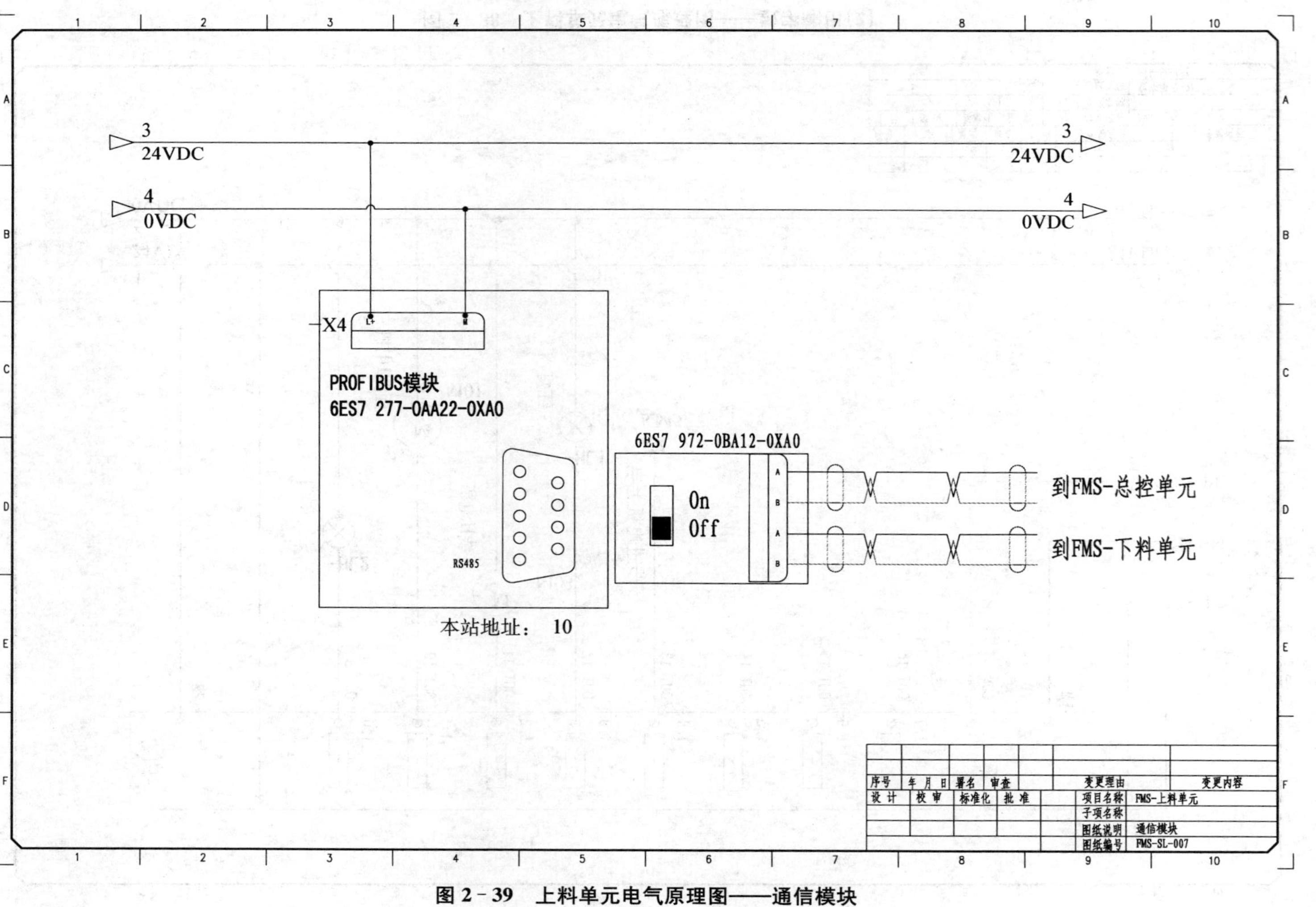

图 2-39 上料单元电气原理图——通信模块

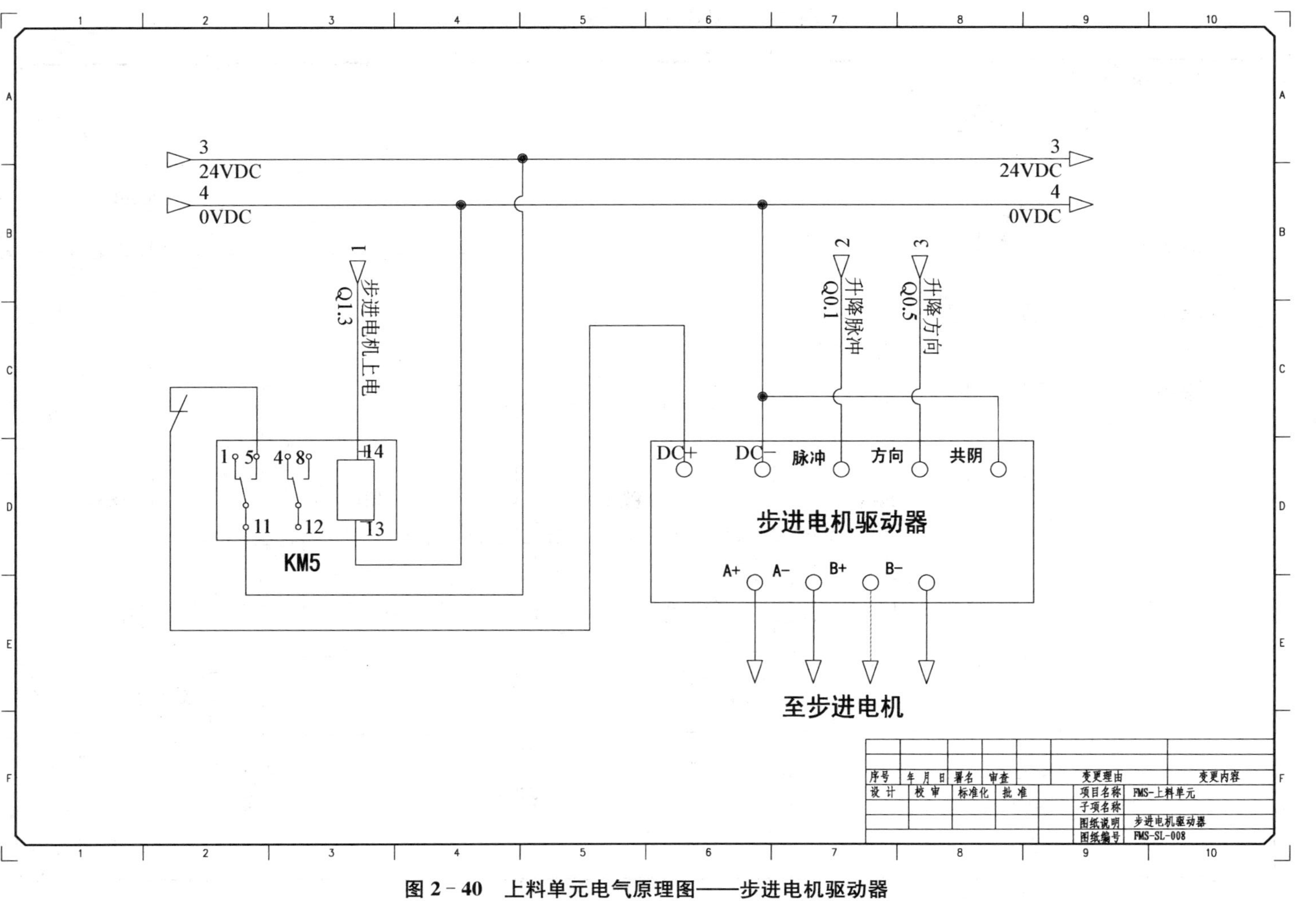

图 2-40　上料单元电气原理图——步进电机驱动器

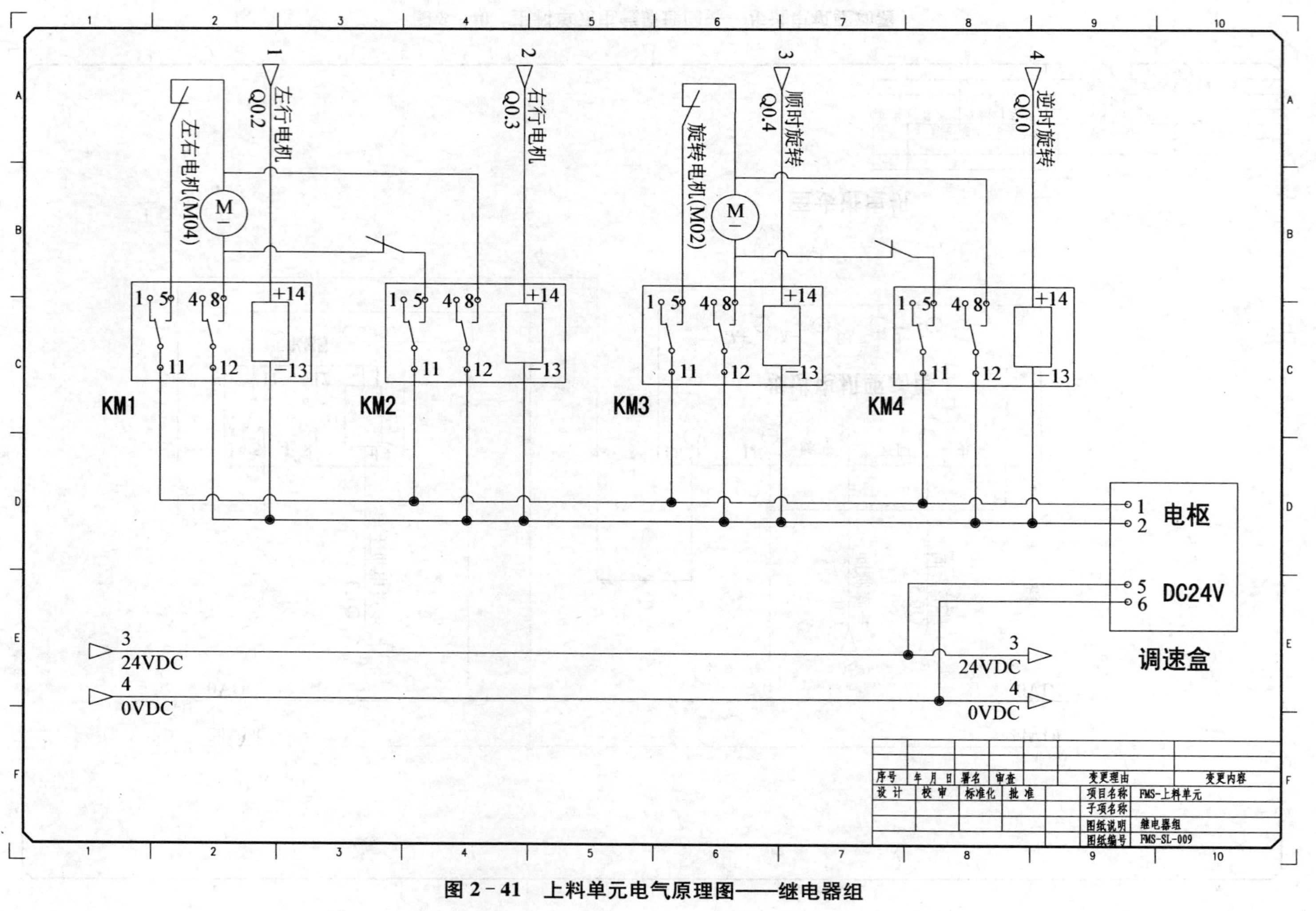

图 2-41 上料单元电气原理图——继电器组

2.1.6　上料单元的编程与单机调试

1. 编程要求

初始状态：升降、行进、旋转电机及直动气缸处于原位，扬臂呈静止状态；吸持工件电磁铁释放；工作指示灯熄灭。

在系统全程运行时两直线电机驱动传送带始终保持运行状态（系统启动即开始运转）。

(1) 启动后，工作指示灯发光，直流电机驱动齿轮齿条动作，上料单元左行至铣床方向。

(2) 上料单元左行到位后，气动回路的电磁换向阀动作，气缸活塞杆伸出，带动电磁铁下降。

(3) 气缸活塞杆伸出到位后，电磁铁得电，通过主体工件上安装的金属条吸取工件主体。吸持工件3秒后，气动回路电磁换向阀复位，气缸活塞杆收回，电磁铁持工件回缩（若一次吸合未果，即安装在电磁铁上的微动开关未发出信号，蜂鸣器发出音响报警信号）。

(4) 安装在电磁铁上的微动开关发出信号表示完成吸合且气缸回缩归位后，直流电机驱动齿轮齿条动作，上料单元反向右行。

(5) 上料单元右行到位后，步进电机切换继电器得电，发出升降脉冲信号。同步带驱动扬臂持工件上行。

(6) 扬臂上行到位后，步进电机切换继电器失电，此时直流电机带动行星齿轮动作，使扬臂持工件顺向旋转180°，将工件送至下料单元入口处。

(7) 扬臂旋转到位后，气动回路的电磁换向阀动作，气缸活塞杆伸出，带动电磁铁持工件下降。

(8) 气缸活塞杆伸出到位后，电磁铁失电，对准下料口释放工件，2秒后气动回路电磁换向阀复位，气缸活塞杆收回。

(9) 气缸回缩到位后，进行2秒延时，启动旋转直流电机带动行星齿轮动作，使扬臂逆向旋转。

(10) 气缸回缩且扬臂逆转180°回到初始位置后，步进电机切换继电器再次得电，扬臂升降方向为“＋”（选中下行），且发出升降脉冲信号。此时同步带驱动扬臂下行。

(11) 扬臂下行到位后，工作指示灯熄灭，系统回复初始状态。

按上述分析，可画出控制程序流程图，如图2－42所示。

2. 控制方式说明

上料单元独立运行时具有自动、手动两种控制方式。当选择自动方式时本单元呈连续运行工作状态；当选择手动方式时则相当于步进工作状态，即每按动一次启动按钮系统按设计步骤依次运行一步的运行方式。

在系统运行期间若按下停止按钮，执行动作立即停止；再按下启动按钮，将在上一停顿状态继续运行。

当发生突发事故时，应立即拍下急停按钮，系统将切断PLC负载供电即刻停止运行（此时所有其他按钮都不起作用）。排除故障后需旋起急停按钮，并按下复位按钮，待各机构回复初始状态后按下启动按钮，本单元方可重新开始运行。

3. 调试运行

在编写、传输、调试程序的过程中，能进一步了解掌握设备调试的方法、技巧及注意点，培养严谨的作风，需做到以下几点：

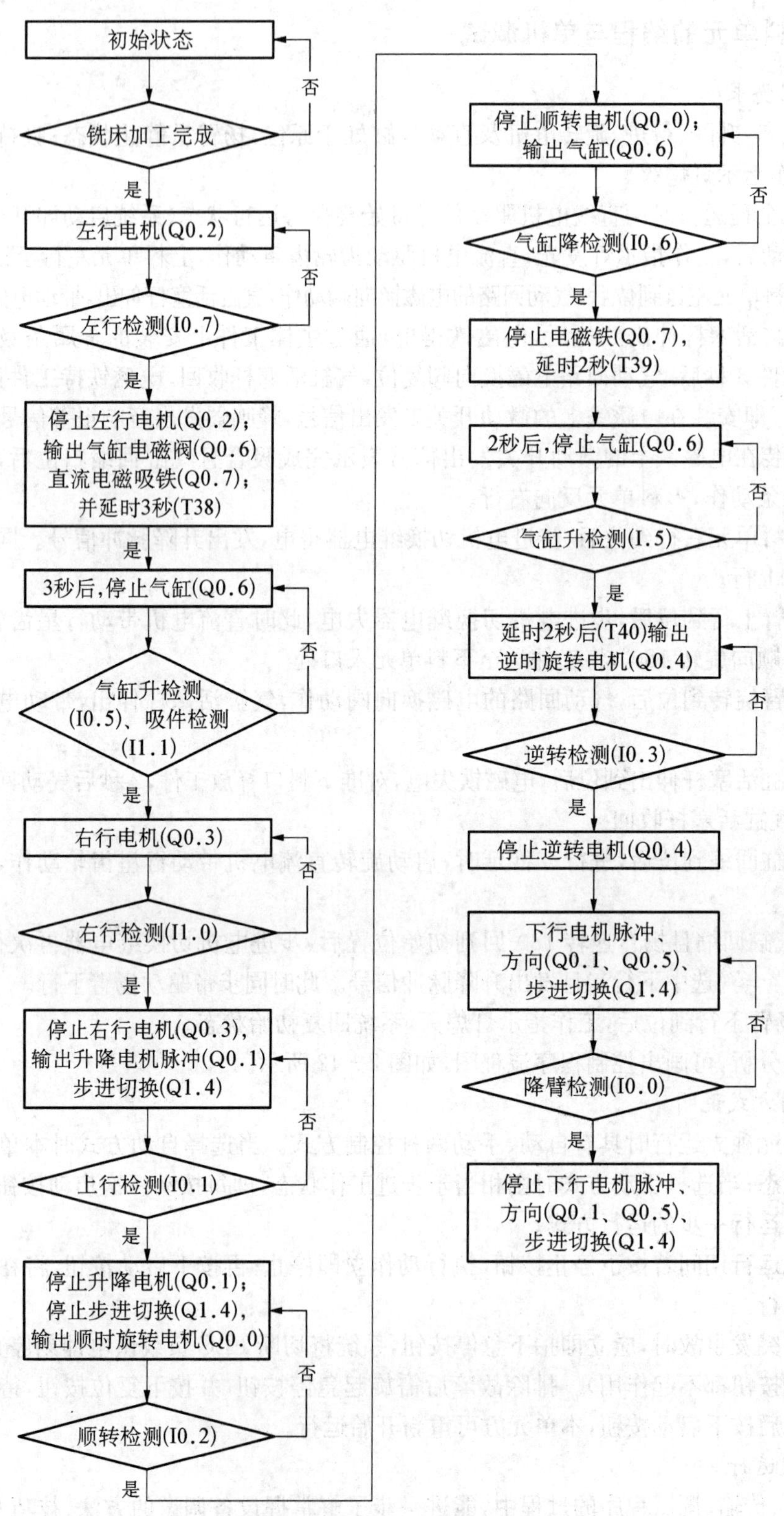

图 2-42　控制程序流程图

(1) 在下载、运行程序前，必须认真检查程序，在检查程序时，重点检查：各个执行机构之间是否会发生冲突；采用了什么样的措施避免冲突；同一执行机构在不同阶段所做的动作是否区分开了（只有认真、全面检查了程序，并确定准确无误时，才可以运行程序。若在不经过检查的情况下直接在设备上运行所编写的程序，如果程序存在问题，就很容易造成设备损坏和人员伤害）。

(2) 在调试过程中，仔细观察执行机构的动作，如果动作有误，应分析程序可能存在的问题。如果程序能够实现预期的控制功能，则应该多运行几次，以便检查其运行的稳定性，然后进行程序优化。

(3) 总结经验，把调试过程中遇到的问题、解决的方法记录下来。

(4) 在运行过程中，应该在现场时刻注意设备运行情况，一旦发生执行机构相互冲突事件，应该及时采取措施（如急停、切断执行机构控制信号、切断气源和切断总电源等），以免造成设备的损坏。

上料单元训练项目的评分标准参考表 2－7。

表 2－7 评分表

训练项目	训练内容	训练要求	教师评分
上料单元	1. 程序和图纸(30 分) 电路图 气路图 程序清单	电路图和气路图绘制有错误，每处扣 0.5 分； 电路图和气路图符号不规范，每处扣 0.5 分	
	2. 连接工艺(30 分) 电路连接工艺 气路连接工艺 机械安装及装配工艺	端子连接处没有线号，每处扣 0.5 分； 端子连接压线不牢，每处扣 0.5 分； 电路接线没有绑扎或电路接线凌乱，扣 2 分； 气路连接未完成或有错，每处扣 2 分； 气路连接有漏气现象，每处扣 1 分； 气缸节流阀调整不当，每处扣 1 分； 气路没有绑扎或气路连接凌乱，扣 2 分	
	3. 测试与功能(30 分)	启动、停止方式不按照控制要求，扣 1 分； 运行测试不满足要求，每处扣 0.5 分	
	4. 职业素养(10 分)	团队合作配合紧密； 现场操作安全保护符合安全操作规程； 工具摆放、导线线头等处理符合职业岗位的要求	

2.1.7 重点知识、技能归纳

步进电机是上料单元的运动执行元件，其功能是将电信号转换成机械手的位移。SIMATIC S7－200 CPU22X 系列 PLC 设有高速脉冲输出，输出频率可达 20 kHz，用于 PTO 和 PWM，输出的高速脉冲用于对步进电机进行速度和位置的控制。

通过该任务的完成，掌握 PLC 编程、调试和检修的方法及对步进电机的控制方法，加强团队合作意识。

2.1.8 工程素质培养

(1) 了解当前国内外主要的步进电机生产厂家和步进电机技术的进展、应用领域。

(2) 步进电机驱动器的参数和外部端口较多，查阅步进电机和驱动器厂家资料，认识所有外部端口的作用，进一步掌握步进电机与步进电机驱动器安装、调试的方法。

任务 2.2 下料单元安装与调试

学习目标

(1) 掌握间歇机构、同步齿形带等机械结构传动的过程，了解本单元的工作过程。

(2) 了解传感器的功能和在下料单元中的作用。

(3) 掌握电气原理图和电气接线的方法。

(4) 掌握用 PLC 控制下料单元的工作过程并编写程序。

任务描述

学生根据控制要求，选择所需元器件和工具，绘制电路图，熟悉 I/O 分配，编写程序并调试，完成下料单元的工作过程。

2.2.1 认识下料单元

下料单元的主要功能是将前站送入本单元下料仓的工件主体，通过直流电机驱动间歇机构带动同步齿形带使之下落，工件主体下落至托盘后经传送带向下站运行。

本单元主体结构组成如图 2－43 所示，包括间歇轮、同步齿形带、同步轮、传送电机、直线单元、工作指示灯等。

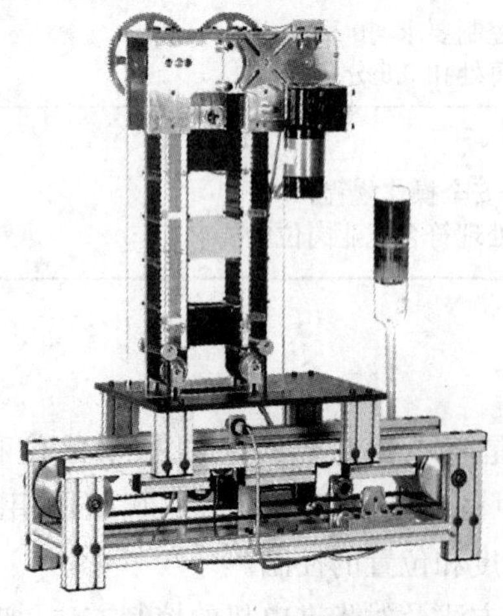

图 2－43 下料单元

图 2－44 常用的齿轮传动机构

2.2.2　相关知识:齿轮传动和带传动机构认知及应用

1. 齿轮传动机构的认知

常用齿轮传动机构如图 2－44 所示。

齿轮传动都是依靠主动齿轮和从动齿轮的齿廓之间的啮合传递运动和动力的,其优缺点如表 2－8 所示。齿轮传动机构的结构图如图 2－45 所示。

表 2－8　齿轮传动的优缺点

类型	优　点	缺　点
齿轮传动	1. 瞬时传动比恒定; 2. 适用的圆周速度和传动功率范围较大; 3. 传动效率较高、寿命较长; 4. 可实现平行、相交、交错轴间传动; 5. 蜗杆传动的传动比大,具有自锁能力	1. 制造和安装精度要求较高; 2. 生产使用成本高; 3. 不适用于距离较远的传动; 4. 蜗杆传动效率低,磨损较大

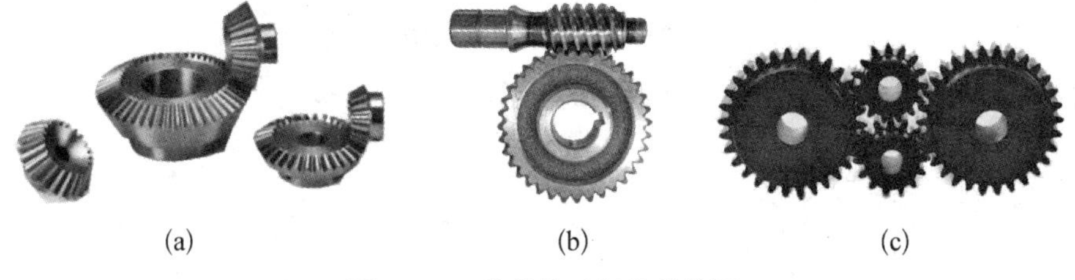

(a)　(b)　(c)

图 2－45　齿轮传动机构结构图

2. 带传动机构认知

自动化生产线机械传动系统中常利用带传动方式实现机械部件之间的运动和动力的传递。带传动机构主要依靠带与带轮之间的摩擦或啮合来进行工作,可分为摩擦形带传动和啮合形带传动,其传动结构如图 2－46 所示。

图 2－46　带传动结构图

由于啮合形带传动在传动过程中传递功率大,传动精度较高,所以在自动化生产线中使用较为广泛。

应用:带传动机构特别是啮合形同步带传动机构目前被大量应用在各种自动化装配专机、自动化装配生产线、机械手及工业机器人等自动化生产机械中,同时还广泛应用在包装机械、仪器仪表、办公设备及汽车等行业。

功能:同步带传动机构主要用于传递电机转矩或提供牵引力使其他机构在一定范围内做往复运动(直线运动或摆动运动)等功能。

2.2.3 下料单元的机械装配与调整

扫码见下料单元视频

首先把下料单元各零件组合成整体安装时的组件，然后把组件进行组装。所组合成的组件包括：间歇机构组件、同步带传动组件、螺杆调节结构组件、螺杆锁紧结构组件、张紧机构组件等。

间歇机构结构图如图 2-47 所示。

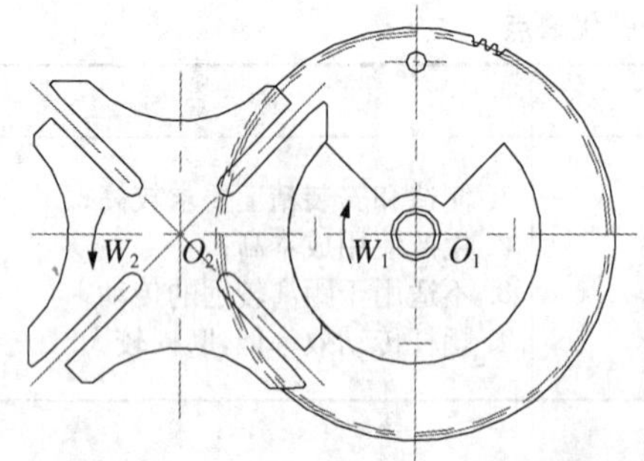

机构名称：间歇机构

工作特性：O_2 轴转动与停止的时间比为 1∶3。

本机构应用目的：控制传动模块。

图 2-47　间歇机构结构图

同步齿形带传动机构结构图如图 2-48 所示。

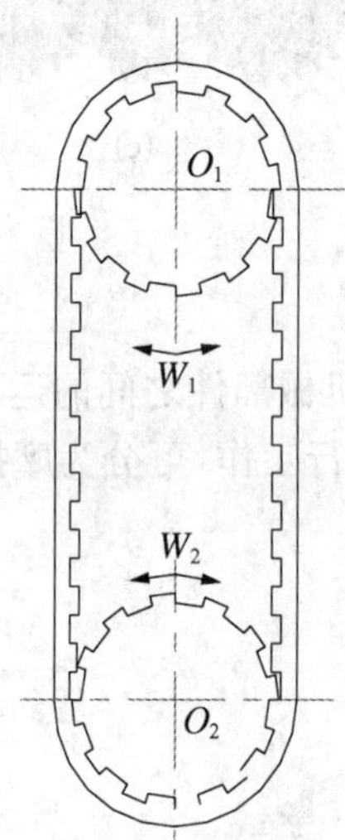

机构名称：同步齿形带传动机构

工作特性：平稳、无噪声，传动中无滑动周向位移，使 $W_2=W_1$。

本机构应用目的：竖直同步传送模块。

图 2-48　同步齿形带传动机构结构图

螺杆调节机构结构图如图 2-49 所示。

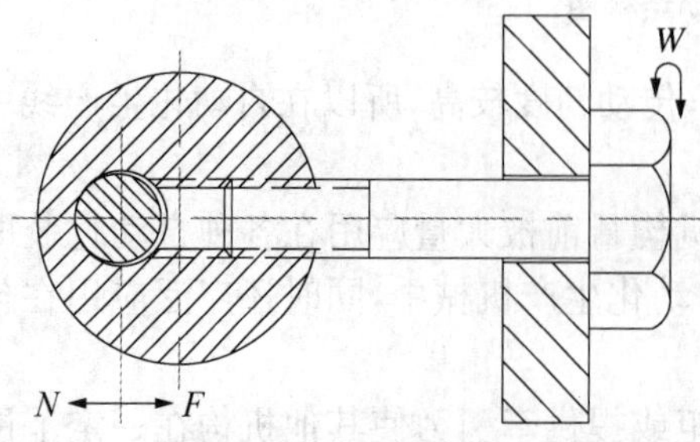

机构名称：螺杆调节机构

工作特性：结构简单、工作可靠。

本机构应用目的：皮带张紧调节，机体紧定。

图 2-49　螺杆调节机构结构图

同步机构结构图如图 2－50 所示：

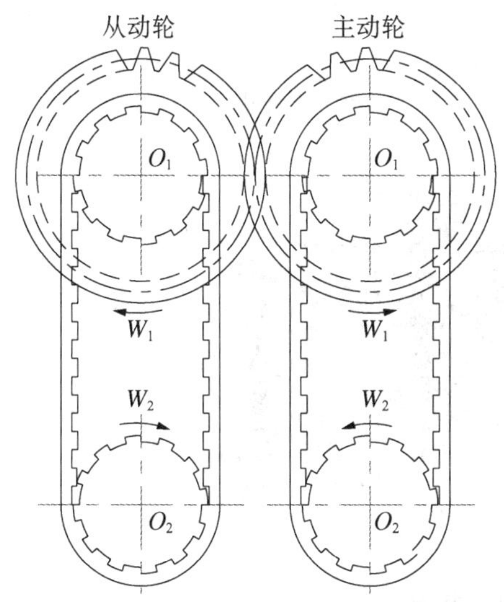

机构名称：同步机构

工作特性：由两个相同的齿轮构成，保证两个同步带下降速度的一致性。

本机构应用目的：使工件进入存储料仓过程中保持水平状态。

图 2－50　同步机构结构图

同步带所使用的张紧机构由弹簧和弹片构成，将同步带向内侧压紧，保证同步带夹紧工件主体，不会发生脱落。以上机构协调工作，实现工件主体出/入下料单元的物流处理过程。

1. 下料机构

下料机构如图 2－51 所示。

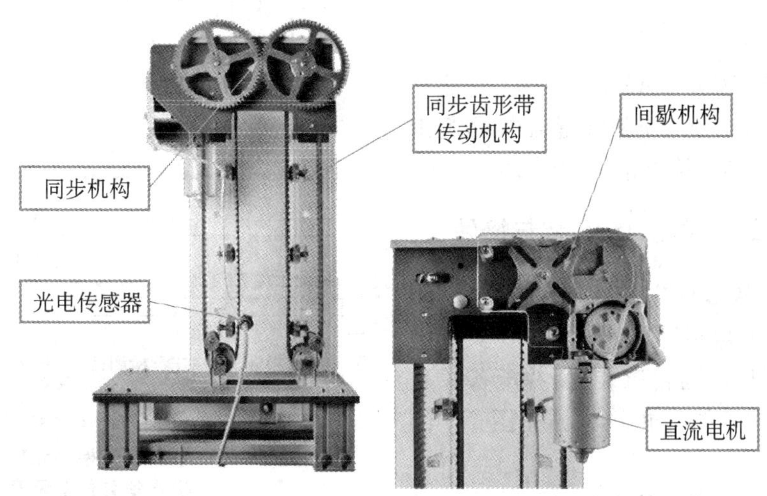

图 2－51　下料机构

(1) 功能或工艺过程。

下料机构的主要功能是将前站送入本单元下料仓的工件主体，通过直流电机驱动间歇机构带动同步齿形带使之下落至直线传送模块的托盘上。

(2) 技术参数。

间歇机构轴转动与停止的时间比为 1∶3、直流电机转速为 180 r/min，光电传感器检测范围在 200 mm 内可调。

2. 直线传送模块

直线传送模块如图 2－52 所示。

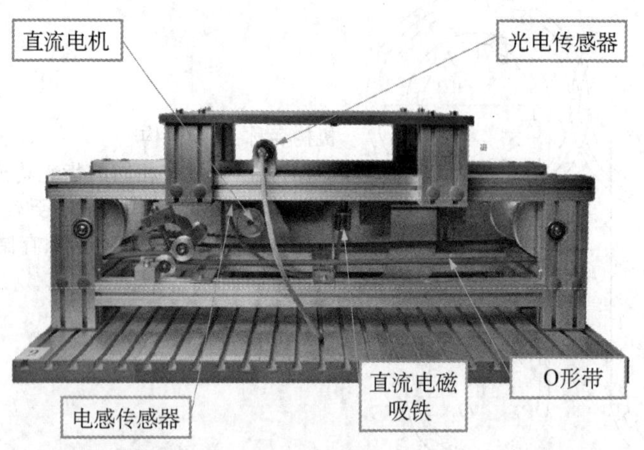

图 2－52 直线传送模块

(1) 功能或工艺过程。

电容传感器检测是否有托盘，工件主体从下料机构中下落至托盘后，经光电传感器检测是否有件，若有件则电磁铁吸合，放行传送至下站。

(2) 技术参数。

传送行程 750 mm、O 形带传送、直流电机 DC 24 V 55 r/min、电感传感器检测范围 10 mm、光电传感器检测范围 50～200 mm。

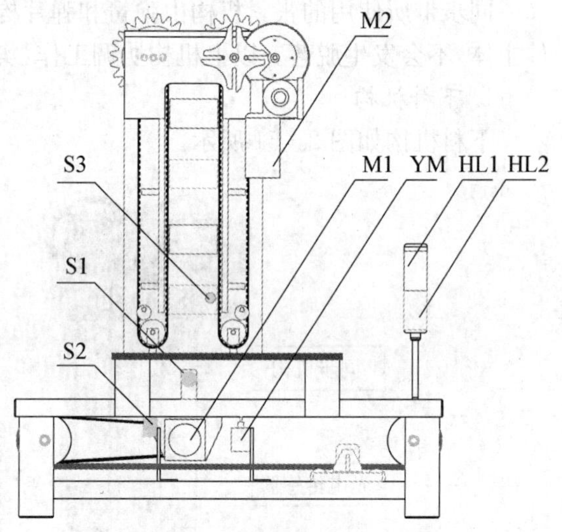

S1—工件检测；S2—托盘检测；S3—料仓底部工件检测；M1—传送电机；M2—下料电机；YM—直流电磁铁；HL1—红色指示灯；HL2—绿色指示灯

图 2－53 下料单元检测元件、控制机构安装位置示意图

2.2.4 下料单元 PLC 的安装与接线

为实现本单元的控制功能，在结构的相应位置装设了光电传感器、电感式传感器、电容式传感器等检测与传感装置，并配备了直流电机、电磁铁等执行机构。详见图 2－53 所示。

下料单元各元件如表 2－9 所示：

表 2－9 下料单元检测元件、执行机构和控制元件一览表

类别	序号	编号	名 称	功 能	安装位置
检测元件	1	S1	电感式传感器	检测托盘的位置	直线单元上
	2	S2	光电传感器	检测托盘上是否有工件	直线单元上
	3	S3	电容式传感器	检测料仓底部是否有工件	料仓下部

续　表

类别	序号	编号		名　称	功　能	安装位置
执行机构等	1	M1		直流电机	驱动直线单元传送带	直线单元上
	2	M2		直流电机	驱动间歇机构	料仓上
	3	M3		直流电机	驱动滚筒形转角单元	下料单元旁的转角单元
	4	YM		直流电磁铁	控制托盘位置	直线单元上
	5	HL	HL1	红色指示灯	显示工作状态	直线单元侧
			HL2	绿色指示灯	显示工作状态	
	6	HA1		蜂鸣器	事故报警	控制板
	7	HA2		蜂鸣器	事故报警	控制板

要实现 PLC 对下料单元运行过程的控制，首先要绘制系统电气原理图和进行基本的 I/O 分配，然后进行软件程序的编制。下料单元 PLC 的 I/O 信号如表 2－10 所示。PLC 的 I/O 接线原理图，如图 2－54 至图 2－59 所示。

表 2－10　下料单元 I/O 分配表

形式	序号	名　称	PLC 地址	编号	地址设置
输入	1	工件检测	I0.0	S2	EM277 总线模块设置的站号为：8 与总站通信的地址为：2～3
	2	托盘检测	I0.1	S1	
	3	料槽底层工件检测	I0.2	S3	
	4	手动/自动按钮	I2.0	SA	
	5	启动按钮	I2.1	SB1	
	6	停止按钮	I2.2	SB2	
	7	急停按钮	I2.3	SB3	
	8	复位按钮	I2.4	SB4	
输出	1	下料电机	Q0.0	M2	
	2	绿色指示灯	Q0.1	HL2	
	3	直流电磁铁	Q0.2	KM	
	4	传送电机	Q0.3	M1	
	5	转角电机	Q0.4	M3	
	6	红色指示灯	Q0.5	HL1	
	7	蜂鸣器报警	Q1.6	HA1	
	8	蜂鸣器报警	Q1.7	HA2	
发送地址		V2.0～V3.7(200PLC⟶300PLC)			
接收地址		V0.0～V1.7(200PLC⟵300PLC)			

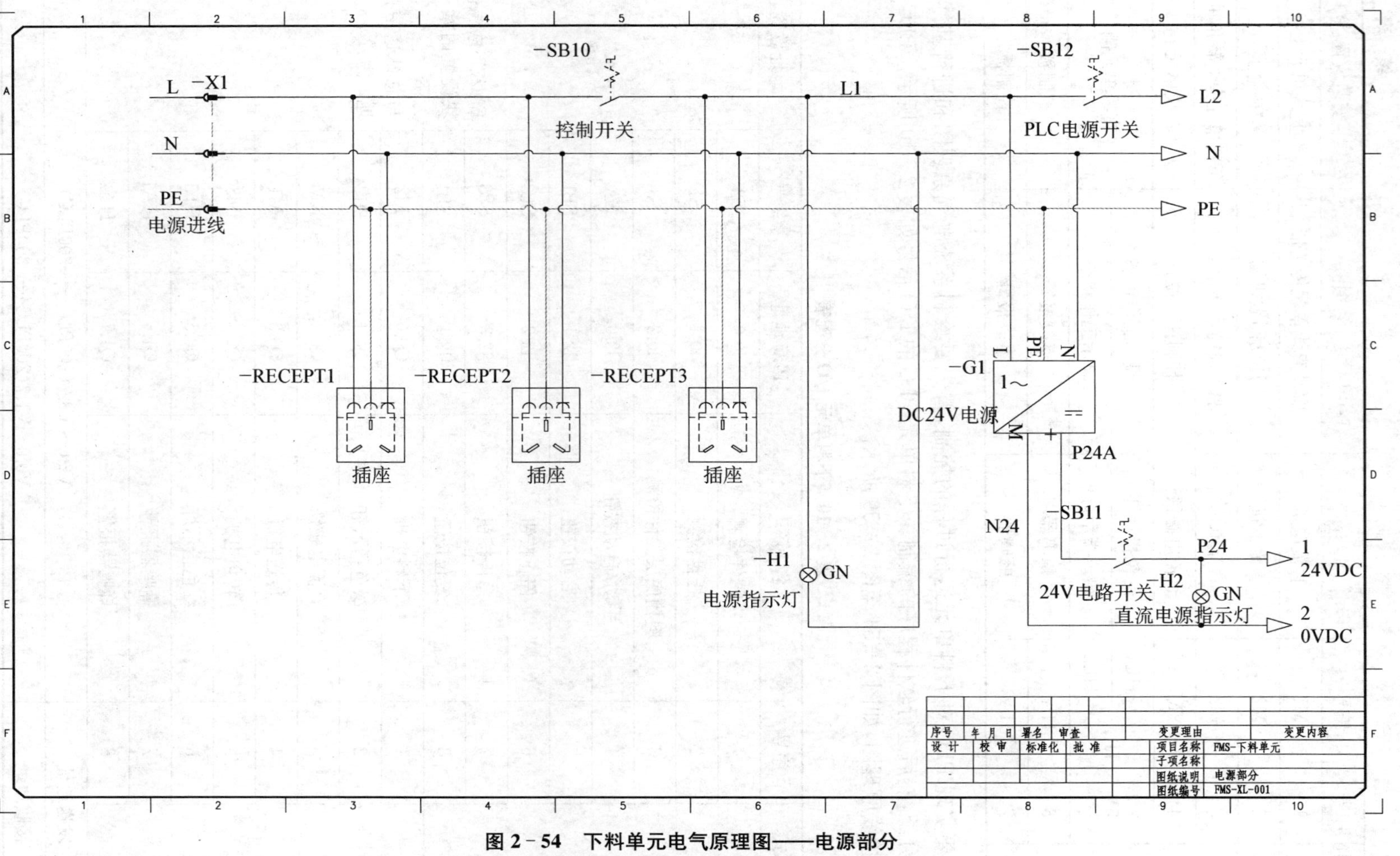

图 2-54　下料单元电气原理图——电源部分

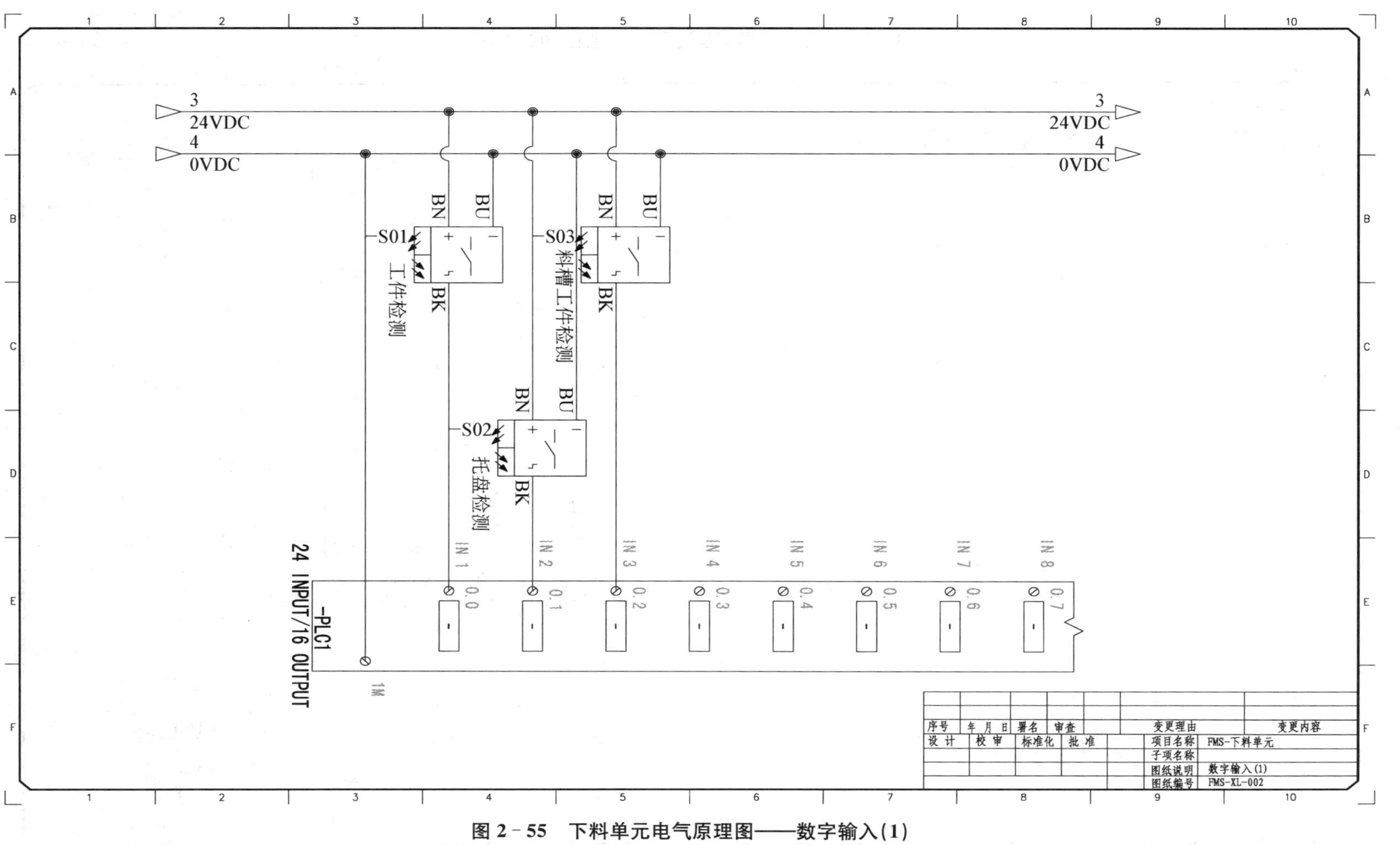

图 2-55　下料单元电气原理图——数字输入(1)

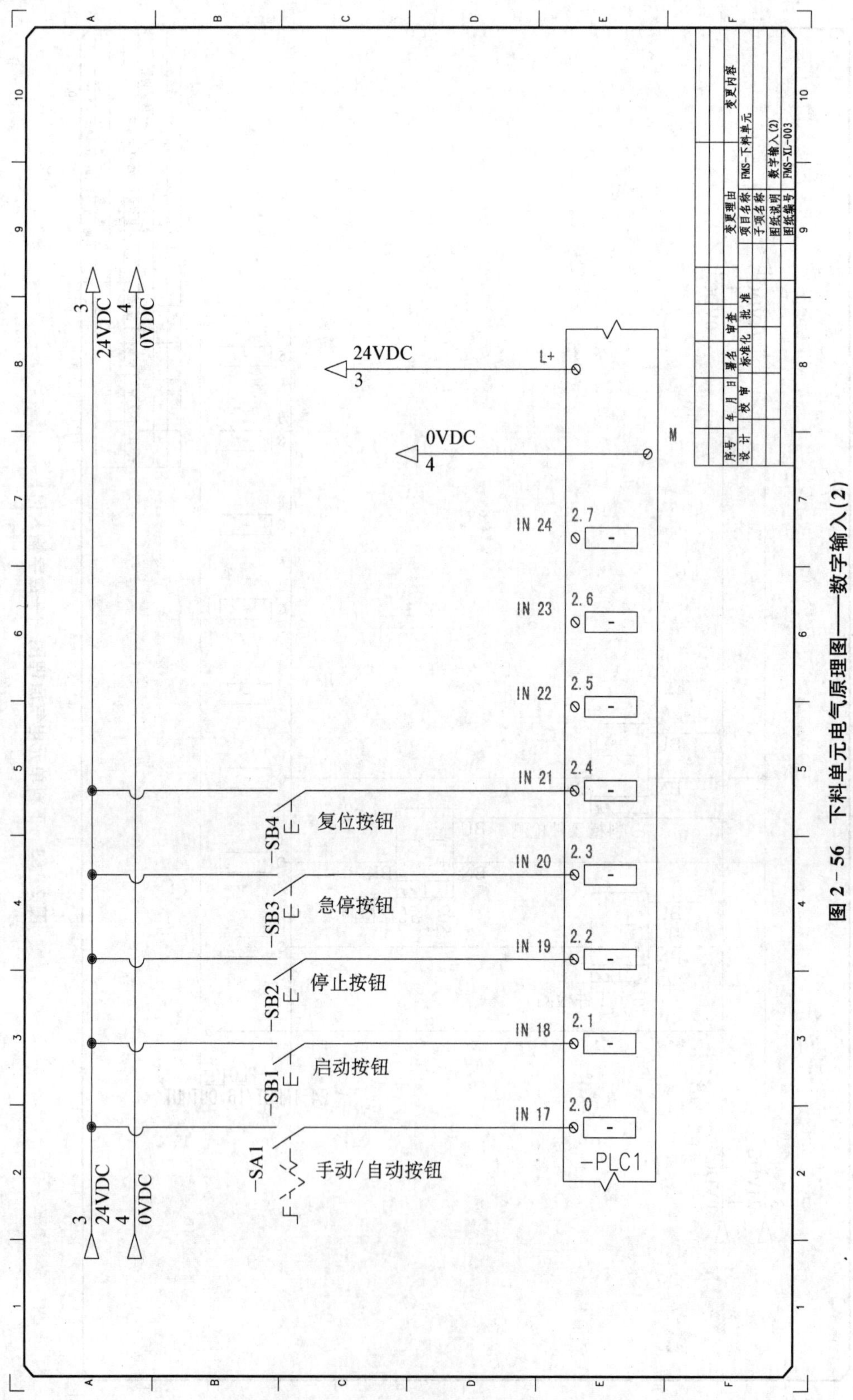

图 2-56 下料单元电气原理图——数字输入(2)

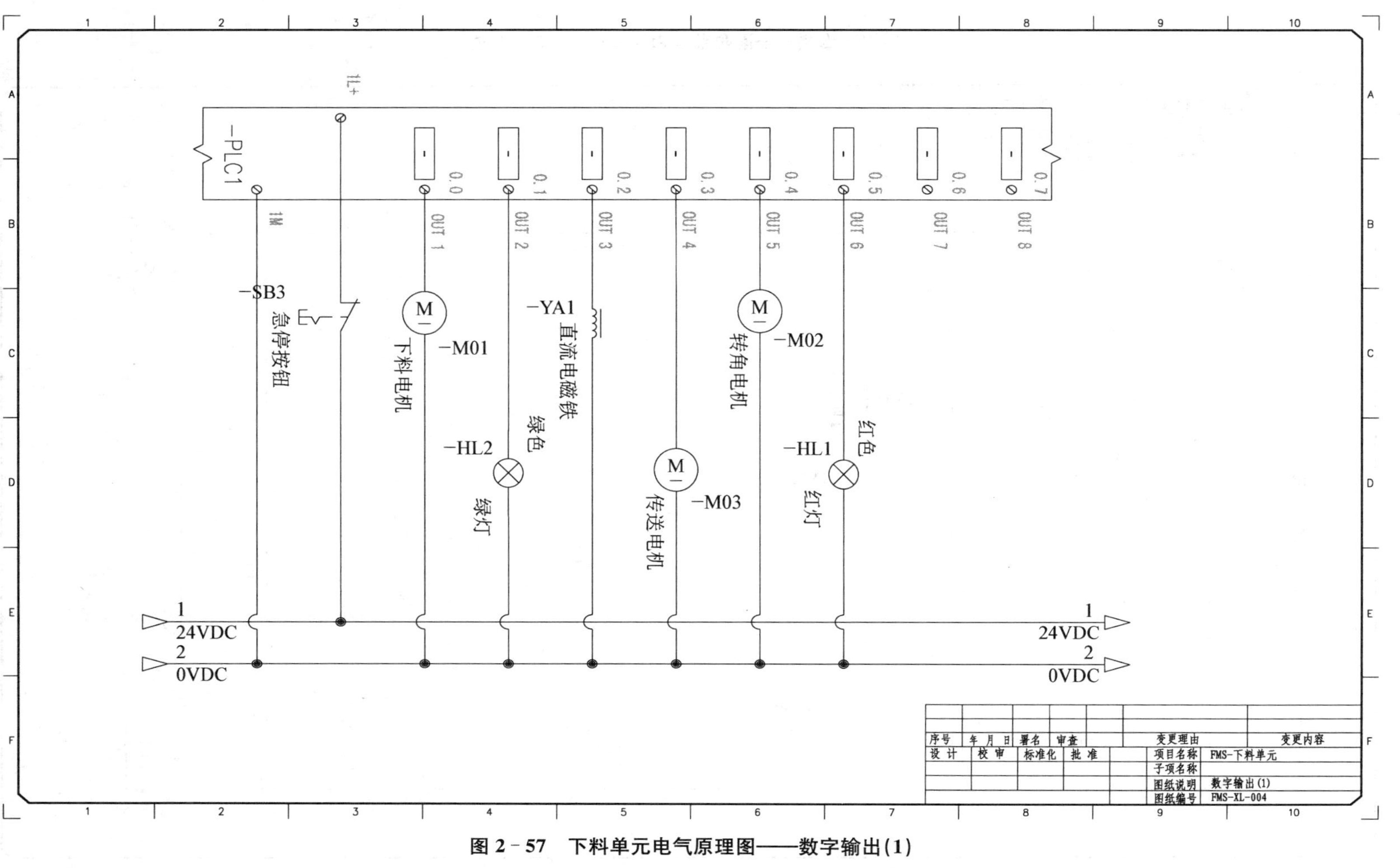

图 2－57　下料单元电气原理图——数字输出(1)

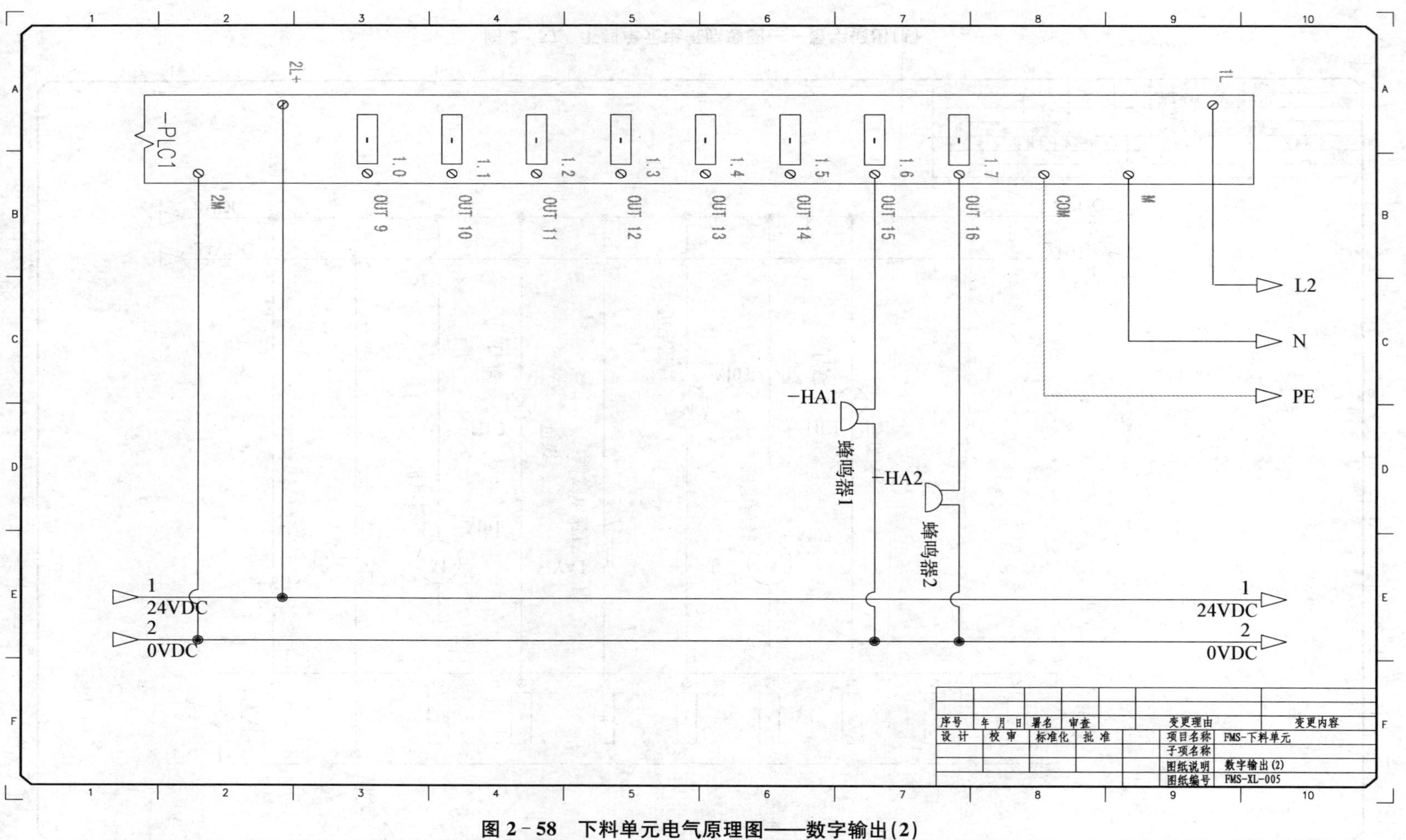

图 2-58 下料单元电气原理图——数字输出(2)

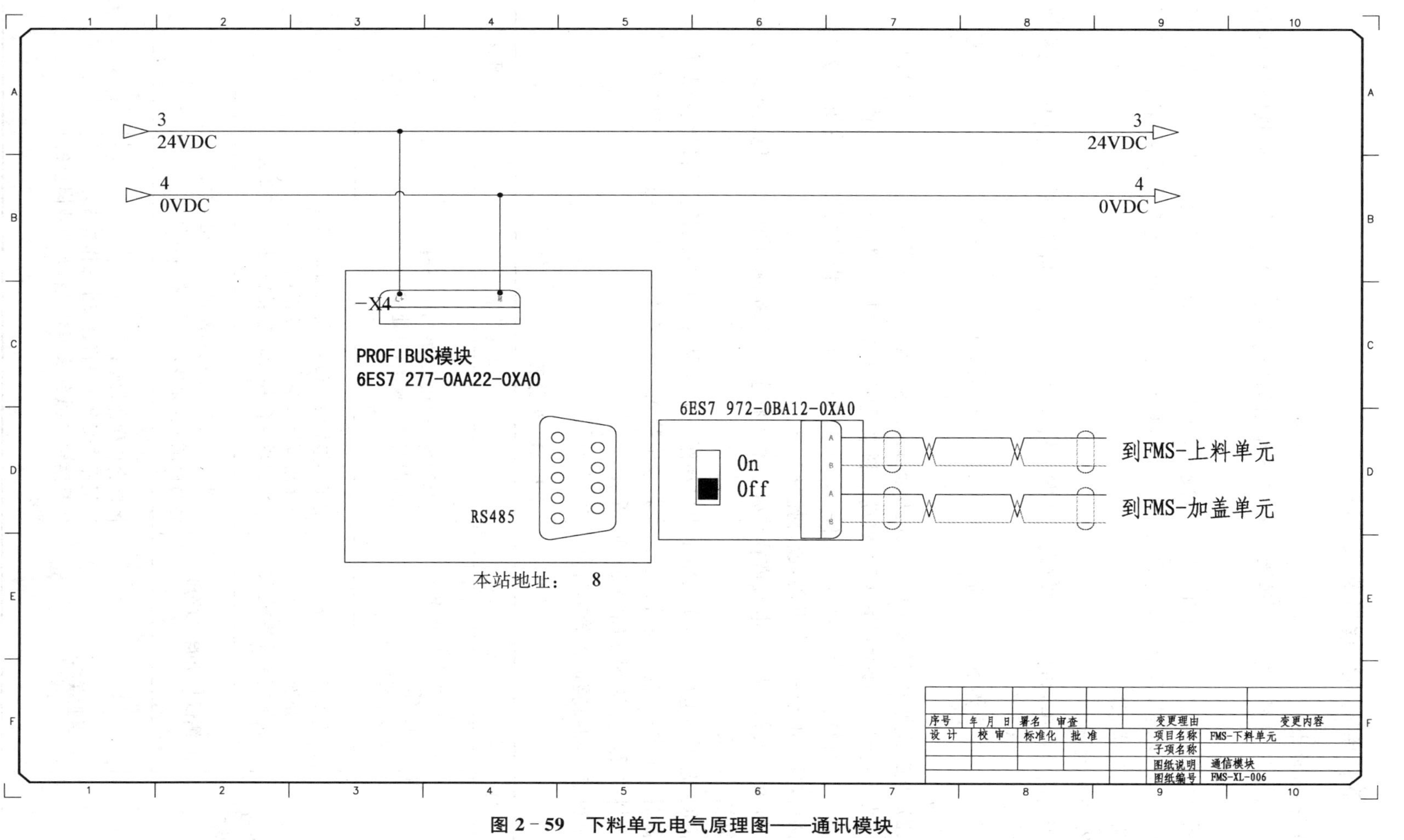

图 2-59　下料单元电气原理图——通讯模块

2.2.5 下料单元的编程与单机调试

1. 编程要求

初始状态：直线及转角二传送电机、下料电机均处于停止状态；直流电磁铁竖起禁行；工作指示灯熄灭。

系统启动运行后本单元红色指示灯发光；直线电机、转角电机驱动二传送带开始运转且始终保持运行状态(分单元运行时可选用与 PLC 运行/停止同状态的特殊继电器保持二传送电机的运行状态)。

2. 系统运行

当前站上料单元向料仓中放入工件发出信号，经过 4 秒时间确认后，启动下料电机执行将工件主体下落动作。

(1) 当工件主体下落 6 秒后，若无托盘到位信号，则停止下料电机运行，将工件置于料仓中等待。

(2) 当托盘到达定位口时，底层的电感式传感器发出检测信号，红色指示灯熄灭，绿色指示灯发光；经过 2 秒时间确认后，启动下料电机继续执行将工件主体下落动作。

(3) 检测到托盘到位信号，当工件下落至托盘时，工件检测传感器发出检测信号，延时 3 秒确认后，直流电磁铁吸合下落，放行托盘。

(4) 托盘放行 2 秒后，电磁铁释放处于禁止状态，绿色指示灯熄灭，红色指示灯发光，系统回复初始状态。

说明：若下料电机从料仓入口至出口动作一个行程后工件检测传感器仍无检测信号，此时报警器发出警报，提示运行人员需在料仓中装入工件(本套设备中通过延时进行控制)。

下料单元程序流程图如图 2－60 所示。

下料单元项目实训评分标准如表 2－11 所示。

表 2－11 评分表

训练项目	训练内容	训练要求	教师评分
下料单元	1. 程序和图纸(30 分) 电路图 程序清单	电路绘制有错误，每处扣 0.5 分； 电路图符号不规范，每处扣 0.5 分	
	2. 连接工艺(30 分) 电路连接工艺 机械安装及装配工艺	端子连接处没有线号，每处扣 0.5 分； 端子连接压线不牢，每处扣 0.5 分； 电路接线没有绑扎或电路接线凌乱，扣 2 分	
	3. 测试与功能(30 分)	启动、停止方式不按照控制要求，扣 1 分； 运行测试不满足要求，每处扣 0.5 分	
	4. 职业素养(10 分)	团队合作配合紧密； 现场操作安全保护符合安全操作规程； 工具摆放、导线线头等处理符合职业岗位的要求	

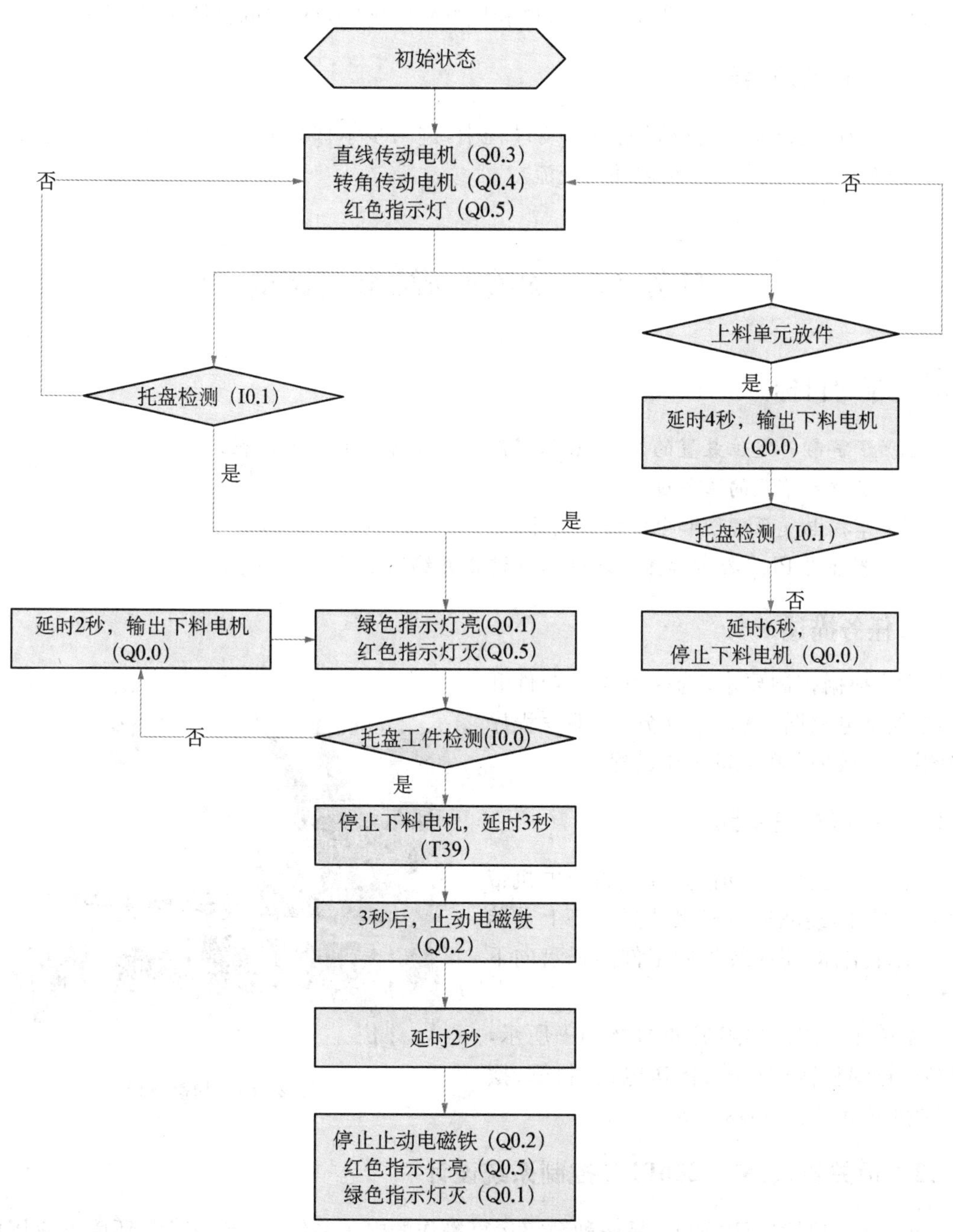

图2-60　下料单元程序流程图

2.2.6 重点知识、技能归纳

通过训练熟悉下料单元的结构，亲身实践了解齿轮传动、带传动、传感器技术、PLC控制技术的应用，并将它们有机融合在一起，体验机电一体化控制技术的具体应用。

2.2.7 工程素质培养

在机械拆装以及电气控制电路拆装过程中，进一步掌握各元件安装、调试的方法和技巧，并组织小组讨论和各小组之间的交流。

任务2.3 加盖单元安装与调试

学习目标

(1) 了解翻转定位装置的工作原理，了解蜗杆减速机的运动过程。

(2) 了解本单元的工作过程。

(3) 掌握电气原理图和电气接线的方法。

(4) 掌握用PLC控制加盖单元的工作过程并编写程序。

任务描述

学生根据控制要求，选择所需元器件和工具，绘制电路图，熟悉I/O分配，编写程序并调试，完成加盖单元的工作过程。

2.3.1 认识加盖单元

加盖单元的主要功能是通过直流电机带动蜗轮蜗杆，经减速电机驱动摆臂将上盖装配至工件主体，完成装配后工件随托盘向下站传送。

本单元主体结构组成如图2-61所示，包括蜗轮蜗杆减速机构、传送电机、料槽、摆臂、直线单元、工作指示灯等。

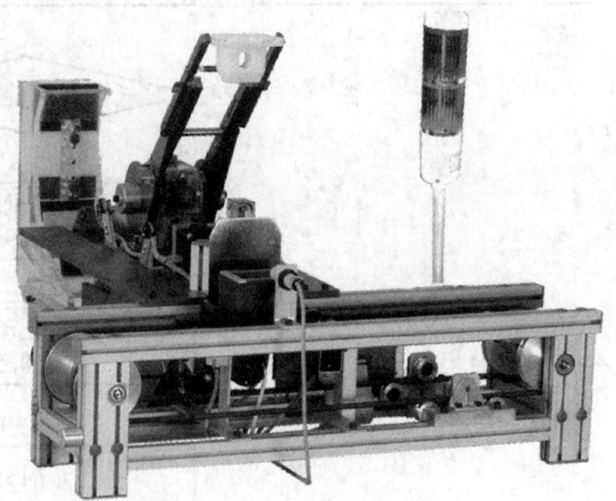

图2-61 加盖单元

2.3.2 相关知识：S7-200PLC控制系统设计

可编程控制器简称PLC，是一种数字运算操作的电子系统，是专为工业环境下应用而设计的控制器。PLC是在电气控制技术和计算机技术的基础上开发出来的，并逐渐发展成为以微处理器为核心，将自动化技术、计算机技术、通信技术融为一体的新型工业控制装置。

S7-200控制系统设计(对电动机正、反转控制)如图2-62所示。

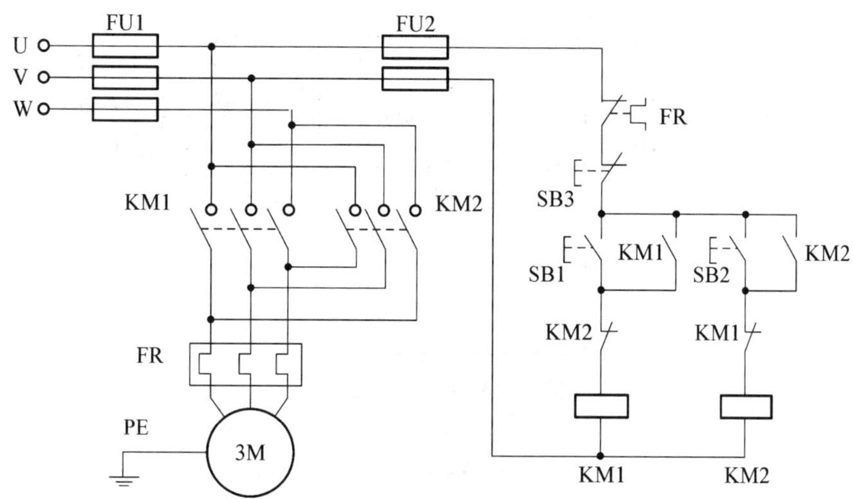

图 2-62　电动机正、反转的电气原理图

1. 对电动机正、反转控制电路说明

控制电路说明:KM1 是控制正转的交流接触器,KM2 是控制反转的交流接触器,SB3 是停止按钮,SB1 是正转控制启动按钮,SB2 是反转控制启动按钮,其中 KM1、KM2 常闭触点互锁。

2. 采用 S7-200 的 PLC 进行分析

分析以上的控制任务就可得知,要使电动机实现正、反转控制,控制线路的主电路不变,PLC 控制系统仍然需要使用两个交流接触器 KM1、KM2 对主电路回路通断进行控制,同时仍然需要热继电器 FR 对电动机进行过载保护。因此,电动机的正、反转 PLC 控制系统设计,主要是对交流接触器 KM1、KM2 以及热继电器 FR 的工作状态的控制,即控制线路的设计。但要注意,为了便于与 PLC 的输出口电气匹配、方便使用,KM1、KM2 选用线圈供电为直流 24 V 的交流接触器。

3. 设置 I/O 分配表

I/O 分配表如表 2-12 所示。

表 2-12　I/O 分配表

序号	符号	名　称	I/O 地址	功能描述
1	SB1	启动按钮	I0.0	正转启动
2	SB2	启动按钮	I0.1	反转启动
3	SB3	停止按钮	I0.2	停止控制
4	FR	热继电器	I0.3	过载保护
5	KM1	正转交流接触器	Q0.0	正转控制
6	KM2	反转交流接触器	Q0.1	反转控制

4. 设计接线图

电气元件接线如图 2-63 所示。

5. 设计工艺流程图

工艺流程如图 2-64 所示。

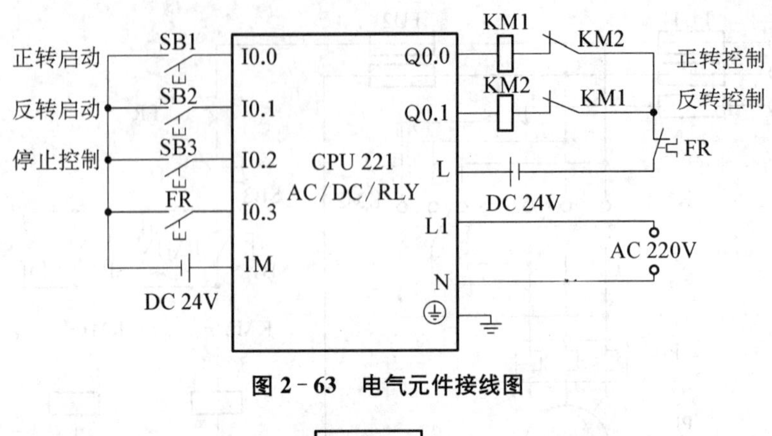

图 2-63 电气元件接线图

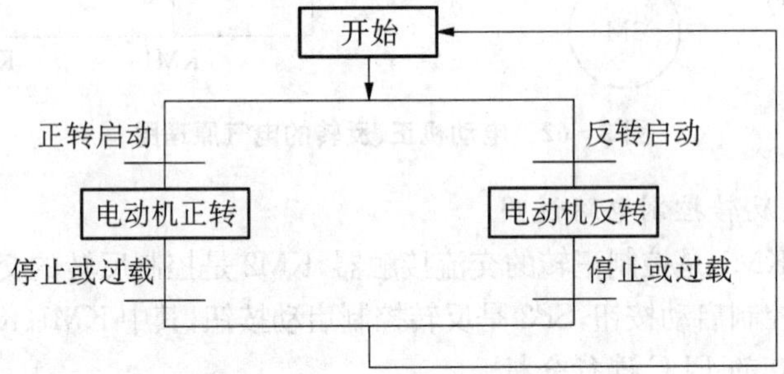

开始

正转启动 反转启动

电动机正转 电动机反转

停止或过载 停止或过载

图 2-64 工艺流程图

6. 软件设计

(1) 打开并进入 STEP 7-Micro/WIN 32 程序编辑窗口。如图 2-65 所示。

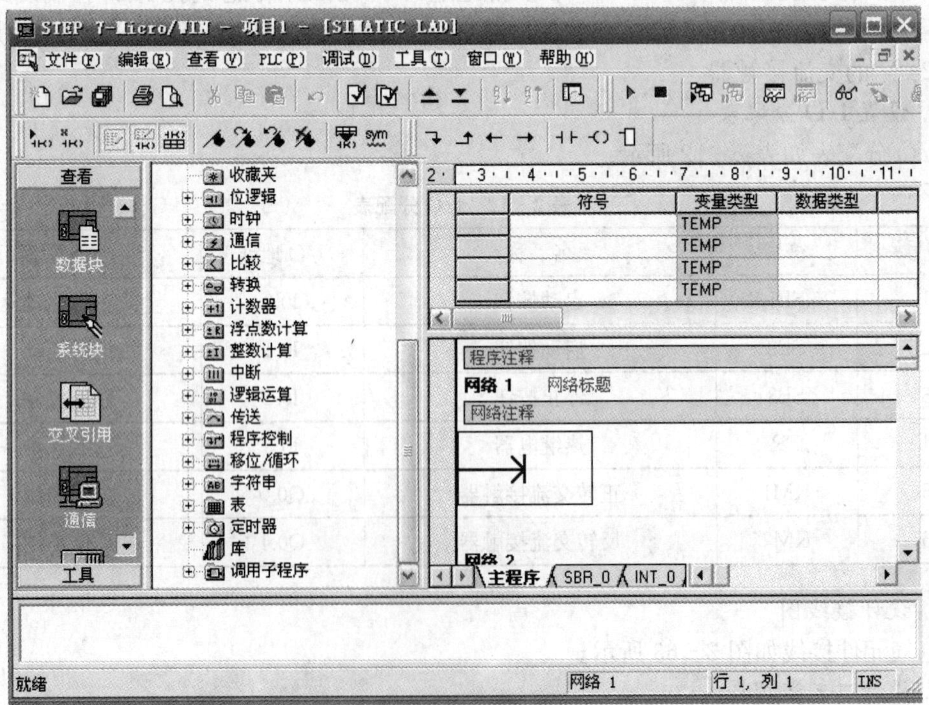

图 2-65 启动编程窗口

（2）建立应用程序的符号表，具体为点击操作栏的“符号表”选项，在程序显示窗口的符号表内输入需要设定的符号名称和地址。如图 2－66 所示。

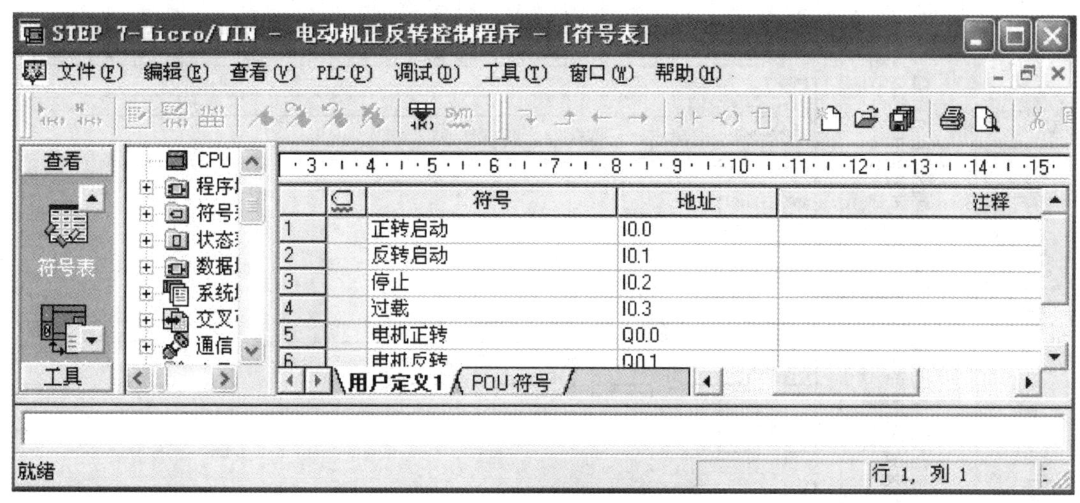

图 2－66　建立应用程序的符号表

（3）设置环境，工具选项程序编辑器符号地址下拉选项中选择“显示符号和地址”→确认。如图 2－67 所示。

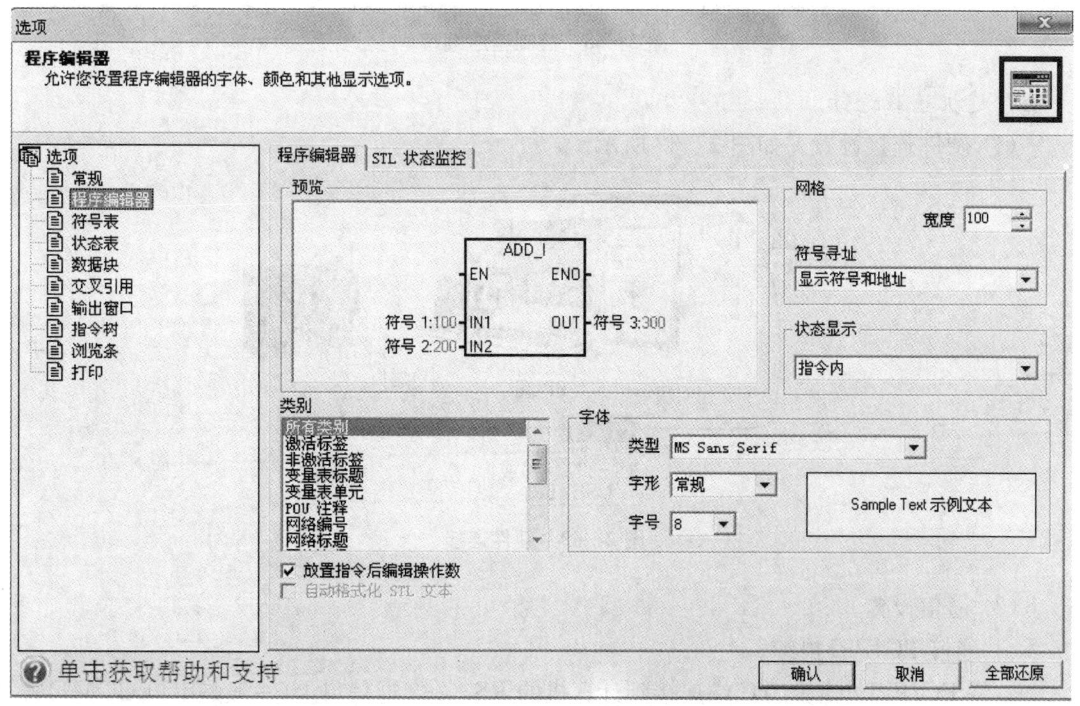

图 2－67　选择“显示符号和地址”

（4）编写具体的控制程序。如图 2－68 所示。

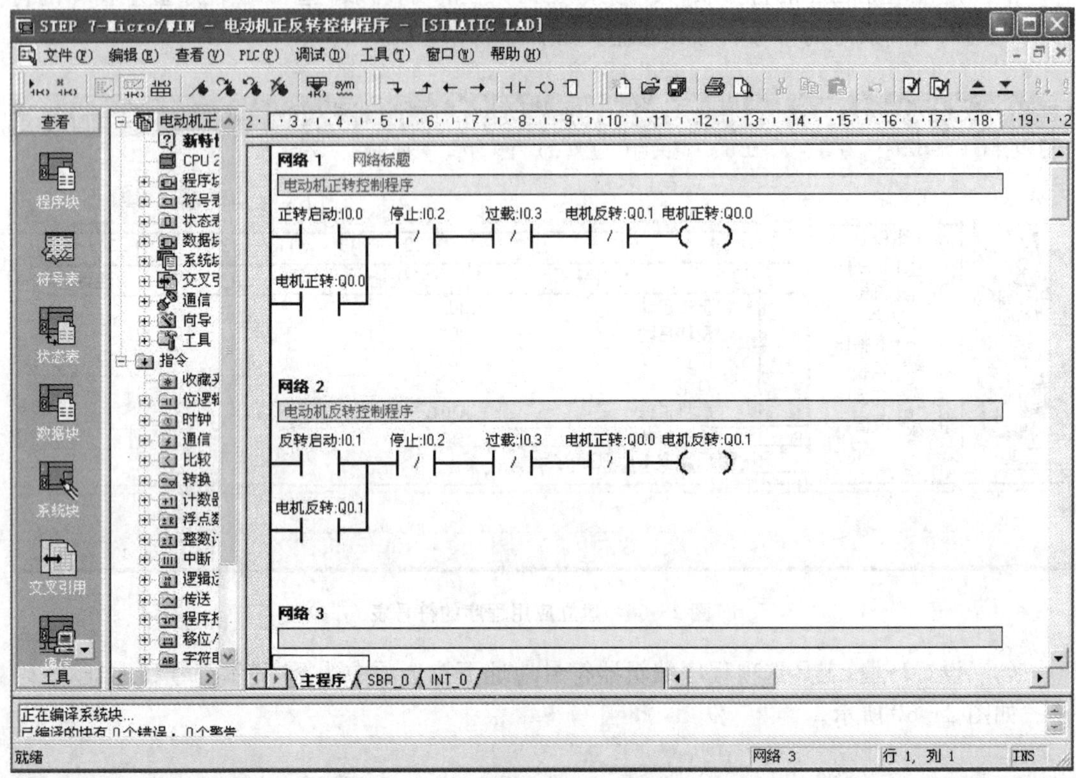

图 2-68 控制程序编写

7. 连机下载运行

(1) 硬件连接设置。如图 2-69 所示。

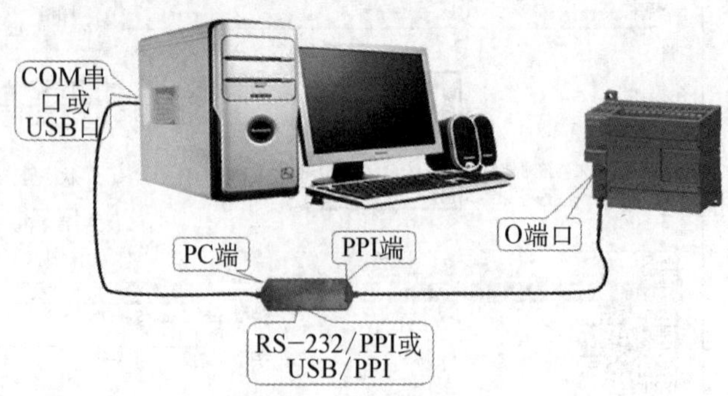

图 2-69 硬件连接

(2) 通信设置。

① 连接 PC/PPI 电缆。

a. 将 PC/PPI 电缆的 PC 端连接到计算机的 RS-232 通信口上(一般是串口 COM1);

b. 将 PC/PPI 电缆的 PPI 端连接到 PLC 的 RS-485 通信口上。

② 进行 STEP 7 Micro/WIN V4.0 SP3 软件的安装。

③ 安装完成后,双击图标,打开 STEP 7 Micro/WIN 画面,系统将自动弹出一个新建项

目对话框。

④ 用户可在程序编辑区进行程序的编写，指令在指令树中寻找。

⑤ 当用户编写完程序后，点击全部编译图标。如图 2－70 所示。

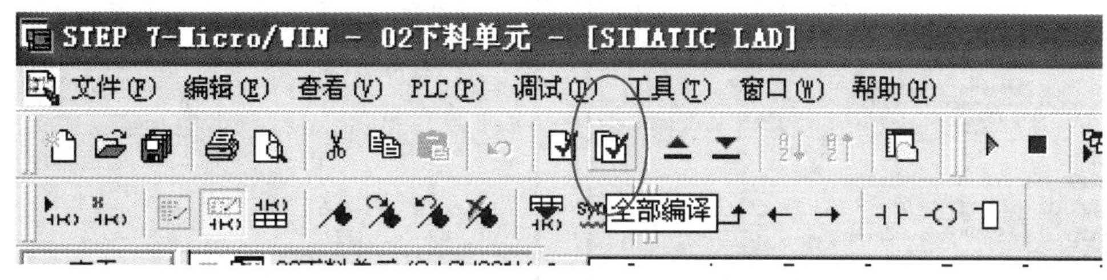

图 2－70 程序编译

查看 STEP 7－Micro/WIN 程序编译程序的结果。输出窗口位于浏览条、指令树和程序编辑器下方。

⑥ 设置 PLC 通信：单击左下角“通信”图标（设置和测试从 PC 至 PLC 的通信网络）后出现下面窗口。

在窗口左侧，您可以将远程 PLC 地址直接输入远程地址列表框。这样当您退出“通信连接”对话框时，将为 STEP 7－Micro/WIN 设置目标 PLC。

双击窗口右侧“刷新”图标，查找当前网址。开始轮询操作，该轮询操作查找网络中的全部 PLC。

⑦ 使用下列方法可查看或修改 PG/PC 接口。

在“设置 PG/PC 接口”对话框中，点击“选择”，存取“安装/取消安装接口”对话框。

a. 从“选择”列表框，选择您已有的硬件类型。在窗口下方会显示您的选择说明。

b. 点击“安装”。

c. 硬件安装完成后，点击“关闭”。会出现“设置 PG/PC 接口”对话框，您的选择在“已使用的接口参数分配”列表框中显示。

如果 Windows 驱动程序被正确配置，您就可以使用通信控制串口的窗口查看网络上的所有 S7－200 CPU，并选择与 STEP 7－Micro/WIN 连接的特定 CPU。

STEP 7－Micro/WIN 和 STEP 7 软件使用同一用户界面安装、配置或删除模块（Windows 驱动程序）。虽然由“通信”控制窗口显示有关目前已安装驱动程序的信息，却是由“设置 PG/PC 接口”控制实际载入和配置 Windows 驱动程序。

一旦显示“设置 PG/PC 接口”对话框，您可以按 F1 或点击“帮助”按钮，获得有关“设置 PG/PC 接口”的详细帮助信息。

同时通过单击 设置PG/PC接口 按钮，选择 PC/PPI cable(PPI)选项，然后单击右侧的 Properties... 按钮，在弹出的对话框中可对网络参数和传输速率等参数进行相应的修改，您可以按 F1 或点击“帮助”按钮，获得详细帮助信息。如图 2－71 和图 2－72 所示。

进入编程界面后，双击编辑界面左侧的操作栏中“通信”的标志进行参数设置。

在用通信对话框，如图 2－73 所示。与 S7－200 建立通信时，双击刷新图标，STEP 7－Micro/WIN 搜索并显示连接的 S7－221 CPU 的图标，选择 S7－200 站点后点击“确定”即可。

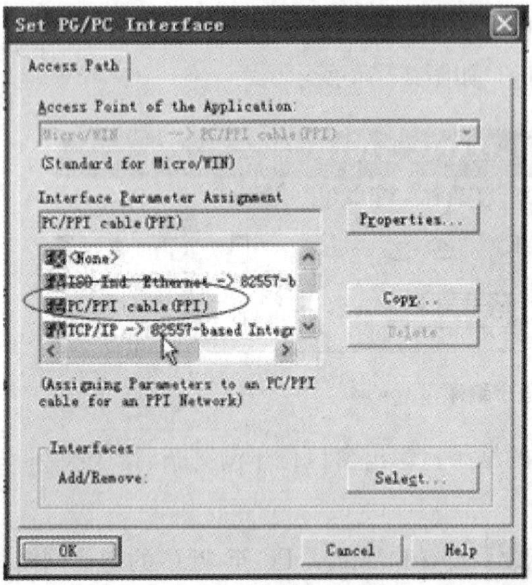

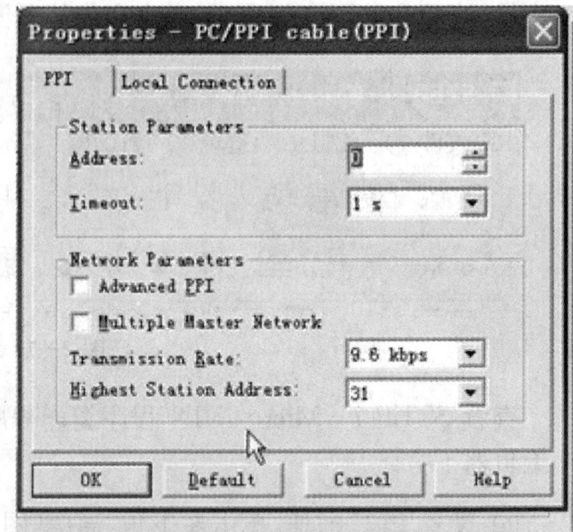

图 2-71 设置 PG/PC 接口

图 2-72 PC/PPI cable(PPI)属性

点击下载图标，将编写好的程序直接下载到 PLC 中，之后点击运行图标运行程序，通过点击监控图标对程序进行监控。如果 PLC 在下载前处于运行状态，那么就会有一个对话框提示 CPU 将进入停止模式后，单击确定，然后下载即可。

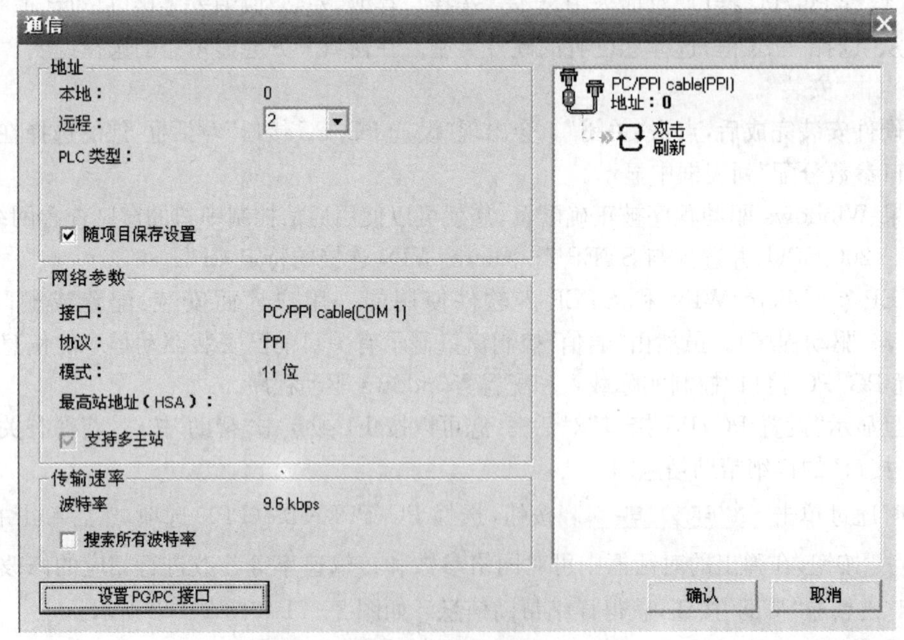

图 2-73 通信窗口

2.3.3　加盖单元的机械装配与调整

扫码见加盖单元视频

首先把加盖单元各零件组合成整体安装时的组件，然后把组件进行组装。所组合成的组件包括：蜗轮蜗杆减速机构组件、拔轴式联轴器组件。蜗轮蜗杆减速机构如图 2－74 所示。

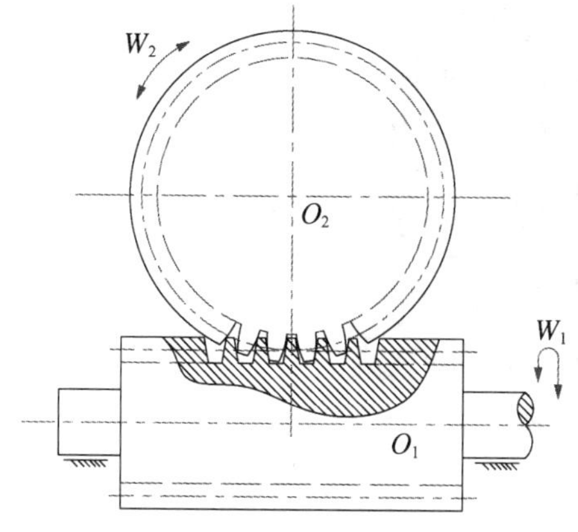

机构名称：蜗轮蜗杆减速机构

工作特性：蜗轮蜗杆一般用于轴线垂直交叉的传动，其结构紧凑，传动平稳，但传动效率较低。蜗轮轴可以得到低转速、大扭矩动力输出。

本机构应用目的：往复摆动。

图 2－74　蜗轮蜗杆减速机构结构图

联轴器结构图如图 2－75 所示。

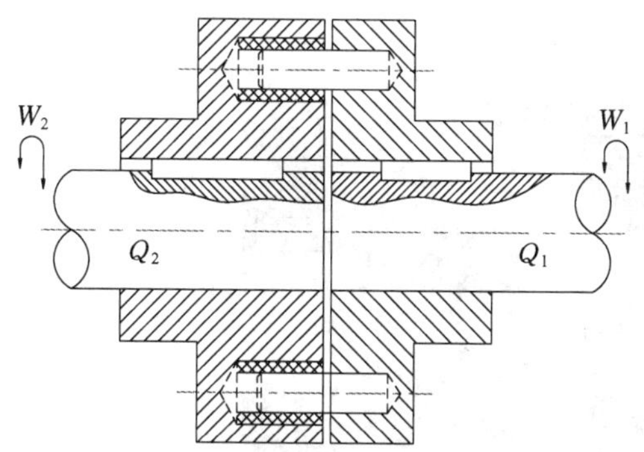

机构名称：联轴器

工作特性：可以补偿由于制造及安装造成的 Q1，Q2 的位置偏差，使运转平稳。

本机构应用目的：电动机轴与蜗杆轴的同轴联接。

图 2－75　联轴器结构图

1. 蜗轮蜗杆减速箱模块

蜗轮蜗杆减速箱模块如图 2－76 所示。

(1) 功能或工艺过程。

直流电机带动蜗轮蜗杆，经减速电机驱动摆臂将上盖装配至工件主体。

蜗轮蜗杆减速箱工作特性：蜗轮蜗杆一般用于轴线垂直交叉的传动，其结构紧凑，传动平稳，但传动效率较低。蜗轮轴可以得到低转速、大扭矩动力输出。

拔轴式联轴器工作特性：可以补偿由于制造及安装造成的电动机轴与蜗杆轴的位置偏差，使运转平稳。

(2) 技术参数。

直流电机-红湖 DC 24 V 55 r/min、摆臂至复位检测(槽形光电开关)。

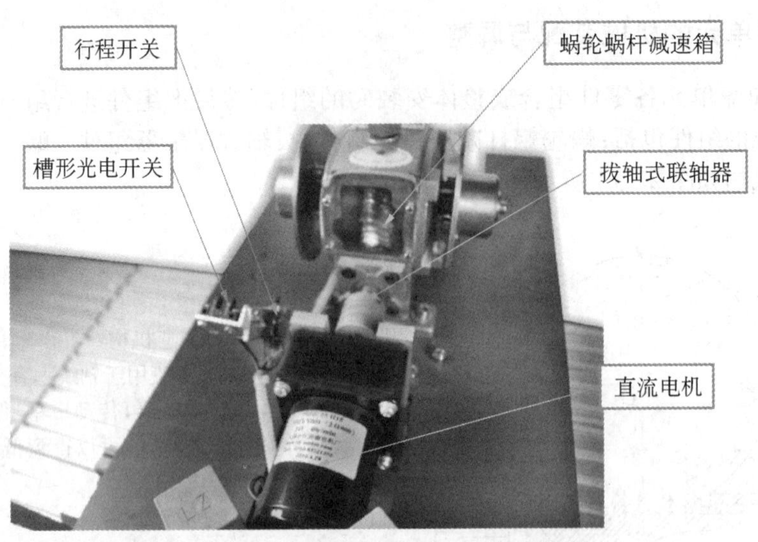

图 2－76 蜗轮蜗杆减速箱模块

2. 直线传输模块

直线传输模块如图 2－77 所示。

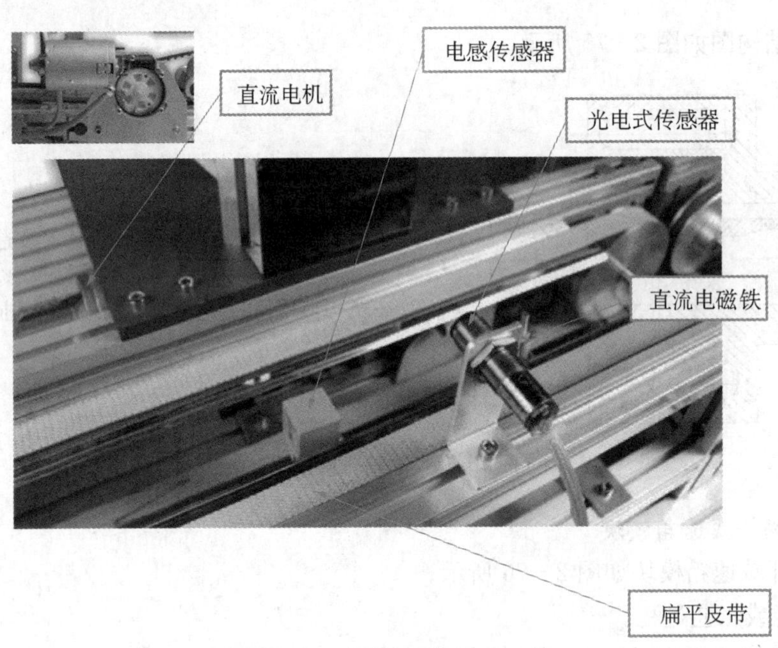

图 2－77 直线传输模块

(1) 功能或工艺过程。

电感传感器检测托盘是否到位，到位后摆臂动作进行上盖装配。光电传感器检测到上盖时将载工件的拖盘传送至下一站。

(2) 技术参数。

传送行程 750 mm、皮带传送、直流电机 DC 24 V 55 r/min、直流电磁铁 DC 24 V。

2.3.4　加盖单元 PLC 的安装与接线

为实现本单元的控制功能，在结构的相应位置装设了电感式传感器、电容式传感器、微动开关等传感与检测装置，并配备了直流电机、电磁铁等执行机构和继电器等控制元件。详见图 2-78 所示。

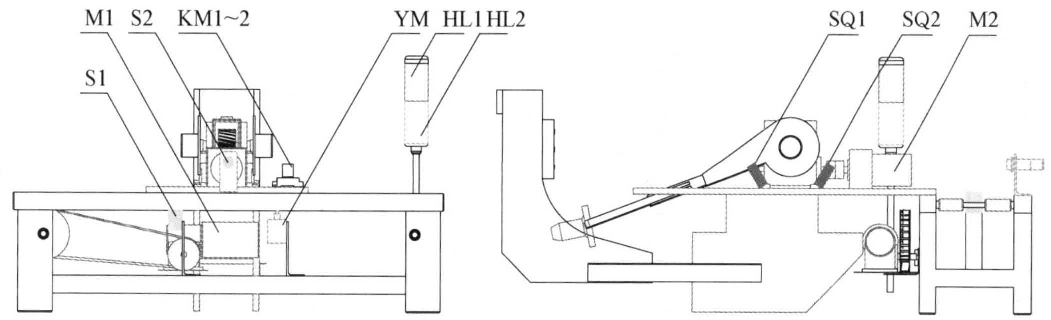

S1—托盘检测；S2—上盖检测；SQ1—取件限位；SQ2—放件限位；M1—传送电机；M2—加盖电机；KM1—电机取件继电器；KM2—电机放件继电器；YM—直流电磁铁；HL1—红色指示灯；HL2—绿色指示灯

图 2-78　加盖单元检测元件、控制机构安装位置示意图

加盖单元各元件如表 2-13 所示：

表 2-13　加盖单元检测元件、执行机构、控制元件一览表

类别	序号	编　号		名　称	功　　能	安装位置
检测元件	1	S1		电感式接近开关	检测托盘的位置	直线单元上
	2	S2		电容式接近开关	检测工件上是否有上盖	直线单元上
	3	SQ1		微动开关	确定摆臂取件位置	摆臂左面里侧
	4	SQ2		微动开关	确定摆臂放件位置	摆臂左面外侧
执行机构等	1	M1		直流电机	驱动直线单元传送带	直线单元上
	2	M2		直流电机	驱动蜗轮蜗杆减速电机	加盖底板上
	3	M3		蜗轮蜗杆减速电机	降低直流电机转速	加盖底板上
	4	YM		直流电磁铁	控制托盘位置	直线单元上
	5	HL	HL1	红色指示灯	显示工作状态	直线单元侧
			HL2	绿色指示灯	显示工作状态	
	6	HA1		蜂鸣器	事故报警	控制板
	7	HA2		蜂鸣器	事故报警	控制板
控制元件	1	KM1		继电器	摆臂取件控制	加盖底板上
	2	KM2		继电器	摆臂放件控制	加盖底板上

要实现 PLC 对加盖单元运行过程的控制，首先要绘制系统电气原理图和进行基本的 I/O 分配，然后进行软件程序的编制。加盖单元 PLC 的 I/O 信号如表 2-14 所示。PLC 的 I/O 接线原理图如图 2-79 至图 2-84 所示。

表 2-14　加盖单元 I/O 分配表

形式	序号	名　称	PLC 地址	编号	地址设置
输入	1	上盖检测	I0.2	S2	EM277 总线模块设置的站号为：12，与总站通信的地址为：4～5
	2	托盘检测	I0.1	S1	
	3	取件限位(复位)	I0.0	SQ1	
	4	放件限位(至位)	I0.3	SQ2	
	5	手动/自动按钮	I2.0	SA	
	6	启动按钮	I2.1	SB1	
	7	停止按钮	I2.2	SB2	
	8	急停按钮	I2.3	SB3	
	9	复位按钮	I2.4	SB4	
输出	1	电机取件	Q0.0	KM1	
	2	电机放件	Q0.1	KM2	
	3	绿色指示灯	Q0.5	HL2	
	4	直流电磁铁	Q0.3	YM	
	5	传送电机	Q0.4	M2	
	6	红色指示灯	Q0.2	HL1	
	7	蜂鸣器报警	Q1.6	HA1	
	8	蜂鸣器报警	Q1.7	HA2	
发送地址		V2.0～V3.7(200PLC⟶300PLC)			
接收地址		V0.0～V1.7(200PLC⟵300PLC)			

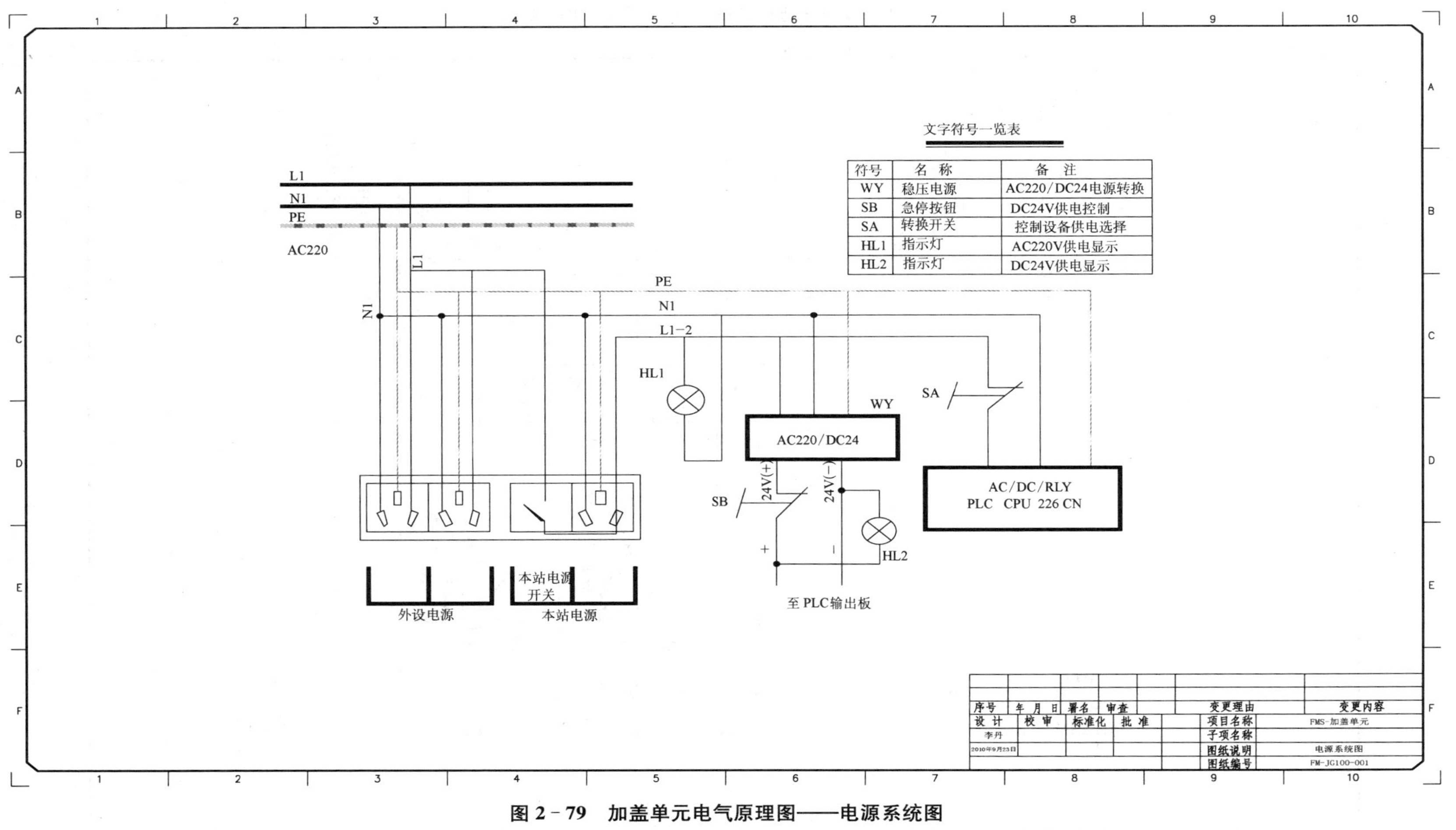

符号	名称	备注
WY	稳压电源	AC220/DC24电源转换
SB	急停按钮	DC24V供电控制
SA	转换开关	控制设备供电选择
HL1	指示灯	AC220V供电显示
HL2	指示灯	DC24V供电显示

图 2-79　加盖单元电气原理图——电源系统图

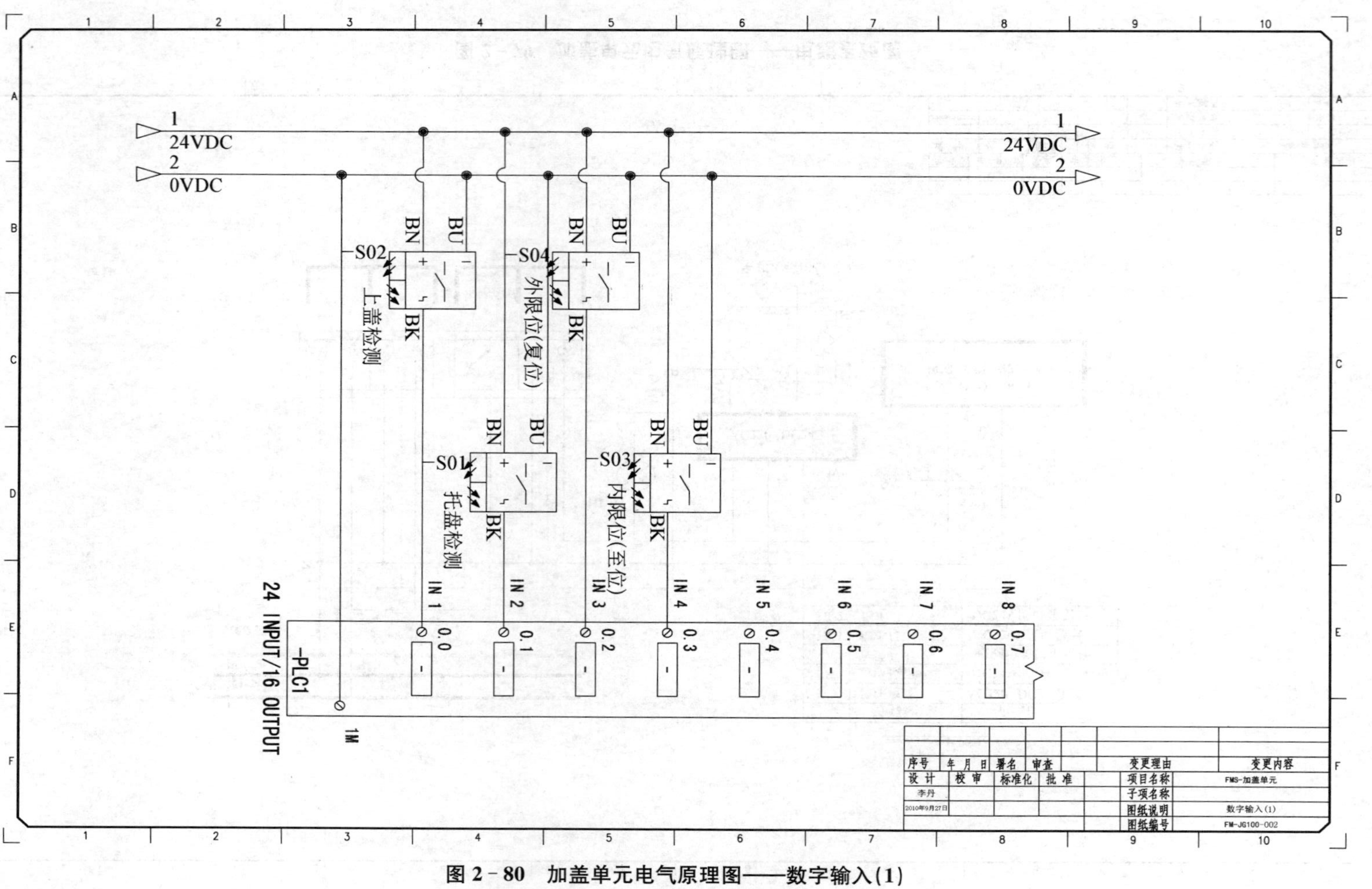

图 2-80 加盖单元电气原理图——数字输入(1)

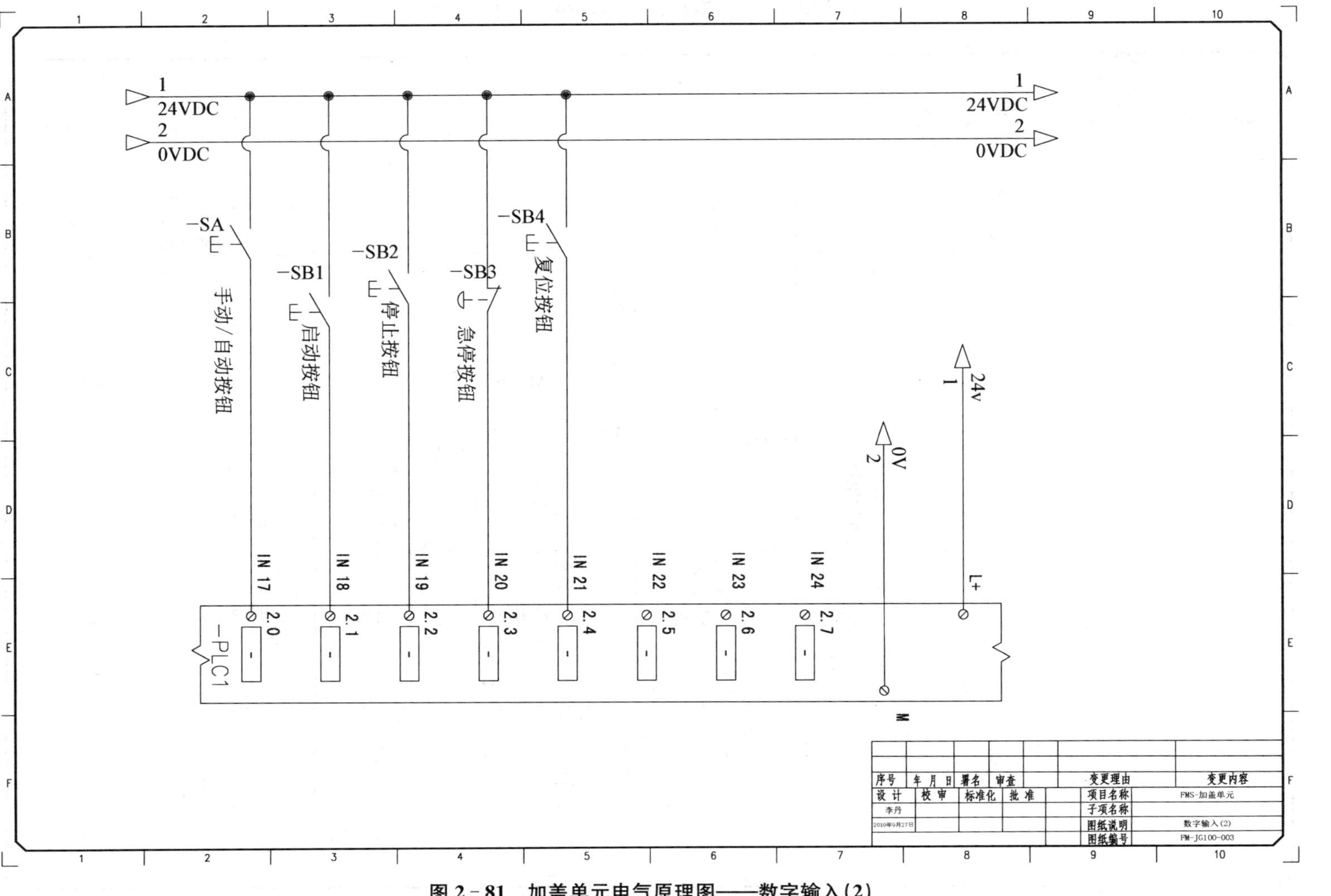

图 2-81　加盖单元电气原理图——数字输入(2)

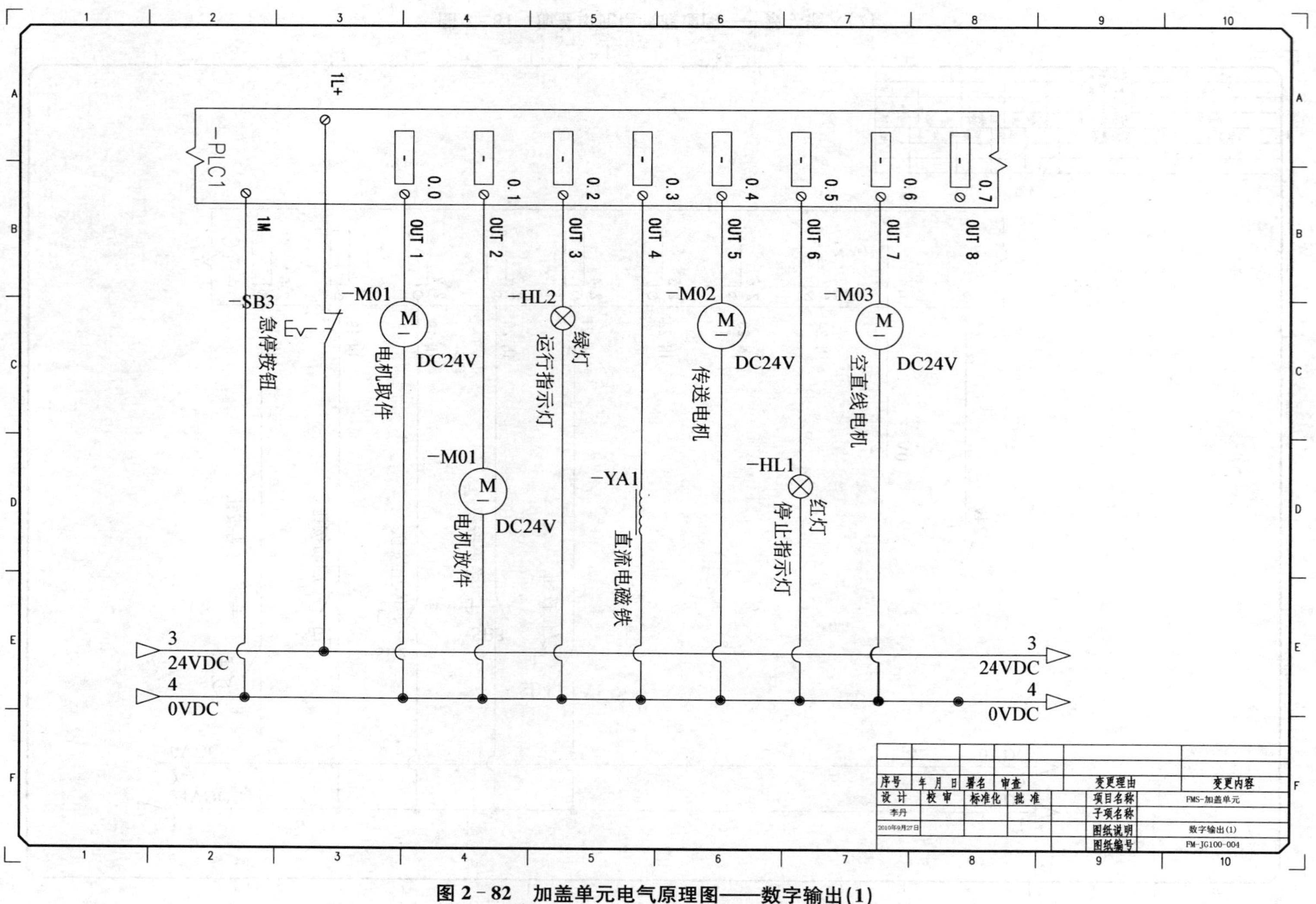

图 2-82 加盖单元电气原理图——数字输出(1)

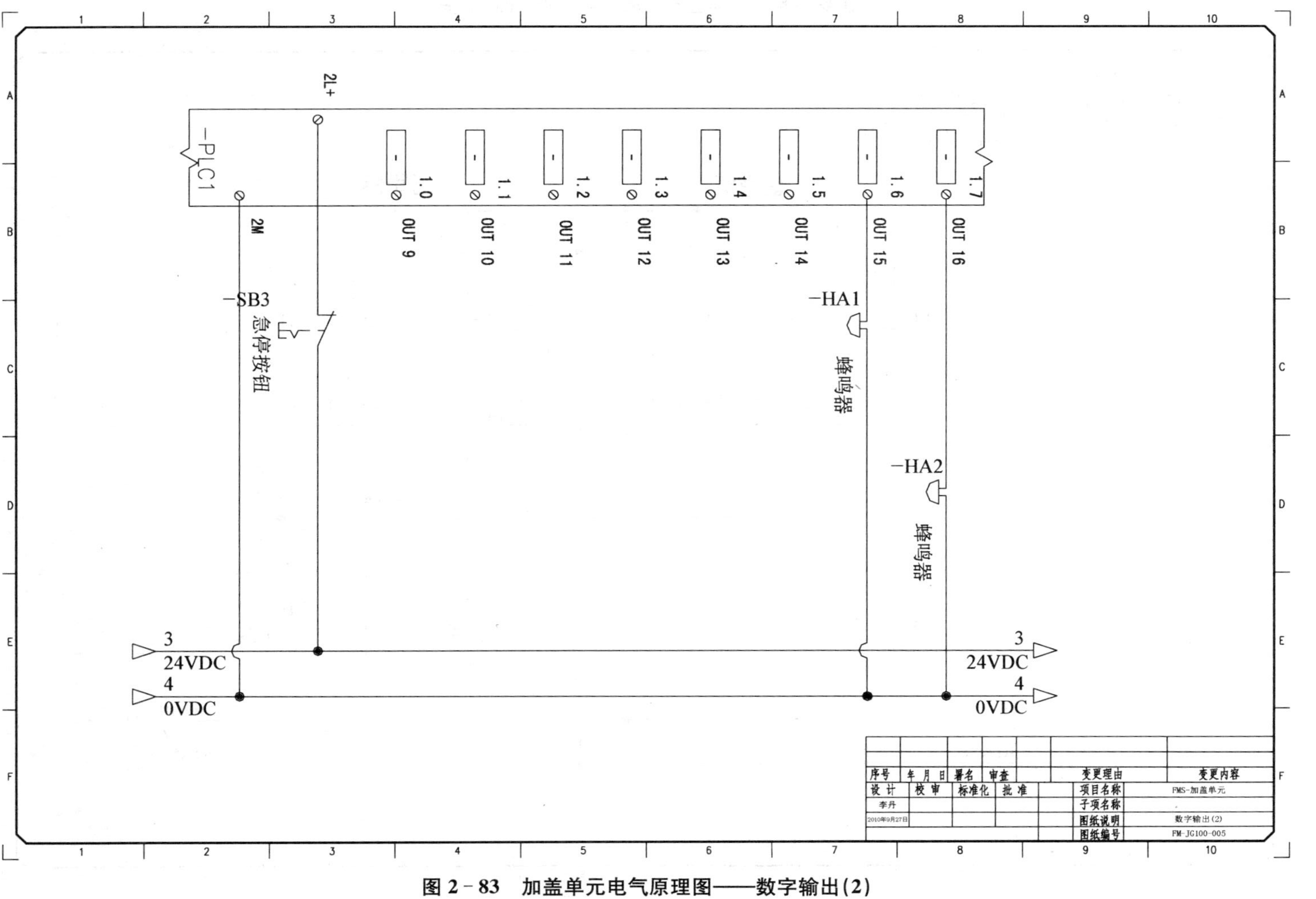

图 2-83　加盖单元电气原理图——数字输出(2)

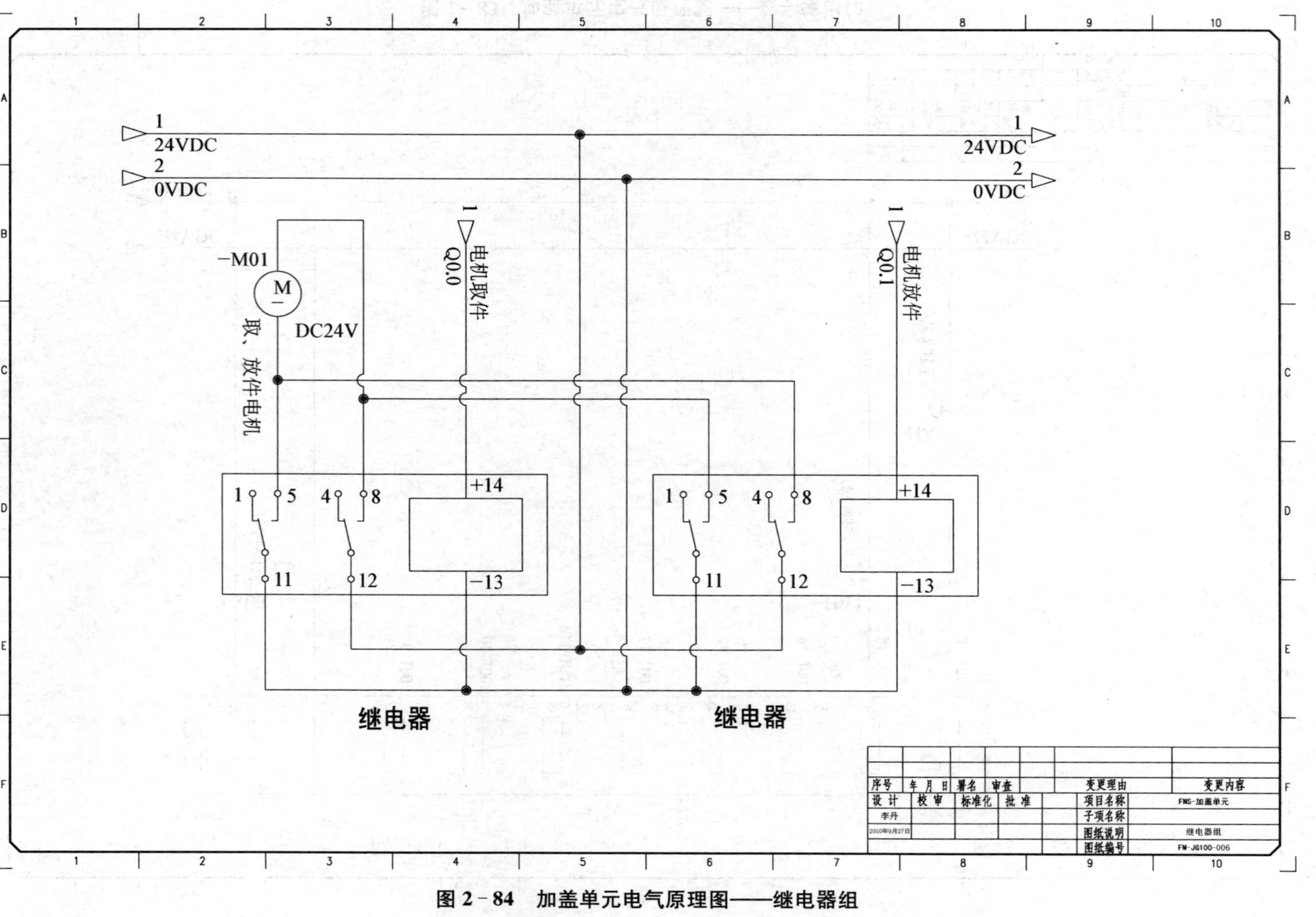

图 2-84 加盖单元电气原理图——继电器组

2.3.5　加盖单元的编程与单机调试

1. 编程要求

初始状态：直线传送电机、摆臂电机处于停止状态；摆臂处于原位，内限位开关受压；直流电磁铁竖起禁行；工作指示灯熄灭。

系统启动运行后本单元红色指示灯发光；直线电机驱动传送带开始运转且始终保持运行状态（分单元运行时可选用与 PLC 运行/停止同状态的特殊继电器保持直线传送电机的运行状态）。

2. 系统运行

(1) 当托盘载工作主体到达定位口时，由电感式传感器检测托盘，发出检测信号；绿色指示灯亮，红色指示灯灭；由电容式传感器检测上盖，确认无上盖信号后，经 3 秒确认后启动主摆臂执行加盖动作。

(2) PLC 通过两个继电器控制电机正、反转，带动减速机使摆臂动作，主摆臂从料槽中取出上盖，翻转 180°，当碰到放件控制板时复位弹簧松开，此时摆臂碰到外限位开关后结束加盖动作，上盖靠自重落入工件主体内，3 秒后启动摆臂执行返回原位动作。

(3) 摆臂返回后内限位开关发出信号，摆臂结束返回动作；此时若上盖安装到位，即上盖传感器发出检测信号，则通过 3 秒确认后直流电磁铁吸合下落，将托盘放行（若上盖安装为空操作，即上盖传感器无检测信号，摆臂应再次执行加装上盖动作，直到上盖安装到位）。

(4) 放行 3 秒后，电磁铁释放，恢复限位状态，绿色指示灯灭，红色指示灯亮，该站恢复预备工作状态。

说明：若摆臂往复 3 次加装动作后上盖传感器仍无检测信号，此时报警器发出警报，提示运行人员需在料槽中装入上盖。

加盖单元程序流程图如图 2－85 所示：

加盖单元项目实训评分标准如表 2－15 所示。

表 2－15　评分表

训练项目	训练内容	训练要求	教师评分
加盖单元	1. 程序和图纸（30 分） 电路图 程序清单	电路图绘制有错误，每处扣 0.5 分； 电路图符号不规范，每处扣 0.5 分	
	2. 连接工艺（30 分） 电路连接工艺 机械安装及装配工艺	端子连接处没有线号，每处扣 0.5 分； 端子连接压线不牢，每处扣 0.5 分； 电路接线没有绑扎或电路接线凌乱，扣 2 分	
	3. 测试与功能（30 分）	启动、停止方式不按照控制要求，扣 1 分； 运行测试不满足要求，每处扣 0.5 分	
	4. 职业素养（10 分）	团队合作配合紧密； 现场操作安全保护符合安全操作规程； 工具摆放、导线线头等处理符合职业岗位的要求	

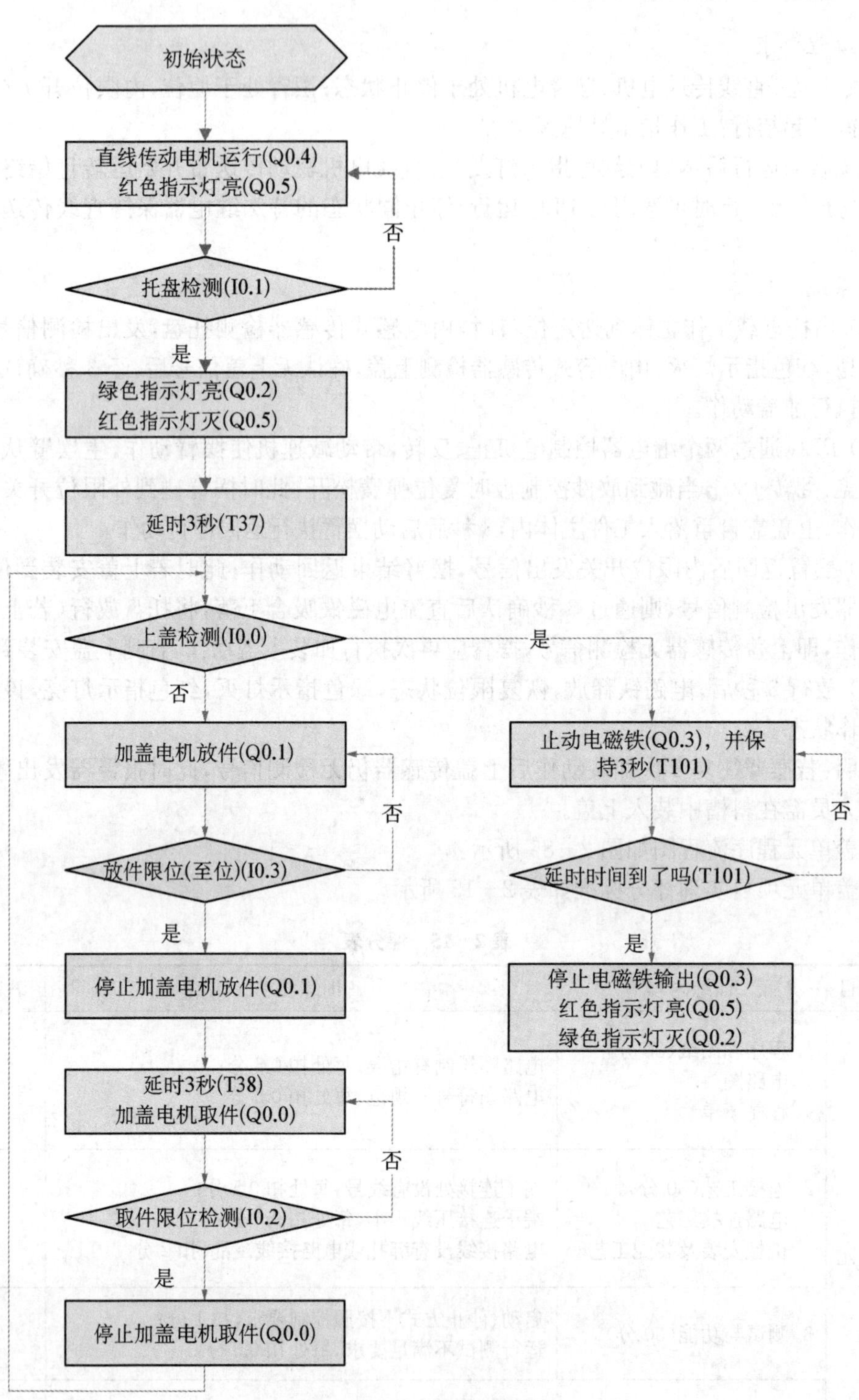

图 2－85　加盖单元程序流程图

2.3.6 重点知识、技能归纳

PLC在自动化生产线上应用非常广泛。目前使用的PLC主要有德国的西门子(SIEMENS)，美国的AB、GE和莫迪康公司等，日本的三菱、欧姆龙(OMRON)，国内的有和利时等。西门子公司的PLC产品包括：S7－200、S7－300、S7－400等。西门子S7系列PLC体积小、速度快。S7系列PLC产品分为微型PLC(如S7－200)、小规模性能要求的PLC(如S7－300)和中、高性能要求的PLC(如S7－400)等。

2.3.7 工程素质培养

查阅S7－200系统手册，思考如何编写直流电机正、反转的控制程序，整理程序调试步骤与要点。归纳加盖单元PLC控制调试中的故障原因及排除故障的思路。

任务2.4 穿销单元安装与调试

学习目标

(1) 了解轴向凸轮旋转机构的工作原理，了解旋转推筒的运动规律。

(2) 了解气缸的功能和在穿销单元中的作用；掌握气动控制阀安装调试方法。

(3) 掌握电气原理图和电气接线的方法。

(4) 掌握用PLC控制穿销单元的工作过程并编写程序。

任务描述

学生根据控制要求，选择所需元器件和工具，绘制气动原理图和电路图，熟悉I/O分配，编写程序并调试，完成穿销单元的工作过程。

2.4.1 认识穿销单元

穿销单元的主要功能是通过旋转推筒推送销钉的方法，完成工件主体与上盖的实体连接装配，完成装配后的工件随托盘向下站传送。

本单元主体结构组成如图2－86所示，包括销钉料槽、旋转筒、往复推筒、直线单元、工作指示灯等。

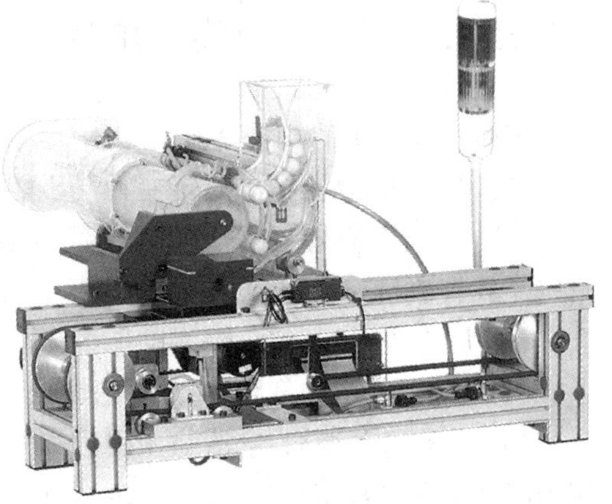

图2－86 穿销单元

2.4.2 相关知识：气动元件认知及应用

在本系统中安装了许多气动元件，包括气泵、过滤减压阀、单向电控气阀、气缸等。图2－87所示为使用的部分气动元件。

图 2-87 部分气动元件

图中实际包含以下 4 部分:气源装置、控制元件、执行元件和辅助元件。

(1) 气源装置:它将原动机输出的机械能转变为空气的压力能。其主要设备是空气压缩机,如图 2-87 所示气泵。

(2) 控制元件:用来控制压缩空气的压力、流量和流动方向,以保证执行元件具有一定的输出力和速度并按设计的程序正常工作,如图 2-87 所示电磁阀。

(3) 执行元件:是将空气的压力能转变成机械能的能量转换装置,如图 2-87 所示各种类型气缸。

(4) 辅助元件:是用于辅助保证空气系统正常工作的一些装置。如过滤器、干燥器、空气过滤器、消声器和油雾器等。

1. 气动系统工作原理

气动系统以压缩空气为工作介质来进行能量与信号的传递,利用空气压缩机将电动机或其他原动机输出的机械能转变为空气的压力能,然后在控制元件的控制和辅助元件的配合下,通过执行元件把空气的压力能转变为机械能,从而完成直线或回转运动并对外做功。

2. 气泵的认知

产生气动力源的气泵,包括:

(1) 空气压缩机:把电能转变为气压能。

(2) 储气罐:存储压缩空气储气罐,主要用来调节气流,减少输出气流的压力脉动,使输出气流具有流量连续性和气压稳定性。

(3) 压力表:显示储气罐内的压力。

(4) 气源开关:向气路中提供气源的开关,系统工作时,必须打开。

(5) 主管道过滤器:它清除主要管道内灰尘、水分和油。主管道过滤器必须具有最小的压力降和油雾分离能力。

上述气源装置是用来产生具有足够压力和流量的压缩空气并将其净化、处理及存储的一套装置。主要由以下元件组成:空气压缩机、后冷却器、除油器、储气罐、干燥器、过滤器和输气管道。

3. 气动执行元件的认知

气动系统常用的执行元件为气缸和气马达。气缸用于实现直线往复运动;气马达用于实现连续回转运动。

气缸主要由缸筒、活塞杆、前后端盖及密封件等组成，图 2－88 所示为普通型单活塞双作用气缸结构。

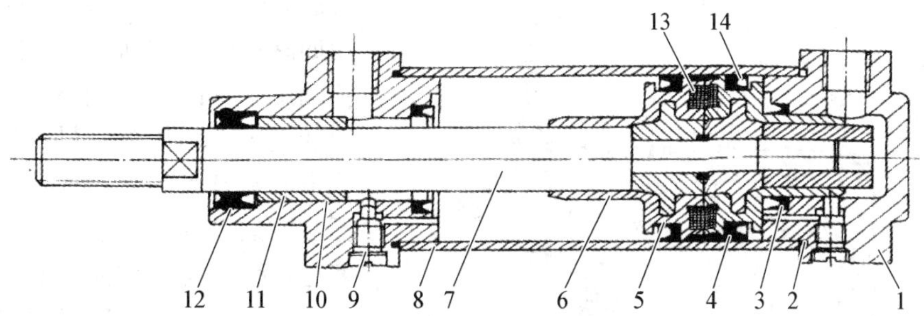

1—后缸盖；2—密封圈；3—缓冲密封圈；4—活塞密封圈；5—活塞；6—缓冲柱塞；7—活塞杆；8—缸筒；9—缓冲节流阀；10—导向套；11—前缸盖；12—防尘密封圈；13—磁铁；14—导向环

图 2－88　普通型单活塞双作用气缸结构

双作用气缸是指活塞的往复运动均由压缩空气来推动。图 2－89 所示是标准双作用直线气缸的半剖面图。图中，气缸的两个端盖上都设有进排气通口，从无杆侧端盖气口进气时，推动活塞向前运动；反之，从杆侧端盖气口进气时，推动活塞向后运动。

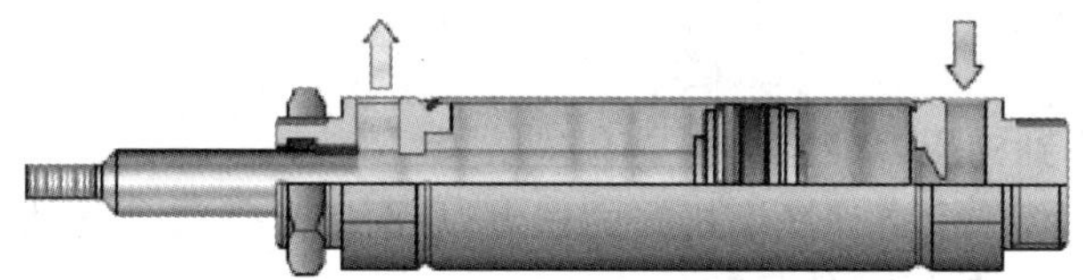

图 2－89　双作用气缸工作示意图

双作用气缸具有结构简单，输出力稳定，行程可根据需要选择的优点，但由于是利用压缩空气交替作用于活塞上实现伸缩运动的，回缩时压缩空气的有效作用面积较小，所以产生的力要小于伸出时产生的推力。

为了使气缸的动作平稳可靠，应对气缸的运动速度加以控制，常用的方法是使用单向节流阀来实现。

单向节流阀是由单向阀和节流阀并联而成的流量控制阀，常用于控制气缸的运动速度，所以也称为速度控制阀。其连接和调整原理如图 2－90 所示。

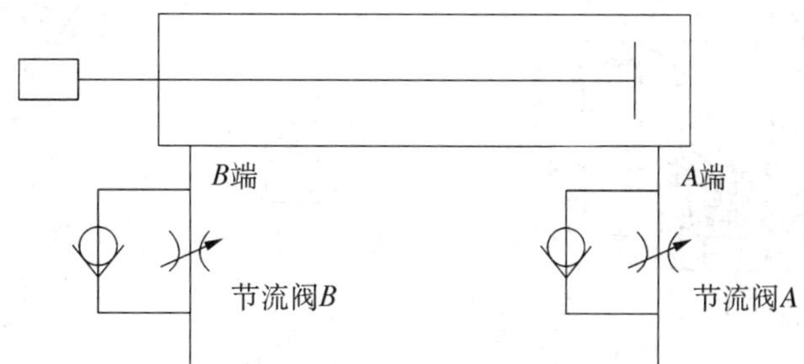

图 2－90　节流阀连接和调整原理示意图

图中给出了在双作用气缸装上两个单向节流阀的连接示意图，这种连接方式称为排气节流方式。即，当压缩空气从 A 端进气、从 B 端排气时，单向节流阀 A 的单向阀开启，向气缸无杆腔快速充气；由于单向节流阀 B 的单向阀关闭，有杆腔的气体只能经节流阀排气，调节节流阀 B 的开度，便可改变气缸伸出时的运动速度。反之，调节节流阀 A 的开度则可改变气缸缩回时的运动速度。这种控制方式，活塞运行稳定，是最常用的方式。

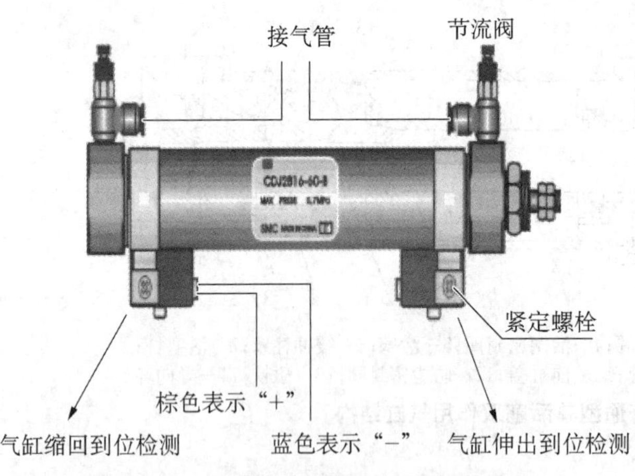

图 2-91　安装了快速接头和节流阀的气缸

节流阀上带有气管的快速接头，只要将合适外径的气管往快速接头上一插就可以将管连接好了，使用时十分方便。如图 2-91 所示是安装了带快速接头和节流阀的气缸外观。

4. 气动控制元件的认知

在本系统中使用的气动控制元件按其作用和功能有压力控制阀、方向控制阀和流量控制阀。

(1) 控制阀简介。

① 压力控制阀。

在本系统中使用到的压力控制阀主要有减压阀。

减压阀的作用是降低由空气压缩机来的压力，从而满足于每台气动设备的需要，并使这一部分压力保持稳定。其结构、符号和外形如图 2-92 所示。

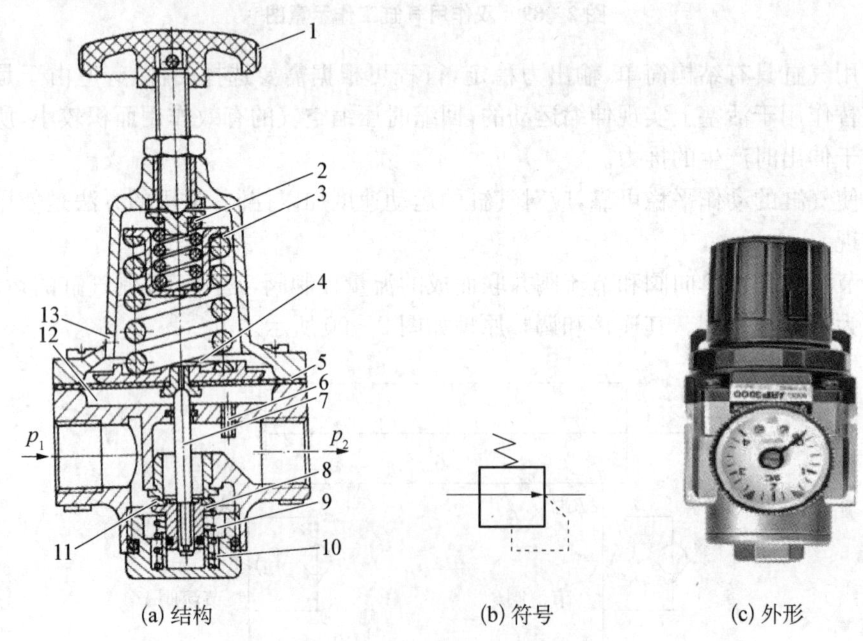

1—手柄；2、3—调压弹簧；4—溢流孔；5—膜片；6—阻尼孔；7—阀杆；8—阀座；9—阀芯；10—复位弹簧；11—阀口；12—膜片室；13—排气口

图 2-92　减压阀的结构、符号和外形

② 流量控制阀。

在本系统中使用流量控制阀主要有节流阀。

节流阀是将空气的流通截面缩小以增加气体的流通阻力，从而降低气体的压力和流量。如图 2-93 所示是节流阀的结构原理图，阀体上有一个调整螺钉，可以调节节流阀的开口度（无级调节），并可保持其开口度不变，此类阀称为可调节开口节流阀。

可调节流阀常用于调节气缸活塞运动速度，可直接安装在气缸上。这种节流阀有双向节流作用。使用节流阀时，节流面积不宜太小，因空气中的冷凝水、尘埃等塞满阻流口通路会引起节流量的变化。

气缸节流阀的作用是调节气缸的动作速度。节流阀上带有气管的快速接头，只要将合适外径的气管往快速接头上一插就可以将管连接好了，使用十分方便。如图 2-94 所示是安装了带快速接头的气缸节流阀的外观。

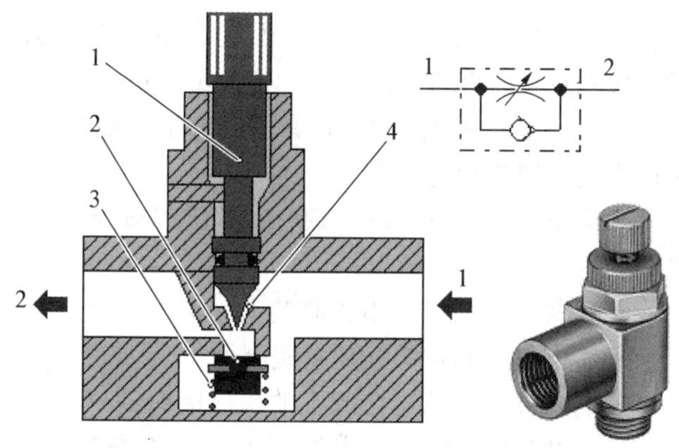

1—调节针阀；2—单向阀阀芯；3—压缩弹簧；4—节流口

图 2-93 节流阀的结构原理图

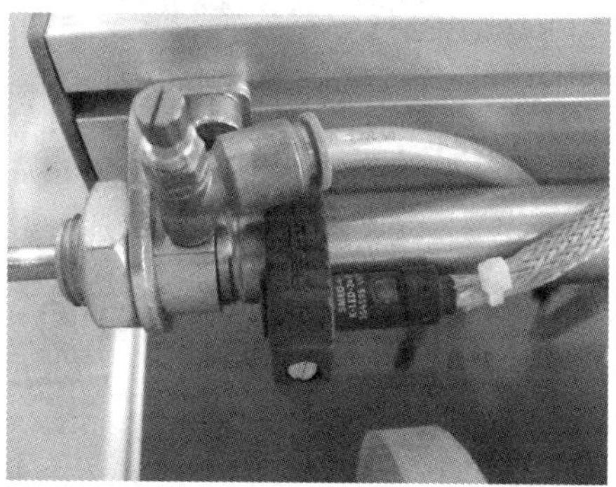

图 2-94 安装了快速接头的节流阀外观

③ 方向控制阀。

用来改变气流流动方向或通断的控制阀，通常使用的是电磁阀。

电磁阀利用电磁线圈通电时，静铁心对动铁心产生电磁吸力使阀切换以改变气流方向的阀，称为电磁控制换向阀，简称电磁阀。这种阀易于实现电—气联合控制，能实现远距离操作，故得到广泛应用。如图 2-95 所示是电磁阀的应用和外形图。

图 2-95 电磁阀的应用和外形图

按阀的切换通口数目分有二通阀、三通阀、四通阀和五通阀等。

二通阀有 2 个口,即 1 个输入口(用 P 表示)和 1 个输出口(用 A 表示)。

三通阀有 3 个口,除 P 口、A 口外,增加 1 个排气口(用 R 或 O 表示)。

四通阀有 4 个口,除 P、A、R 外,还有 1 个输出口(用 B 表示),通路为 P—A、B—R 或 P—B、A—R。

五通阀有 5 个口,除 P、A、B 外,有 2 个排气口(用 R、S 或 O_1、O_2 表示)。阀芯的切换工作位置简称“位”,阀芯有几个切换位置就称为几位阀.

有 2 个通口的二位阀称为二位二通阀(常表示为 2/2 阀,前一位数表示通口数,后一位数表示工作位置数),它可以实现气路的通或断。有 3 个通口的二位阀,称为二位三通阀(常表示为 3/2 阀)。在不同的工作位置,可实现 P、A 相通,或 A、R 相通。常用的还有二位五通阀(常表示为 5/2 阀),它可以用于推动双作用气缸的回路中。

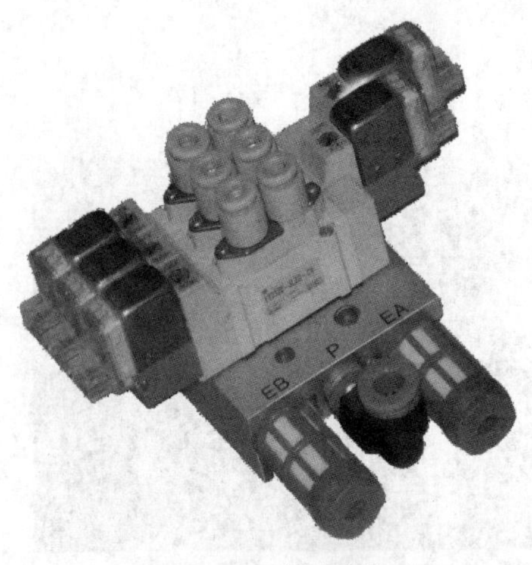

图 2-96　板式连接

阀的连接方式有管式连接、板式连接、集装式连接和法兰连接等几种。如图 2-96 所示为板式连接。

如有一电磁阀损坏了,需要更换一个电磁阀,可按照下列步骤更换电磁阀。

a. 切断气源,用螺丝刀拆卸下已经损坏的电磁阀。

b. 用螺丝刀将新的电磁阀装上。

c. 将电气控制接头插到电磁阀上。

d. 将气路管插入电磁阀上的快速接头。

e. 接通气源,用手控开关进行调试,检查气缸动作情况。

5. 气动系统常见故障与解决

(1) 气动执行元件(气缸)故障。

由于气缸装配不当和长期使用,气动执行元件(气缸)易发生内、外泄漏,输出力不足和动作不平稳,缓冲效果不良,活塞杆和缸盖损坏等故障现象。

① 气缸出现内、外泄漏,一般是因活塞杆安装偏心,润滑油供应不足,密封圈和密封环磨损或损坏,气缸内有杂质及活塞杆有伤痕等造成的。所以,当气缸出现内、外泄漏时,应重新调整活塞杆的中心,以保证活塞杆与缸筒的同轴度;须经常检查油雾器工作是否可靠,以保证执行元件润滑良好;当密封圈和密封环出现磨损或损坏时,须及时更换。若气缸内存在杂质,应及时清除;活塞杆上有伤痕时,应换新的。

② 气缸的输出力不足和动作不平稳,一般是因活塞或活塞杆被卡住、润滑不良、供气量不足,或缸内有冷凝水和杂质等原因造成的。对此,应调整活塞杆的中心,检查油雾器的工作是否可靠,供气管路是否被堵塞。当气缸内存有冷凝水和杂质时,应及时清除。

③ 气缸的缓冲效果不良,一般是因缓冲密封圈磨损或调节螺钉损坏所致。此时,应更换密封圈和调节螺钉。

④ 气缸的活塞杆和缸盖损坏,一般是因活塞杆安装偏心或缓冲机构不起作用而造成的。对此,应调整活塞杆的中心位置;更换缓冲密封圈或调节螺钉。

(2) 电磁阀故障。

若电磁阀的进、排气孔被油泥等杂物堵塞，封闭不严，活动铁心被卡死，电路有故障等，均可导致电磁阀不能正常换向。而电路故障一般又分为控制电路故障和电磁线圈故障两类。在检查电路故障前，应先将换向阀的手动旋钮转动几下，看换向阀在额定的气压下是否能正常换向，若能正常换向，则是电路有故障。检查时，可用仪表测量电磁线圈的电压，看是否达到了额定电压，如果电压过低，应进一步检查控制电路中的电源和相关联的行程开关电路。如果在额定电压下换向阀不能正常换向，则应检查电磁线圈的接头(插头)是否松动或接触不良。方法是，拔下插头，测量线圈的阻值，如果阻值太大或太小，说明电磁线圈已损坏，应更换。另外，对于快速接头拔插时，如果不按规定操作，也容易引起损坏。

(3) 气动辅助元件故障。

气动辅助元件的故障主要有：油雾器故障、自动排污器故障、消声器故障等。

a. 油雾器的故障有：调节针的调节量太小油路堵塞，管路漏气等都会使液态油滴不能雾化。对此，应及时处理堵塞和漏气的地方。正常使用时，对油杯底部沉积的水分，应及时排除。

b. 自动排污器内的油污和水分有时不能自动排除，特别是在冬季温度较低的情况下尤为严重。此时，应将其拆下并进行检查和清洗。

c. 当换向阀上装的消声器太脏或被堵塞时，也会影响换向阀的灵敏度和换向时间，故要经常清洗消声器。

2.4.3　穿销单元的机械装配与调整

扫码见穿销单元视频

首先把穿销单元各零件组合成整体安装时的组件，然后把组件进行组装。所组合成的组件包括轴向凸轮旋转机构组件等。

轴向凸轮旋转机构：由旋转筒和往复推筒构成，往复推筒上开有六个斜槽，360°等分，每个斜槽首尾在圆周上延展 60°，当推筒正向进给时，旋转筒上的滚珠突起进入斜槽，旋转筒在斜槽和滚珠突起的共同作用下，顺时针旋转 60°，从销钉料斗中取出销钉并将销钉定位到主体工件销钉孔，推筒进给时带动轴线上的推杆将销钉能够顶入工件销钉孔。

轴向凸轮旋转机构如图 2－97 所示。

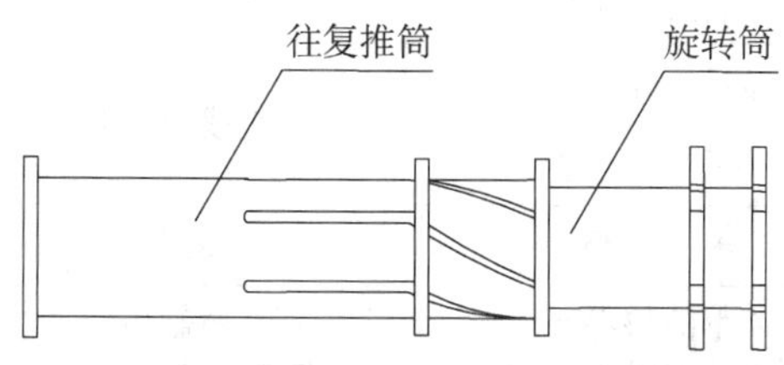

机构名称：轴向凸轮旋转机构
工作特性：把往复运动变成局部旋转运动。
本机构应用目的：旋转筒将工件预存到位，往复推筒将销钉对准装配位置，并推入到位。

图 2－97　轴向凸轮旋转机构结构图

为实现本单元的控制功能，在结构的相应位置装设了电感式传感器、光纤式传感器、磁性接近开关等检测与传感装置，并配备了直流电机、标准气缸等执行机构和电磁阀等控制元件。详见图 2－98 所示。

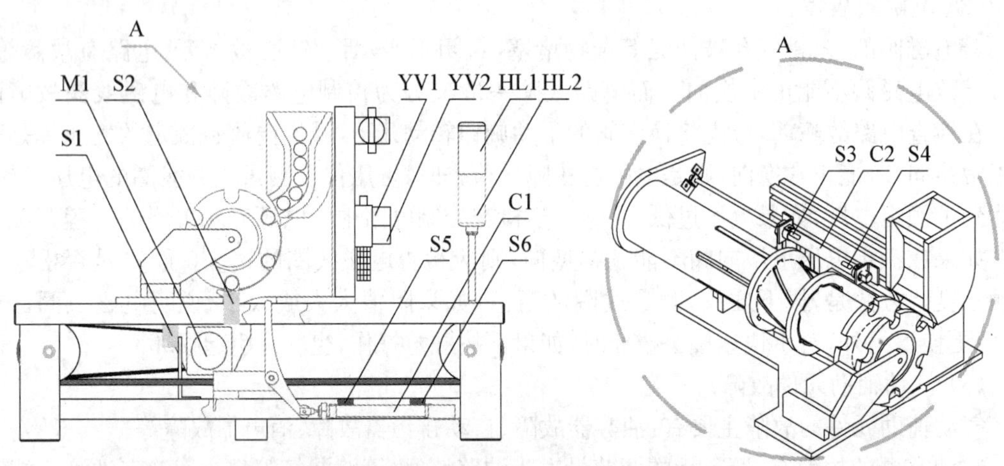

S1—托盘检测；S2—销钉检测；S3—销钉气缸复位；S4—销钉气缸至位；S5—止动气缸至位；S6—止动气缸复位；C1—止动气缸；C2—销钉气缸；M1—传送电机；YV1—止动气缸电磁阀；YV2—销钉气缸电磁阀；HL1—红色指示灯；HL2—绿色指示灯

图 2-98　穿销单元检测元件、控制机构安装位置示意图

穿销单元各元件如表 2-16 所示。

表 2-16　穿销单元检测元件、执行机构、控制元件一览表

类别	序号	编　号		名　称	功　能	安装位置
检测元件	1	S1		电感式传感器	检测托盘的位置	直线单元上
	2	S2		光纤传感器	检测托盘上是否有工件	直线单元上
	3	S3		磁性接近开关	确定气缸初始位置	销钉气缸
	4	S4		磁性接近开关	确定气缸缩回位置	销钉气缸
	5	S5		磁性接近开关	确定气缸伸出位置	止动气缸
	6	S6		磁性接近开关	确定气缸初始位置	止动气缸
执行机构	1	M1		直流电机	驱动直线单元传送带	直线单元上
	2	C1		止动气缸	控制托盘位置	直线单元上
	3	C2		销钉气缸	控制旋转推筒	穿销单元底板上
	4	HL	HL1	红色指示灯	显示工作状态	直线单元侧
			HL2	绿色指示灯	显示工作状态	
	5	HA1		蜂鸣器	事故报警	控制板
	6	HA2		蜂鸣器	事故报警	控制板
控制元件	1	YV1		电磁阀	控制销钉气缸	穿销单元底板上
	2	YV2		电磁阀	控制止动气缸伸缩	穿销单元底板上

1. 轴向凸轮旋转送料模块

轴向凸轮旋转送料模块如图 2-99 所示。

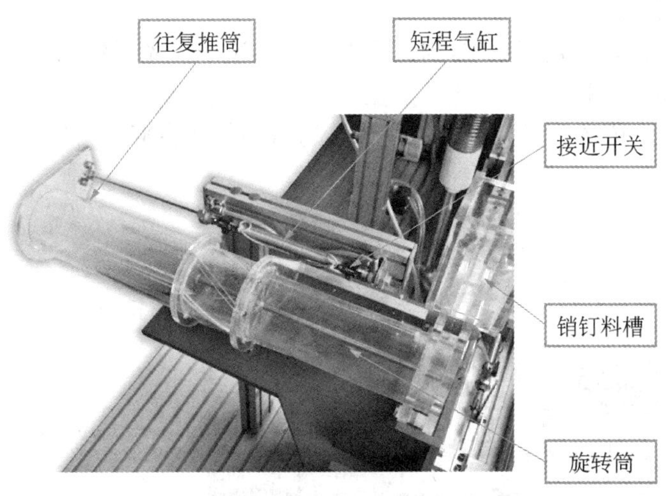

图 2-99　轴向凸轮旋转送料模块

(1) 功能或工艺过程。

轴向凸轮由旋转筒和往复推筒构成，往复推筒上开有六个斜槽，360°等分，每个斜槽首尾在圆周上延展 60°，当推筒正向进给时，旋转筒上的滚珠突起进入斜槽，旋转筒在斜槽和滚珠突起的共同作用下，顺时针旋转 60°，从销钉料槽中取出销钉并将销钉定位到主体工件销钉孔，推筒进给时带动轴线上的推杆将销钉顶入工件销钉孔，实现目标工件的自动连续落料。

(2) 技术参数。推筒行程 200 mm、料仓材质亚克力、推筒至复位检测(接近开关)。

2. 直线传输模块

直线传输模块如图 2-100 所示。

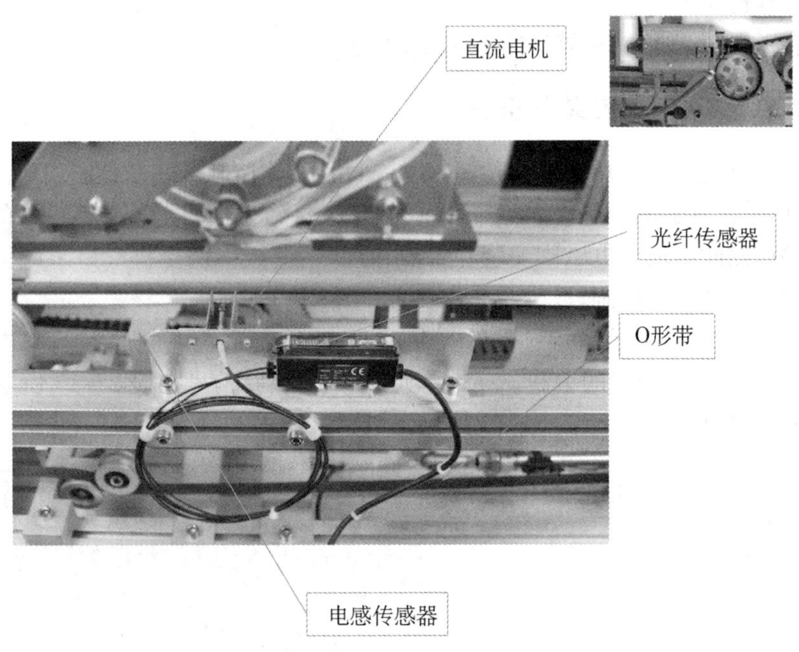

图 2-100　直线传输模块

(1) 功能或工艺过程。

电感传感器检测托盘是否到位，到位后进行销钉装配。光纤传感器检测到销钉时将载工件的拖盘传送至下一站。

(2) 技术参数。传送行程 750 mm、皮带传送、直流电机 DC 24 V 55 r/min。

3. 气动挡停模块

气动挡停模块如图 2 - 101 所示。

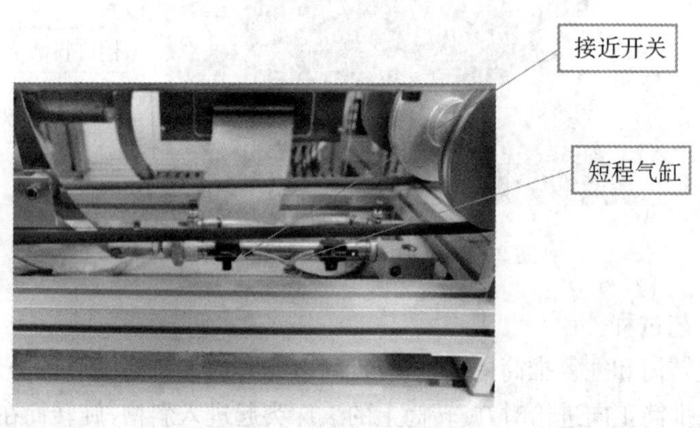

图 2 - 101　气动挡停模块

(1) 功能或工艺过程。

待工件穿完销钉后，止动气缸动作使挡停器落下将托盘放行。

(2) 技术参数。

气缸行程 100 mm、推筒至复位检测(接近开关)。

2.4.4　穿销单元 PLC 的安装与接线

气动控制回路是本工作单元的执行机构之一，由 PLC 控制。气动控制回路的工作原理如图 2 - 102 所示。气缸的两个极限工作位置安装有磁感应接近开关；穿销单元的阀组由两个二位五通的电磁阀组成。电磁阀安装在汇流板上，汇流板中两个排气口末端均连接了消声器。电磁阀对气缸进行控制，以改变动作状态。

要实现 PLC 对穿销单元运行过程的控制，首先要绘制系统电气原理图和进行基本的 I/O 分配，然后进行软件程序的编制。穿销单元 PLC 的 I/O 信号如表 2 - 17 所示。PLC 的 I/O 接线原理图如图 2 - 103 至图 2 - 107 所示。

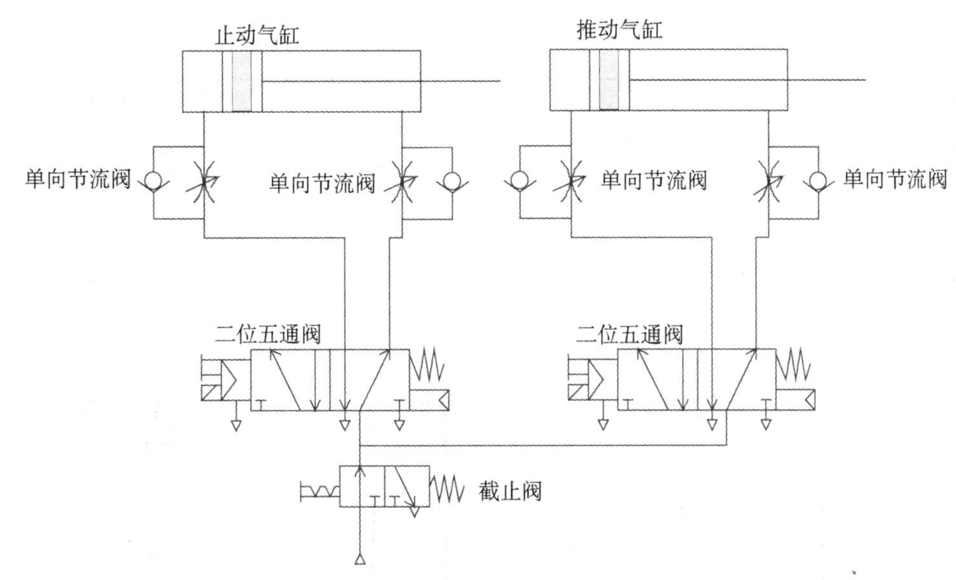

图 2－102　穿销单元气动原理图

表 2－17　穿销单元 I/O 分配表

形式	序号	名　称	PLC 地址	编号	地址设置
输入	1	销钉检测	I0.0	S2	EM277 总线模块设置的站号为：14，与总站通信的地址为：6～7
	2	托盘检测	I0.1	S1	
	3	销钉气缸至位	I0.2	S4	
	4	销钉气缸复位	I0.3	S3	
	5	止动气缸至位	I0.4	S5	
	6	止动气缸复位	I0.5	S6	
	7	手动/自动按钮	I2.0	SA	
	8	启动按钮	I2.1	SB1	
	9	停止按钮	I2.2	SB2	
	10	急停按钮	I2.3	SB3	
	11	复位按钮	I2.4	SB4	
输出	1	止动气缸	Q0.0	C1	
	2	绿色指示灯	Q0.1	HL2	
	3	销钉气缸	Q0.2	C2	
	4	传送电机	Q0.3	M1	
	5	红色指示灯	Q0.4	HL1	
	6	蜂鸣器报警	Q1.6	HA1	
	7	蜂鸣器报警	Q1.7	HA2	
发送地址		V2.0～V3.7(200PLC⟶300PLC)			
接收地址		V0.0～V1.7(200PLC⟵300PLC)			

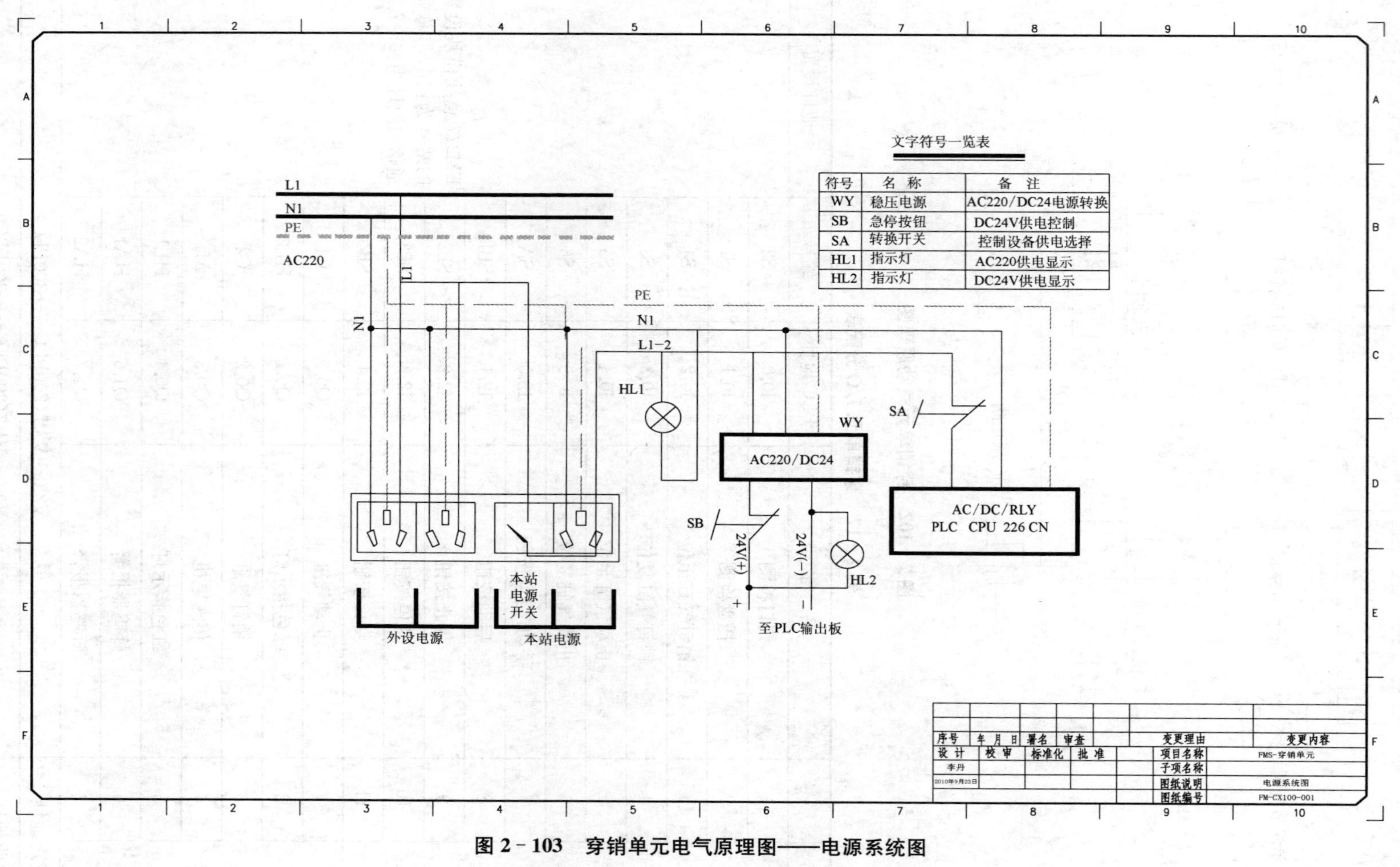

图 2-103 穿销单元电气原理图——电源系统图

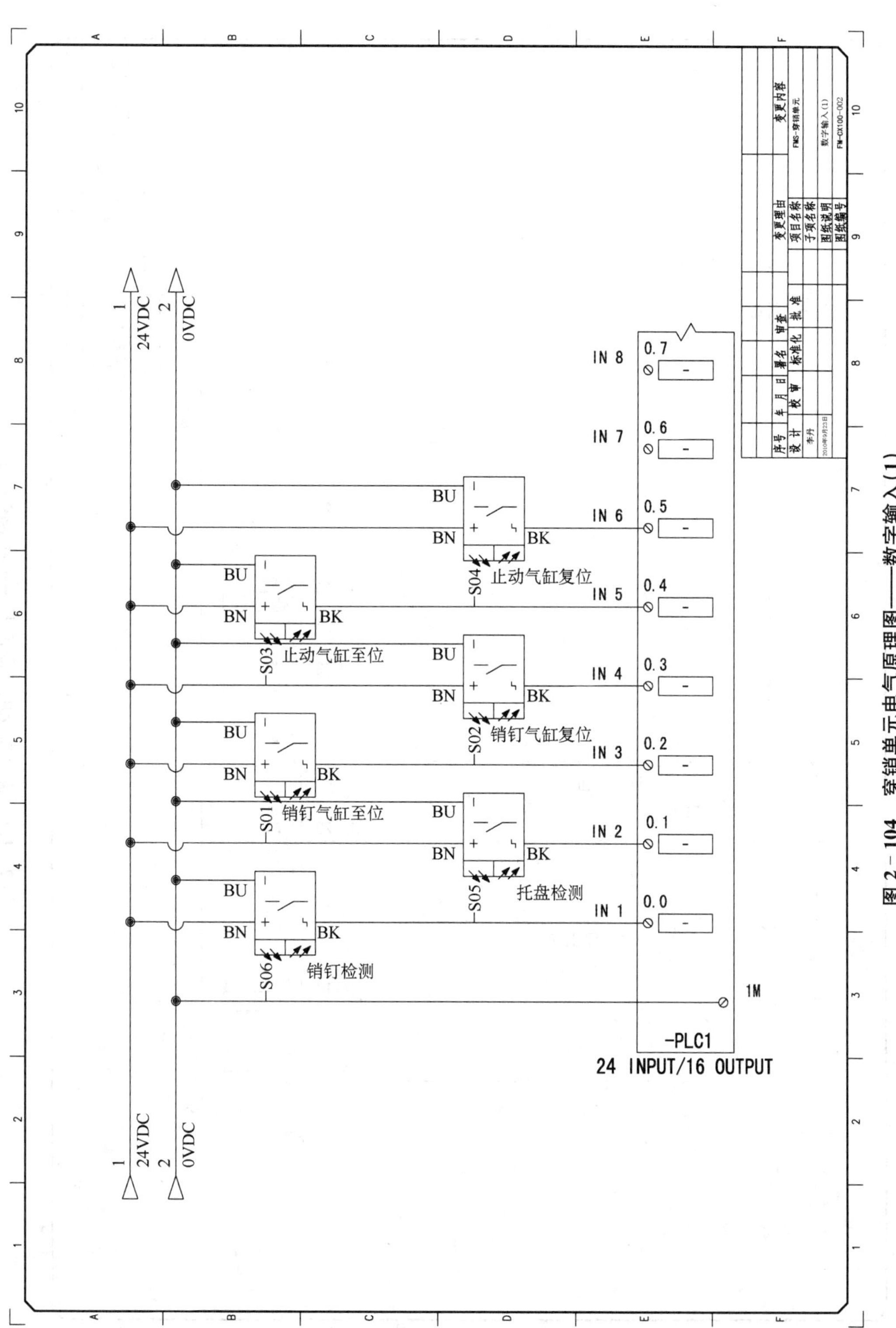

图 2-104 穿销单元电气原理图——数字输入(1)

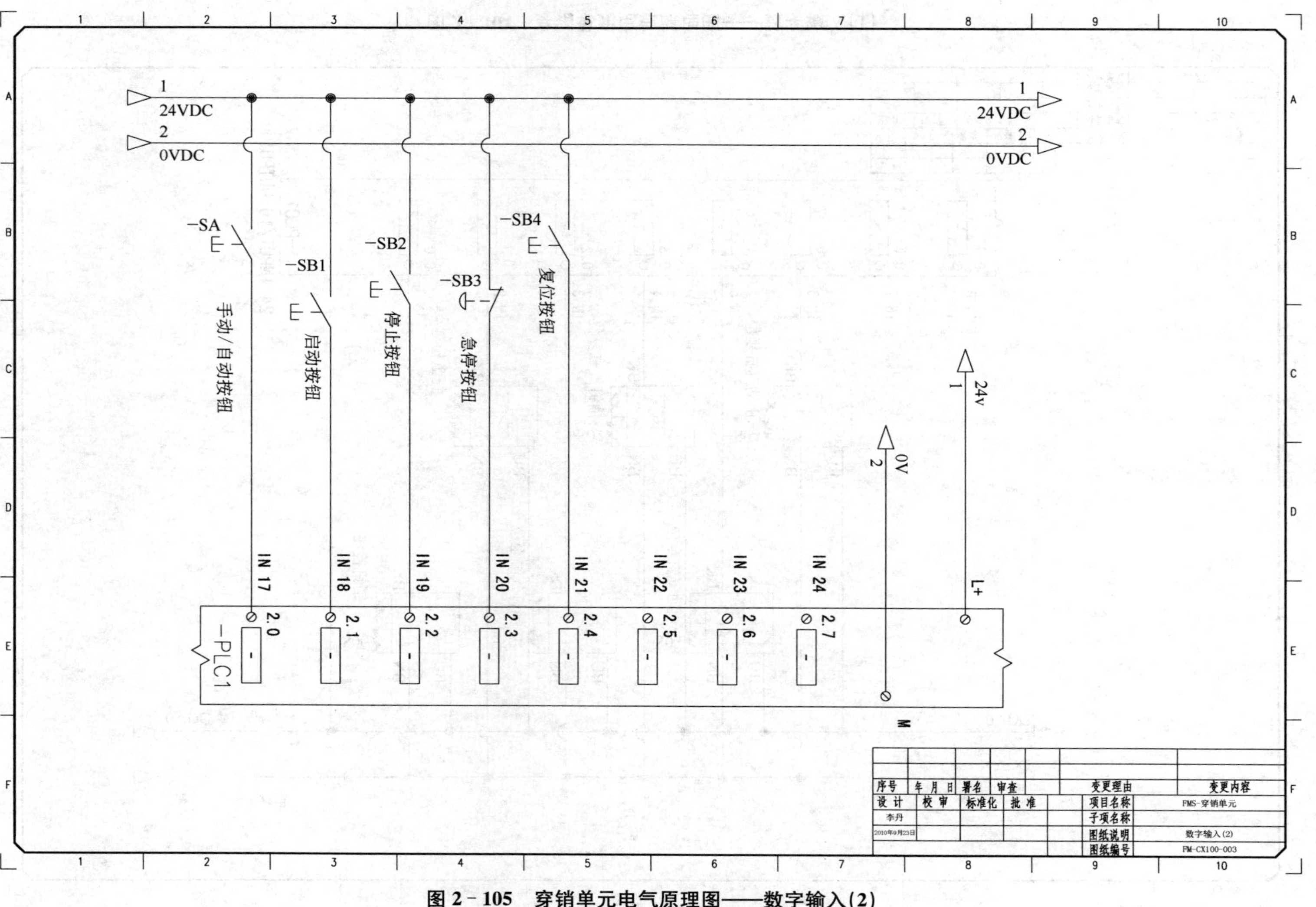

图 2-105 穿销单元电气原理图——数字输入(2)

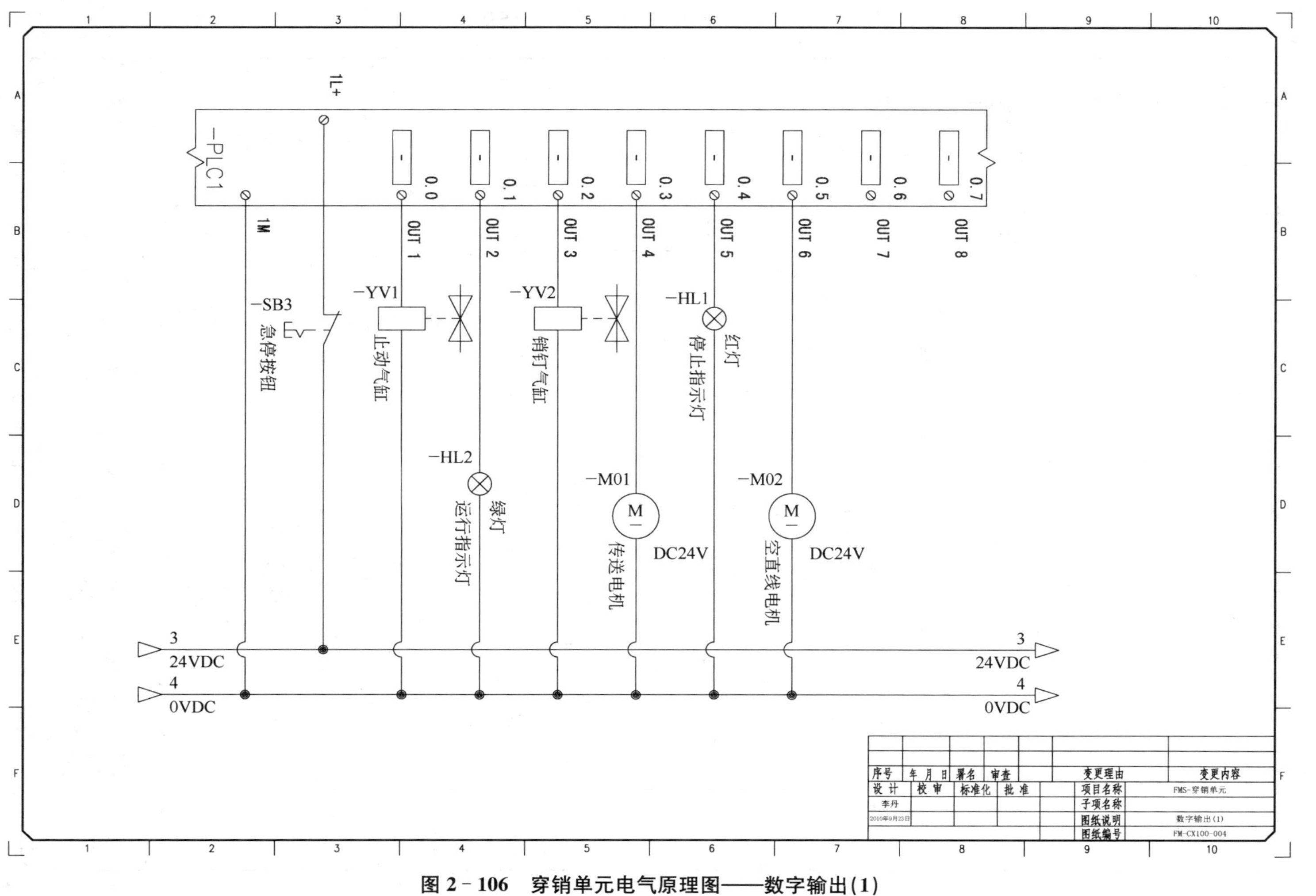

图 2-106　穿销单元电气原理图——数字输出(1)

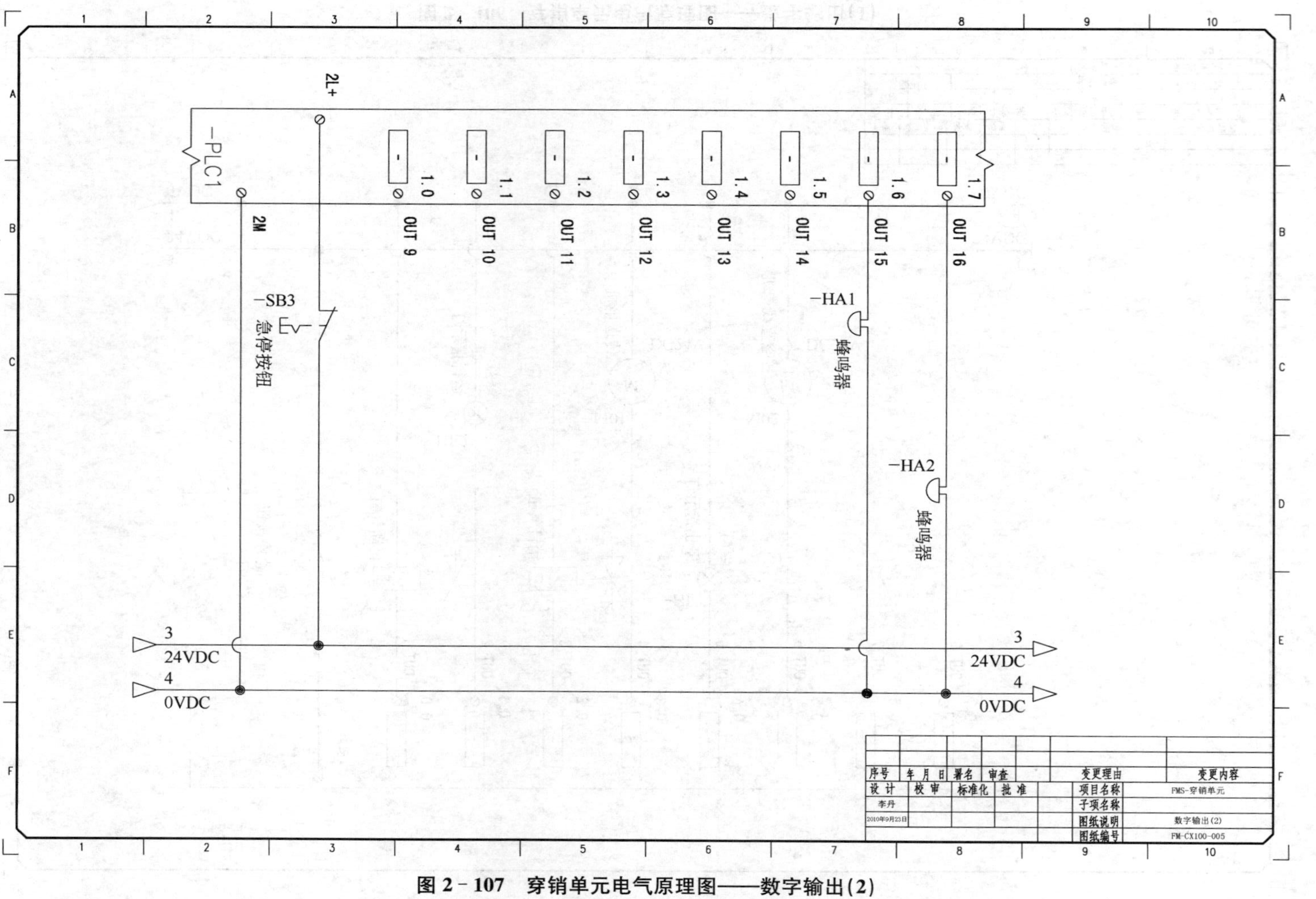

图 2-107 穿销单元电气原理图——数字输出(2)

2.4.5　穿销单元的编程与单机调试

训练目标

按照本单元控制要求，在规定时间内完成传感器、气路的安装与调试，并进行 PLC 程序设计与调试。

训练要求

(1) 熟悉穿销单元的功能及结构组成；

(2) 根据控制要求设计气动控制回路原理图，安装执行器件并进行调试；

(3) 安装所使用的传感器并能调试；

(4) 查明 PLC 各端口地址，根据要求编写程序和调试。

1. 编程要求

初始状态：直线传送电机处于停止状态；销钉气缸处于原位(即旋转推筒处于退回状态)；限位杆竖起禁行；工作指示灯熄灭。

系统启动运行后本单元红色指示灯发光；直线电机驱动传送带开始运转且始终保持运行状态(分单元运行时可选用与 PLC 运行/停止同状态的特殊继电器保持直线传送电机的运行状态)。

2. 系统运行

(1) 当托盘载工件到达定位口时，托盘传感器发出检测信号，且确认无销钉信号后，绿色指示灯亮，红色指示灯灭，经 3 秒确认后，销钉气缸推进执行装销钉动作。

(2) 当销钉气缸发出至位检测信号后结束推进动作，延时 2 秒后自动退回。

(3) 气缸退回至复位状态且接收到销钉检测信号后，进行 3 秒延时，止动气缸动作使限位杆落下将托盘放行(若销钉安装为空操作，2 秒后销钉检测传感器仍无信号，销钉气缸再次推进执行安装动作，直到销钉安装到位)。

(4) 放行 3 秒后，限位杆竖起处禁行状态，绿色指示灯灭，红色指示灯亮。系统回复初始状态。

本站销钉连续穿三次后，传感器还未检测到有销钉穿入，报警器报警，此时应在销钉下料仓内加入销钉。

穿销单元程序流程如图 2－108 所示。

3. 控制方式说明

穿销单元独立运行时具有自动、手动两种控制方式。当选择自动方式时本单元呈连续运行工作状态；当选择手动方式时则相当于步进工作状态，即每按动一次启动按钮系统按设计步骤运行一步的运行方式。

在系统运行期间若按下停止按钮，执行动作立即停止；再按下启动按钮，将在上一停顿状态继续运行。

当发生突发事故时，应立即按下急停按钮，系统将切断 PLC 负载供电即刻停止运行(此时所有其他按钮都不起作用)。排除故障后需旋起急停按钮，并按下复位按钮，待各机构回复初始状态后按下启动按钮，本单元方可重新开始运行。

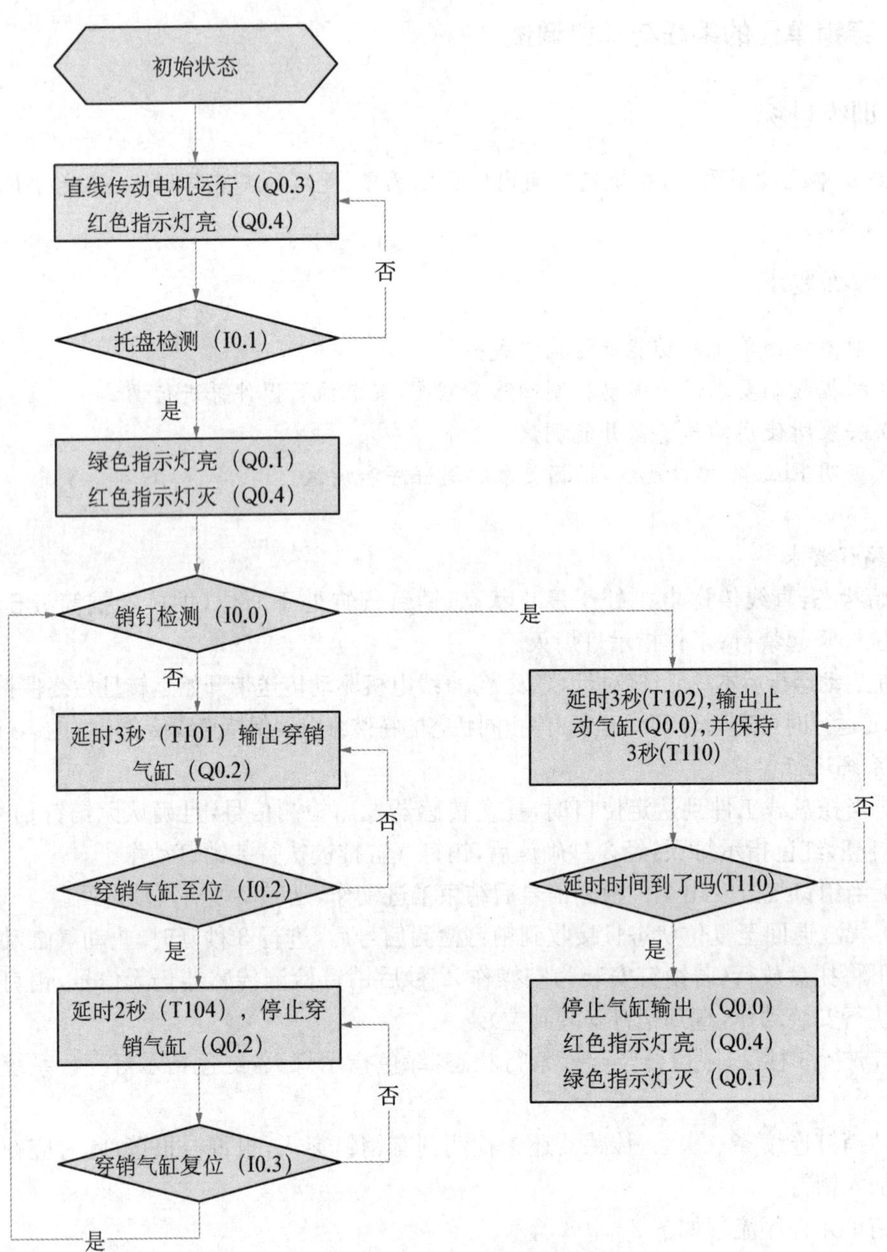

图 2－108　控制方式说明

穿销单元实训项目的评分标准如表 2－18 所示。

表 2－18　评分表

训练项目	训练内容	训练要求	教师评分
穿销单元	1. 程序和图纸(30 分) 电路图 气路图 程序清单	电路图和气路图绘制有错误，每处扣 0.5 分； 电路图和气路图符号不规范，每处扣 0.5 分	

续　表

训练项目	训练内容	训练要求	教师评分
穿销单元	2. 连接工艺(30 分) 电路连接工艺 气路连接工艺 机械安装及装配工艺	端子连接处没有线号,每处扣 0.5 分; 端子连接压线不牢,每处扣 0.5 分; 电路接线没有绑扎或电路接线凌乱,扣 2 分; 气路连接未完成或有错,每处扣 2 分; 气路连接有漏气现象,每处扣 1 分; 气缸节流阀调整不当,每处扣 1 分; 气路没有绑扎或气路连接凌乱,扣 2 分	
	3. 测试与功能(30 分)	启动、停止方式不按照控制要求,扣 1 分; 运行测试不满足要求,每处扣 0.5 分	
	4. 职业素养(10 分)	团队合作配合紧密; 现场操作安全保护符合安全操作规程; 工具摆放、导线线头等处理符合职业岗位的要求	

2.4.6　重点知识、技能归纳

气动系统相对于机械传动、液压传动和电气传动而言有许多突出的优点:气动反应快,动作迅速,维护简单,气动元件结构简单,可实现过载保护等。气动执行元件既可以做直线运动也可以做回转运动。

2.4.7　工程素质培养

查阅专业气动产品手册,思考如何选择气动元件,本生产线为何选择这些气动元件。了解国内外主要气动元件生产厂家以及当前气动技术的进展、应用领域与行业。

任务 2.5　综合检测单元的安装与调试

学习目标

(1) 了解多种传感器的功能与其在本单元的用途。

(2) 掌握电气接线方法及功能。

(3) 用 PLC 控制该站并学习编程。

任务描述

学生根据控制要求,选择所需元器件和工具,绘制电路图,熟悉 I/O 分配,编写程序并调试,完成综合检测单元的工作过程。

2.5.1 认识综合检测单元

扫码见综合检测单元视频

检测单元的主要功能是运用各类检测传感装置对装配好的工件成品进行全面检测(包括上盖、销钉的装配情况,销钉材质、标签有无等),并将检测结果送至 PLC 进行处理,以此作为后续站控制方式选择的依据(如分拣站依标签有无判别正、次品;仓库站依销钉材质确定库位)。

图 2-109 检测单元

本单元的主体结构组成如图 2-109 所示,包括多种传感与检测装置、直线单元、工作指示灯等。

为实现本单元的控制功能,在本站结构的相应位置装设了电感式传感器、电容式传感器、激光传感器、色差传感器等检测与传感装置,并配备了直流电机、直动电磁铁等执行机构。详见图 2-110 所示。

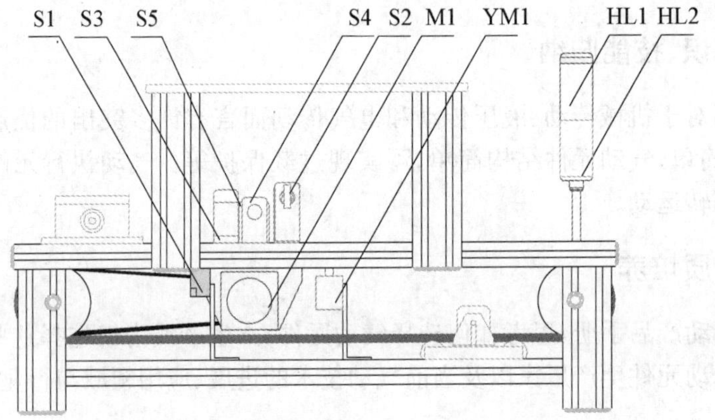

S1—托盘检测;S2—上盖检测;S3—标签检测;S4—销钉检测;S5—材质检测;
M1—传送电机;YM1—直流电磁铁;HL1—红色指示灯;HL2—绿色指示灯

图 2-110 检测单元检测元件、控制机构安装位置示意图

检测单元各元件如表 2-19 所示。

表 2-19 检测单元检测元件、执行机构、控制元件一览表

类别	序号	编　号	名　称	功　能	安装位置
检测元件	1	S1	电感式传感器	工件进入检测	直线单元上
	2	S2	激光对射传感器	检测上盖	直线单元上
	3	S3	电感式传感器	检测销钉材质	直线单元上
	4	S4	色差传感器	检测标签	直线单元上
	5	S5	电容式传感器	检测销钉	直线单元上

续　表

类别	序号	编　号	名　称	功　　能	安装位置
执行机构	1	YM1	直流电磁铁	控制托盘位置	直线单元上
	2	M1	传送电机	驱动直线单元传送带	直线单元上
	3	HL1	红色指示灯	显示工作状态	直线单元上
	4	HL2	绿色指示灯	显示工作状态	直线单元上
	5	HA1	蜂鸣器	事故报警	控制板
	6	HA2	蜂鸣器	事故报警	控制板

2.5.2　相关知识:传感器认知及应用

传感器像人的眼睛、耳朵、鼻子等感官器官,是自动线中的检测元件,能感受规定的被测量并按照一定的规律转换成电信号输出。如图 2-111 所示为常用传感器。

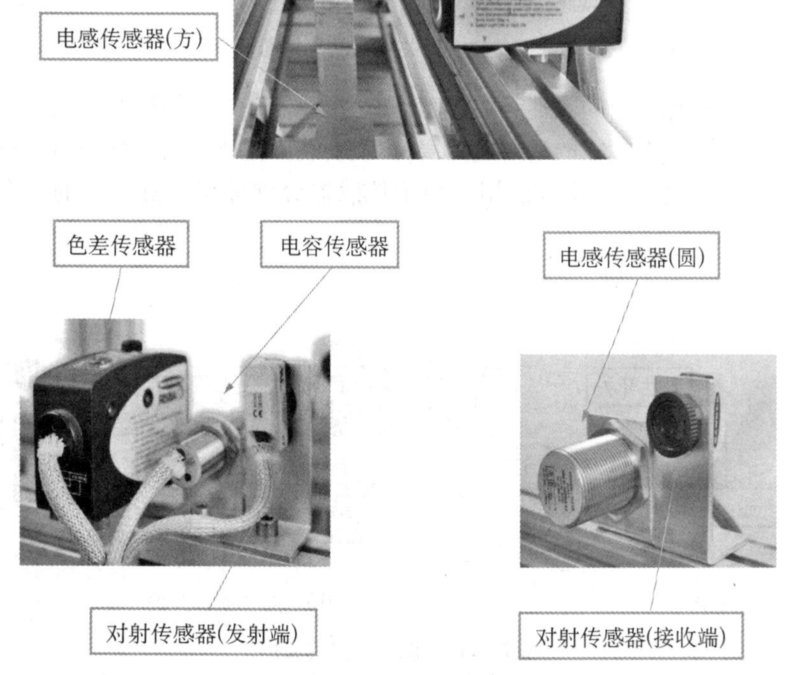

图 2-111　常用传感器

1. 磁性开关(干簧管接近开关)及应用

在自动线中,磁性开关用于各类气缸的位置检测。如图 2-112 所示是用磁性开关来检测气缸伸出和缩回到位的位置。

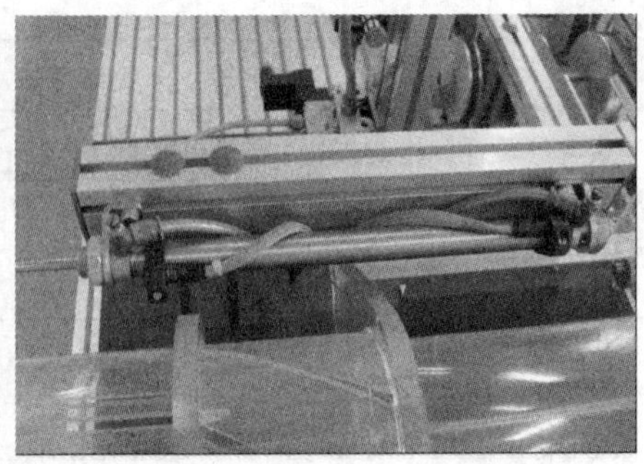

图 2-112 磁性开关

磁性开关是一种非接触式位置检测开关，这种非接触位置检测不会磨损和损伤检测对象物，响应速度高。磁性开关用于检测磁石的存在；安装方式上有导线引出型、接插件型、接插件中继型；根据安装场所环境的要求接近开关可选择屏蔽式和非屏蔽式。其实物图及电气图形符号如图 2-113 所示。

(a) 实物图　　(b) 电气图形符号

图 2-113 磁性开关实物及电气图形符号

当有磁性物质接近图示的磁性开关传感器时，传感器动作，并输出开关信号。在实际应用中，可在被测物体(如在气缸的活塞或活塞杆)上安装磁性物质，在气缸缸筒外面的两端各安装一个磁感应式接近开关，就可以用这两个传感器分别标识气缸运动的两个极限位置。如图 2-114 所示。

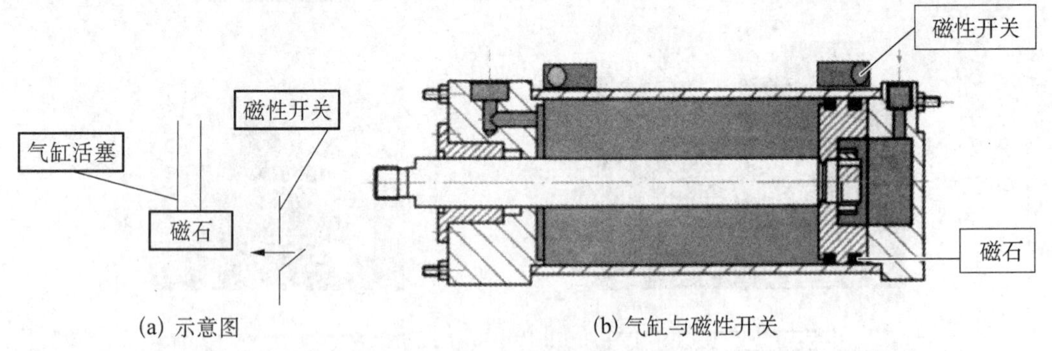

(a) 示意图　　(b) 气缸与磁性开关

图 2-114 磁性开关的应用

磁性开关的安装与调试：

在生产线的自动控制中，可以利用该信号判断气缸的运动状态或所处的位置，以确定工件是否被推出或气缸是否返回。

(1) 电气接线与检查。

重点要考虑传感器的尺寸、位置、安装方式、布线工艺、电缆长度以及周围工作环境等因素对传感器工作的影响。

在磁性开关上设有 LED，用于显示传感器的信号状态，供调试与运行监视时观察。当气缸活塞靠近，接近开关输出动作，输出“1”信号，LED 亮；当没有气缸活塞靠近，接近开关输出不动作，输出“0”信号，LED 不亮。

(2)磁性开关在气缸上的安装与调整。

磁性开关与气缸配合使用时，如果安装不合理，可能使得气缸的动作不正确。当气缸活塞移向磁性开关，并接近到一定距离时，磁性开关才有“感知”，开关才会动作，通常把这个距离叫检出距离。

在气缸上安装磁性开关时，先把磁性开关装在气缸上，磁性开关的安装位置根据控制对象的要求调整，调整方法简单，只要让磁性开关到达指定位置后，用螺丝刀旋紧固定螺钉(或螺母)即可。

磁性开关通常用于检测气缸活塞的位置，如果检测其他类型的工件的位置，比如一个浅色塑料工件，这时就可以选择其他类型的接近开关，如光电开关。

2. 光电开关及应用

(1) 光电开关简介。

光电接近开关(本书中简称光电开关)通常在环境条件比较好，无粉尘污染的场合下使用。光电开关工作时对被测对象几乎无任何影响。因此，在生产线上被广泛地使用。

光电开关的原理是投光器发出光来，被物体阻断或部分反射，受光器最终据此做出判断反应。

① 对射式：对射式光电开关将投光器与受光器置于相对的位置，光束在相对的两个装置之间，穿过投光器与受光器之间的物体会阻断光束并启动受光器。综合检测单元就使用了这种传感器。如图 2－115 所示为对射式光电开关工作原理。

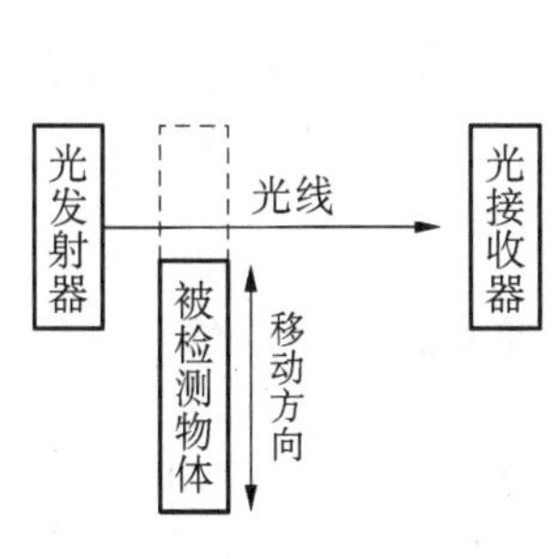

图 2－115　对射式光电开关的工作原理示意图

② 反射式：直接反射式光电开关将投光器与受光器置于一体，光电开关发射的光被检测物体反射回受光器。

在工作时，光发射器始终发射检测光，若接近开关前方一定距离内没有物体，则没有光被反射到接收器，光电开关处于常态而不动作；反之若在接近开关的前方一定距离内出现物体，只要反射回来的光强度足够，则接收器接收到足够的漫射光就会使接近开关动作面改变输出的状态，图 2－116 所示为反射式光电开关的工作原理示意图。

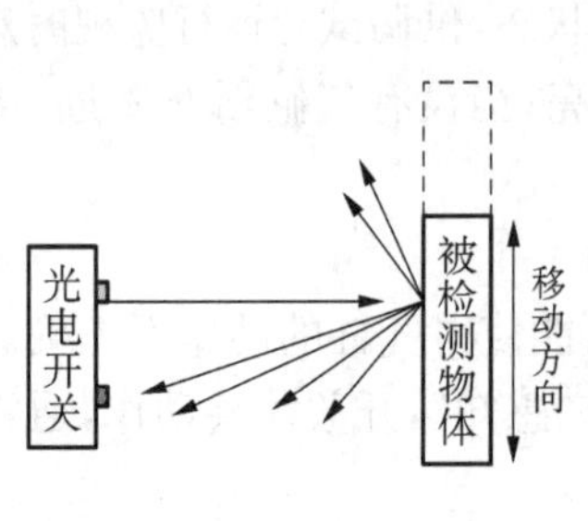

图 2-116 反射式光电开关的工作原理示意图

3. 电容式接近开关

电容式接近开关的检测物体，并不限于金属导体，也可以是绝缘的液体或粉状物体。

电容式接近开关的感受面由两个同轴金属电极构成，很像“打开的”电容器的电极（图 2-117），电极 A 和 B 连接在高频振子的反馈回路中。

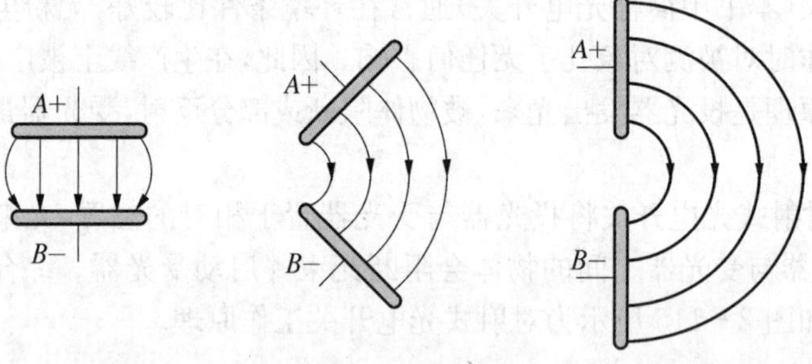

图 2-117 感应面图

该高频振子无测试目标时不感应。当测试目标接近传感器表面时，它就进入了由这两个电极构成的电场。引起 A、B 之间的耦合电容增加，电路开始振荡。每一振荡的振幅均由数据分析电路测得，并形成开关信号（图 2-118）。

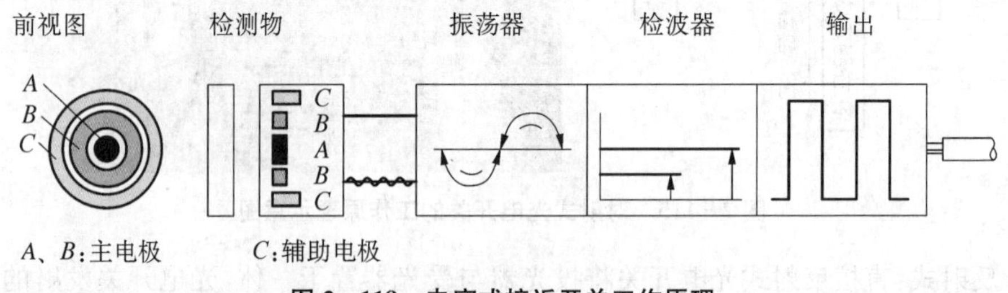

图 2-118 电容式接近开关工作原理

4. 电感式接近开关

电感式接近开关所能检测的物体必须是金属物体。

它是利用电涡流效应制成的有开关量输出的位置传感器，它由 LC 高频振荡器和放大处理电路组成，利用金属物体在接近这个能产生电磁场的振荡感应头时，使物体内部产生电涡流。这个电涡流反作用于接近开关，使接近开关振荡能力衰减，内部电路的参数发生变化，由此识别出有无金属物体接近，进而控制开关的通或断。本系统中加盖单元导轨下方使用的是电感式接近开关。

5. 光纤式光电接近开关及应用

光纤式传感器由光纤检测头和光纤放大器两部分组成，放大器和光纤检测头是分离的两个部分，光纤检测头的尾端部分分成两条光纤，使用时分别插入放大器的两个光纤孔。光纤传感器组件如图 2-119 所示。图 2-120 是放大器的安装示意图。

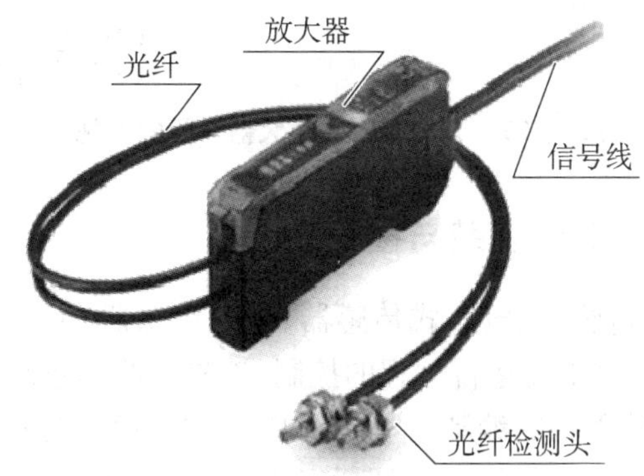

图 2-119 光纤传感器组件

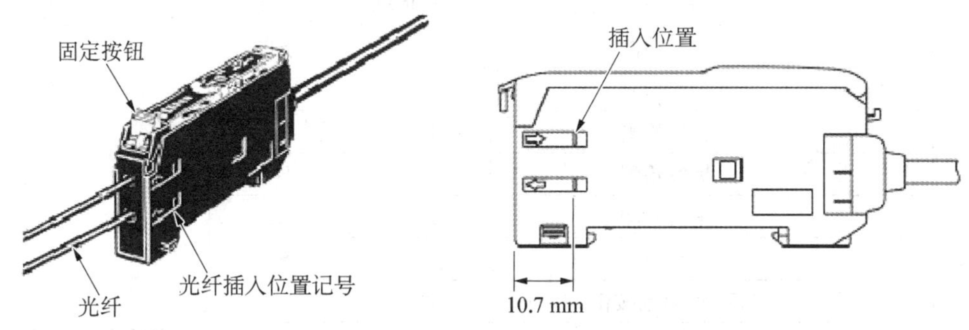

图 2-120 光纤传感器组件外形及放大器的安装示意

光纤传感器也是光电传感器的一种。光纤传感器具有下述优点：抗电磁干扰、可工作于恶劣环境，传输距离远，使用寿命长，此外，由于光纤头具有较小的体积，所以可以安装在很小空间的地方。

光纤式光电接近开关的放大器的灵敏度调节范围较大。当光纤传感器灵敏度调得较小时，反射性较差的黑色物体，光电探测器无法接收到反射信号；而反射性较好的白色物体，光电探测器就可以接收到反射信号。反之，若调高光纤传感器灵敏度，则即使对反射性较差的黑色物体，光电探测器也可以接收到反射信号。

如图 2-121 所示是光纤传感器放大器单元的俯视图，调节其中部的 8 旋转灵敏度高速旋钮就能进行放大器灵敏度调节（顺时针旋转灵敏度增大）。调节时，会看到“入光量显示灯”发光的变化。当探测器检测到物料时，“动作显示灯”会亮，提示检测到物料。

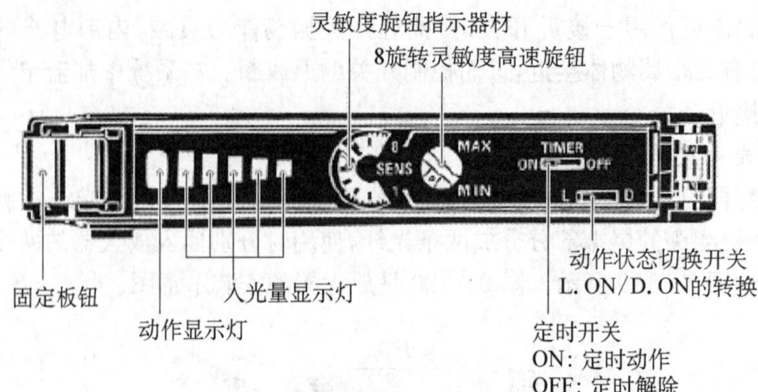

图 2-121 光纤传感器放大器单元的俯视图

2.5.3 综合检测单元 PLC 的安装与接线

本单元装设了电感式传感器、电容式传感器、激光传感器、色差传感器等检测与传感装置。要实现 PLC 对综合检测单元运行过程的控制，首先要绘制系统电气原理图和进行基本的 I/O 分配，然后进行软件程序的编制。本单元 PLC 的 I/O 信号如表 2-20 所示。PLC 的 I/O 接线原理图如图 2-122 至图 2-127 所示。

表 2-20 检测单元 I/O 分配表

形式	序号	名 称	PLC 地址	编号	地址设置
输入	1	托盘检测	I0.0	S1	EM277 总线模块设置的站号为：18 与总站通信的地址为：08～09
	2	上盖检测	I0.1	S2	
	3	材质检测	I0.2	S3	
	4	标签检测	I0.3	S4	
	5	销钉检测	I0.4	S5	
	6	废料检测	I1.1	S6	
	7	手动/自动按钮	I2.0	SA	
	8	启动按钮	I2.1	SB1	
	9	停止按钮	I2.2	SB2	
	10	急停按钮	I2.3	SB3	
	11	复位按钮	I2.4	SB4	
输出	1	直流电磁铁	Q0.0	YM1	
	2	传送电机	Q0.1	M1	
	3	绿色指示灯	Q0.2	HL2	
	4	红色指示灯	Q0.3	HL1	
	5	蜂鸣器报警	Q1.6	HA1	
	6	蜂鸣器报警	Q1.7	HA2	
发送地址	V2.0～V3.7(200PLC⟶300PLC)				
接收地址	V0.0～V1.7(200PLC⟵300PLC)				

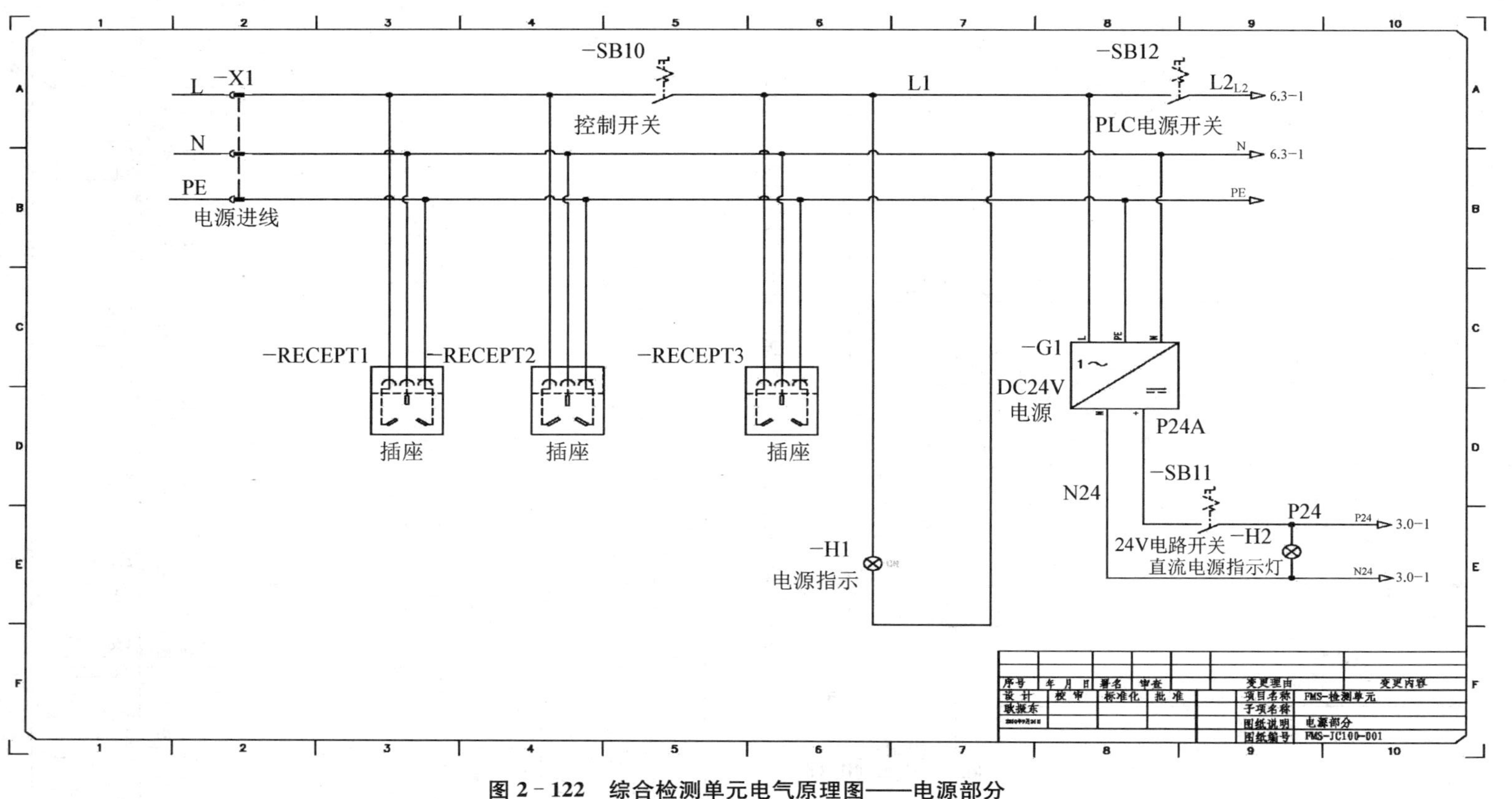

图 2-122　综合检测单元电气原理图——电源部分

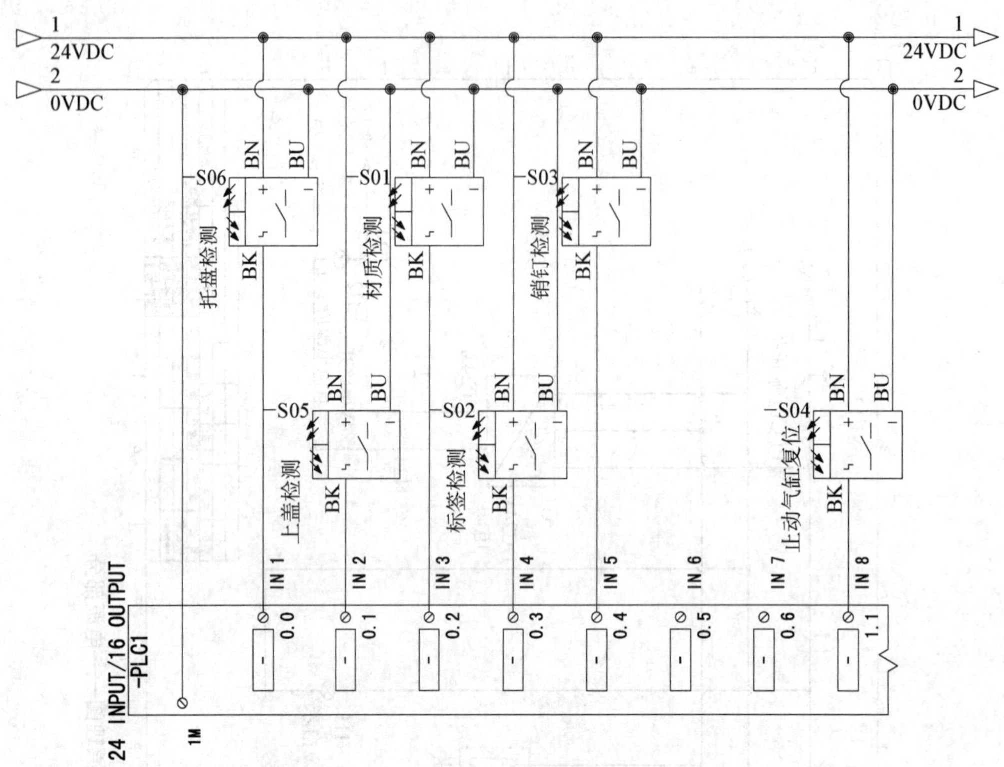

图 2－123　综合检测单元电气原理图——数字输入(1)

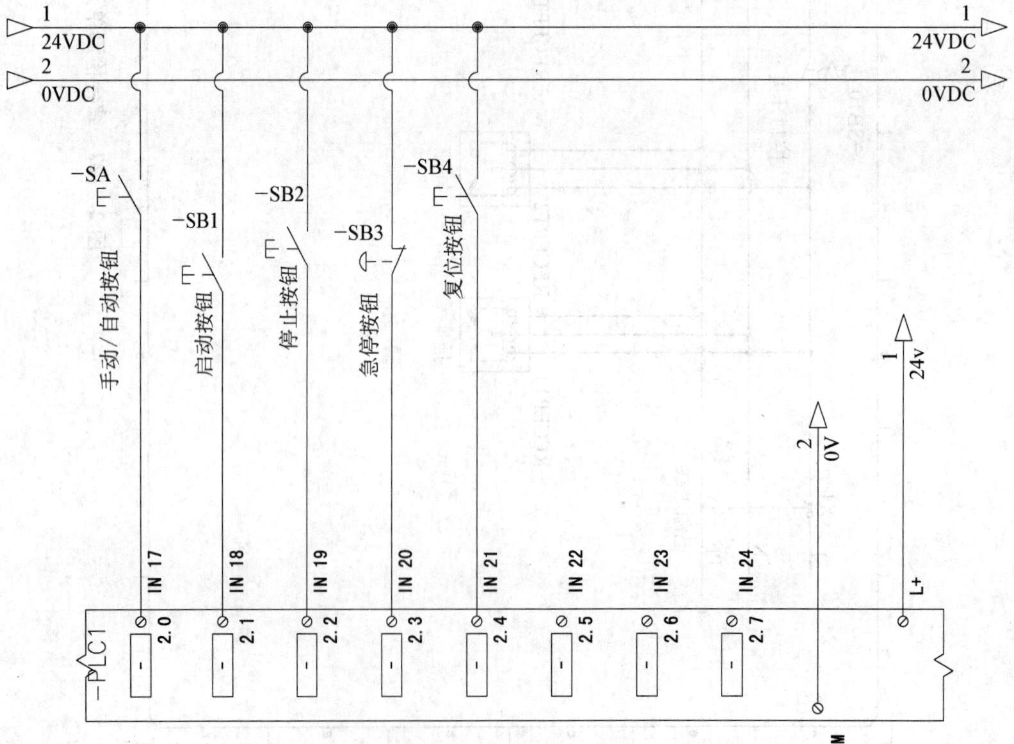

图 2－124　综合检测单元电气原理图——数字输入(2)

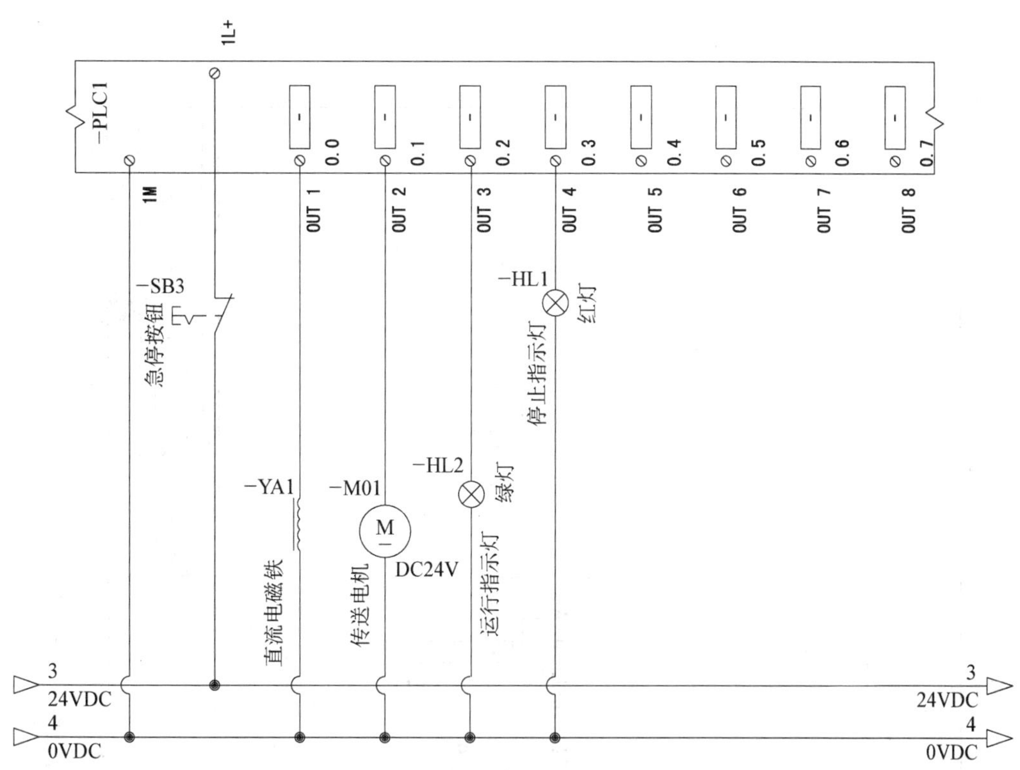

图 2 - 125　综合检测单元电气原理图——数字输出(1)

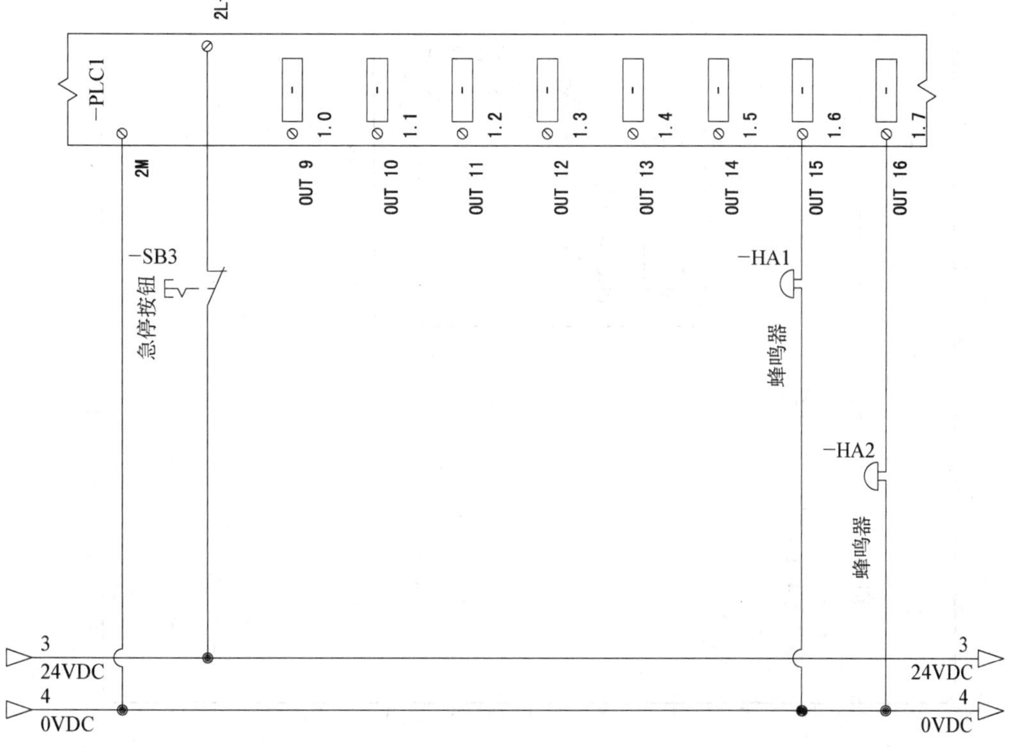

图 2 - 126　综合检测单元电气原理图——数字输出(2)

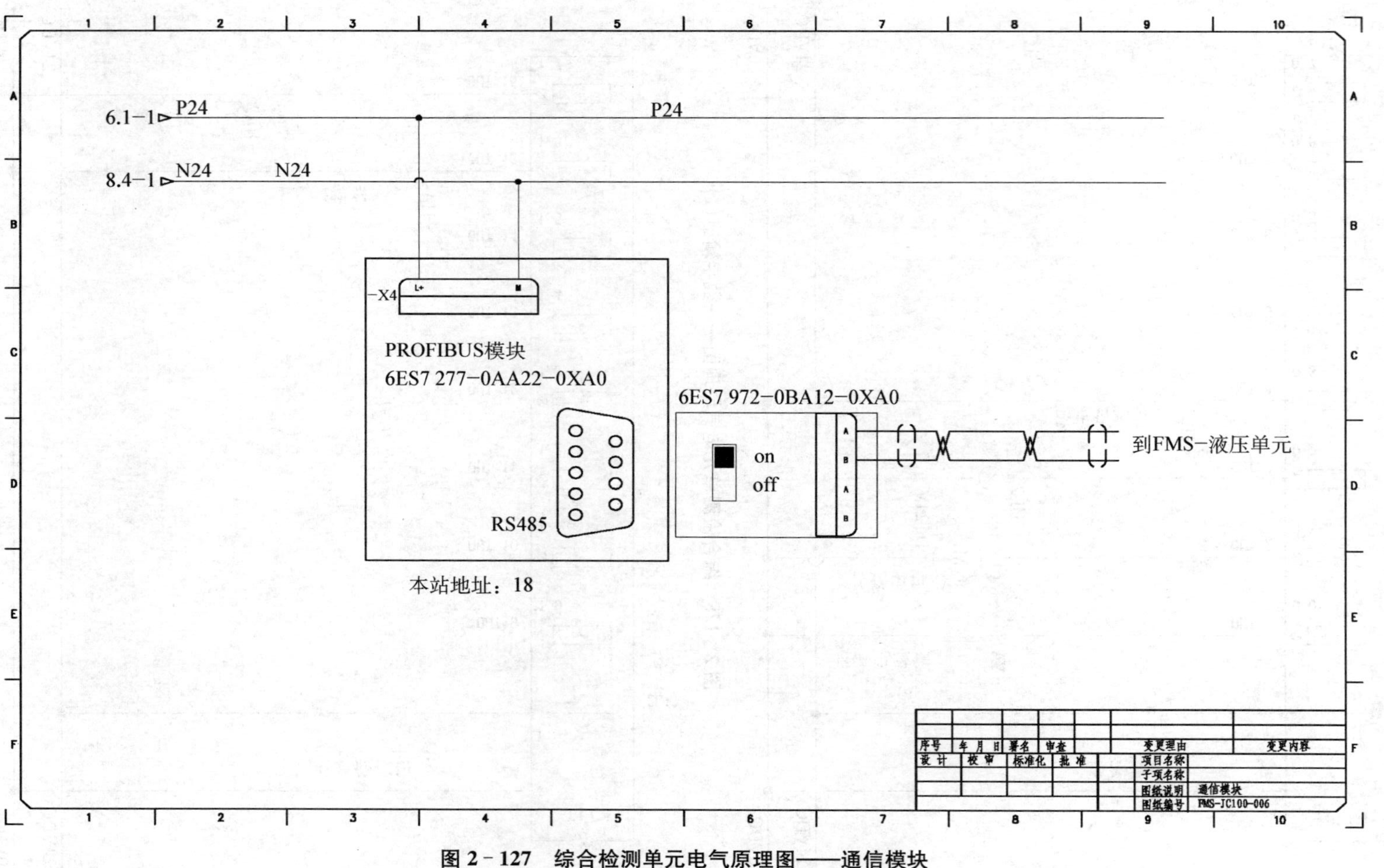

图 2-127 综合检测单元电气原理图——通信模块

2.5.4　综合检测单元的编程与单机调试

训练目标

按照本单元控制要求，设计手动控制和自动连续控制，并进行调试。

训练要求

(1) 熟悉检测单元的功能及结构组成；

(2) 安装所使用的传感器并能调试；

(3) 查明 PLC 各端口地址，根据要求编写程序和调试。

1. 编程要求

初始状态：直线传送电机处于静止状态；直流电磁铁竖起禁行；工作指示灯熄灭。

系统启动运行后本单元红色指示灯发光；直线电机驱动传送带开始运转且始终保持运行状态(分单元运行时可选用与 PLC 运行/停止同状态的特殊继电器保持直线传送电机的运行状态)。

2. 系统运行

(1) 当托盘带工件进入本站后，进行 3 秒延时；绿色指示灯发光、红色指示灯熄灭；产品检测工作开始。

(2) 产品检测要求如下：

上盖检测　　(上盖为 1/无上盖为 0)；

销钉材质检测(金属为 1/非金属为 0)；

色差检测　　(贴签为 1/未贴签为 0)；

销钉检测　　(穿销为 1/未穿销为 0)；

(3) 产品检测工作开始 3 秒后，直流电磁铁吸合下落放行托盘。

(4) 放行托盘 3 秒后，直流电磁铁释放伸出恢复禁行状态。此时系统恢复初始状态，红色指示灯发光、绿色指示灯熄灭。

综合检测单元程序流程如图 2－128 所示。

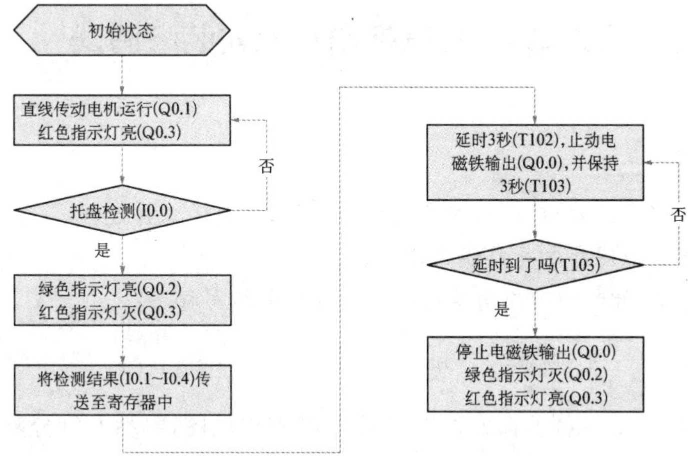

图 2－128　检测单元程序流程图

综合检测单元实训项目评分标准如表 2-21 所示。

表 2-21 评分表

训练项目	训练内容	训练要求	教师评分
综合检测单元	1. 程序和图纸(30 分) 电路图 程序清单	电路图绘制有错误,每处扣 0.5 分; 电路图符号不规范,每处扣 0.5 分	
	2. 连接工艺(30 分) 电路连接工艺 机械安装及装配工艺	端子连接处没有线号,每处扣 0.5 分; 端子连接压线不牢,每处扣 0.5 分; 电路接线没有绑扎或电路接线凌乱,扣 2 分	
	3. 测试与功能(30 分)	启动、停止方式不按照控制要求,扣 1 分; 运行测试不满足要求,每处扣 0.5 分	
	4. 职业素养(10 分)	团队合作配合紧密; 现场操作安全保护符合安全操作规程; 工具摆放、导线线头等处理符合职业岗位的要求	

2.5.5 重点知识、技能归纳

生产线上使用的传感器种类较多,传感器安装调试不到位会使生产线不能正常工作。生产线上常用的传感器有接近开关、温度、湿度检测传感器、图像检测传感器、流量传感器等许多类型。每种传感器的使用场合与要求不同,检测距离、安装方式、输出口电气特性不同,这需要在安装调试中结合执行机构、控制器等综合考虑。

2.5.6 工程素质培养

查阅生产线中涉及的传感器的产品手册,说明每种传感器的特点,为何选择这些传感器。在机械拆装以及电气控制电路的拆装过程中,进一步掌握传感器安装、调试的方法和技巧。

任务 2.6 伸缩换向单元安装与调试

学习目标

(1) 掌握本单元的结构组成、功能及安装,了解本单元的工作过程。

(2) 掌握电气原理图和电气接线的方法。

(3) 掌握用 PLC 控制伸缩换向单元的工作过程并编写程序。

任务描述

学生根据控制要求,选择所需元器件和工具,绘制电路图,熟悉 I/O 分配,编写程序并调试,完成伸缩换向单元的工作过程。

2.6.1　认识伸缩换向单元

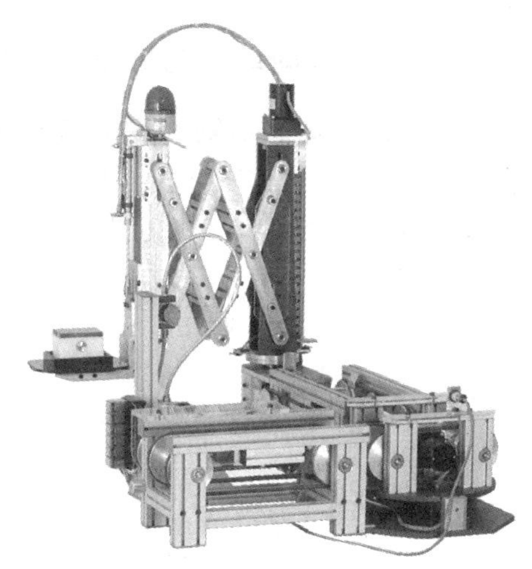
图 2－129　伸缩换向单元

伸缩换向单元的主要功能是将前站传送过来的托盘及组装好的工件经换向、提升、旋转、下落后输送至传送带向下站传送。

本单元主体结构组成如图 2－129 所示，包括托盘转向机构、托盘转向扇齿轮齿条传动机构、伸缩机构、旋转换向齿轮减速机构、气缸提升机构、托盘直线传送单元Ⅰ、托盘直线传送单元Ⅱ、托盘转向气缸、气动电磁阀组、限位开关、工作指示灯等。

2.6.2　相关知识：直流电机认知及应用

1. 直流电动机工作原理

在直流电动机的转子线圈上加上直流电源，借助于换向器和电刷的作用，转子线圈中流过方向交变的电流，在定子产生的磁场中受电磁力，产生方向恒定不变的电磁转矩，使转子朝确定的方向连续旋转。其工作原理如图 2－130 所示。

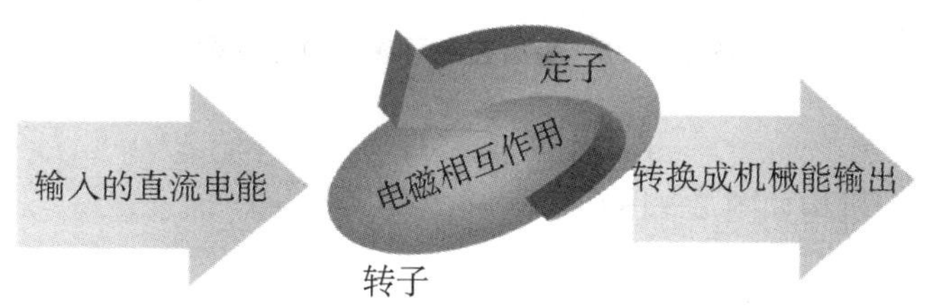

图 2－130　直流电动机工作原理

2. 直流电动机的分类

按励磁方式分类，可分为永磁式直流电动机和电磁式直流电动机。

(1) 永磁式直流电动机：永磁式直流电动机的磁场是由磁性材料本身提供的，不需要线圈励磁，主要用于微型直流电动机或一些具有特殊要求的直流电动机。

(2) 电磁式直流电动机：电磁式直流电动机又分为：他励直流电动机、并励直流电动机，串励直流电动机和复励式直流电动机。直流电动机常见类型如图 2－131 所示。

图 2－131　直流电动机常见类型

2.6.3 伸缩换向单元的机械装配与调整

扫码见伸缩换向单元视频

首先把伸缩换向单元各零件组合成整体安装时的组件，然后把组件进行组装。所组合成的组件包括：平面连杆平移机构组件、扇齿轮齿条传动机构组件、张紧机构组件等。平面连杆平移机构如图 2－132 所示：

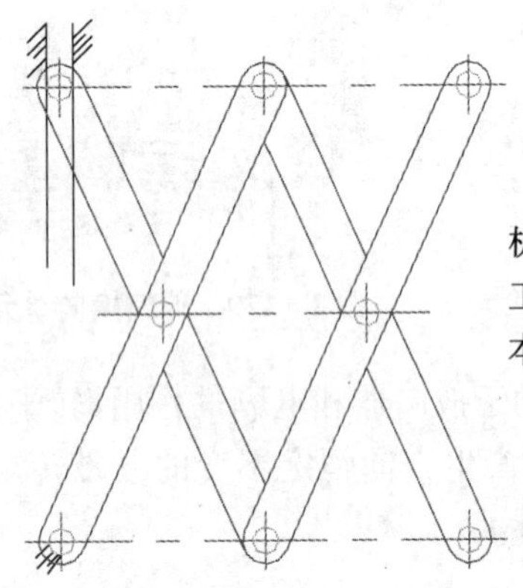

机构名称：平面连杆平移机构
工作特性：不改变工件的姿态，平行移动。
本机构应用目的：跨越通道，将工件移位。

图 2－132　平面连杆平移机构结构图

扇齿轮齿条传动机构如图 2－133 所示。

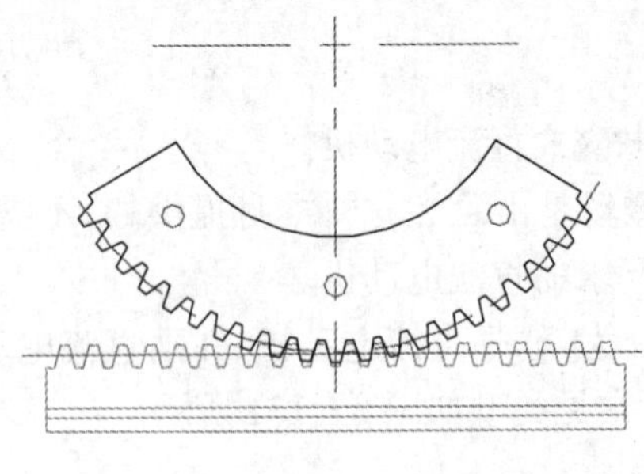

机构名称：扇齿轮齿条传动机构
工作特性：改变工件的运动方向。
本机构应用目的：换向。

图 2－133　扇齿轮齿条传动机构结构图

为实现本单元的控制功能，在主体结构的相应位置装设了光电开关、电感式传感器、微动开关等检测与传感装置，并配备了直流电机等执行机构和电磁阀、继电器等控制元件。详见图 2－134 所示。

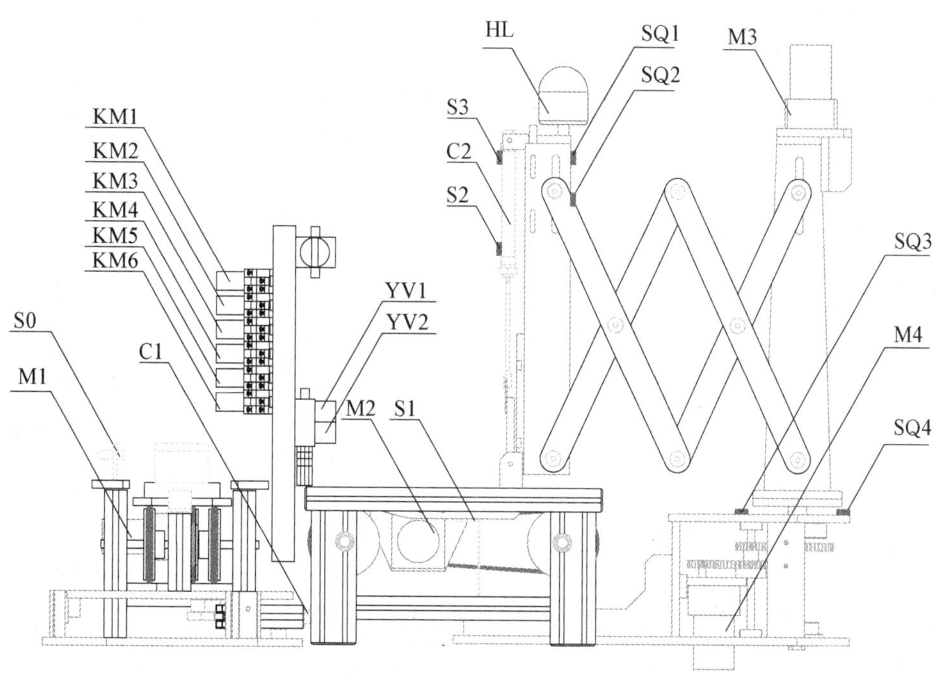

SQ1—送件复位(缩)检测;SQ2—送件至位检测;SQ3—旋转至位检测;SQ4—旋转复位检测;S0—工件进入检测;S1—托盘检测;S2—提升气缸复位;S3—提升气缸至位;M1—接、送件电机;M2—直线Ⅱ电机;M3—伸缩电机;M4—旋转电机;YV1—提升气缸电磁阀;YV2—旋转电磁阀;C1—旋转气缸;C2—提升气缸;HL—指示灯;KM1—伸缩电机复位继电器;KM2—伸缩电机至位继电器;KM3—旋转电机复位继电器;KM4—旋转电机至位继电器;KM5—换向电机送件继电器;KM6—换向电机接件继电器

图2-134 伸缩换向单元检测元件、控制机构安装位置示意图

伸缩换向单元各元件如表2-22所示。

表2-22 伸缩换向单元检测元件、执行机构、控制元件一览表

类别	序号	编号	名称	功能	安装位置
检测元件	1	SQ1	微动开关	送件复位(缩)检测	伸缩臂移动支架上
	2	SQ2	微动开关	送件至位(伸)检测	伸缩臂移动支架上
	3	SQ3	微动开关	旋转至位检测	伸缩臂固定支架上
	4	SQ4	微动开关	旋转复位检测	伸缩臂固定支架上
	5	S0	光电传感器	工件进入检测	旋转盘上
	6	S1	电感式传感器	检测托盘的位置	直线单元上
	7	S2	磁性接近开关	确定提升气缸初始位置	提升气缸
	8	S3	磁性接近开关	确定提升气缸缩回位置	提升气缸
	9	S4	磁性接近开关	确定换向气缸伸出位置	换向气缸
	10	S5	磁性接近开关	确定换向气缸缩回位置	换向气缸

续 表

类别	序号	编 号	名 称	功 能	安装位置
执行机构	1	M0	直线Ⅰ电机	驱动直线单元传送带	直线单元上
	2	M1	接、送件电机	对托盘进行接和送	旋转盘
	3	M2	直线Ⅱ电机	驱动直线Ⅱ皮带	直线单元Ⅱ上
	4	M3	伸缩电机	驱动伸缩臂	伸缩臂固定支架上
	5	M4	旋转电机	驱动伸缩臂旋转	伸缩臂固定支架底部
	6	C1	旋转气缸	带动转盘进行旋转	旋转盘
	7	C2	提升气缸	将工件提升	伸缩臂移动支架上
	8	HL	工作指示灯	显示工作状态	伸缩单元顶端
控制元件	1	YV1	提升气缸电磁阀	控制销钉气缸	桌面立柱上
	2	YV2	旋转气缸电磁阀	控制止动气缸伸缩	桌面立柱上
	3	KM1	继电器	伸缩电机复位	桌面立柱上
	4	KM2	继电器	伸缩电机至位	桌面立柱上
	5	KM3	继电器	旋转电机复位	桌面立柱上
	6	KM4	继电器	旋转电机至位	桌面立柱上
	7	KM5	继电器	换向电机送件	桌面立柱上
	8	KM6	继电器	换向电机接件	桌面立柱上

1. 托盘转向机构

托盘转向机构如图 2－135 所示。

图 2－135 托盘转向机构

(1) 功能或工艺过程。

当有工件传送至转向机构时，工件传感器发出检测信号，转向传送带停转；转向气缸输出带动转盘顺时针正转；工作指示灯发光。转向气缸旋转 90°到位后发出信号，启动转向传送带反转，将工件送向直线单元Ⅱ。

(2) 技术参数。

转向装置旋转角度 90°、齿轮齿条透视窗材质亚克力、工件检测(光电传感器)。

2. 托盘转向扇齿轮齿条传动机构

托盘转向扇齿轮齿条传动机构如图 2-136 所示。

图 2-136　托盘转向扇齿轮齿条传动机构

(1) 功能或工艺过程。

由气缸带动齿轮齿条做往复运动,实现装置的换向。

(2) 技术参数。

摆动重复定位精度≤0.2°

3. 伸缩机构

伸缩机构如图 2-137 所示。

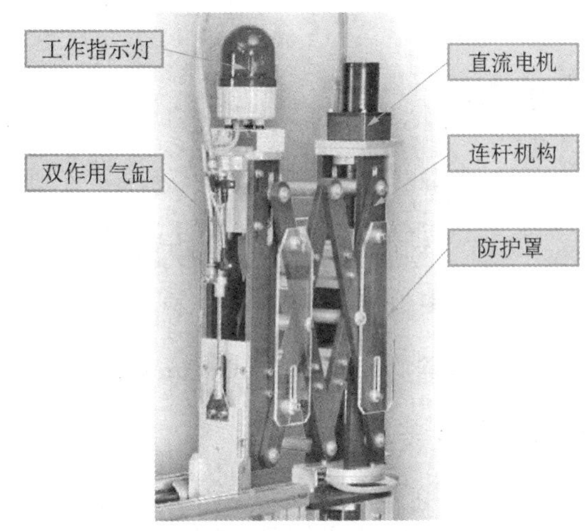

图 2-137　伸缩机构

(1) 功能或工艺过程。

直流电机通过正反转实现连杆机构的伸缩。

(2) 技术参数。

收放距离可调、重复定位精度±0.1 mm、速度 0.05 m/s。

4. 旋转换向齿轮减速机构

旋转换向齿轮减速机构如图 2-138 所示。

图 2-138　旋转换向齿轮减速机构

技术参数:换向装置旋转角度 180°,减速比 1∶8。

5. 气缸提升机构

气缸提升机构如图 2-139 所示。

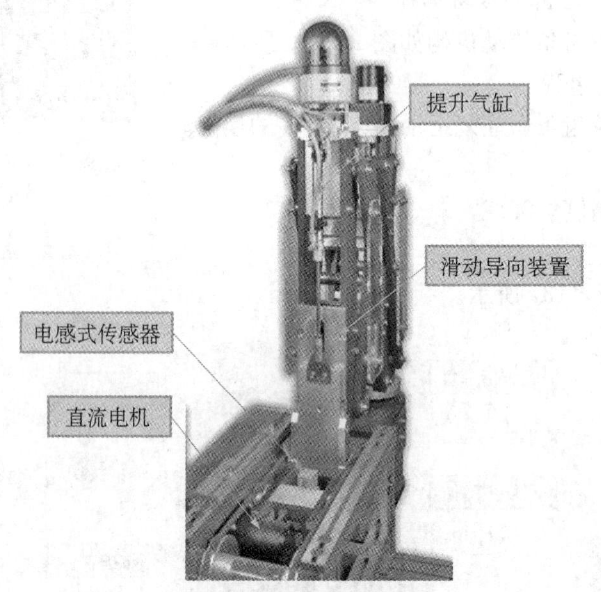

图 2-139 气缸提升机构

技术参数:提升行程 100 mm,重复定位精度±0.1 mm。

2.6.4 伸缩换向单元 PLC 的安装与接线

气动控制回路是本工作单元的执行机构之一,由 PLC 控制。气动控制回路的工作原理如图 2-140 所示。气缸的两个极限工作位置安装有磁感应接近开关;穿销单元的阀组由两

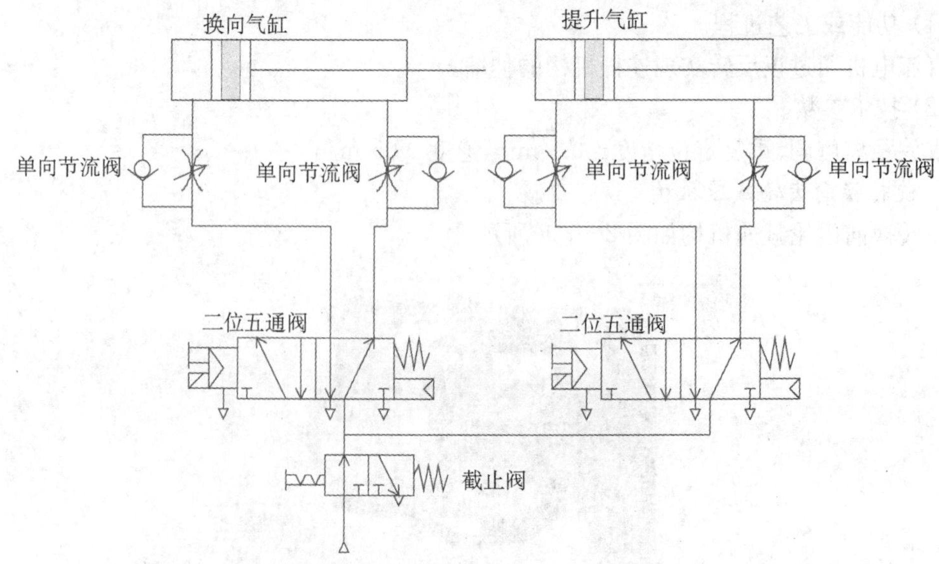

图 2-140 伸缩换向单元气动原理图

个二位五通的电磁阀组成。电磁阀安装在汇流板上，汇流板中两个排气口末端均连接了消声器。电磁阀对气缸进行控制，以改变动作状态。

要实现 PLC 对伸缩换向单元运行过程的控制，首先要绘制系统电气原理图和进行基本的 I/O 分配，然后进行软件程序的编制。本单元 PLC 的 I/O 信号如表 2-23 所示。PLC 的 I/O 接线原理图如图 2-141 至图 2-145 所示。

表 2-23　伸缩换向单元 I/O 分配表

<table>
<tr><th>形式</th><th>序号</th><th>名　称</th><th>PLC 地址</th><th>编号</th><th>地址设置</th></tr>
<tr><td rowspan="15">输入</td><td>1</td><td>换向气缸至位</td><td>I0.0</td><td>S4</td><td rowspan="28">EM277 总线模块设置的站号为:20,与总站通信的地址为:22～25</td></tr>
<tr><td>2</td><td>换向气缸复位</td><td>I0.1</td><td>S5</td></tr>
<tr><td>3</td><td>托盘检测</td><td>I0.2</td><td>S1</td></tr>
<tr><td>4</td><td>提升气缸至位</td><td>I0.3</td><td>S3</td></tr>
<tr><td>5</td><td>提升气缸复位</td><td>I0.4</td><td>S2</td></tr>
<tr><td>6</td><td>旋转复位检测</td><td>I0.7</td><td>SQ4</td></tr>
<tr><td>7</td><td>旋转至位检测</td><td>I1.0</td><td>SQ3</td></tr>
<tr><td>8</td><td>送件复位(缩)检测</td><td>I1.1</td><td>SQ1</td></tr>
<tr><td>9</td><td>送件至位(伸)检测</td><td>I1.2</td><td>SQ2</td></tr>
<tr><td>10</td><td>工件进入检测</td><td>I1.3</td><td>S0</td></tr>
<tr><td>11</td><td>手动/自动按钮</td><td>I2.0</td><td>SA</td></tr>
<tr><td>12</td><td>启动按钮</td><td>I2.1</td><td>SB1</td></tr>
<tr><td>13</td><td>停止按钮</td><td>I2.2</td><td>SB2</td></tr>
<tr><td>14</td><td>急停按钮</td><td>I2.3</td><td>SB3</td></tr>
<tr><td>15</td><td>复位按钮</td><td>I2.4</td><td>SB4</td></tr>
<tr><td rowspan="13">输出</td><td>1</td><td>换向气缸</td><td>Q0.0</td><td>YV2</td></tr>
<tr><td>2</td><td>换向电机接件</td><td>Q0.1</td><td>KM5</td></tr>
<tr><td>3</td><td>换向电机送件</td><td>Q0.2</td><td>KM6</td></tr>
<tr><td>4</td><td>小直线Ⅱ电机</td><td>Q0.3</td><td>M2</td></tr>
<tr><td>5</td><td>提升气缸</td><td>Q0.4</td><td>YV1</td></tr>
<tr><td>6</td><td>旋转电机至位</td><td>Q0.5</td><td>KM4</td></tr>
<tr><td>7</td><td>旋转电机复位</td><td>Q0.6</td><td>KM3</td></tr>
<tr><td>8</td><td>伸缩电机至位(送)</td><td>Q0.7</td><td>KM2</td></tr>
<tr><td>9</td><td>伸缩电机复位(缩)</td><td>Q1.0</td><td>KM1</td></tr>
<tr><td>10</td><td>工作指示灯</td><td>Q1.1</td><td>HL</td></tr>
<tr><td>11</td><td>小直线Ⅰ电机</td><td>Q1.2</td><td>M0</td></tr>
<tr><td>12</td><td>蜂鸣器报警</td><td>Q1.6</td><td>HA1</td></tr>
<tr><td>13</td><td>蜂鸣器报警</td><td>Q1.7</td><td>HA2</td></tr>
<tr><td colspan="2">发送地址</td><td colspan="4">V4.0～V7.7(200PLC⟶300PLC)</td></tr>
<tr><td colspan="2">接收地址</td><td colspan="4">V0.0～V3.7(200PLC⟵300PLC)</td></tr>
</table>

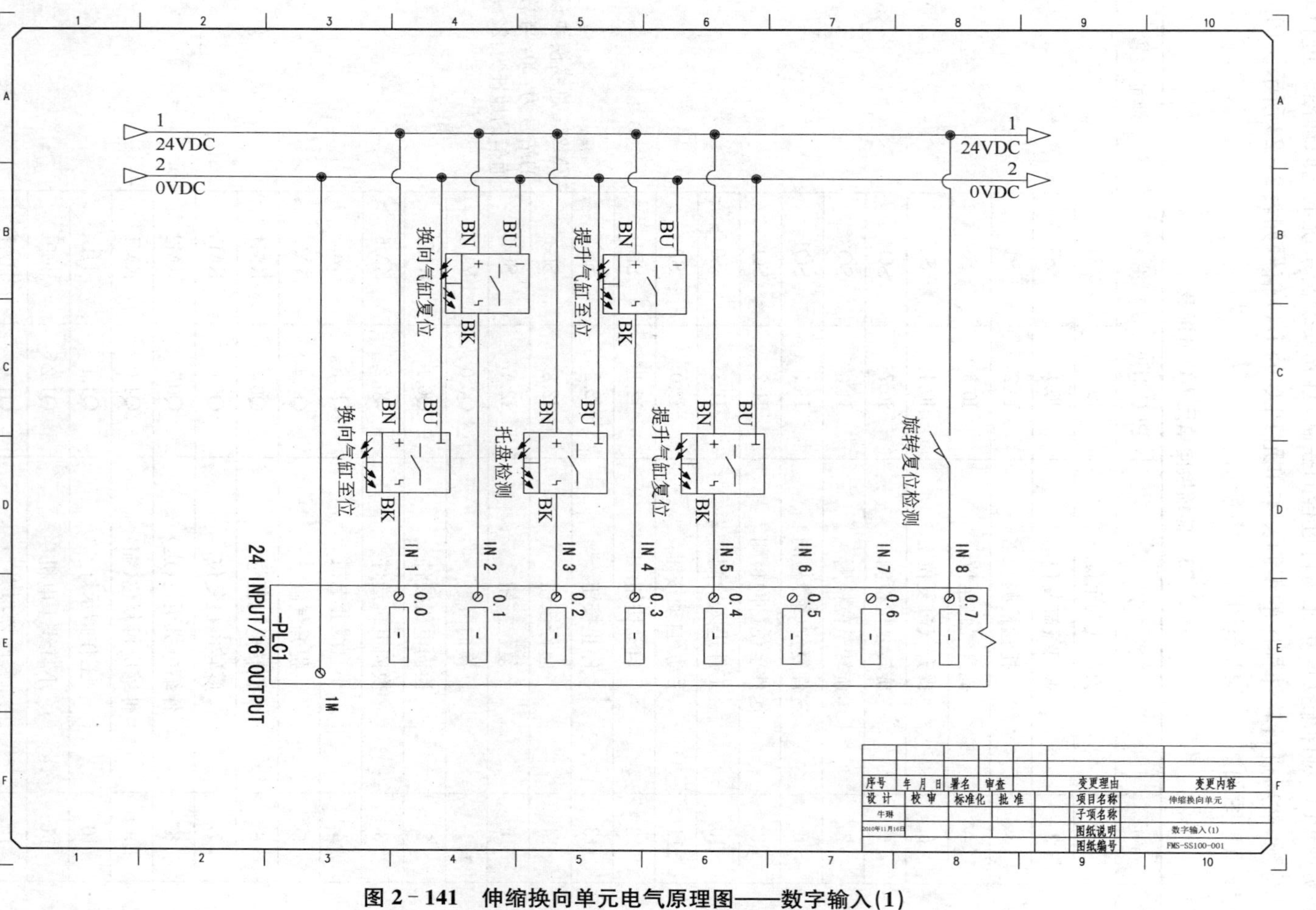

图 2-141 伸缩换向单元电气原理图——数字输入(1)

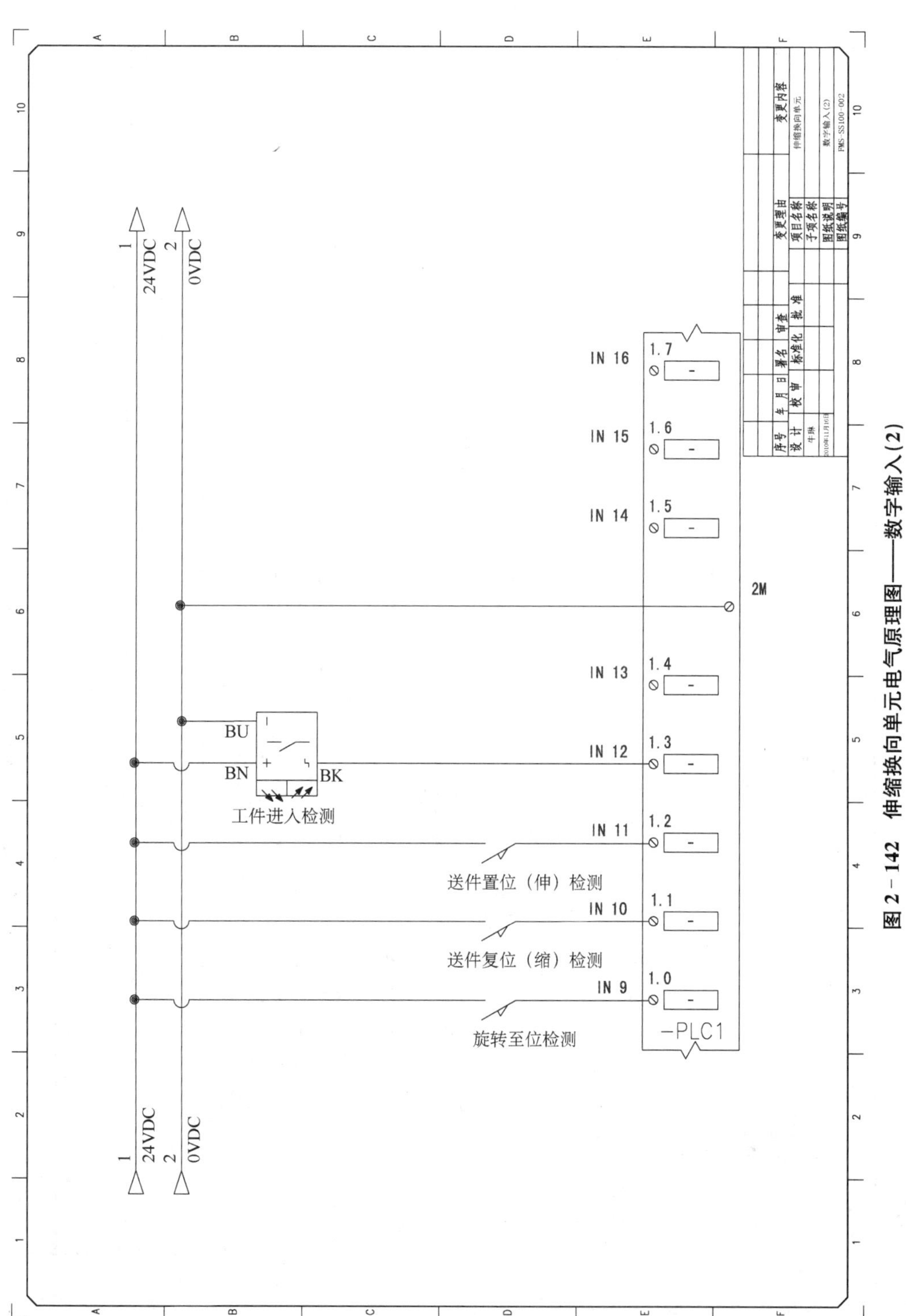

图 2-142　伸缩换向单元电气原理图——数字输入(2)

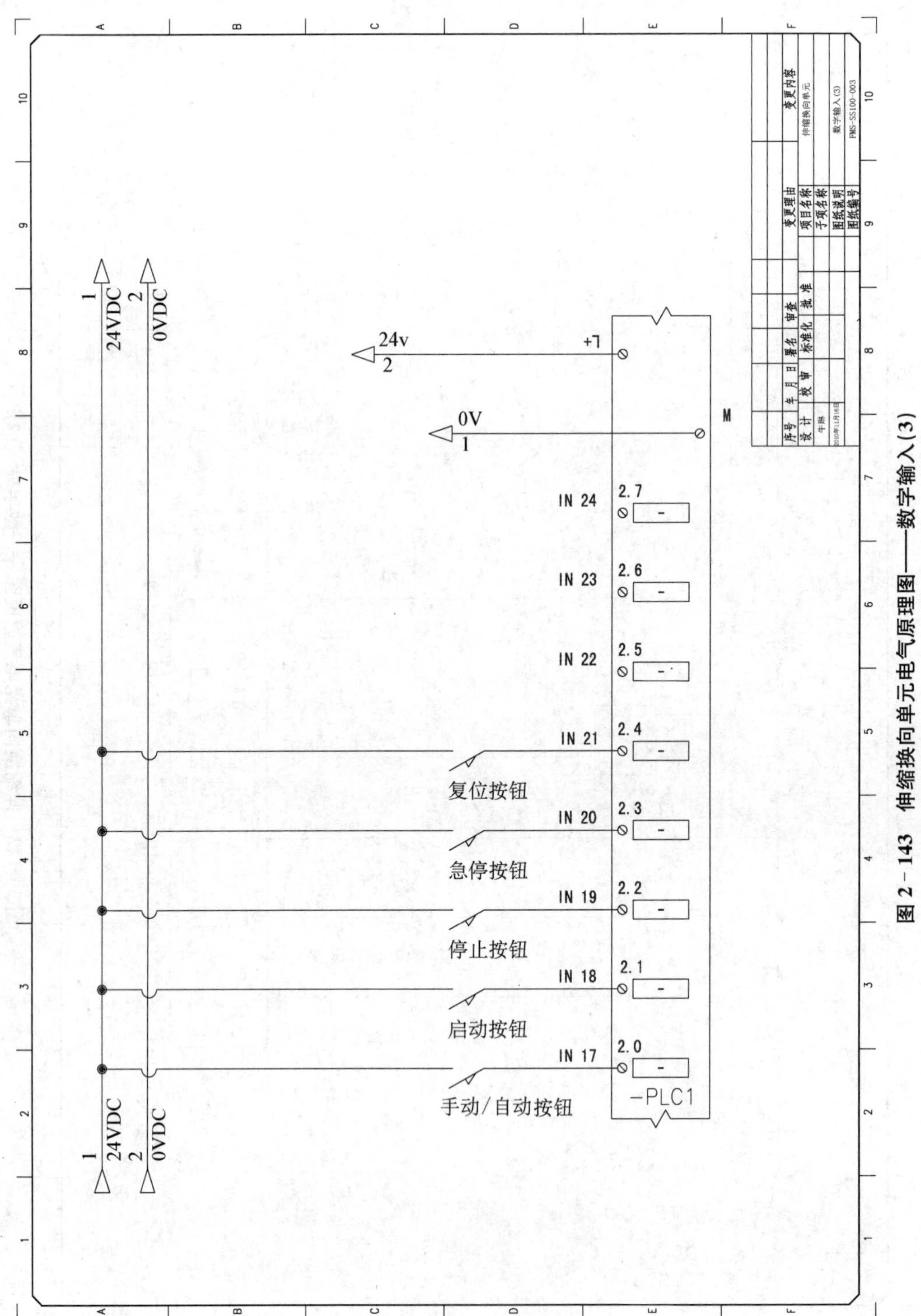

图 2-143 伸缩换向单元电气原理图——数字输入(3)

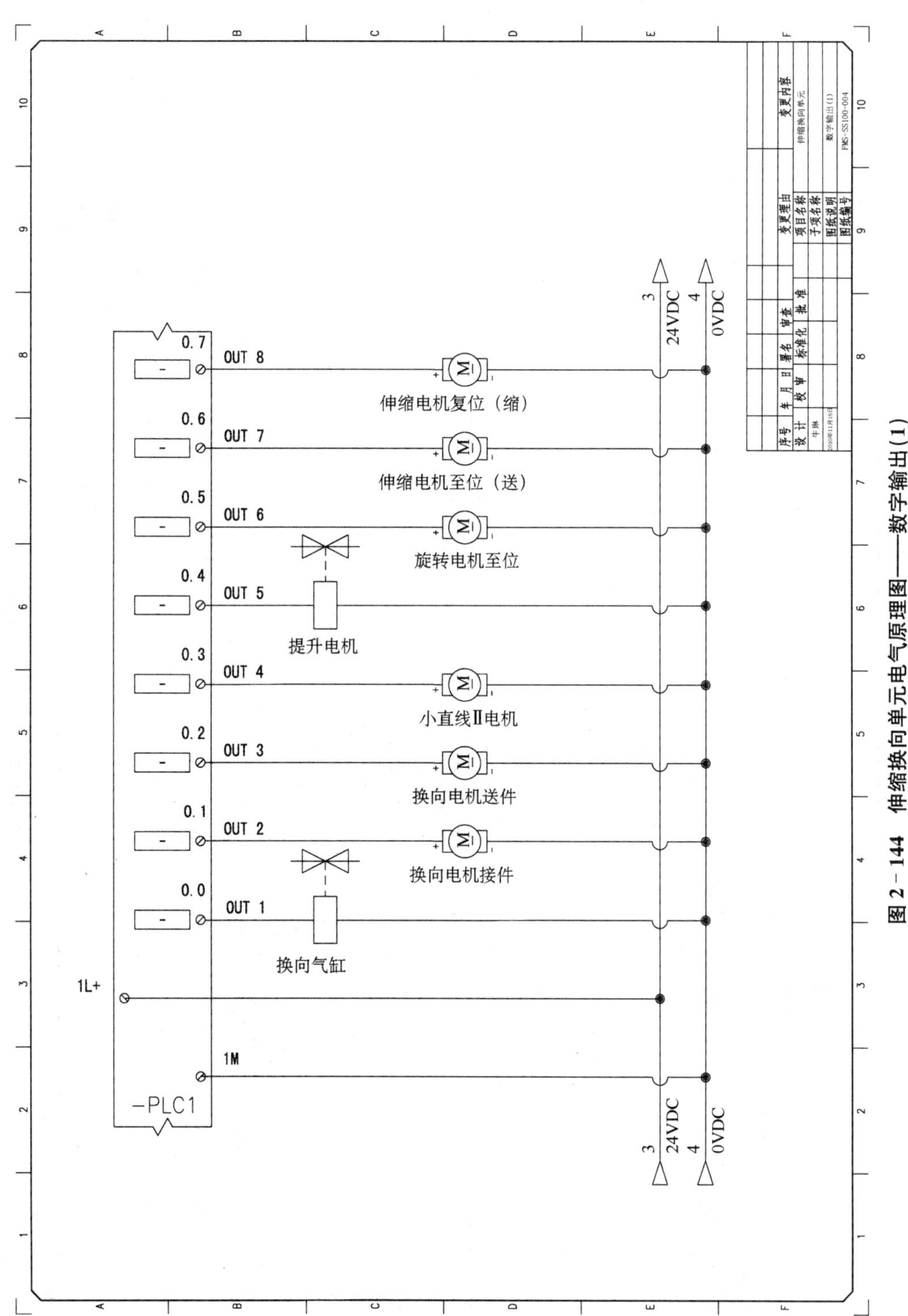

图 2-144　伸缩换向单元电气原理图——数字输出(1)

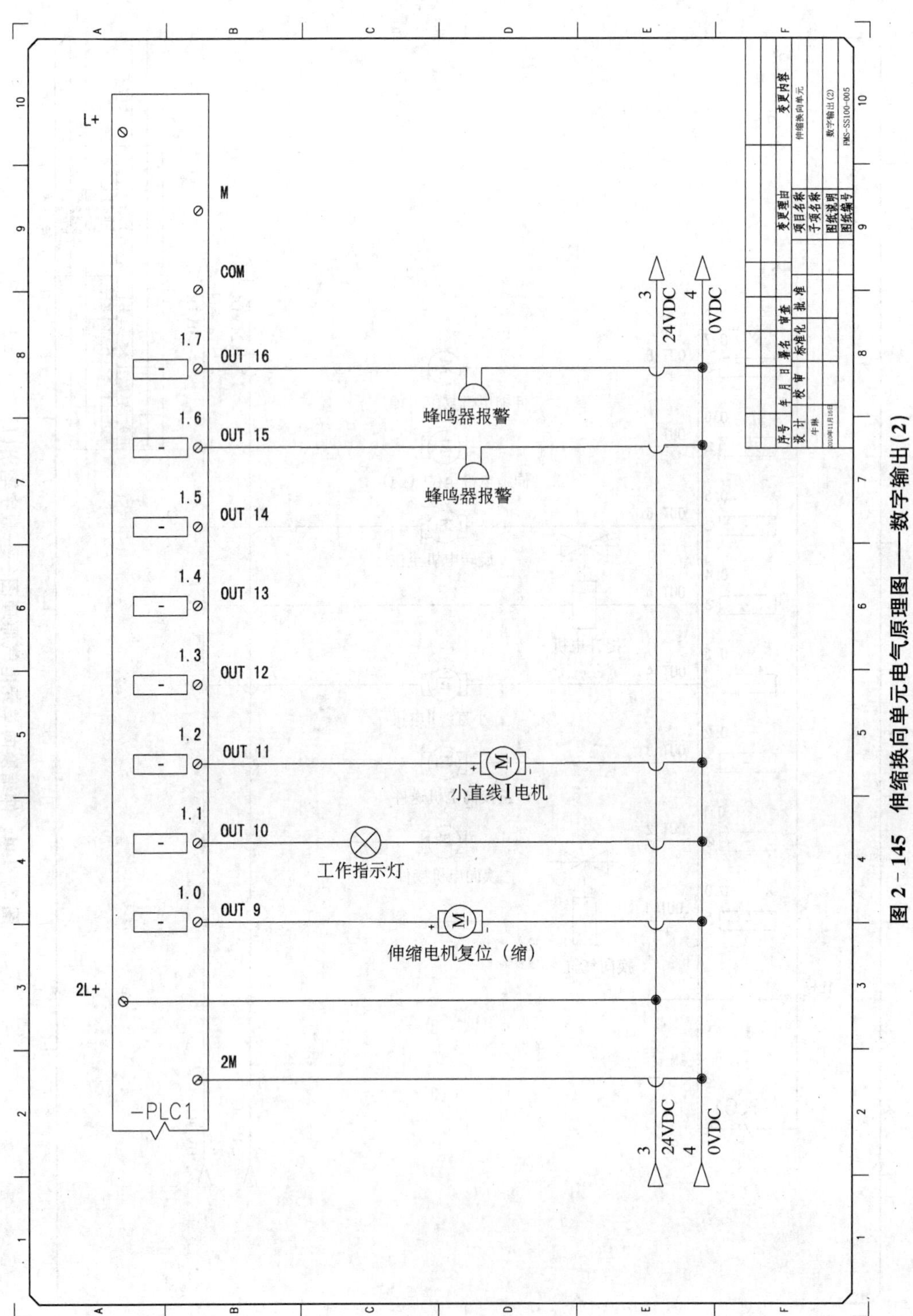

图 2－145 伸缩换向单元电气原理图——数字输出(2)

2.6.5　伸缩换向单元的编程与单机调试

训练目标

按照本单元控制要求，在规定时间内完成传感器、气路的安装与调试，并进行 PLC 程序设计与调试。

训练要求

(1) 熟悉伸缩换向单元的功能及结构组成；

(2) 根据控制要求设计气动控制回路原理图，安装执行器件并进行调试；

(3) 安装所使用的传感器并能调试；

(4) 查明 PLC 各端口地址，根据要求编写程序和调试。

1. 编程要求

初始状态：直线传送电机Ⅰ、直线传送电机Ⅱ及换向电机均处于停止状态；换向、提升气缸处于原位；旋转、伸缩电机呈静止状态；工作指示灯熄灭。

系统启动运行后直线电机Ⅰ、Ⅱ驱动二传送带开始运转且始终保持运行状态（分单元运行时可选用与 PLC 运行/停止同状态的特殊继电器保持二直线传送电机的运行状态）；换向电机接件正转。

2. 系统运行

(1) 当有工件传送至换向机构时，工件传感器发出检测信号，换向传送带停转；换向气缸输出带动转盘顺时针正转；工作指示灯发光。

(2) 换向气缸旋转 90°到位后发出信号，启动换向传送带反转，将工件送向直线单元Ⅱ。

(3) 工件传送至直线单元Ⅱ时货叉下的托盘传感器发出检测信号，换向传送带停转；换向气缸带动转盘逆时针反转回位，换向传送带正转，处于准备接件状态，提升气缸启动持工件上升。

(4) 提升气缸上升至终端，启动旋转电机持工件顺时针正转。

(5) 旋转电机旋转 180°到位后限位开关发出信号，启动伸缩电机正转伸出送件。

(6) 伸缩电机送件到位后限位开关发出信号，释放提升气缸使其持工件下降。

(7) 当提升气缸下降到位后发出信号，3 秒后再次启动提升气缸由下降转为上升。

(8) 提升气缸上升至终端后发出信号，启动伸缩电机反转回缩。

(9) 伸缩电机回缩到原位后限位开关发出信号，启动旋转电机逆时针反转回原位。

(10) 当旋转电机旋转 180°回到原位后限位开关发出信号，释放提升气缸下降。

(11) 当提升气缸下降到位后发出信号，工作指示灯熄灭。系统回复初始状态。

伸缩换向单元程序流程如图 2 - 146 所示。

伸缩换向单元项目实训评分标准如表 2 - 24 所示。

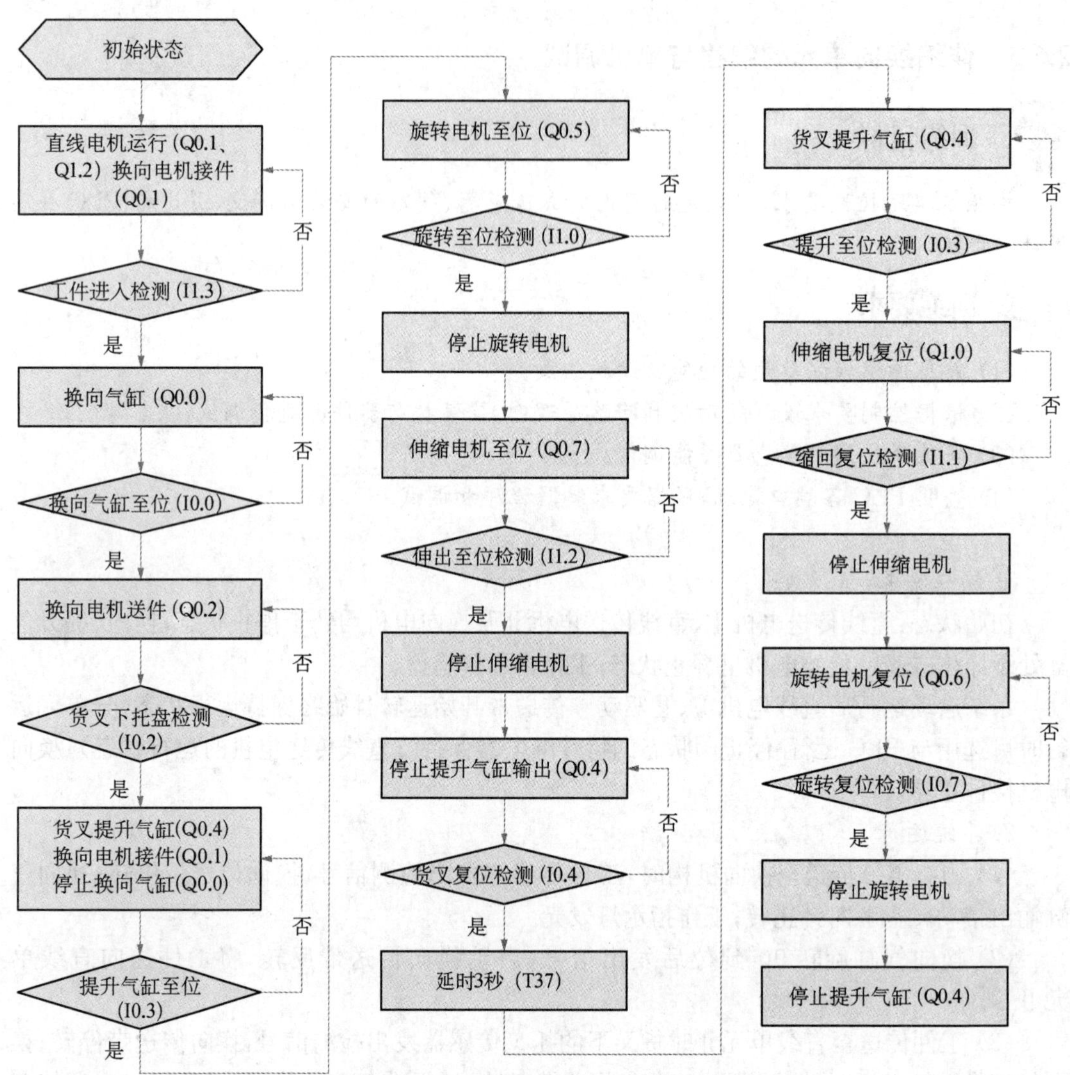

图 2-146　伸缩换向单元程序流程图

表 2-24　评分表

训练项目	训练内容	训练要求	教师评分
伸缩换向单元	1. 程序和图纸(30 分) 电路图 气路图 程序清单	电路图和气路图绘制有错误,每处扣 0.5 分; 电路图和气路图符号不规范,每处扣 0.5 分	
	2. 连接工艺(30 分) 电路连接工艺 气路连接工艺 机械安装及装配工艺	端子连接处没有线号,每处扣 0.5 分; 端子连接压线不牢,每处扣 0.5 分; 电路接线没有绑扎或电路接线凌乱,扣 2 分; 气路连接未完成或有错,每处扣 2 分; 气路连接有漏气现象,每处扣 1 分; 气缸节流阀调整不当,每处扣 1 分; 气路没有绑扎或气路连接凌乱,扣 2 分	

续　表

训练项目	训练内容	训练要求	教师评分
伸缩换向单元	3. 测试与功能(30 分)	启动、停止方式不按照控制要求,扣 1 分; 运行测试不满足要求,每处扣 0.5 分	
	4. 职业素养(10 分)	团队合作配合紧密; 现场操作安全保护符合安全操作规程; 工具摆放、导线线头等处理符合职业岗位的要求	

2.6.6　重点知识、技能归纳

通过该任务的完成,学生能够重点掌握 PLC 编程、调试和检修的方法。学生正确完成本次工作任务后,会加深对 PLC 控制方法的理解、学会 PLC 程序的设计思路,掌握合理有效的工作方法,加强团队合作意识。

2.6.7　工程素质培养

(1) 本单元使用了哪些机械传动方式?

(2) 电机如何实现正、反转?

任务 2.7　模拟单元安装与调试

学习目标

(1) 掌握本单元的结构组成、功能及安装,了解本单元的工作过程。

(2) 了解电阻丝的加热原理和加热过程;掌握模拟量模块在模拟单元中的使用。

(3) 掌握电气原理图和电气接线的方法。

(4) 掌握用 PLC 控制模拟单元的工作过程并编写程序。

任务描述

学生根据控制要求,选择所需元器件和工具,绘制电路图,熟悉 I/O 分配,编写程序并调试,完成模拟单元的工作过程。

2.7.1　认识模拟单元

扫码见模拟单元视频

模拟单元的主要功能是实现对完成装配的工件进行模拟喷漆和烘干,为此本站增加了模拟量控制的 PLC 特殊功能模块,完成喷漆烘干后的工件随托盘向下站传送。

本单元主体结构组成如图 2 - 147 所示,包括加热装置、烘干装置、温度显示、直线单元、工作指示灯等。

图 2-147　模拟单元

为实现本单元的控制功能，在主体结构的相应位置装设了电感式传感器、磁性接近开关、铂热电阻等检测与传感装置，并配备了直流电机、直动气缸、电磁铁等执行机构和电磁阀等控制元件。详见图 2-148 所示。

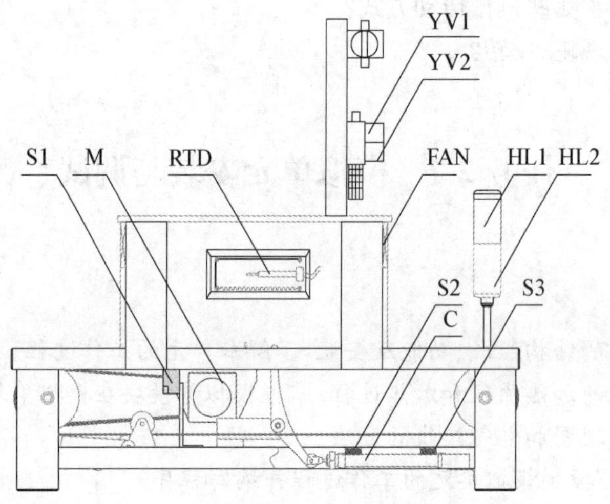

S1—托盘检测；S2—止动气缸至位检测；S3—止动气缸复位检测；RTD—Pt100 铂热电阻；FAN—烘干风扇；C—止动气缸；M—传送电机；YV1—喷漆电磁阀；YV2—止动气缸电磁阀；HL1—红色指示灯；HL2—绿色指示灯

图 2-148　模拟单元检测元件、控制机构安装位置示意图

模拟单元各元件如表 2-25 所示。

表 2-25　模拟单元检测元件、执行机构、控制元件一览表

类别	序号	编　号	名　称	功　能	安装位置
检测元件	1	S1	电感式接近开关	检测托盘的位置	直线单元上
	2	S2	磁性接近开关	确定气缸伸出位置	气缸
	3	S3	磁性接近开关	确定气缸初始位置	气缸
	4	RTD	铂热电阻 Pt100	采集加热温度	模拟单元后板上

续　表

<table>
<tr><th>类别</th><th>序号</th><th colspan="2">编　号</th><th>名　称</th><th>功　　能</th><th>安装位置</th></tr>
<tr><td rowspan="7">执行机构等</td><td>1</td><td colspan="2">FAN</td><td>烘干风扇</td><td>烘干</td><td>模拟单元侧板上</td></tr>
<tr><td>2</td><td colspan="2">C</td><td>止动气缸</td><td>控制托盘位置</td><td>直线单元上</td></tr>
<tr><td>3</td><td colspan="2">M</td><td>直流电机</td><td>驱动直线单元传送带</td><td>直线单元上</td></tr>
<tr><td rowspan="2">4</td><td rowspan="2">HL</td><td>HL1</td><td>红色指示灯</td><td>显示工作状态</td><td rowspan="2">直线单元侧</td></tr>
<tr><td>HL2</td><td>绿色指示灯</td><td>显示工作状态</td></tr>
<tr><td>5</td><td colspan="2">HA1</td><td>蜂鸣器</td><td>事故报警</td><td>控制板</td></tr>
<tr><td>6</td><td colspan="2">HA2</td><td>蜂鸣器</td><td>事故报警</td><td>控制板</td></tr>
<tr><td rowspan="2">控制元件</td><td>1</td><td colspan="2">YV1</td><td>电磁阀</td><td>喷漆控制</td><td>模拟顶板端型材上</td></tr>
<tr><td>2</td><td colspan="2">YV2</td><td>电磁阀</td><td>止动气缸伸缩控制</td><td>模拟顶板端型材上</td></tr>
</table>

2.7.2　相关知识:S7－200PLC 模拟量模块认知及应用

S7－200 系列 PLC 主要有三种模拟量扩展模块,各扩展模块的型号、I/O 点数及消耗电流见表 2－26 所示。

表 2－26　模拟量扩展模块型号、点数及消耗电流

名　称	型　号	输入/输出点数	模块消耗电流/mA	
			+5 V DC	+24 V DC
输入模块	EM231	4 路模拟量输入	20	60
输出模块	EM232	2 路模拟量输出	20	70
混合模块	EM235	4 路模拟量输入/1 路模拟量输出	30	60

1. 模拟量扩展模块的种类和连接

扩展单元没有 CPU,作为基本单元输入/输出点数的扩充,只能与基本单元连接使用。不能单独使用。S7－200 的扩展单元包括数字量扩展单元、模拟量扩展单元、热电偶、热电阻扩展模块和 PROFIBUS－DP 通信模块。

用户选用具有不同功能的扩展模块,可以满足不同的控制需要,节约投资费用。

连接时 CPU 模块放在最左侧,扩展模块用扁平电缆与左侧的模块相连,如图 2－149 所示。CPU222 最多连接两个扩展模块,CPU224/CPU226 最多连接 7 个扩展模块。

2. 模拟量输出模块的地址和技术规范

模拟量输出在 CPU221 和 CPU222 中,其表示形式为:AQW0、AQW2、…、AQW30,共有 16 个字,总共允许有 16 路模拟量输出。在 CPU224 和 CPU226 中,其表示形式为:AQW0、AQW2、…、AQW62,共有 32 个字,总共允许有 32 路模拟量输出。模拟量输出模块的主要技术规范如表 2－27 所示。

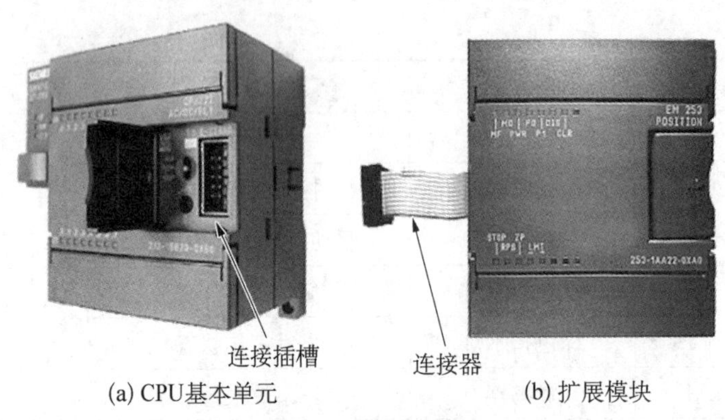

(a) CPU基本单元　　(b) 扩展模块

图 2-149　扩展模块

表 2-27　模拟量输出模块的主要技术规范

常　规	6ES7232-0HB22-0XA0 参数值	
隔离(现场侧到逻辑电路)	无	
信号范围	电压输出	±10 V
	电流输出	0～20 mA
数据字格式	电压	-32 000 ～+32 000
	电流	0～+32 000
分辨率:全量程	电压	12 位,加符号位
	电流	11 位
精度:最差情况(0℃～55℃)	电压输出	±2% 满量程
	电流输出	±2% 满量程
精度:典型情况(25℃)	电压输出	±0.5%满量程
	电流输出	±0.5%满量程
设置时间	电压输出	100 μs
	电流输出	2 ms
最大驱动	电压输出	最小 5 000 Ω
	电流输出	最大 500 Ω
24 V DC 电压范围	20.4～28.8 V DC(或来自 PLC 的传感器电源)	

模拟量输出模块 EM232 的上部从左端起每 3 个点为一组,共两组,V0 端接电压负载,I0 端接电流负载,M0 端为公共端。第 1 路的模拟量地址是 AQW0,第 2 路的模拟量地址是 AQW2。如图 2-150 所示。

3. 模拟量输入模块的地址和技术规范

模拟量输入在 CPU221 和 CPU222 中,其表示形式为:AIW0、AIW2、…、AIW30,共有 16 个字,总共允许有 16 路模拟量输入;在 CPU224 和 CPU226 中,其表示形式为:AIW0、AIW2、…、AIW62,共有 32 个字,总共允许有 32 路模拟量输入。模拟量输入模块的主要技

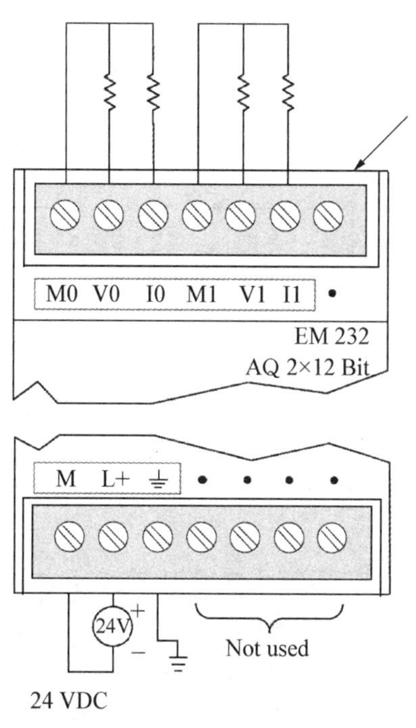

图2-150　模拟量输出模块

术规范见表2-28。

表2-28　模拟量输入模块的主要技术规范

常　规	6ES7232-0HB22-0XA0参数值	
隔离(现场与逻辑电路间)	无	
输入范围	电压(单极性)	0~10 V,0~5 V
	电压(双极性)	±5 V,±2.5 V
	电流	0~20 mA
输入分辨率	电压(单极性)	2.5 mV(0~10 V时)
	电压(双极性)	2.5 mV(±5 V时)
	电流	5 μA(0~20 mA时)
数据字格式	单极性,全量程范围	0~+32 000
	双极性,全量程范围	-32 000 ~+32 000
直流输入阻抗	电压输入	≥10 MΩ
	电流输入	250 Ω
精度	单极性	12位
	双极性	11位,加1符号位

续 表

常　　规	6ES7232 - 0HB22 - 0XA0 参数值
最大输入电压	30 V DC
最大输入电流	32 mA
模数转换时间	<250 μs
模拟量输入阶跃响应	1.5 ms～95%
共模抑制	40 dB,DC to 60 Hz
共模电压	信号电压＋共模电压(必须≤±12 V)
24 V DC 电压范围	20.4～28.8 V DC(或来自 PLC 的传感器电源)

(1) 外部接线。

EM231 外部接线如图 2 - 151 所示,上部有 12 个端子,每 3 个点为一组,共 4 组,每组可作为 1 路模拟量的输入通道(电压信号或电流信号)。输入信号为电压信号时,用 2 个端子(如 A＋、A－);输入信号为电流信号时,用 3 个端子(如 RC、C＋、C－),其中 RC 与 C＋端子短接;未用的输入通道应短接(如 B＋、B－)。4 路模拟量地址分别是 AIW0,AIW2,AIW4 和 AIW6。

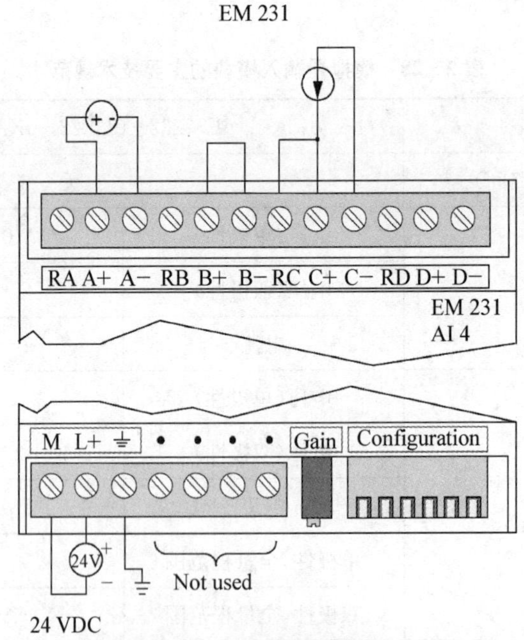

图 2 - 151　模拟量模块接线图

(2) DIP 开关设置表。

模拟量输入模块有多种量程,可以通过模块上的 DIP 开关来设置所使用的量程,CPU 只在电源接通时读取开关设置。用来选择模拟量量程和精度的 EM231 DIP 开关设置表见表 2 - 29。

表 2-29　用来选择模拟量量程和精度的 EM231 DIP 开关设置表

<table>
<tr><th colspan="3">单 极 性</th><th rowspan="2">满量程输入</th><th rowspan="2">分 辨 率</th></tr>
<tr><th>SW1</th><th>SW2</th><th>SW3</th></tr>
<tr><td rowspan="3">ON</td><td>OFF</td><td>ON</td><td>0～10 V</td><td>2.5 mV</td></tr>
<tr><td rowspan="2">ON</td><td rowspan="2">OFF</td><td>0～5 V</td><td>1.25 mV</td></tr>
<tr><td>0～20 mA</td><td>5 μA</td></tr>
<tr><th colspan="3">双 极 性</th><th rowspan="2">满量程输入</th><th rowspan="2">分辨率</th></tr>
<tr><th>SW1</th><th>SW2</th><th>SW3</th></tr>
<tr><td rowspan="2">OFF</td><td>OFF</td><td>ON</td><td>±5 V</td><td>2.5 mV</td></tr>
<tr><td>ON</td><td>OFF</td><td>±2.5 V</td><td>1.25 mV</td></tr>
</table>

4. 模拟量混合模块 EM235

EM235 外部接线如图 2-152 所示，上部有 12 个端子，每 3 个点为一组，共 4 组，每组可作为 1 路模拟量的输入通道。下部电源右边的 3 个端子是 1 路模拟量输出(电压或电流信号)，V0 端接电压负载，I0 端接电流负载，M0 端为公共端。

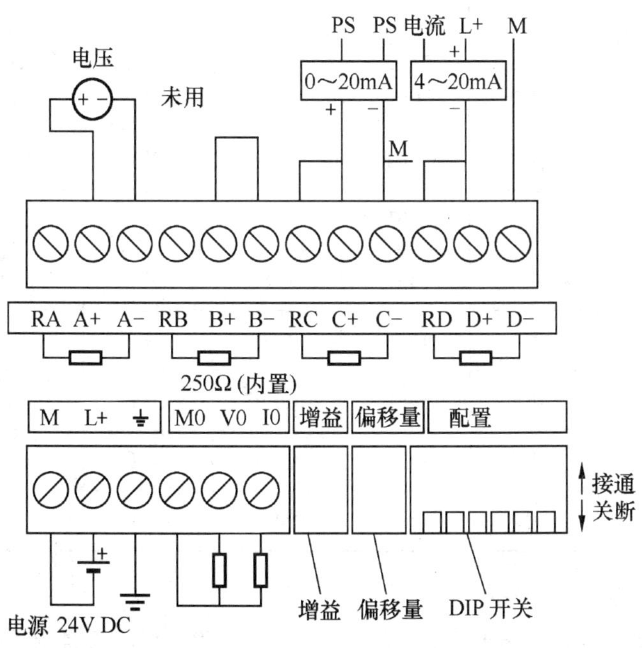

图 2-152　模拟量模块 EM235

4 路输入模拟量地址分别是 AIW0，AIW2，AIW4 和 AIW6；1 路输出模拟量地址是 AQW0。

用来选择模拟量量程和精度的 EM235 DIP 开关设置见表 2－30。

表 2－30 用来选择模拟量量程和精度的 EM235 DIP 开关设置表

单 极 性						满量程输入	分辨率
SW1	SW2	SW3	SW4	SW5	SW6		
ON	OFF	OFF	ON	OFF	ON	0～50 mV	12.5 μV
OFF	ON	OFF	ON	OFF	ON	0～100 mV	25 μV
ON	OFF	OFF	OFF	ON	ON	0～500 mV	125 μV
OFF	ON	OFF	OFF	ON	ON	0～1 V	250 μV
ON	OFF	OFF	OFF	OFF	ON	0～5 V	1.25 mV
ON	OFF	OFF	OFF	OFF	ON	0～20 mA	5 μA
OFF	ON	OFF	OFF	OFF	ON	0～10 V	2.5 mV
双 极 性						满量程输入	分辨率
SW1	SW2	SW3	SW4	SW5	SW6		
ON	OFF	OFF	ON	OFF	OFF	±25 mV	12.5 μV
OFF	ON	OFF	ON	OFF	OFF	±50 mV	25 μV
OFF	OFF	ON	ON	OFF	OFF	±100 mV	50 μV
ON	OFF	OFF	OFF	ON	OFF	±250 mV	125 μV
OFF	ON	OFF	OFF	ON	OFF	±500 mV	250 μV
OFF	OFF	ON	OFF	ON	OFF	±1 V	500 μV
ON	OFF	OFF	OFF	OFF	OFF	±2.5 V	1.25 mV
OFF	ON	OFF	OFF	OFF	OFF	±5 V	2.5 mV
OFF	OFF	ON	OFF	OFF	OFF	±10 V	5 mV

5. 热电偶、热电阻扩展模块

EM231 热电偶、热电阻扩展模块是为 S7－200 CPU222 CPU224 和 CPU226/226XM 设计的模拟量扩展模块。

EM231 热电阻模块提供了 S7－200 与多种热电阻的连接接口。用户可以通过 DIP 开关来选择热电阻的类型，接线方式，测量单位和开路故障的方向。所有连接到模块上的热电偶必须是相同类型。DIP 组态开关位于模块的下部。为使 DIP 开关设置起作用，用户需要给 PLC 和/或用户 24 V 电源断电再通电。如图 2-153 所示。

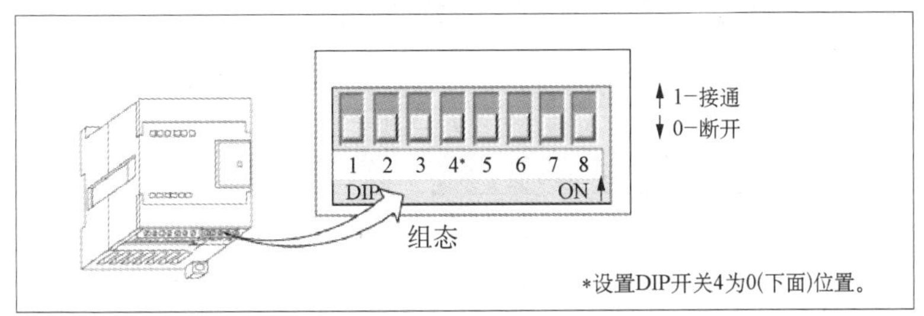

图 2-153　EM231 模块 DIP 开关

通过设置相应 RTD 的 DIP 开关 1,2,3,4 和 5 来选择热电阻类型。

2.7.3　模拟单元 PLC 的安装与接线

气动控制回路是本工作单元的执行机构之一，由 PLC 控制。气动控制回路的工作原理如图 2-154 所示。气缸的两个极限工作位置安装有磁感应接近开关；模拟单元的阀组由两个二位五通的电磁阀组成。电磁阀安装在汇流板上，汇流板中两个排气口末端均连接了消声器。电磁阀对气缸进行控制，以改变动作状态。喷气阀完成对工件的模拟喷漆。

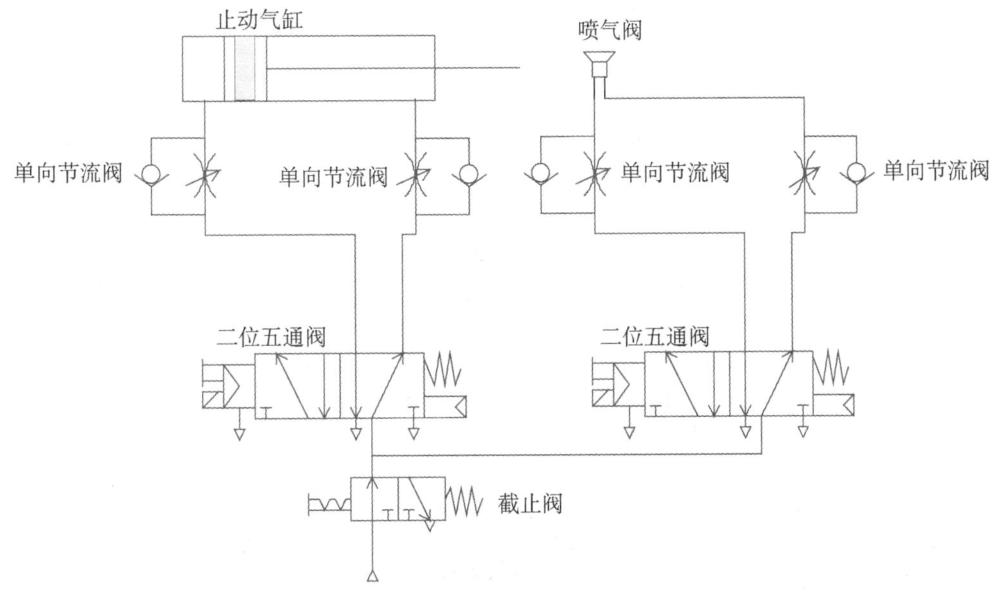

图 2-154　模拟单元气动原理图

要实现 PLC 对模拟单元运行过程的控制，首先要绘制系统电气原理图和进行基本的 I/O分配，然后进行软件程序的编制。本单元 PLC 的 I/O 信号如表 2-31 所示。PLC 的 I/O接线原理图如图 2-155 至图 2-160 所示。

表 2-31 模拟单元 I/O 分配表

<table>
<tr><th>形式</th><th>序号</th><th>名 称</th><th>PLC 地址</th><th>编号</th><th>地址设置</th></tr>
<tr><td rowspan="8">输入</td><td>1</td><td>托盘检测</td><td>I0.0</td><td>S1</td><td rowspan="16">EM277 总线模块设置的站号为:16,与总站通信的地址为:14～15</td></tr>
<tr><td>2</td><td>止动气缸至位</td><td>I0.1</td><td>S2</td></tr>
<tr><td>3</td><td>止动气缸复位</td><td>I0.2</td><td>S3</td></tr>
<tr><td>4</td><td>手动/自动按钮</td><td>I2.0</td><td>SA</td></tr>
<tr><td>5</td><td>启动按钮</td><td>I2.1</td><td>SB1</td></tr>
<tr><td>6</td><td>停止按钮</td><td>I2.2</td><td>SB2</td></tr>
<tr><td>7</td><td>急停按钮</td><td>I2.3</td><td>SB3</td></tr>
<tr><td>8</td><td>复位按钮</td><td>I2.4</td><td>SB4</td></tr>
<tr><td rowspan="8">输出</td><td>1</td><td>止动气缸</td><td>Q0.0</td><td>C</td></tr>
<tr><td>2</td><td>喷气阀</td><td>Q0.1</td><td>YV1</td></tr>
<tr><td>3</td><td>烘干风扇</td><td>Q0.2</td><td>FAN</td></tr>
<tr><td>4</td><td>传送电机</td><td>Q0.3</td><td>M</td></tr>
<tr><td>5</td><td>绿色指示灯</td><td>Q0.4</td><td>HL2</td></tr>
<tr><td>6</td><td>红色指示灯</td><td>Q0.5</td><td>HL1</td></tr>
<tr><td>7</td><td>蜂鸣器报警</td><td>Q1.6</td><td>HA1</td></tr>
<tr><td>8</td><td>蜂鸣器报警</td><td>Q1.7</td><td>HA2</td></tr>
<tr><td colspan="2">发送地址</td><td colspan="4">V2.0～V3.7(200PLC⟶300PLC)</td></tr>
<tr><td colspan="2">接收地址</td><td colspan="4">V0.0～V1.7(200PLC⟵300PLC)</td></tr>
</table>

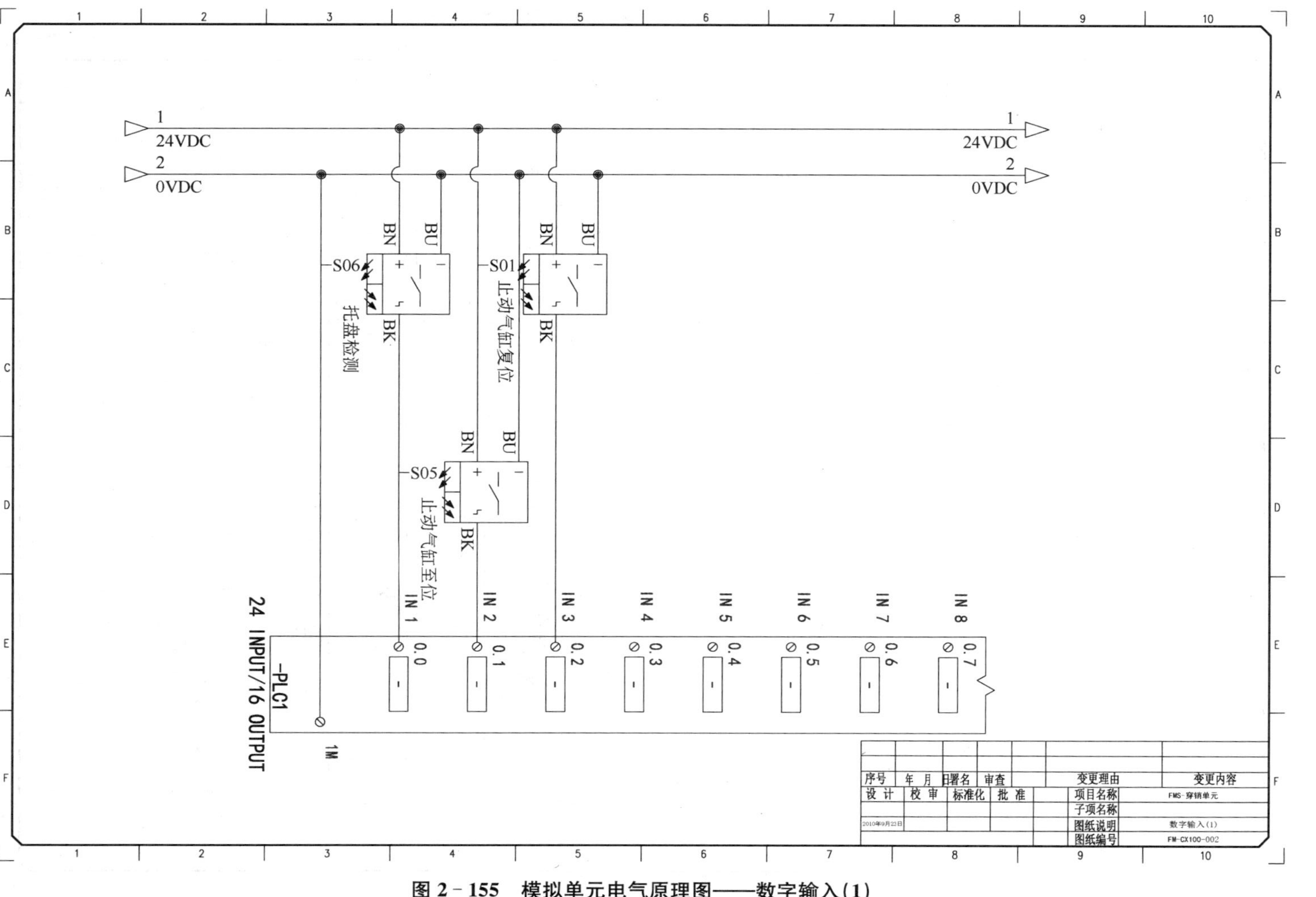

图 2-155　模拟单元电气原理图——数字输入(1)

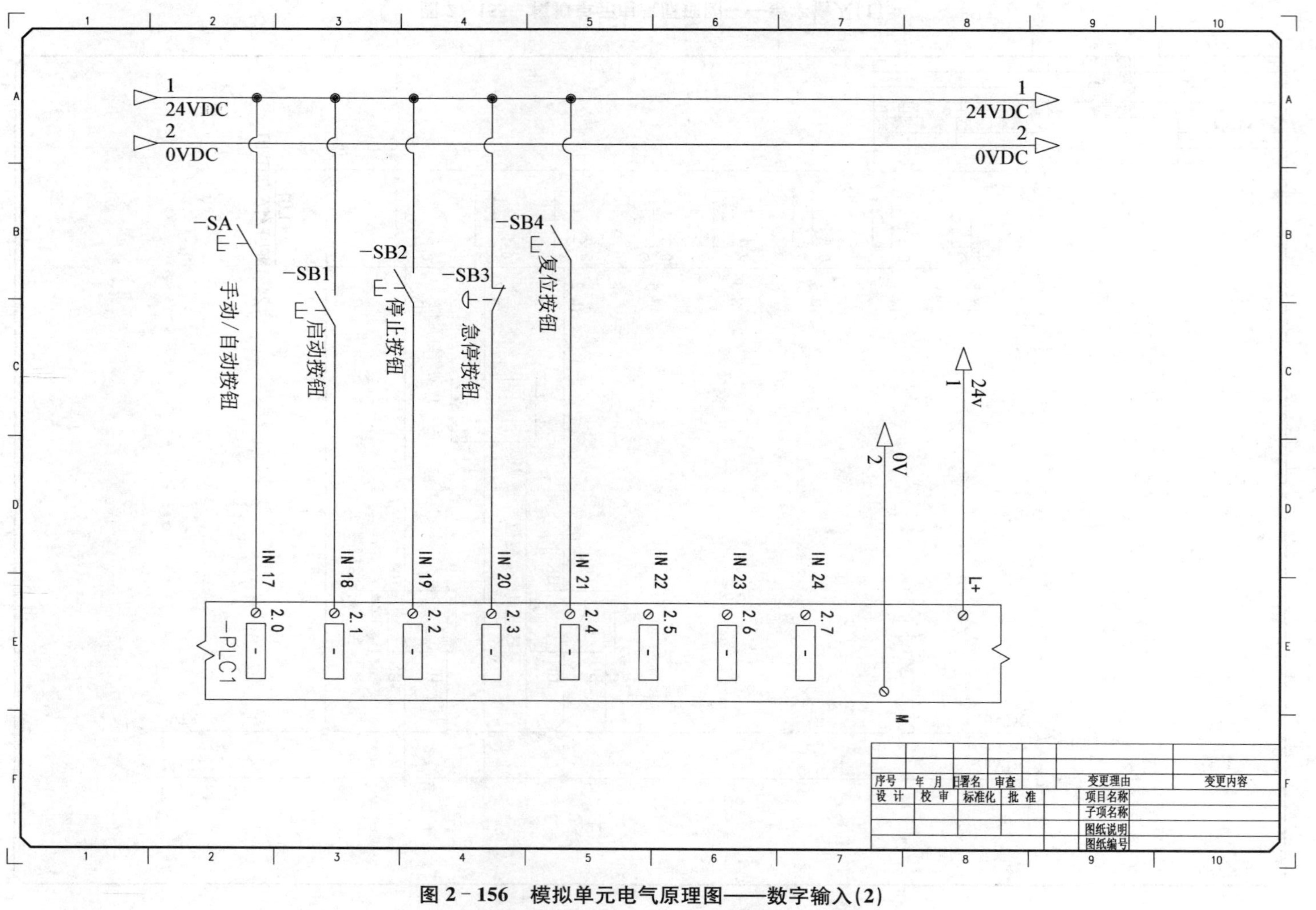

图 2-156 模拟单元电气原理图——数字输入(2)

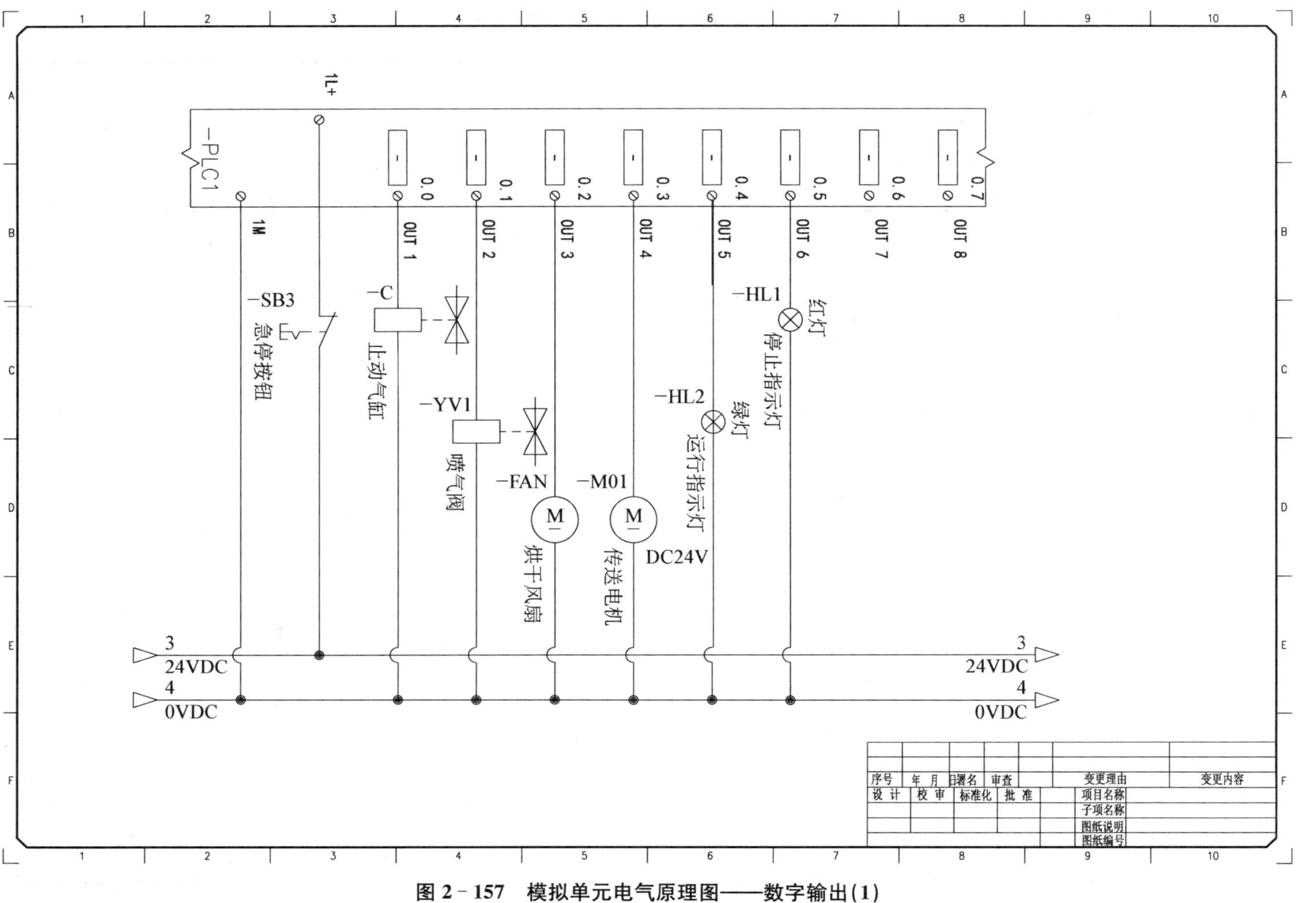

图 2-157 模拟单元电气原理图——数字输出(1)

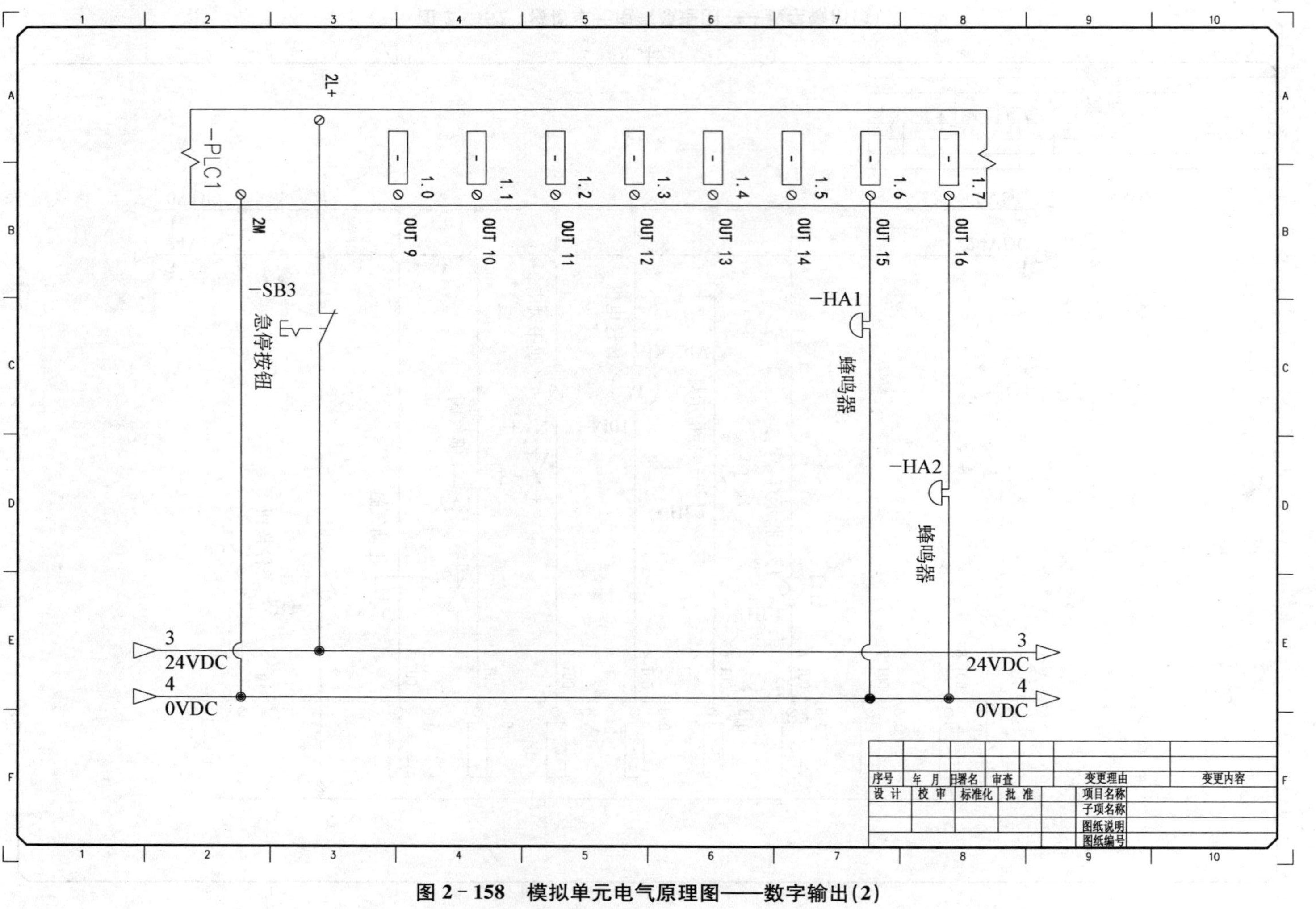

图 2-158 模拟单元电气原理图——数字输出(2)

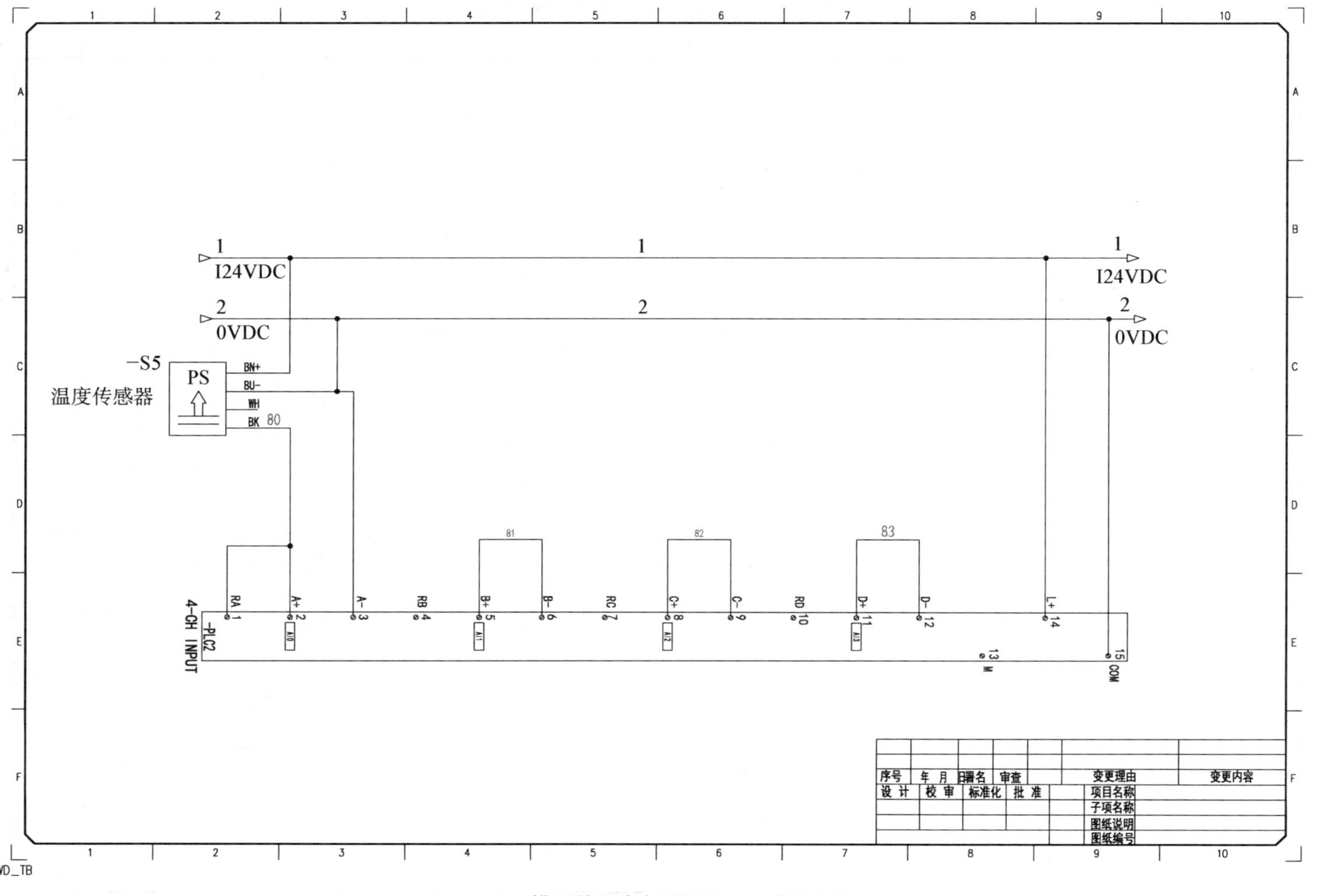

图 2-159　模拟单元电气原理图——模拟量输入

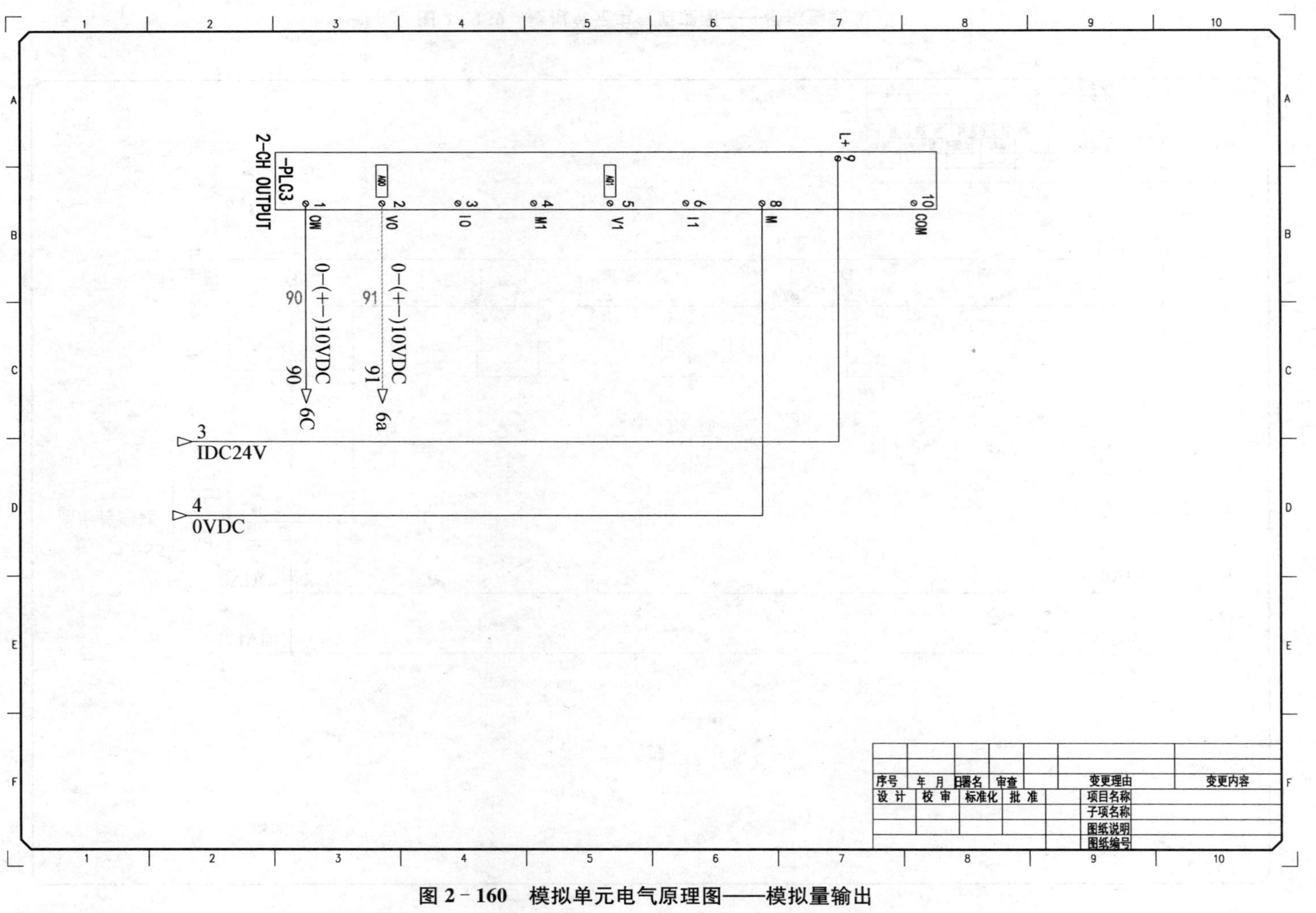

图 2-160 模拟单元电气原理图——模拟量输出

2.7.4 模拟单元的编程与单机调试

训练目标

按照本单元控制要求，在规定时间内完成传感器、气路的安装与调试，并进行 PLC 程序设计与调试。

训练要求

(1) 熟悉模拟单元的功能及结构组成；

(2) 根据控制要求设计气动控制回路原理图，安装执行器件并进行调试；

(3) 安装所使用的传感器并能调试；

(4) 查明 PLC 各端口地址，根据要求编写程序和调试。

1. 编程要求

初始状态：直线传送电机、喷气阀、风扇均处于停止状态；限位杆竖起禁行；工作指示灯熄灭。

系统启动运行后本单元红色指示灯发光；直线电机驱动传送带开始运转且始终保持运行状态(分单元运行时可选用与 PLC 运行/停止同状态的特殊继电器保持直线传送电机的运行状态)。

2. 系统运行

(1) 托盘带工件下行至此站定位口处，由电感式传感器检测托盘，发出检测信号；绿色指示灯亮，红色指示灯灭。

(2) 3 秒后启动喷气阀，进行模拟喷漆。

(3) 500 ms 后关闭喷气阀，此时用最高强度加热。

(4) 加热过程中，循环读取输入温度(将铂热电阻输入值和设定值比较，若小于设定值则继续加热，一直加热到当循环读取的输入值大于或等于设定值时，跳出)。当循环读取的输入值大于或等于设定值时停止加热，并启动风扇进行烘干。

(5) 风扇停止 5 秒后止动气缸放行，托盘带工件下行。

(6) 放行 3 秒后，止动气缸复位，循环标志和采样标志清零。绿色指示灯灭，红色指示灯亮。系统回复初始状态。

模拟单元的程序流程如图 2 - 161 所示。

模拟单元实训项目的评分标准如表 2 - 32 所示。

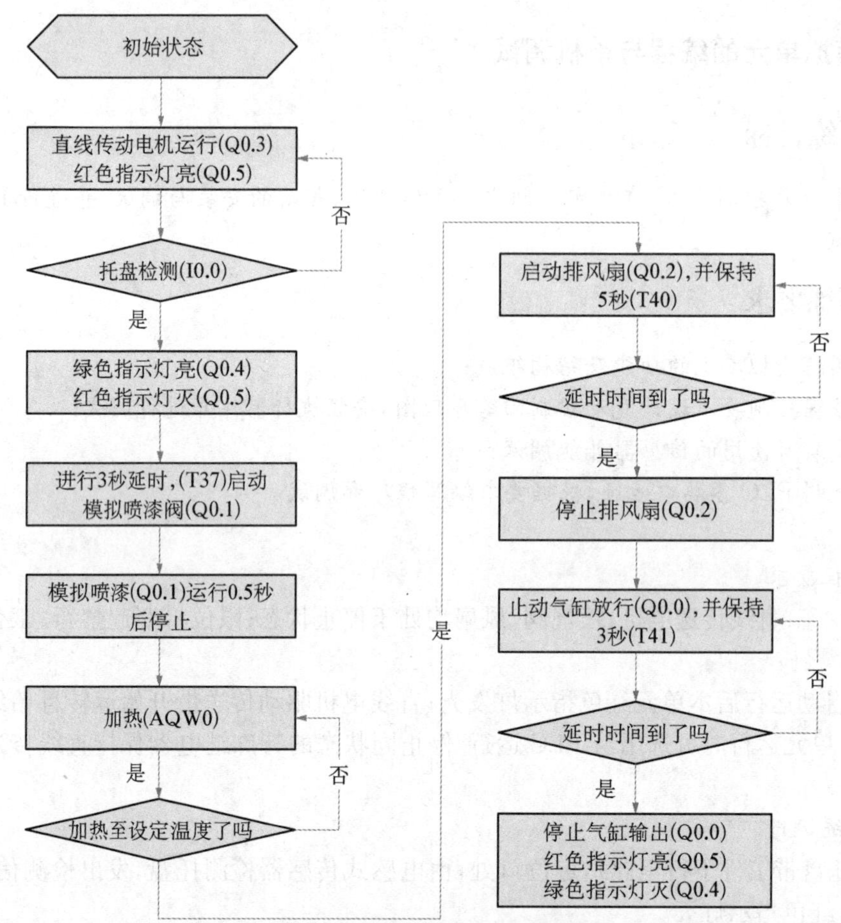

图 2－161　模拟单元程序流程图

表 2－32　评分表

训练项目	训练内容	训练要求	教师评分
模拟单元	1. 程序和图纸(30 分) 电路图 气路图 程序清单	电路图和气路图绘制有错误,每处扣 0.5 分; 电路图和气路图符号不规范,每处扣 0.5 分	
	2. 连接工艺(30 分) 电路连接工艺 气路连接工艺 机械安装及装配工艺	端子连接处没有线号,每处扣 0.5 分; 端子连接压线不牢,每处扣 0.5 分; 电路接线没有绑扎或电路接线凌乱,扣 2 分; 气路连接未完成或有错,每处扣 2 分; 气路连接有漏气现象,每处扣 1 分; 气缸节流阀调整不当,每处扣 1 分; 气路没有绑扎或气路连接凌乱,扣 2 分	
	3. 测试与功能(30 分)	启动、停止方式不按照控制要求,扣 1 分; 运行测试不满足要求,每处扣 0.5 分	
	4. 职业素养(10 分)	团队合作配合紧密; 现场操作安全保护符合安全操作规程; 工具摆放、导线线头等处理符合职业岗位的要求	

2.7.5　重点知识、技能归纳

目前 S7－200 系列 PLC 主要有 CPU221、CPU222、CPU224 和 CPU226 四种。可连接 7 个扩展模块，最大扩展至 248 点数字量 I/O 或 35 路模拟量 I/O。扩展模块包括数字量模块、模拟量模块和通信模块。

2.7.6　工程素质培养

查阅 S7－200 系统手册，思考各种扩展模块的应用领域和使用方法。思考本单元使用了哪些扩展模块，说出它们的具体使用方法？

任务 2.8　液压单元安装与调试

学习目标

(1) 掌握本单元的结构组成、功能及安装，了解本单元的工作过程。
(2) 了解液压元件的结构、工作原理及应用。
(3) 掌握电气原理图和电气接线的方法。
(4) 掌握用 PLC 控制液压单元的工作过程并编写程序。

任务描述

学生根据控制要求，选择所需元器件和工具，绘制电路图，熟悉 I/O 分配，编写程序并调试，完成液压单元的工作过程。

2.8.1　认识液压单元

液压单元的主要功能是通过液压换向回路实现对工件的盖章操作，完成对托盘进件、出件后再经 90°旋转换向送至下一单元。如图 2－162 所示。

扫码见液压单元视频

2.8.2　相关知识：液压控制系统认知

液压控制系统是以电机提供动力为基础，以液压油为工作介质，使用液压泵将机械能转化为压力能，推动液压油，通过液压控制元件改变液压油的压力、流量、方向，从而推动液压缸和液压马达完成各种设备不同的动作需要。具有传递功率大、结构小、响应快的特点。液压控制系统的原理图如图 2－163 所示。

本单元控制系统以 PLC 为核心，编译工作程序，控制电磁阀的启停，从而控制液压缸的伸缩，完成工作行程。

图 2－162　液压单元

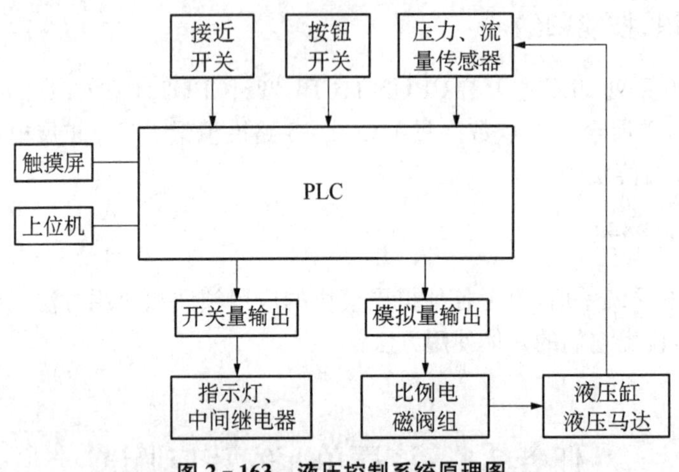

图 2-163 液压控制系统原理图

2.8.3 液压单元的机械装配与调整

液压换向单元由压紧、前推和旋转三个双作用液压缸构成系统。压紧缸驱动四连杆机构,实现刻章动作;前推缸驱动链条机构,实现本单元对托盘的进件和出件操作;旋转缸是由一个摆动缸带动整体液压单元进行 90°换向。

本单元主体结构组成如图 2-164 所示,包括缸驱动四连杆机构、大油缸、小油缸、链条传送机构。

为实现本单元的控制功能,在主体结构的相应位置装设了光电开关、微动开关等检测元件,并配备了液压缸等执行机构和电磁阀等控制元件。

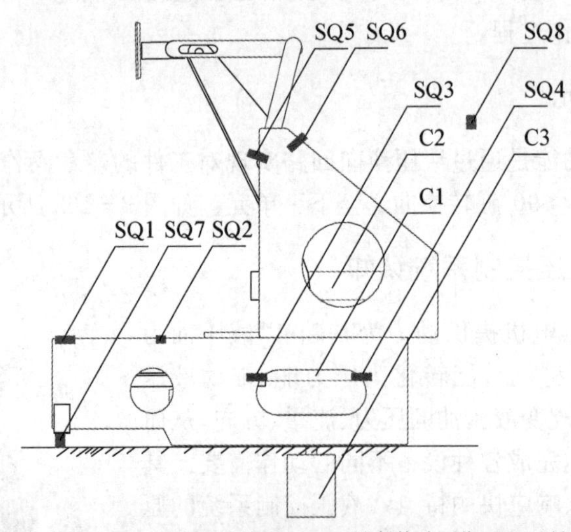

SQ1—托盘进入检测;SQ2—托盘至位检测;SQ3—链条传动至位;SQ4—链条传动复位;
SQ5—刻章至位检测;SQ6—刻章复位检测;SQ7—转角复位检测;SQ8—转角至位检测;
C1—链条液压缸;C2—刻章液压缸;C3—摆动液压缸

图 2-164 液压单元检测元件、控制机构安装位置示意图

液压单元各元件如表 2-33 所示。

表 2 - 33　液压单元检测元件、执行机构、控制元件一览表

类别	序号	编　号	名　称	功　能	安装位置
检测元件	1	SQ1	微动开关	托盘进入检测	链条二长板上
	2	SQ2	微动开关	托盘至位检测	链条二长板上
	3	SQ3	微动开关	链条传动至位	链条二长板中间
	4	SQ4	微动开关	链条传动复位	链条二长板中间
	5	SQ5	微动开关	刻章至位	刻章臂上
	6	SQ6	微动开关	刻章复位	刻章臂上
	7	SQ7	微动开关	转向复位	桌面上(靠近检测单元)
	8	SQ8	微动开关	转向至位	桌面上(靠近空直线单元)
执行机构	1	C1	链条液压缸	控制链条运动	链条两个长板上
	2	C2	刻章液压缸	控制刻章臂上下	液压单元中间
	3	C3	摆动液压缸	控制液压单元 90°旋转	桌面下面
控制元件	1	YV1	电磁阀	控制链条液压缸	桌面下面
	2	YV2	电磁阀	控制刻章液压缸	桌面下面
	3	YV3	电磁阀	控制摆动液压缸	桌面下面

1. 液压执行机构

液压执行机构如图 2 - 165 所示。

图 2 - 165　液压执行机构

(1) 功能或工艺过程。

液压执行机构包括两个双作用油缸、一个摆缸,其功能是实现前推、压紧和旋转。压紧缸驱动四连杆机构,实现刻章动作;前推缸驱动链条机构,实现本单元对托盘的进件和出件操作;旋转缸由一个摆动缸带动整体液压单元进行 90°换向。

(2) 技术参数。

前推缸行程 300 mm、压紧缸行程 50 mm、摆动缸旋转角度 90°摆动原点检测(槽形光电传感器)。

2. 液压源

液压源如图 2-166 所示。

图 2-166 液压源

(1) 功能或工艺过程。

为系统供油。

(2) 技术参数。

油箱:16 L、叶片泵、最大压力 21 MPa、公称排量 2.1 ml/r、驱动电机单相 AC 220 V、0.55 kW、1 400 r/min 带溢流保护。

3. 液压控制阀

液压控制阀如图 2-167 所示。

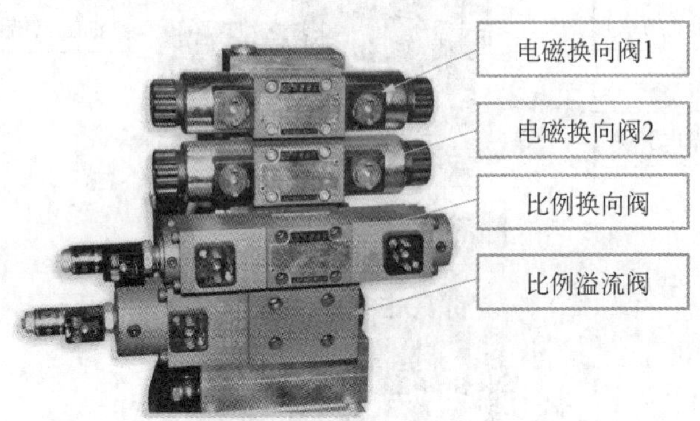

图 2-167 液压控制阀

(1) 功能或工艺过程。

电磁换向阀 1 用于控制链条油缸、电磁换向阀 2 用于控制刻章油缸,利用改变阀芯与阀体的相对位置,控制相应油路接通、切断或变换油液的方向、从而实现对执行元件运动方向的控制。比例换向阀用于控制摆动油缸,可用来控制油液的流量和流动方向。比例溢流阀是带电反馈的直动式锥形的比例压力溢流阀,用来控制系统的压力。压力设定值取决于给定值,并与输入信号成正比。

(2) 技术参数。

电磁换向阀:4 个工作油口、3 位置、6 通径、弹簧复位、控制电压 DC 24 V、带灯插座、带屏蔽式故障检测按钮

比例换向阀:阀功能:4/3;通径:6;工作电压:DC 24 V;流量:10 L/min(在 1 MPa 阀压降下);特性:带电气反馈比例溢流阀:6 通径、直流、最大压力 8 MPa、带电气反馈、回油内排。

4. 液压系统检测元件

液压系统检测元件如图 2-168 所示。

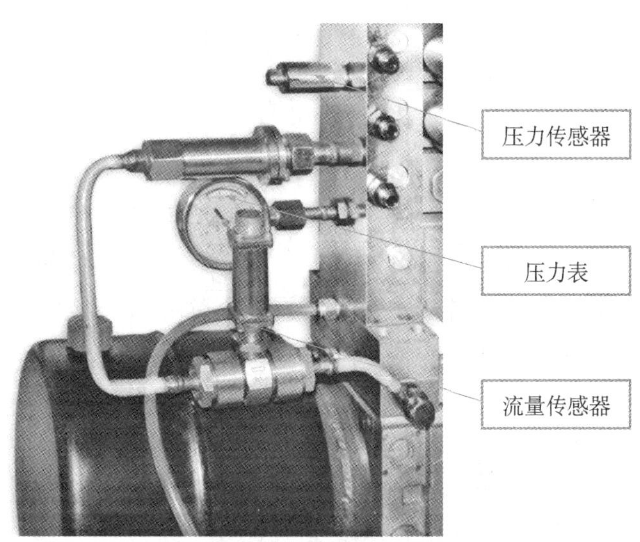

图 2-168　液压系统检测元件

(1) 功能或工艺过程。

流量传感器和压力传感器安装在总油路上,用于采集系统压力和流量,将采集到的值传送至 PLC,可通过触摸屏显示、设定及修改,压力表用于直观显示系统当前压力。

(2) 技术参数。

压力表:量程 0～10 MPa

流量传感器:涡轮式、脉冲输出、流量范围 0.1～0.6 m^3/h、前端带过滤器。

压力传感器:量程 100 bar、输出 4～20 mA、额定电压 DC 24 V。

2.8.4　液压单元 PLC 的安装与接线

液压换向单元由压紧、前推和旋转三个双作用液压缸构成系统,如图 2-169 所示。

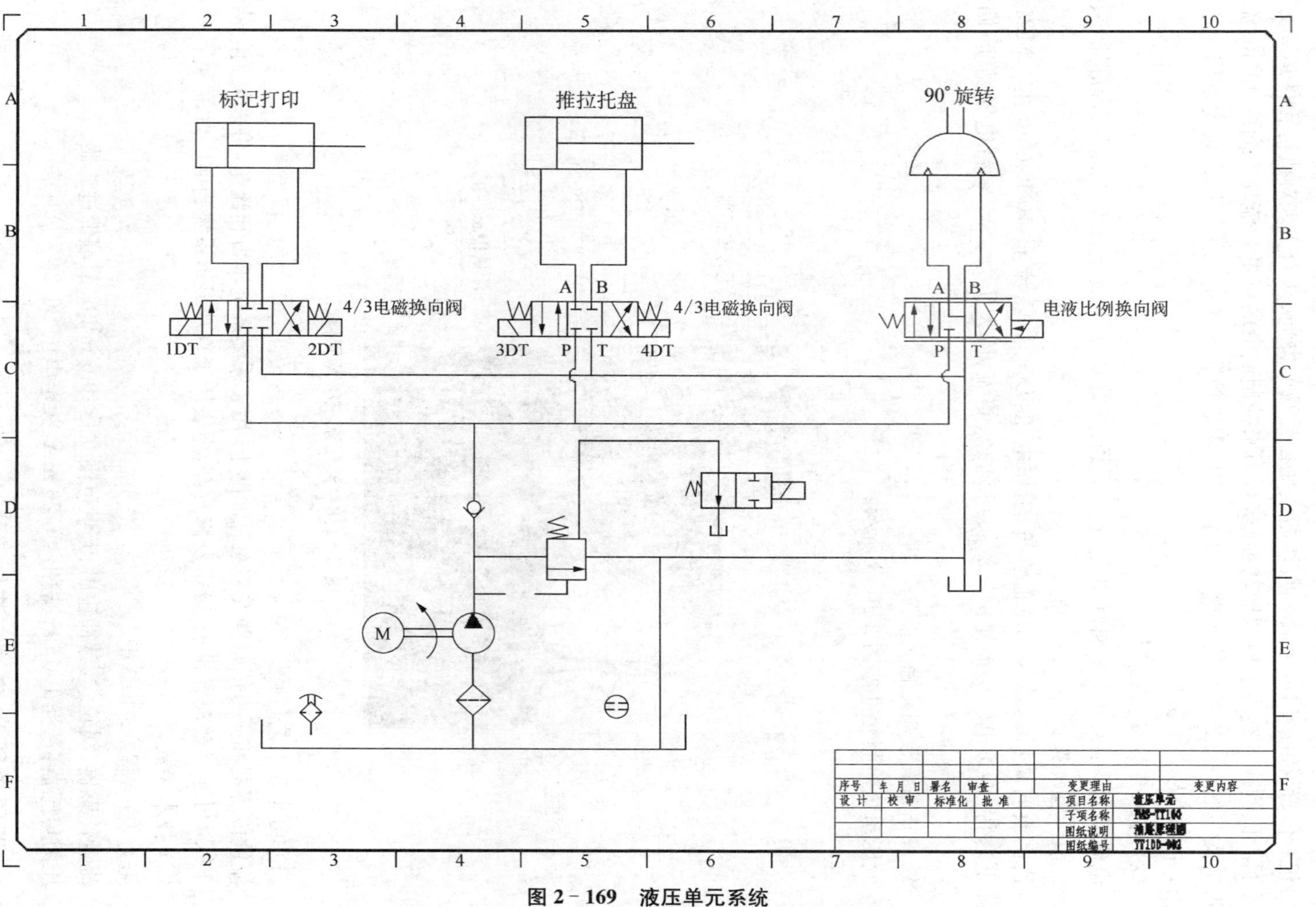

图 2－169　液压单元系统

要实现 PLC 对液压单元运行过程的控制，首先要绘制系统电气原理图，和进行基本的 I/O 分配，然后进行软件程序的编制。本单元 PLC 的 I/O 信号如表 2－34 所示。PLC 的 I/O接线原理图如图 2－170 至图 2－175 所示。

表 2－34　液压单元 I/O 分配表

形式	序号	名　称	PLC 地址	编号	地址设置
输入	1	转向至位检测	I0.0	SQ8	EM277 总线模块设置的站号为：22，与总站通信的地址为：18～21
	2	转向复位检测	I0.1	SQ7	
	3	刻章复位检测	I0.2	SQ6	
	4	刻章至位检测	I0.3	SQ5	
	5	托盘进入检测	I0.4	SQ1	
	6	托盘至位检测	I0.5	SQ2	
	7	链条传动至位检测	I0.6	SQ3	
	8	链条传动复位检测	I0.7	SQ4	
	9	手动/自动按钮	I2.0	SA	
	10	启动按钮	I2.1	SB1	
	11	停止按钮	I2.2	SB2	
	12	急停按钮	I2.3	SB3	
	13	复位按钮	I2.4	SB4	
输出	1	转向至位	Q0.0	YV3	
	2	转向复位	Q0.1	YV3	
	3	刻章至位	Q0.2	YV2	
	4	刻章复位	Q0.3	YV2	
	5	链条传动复位	Q0.4	YV1	
	6	链条传动至位	Q0.5	YV1	
	7	液压电磁断路	Q0.7		
发送地址		V4.0～V7.7(200PLC⟶300PLC)			
接收地址		V0.0～V3.7(200PLC⟵300PLC)			

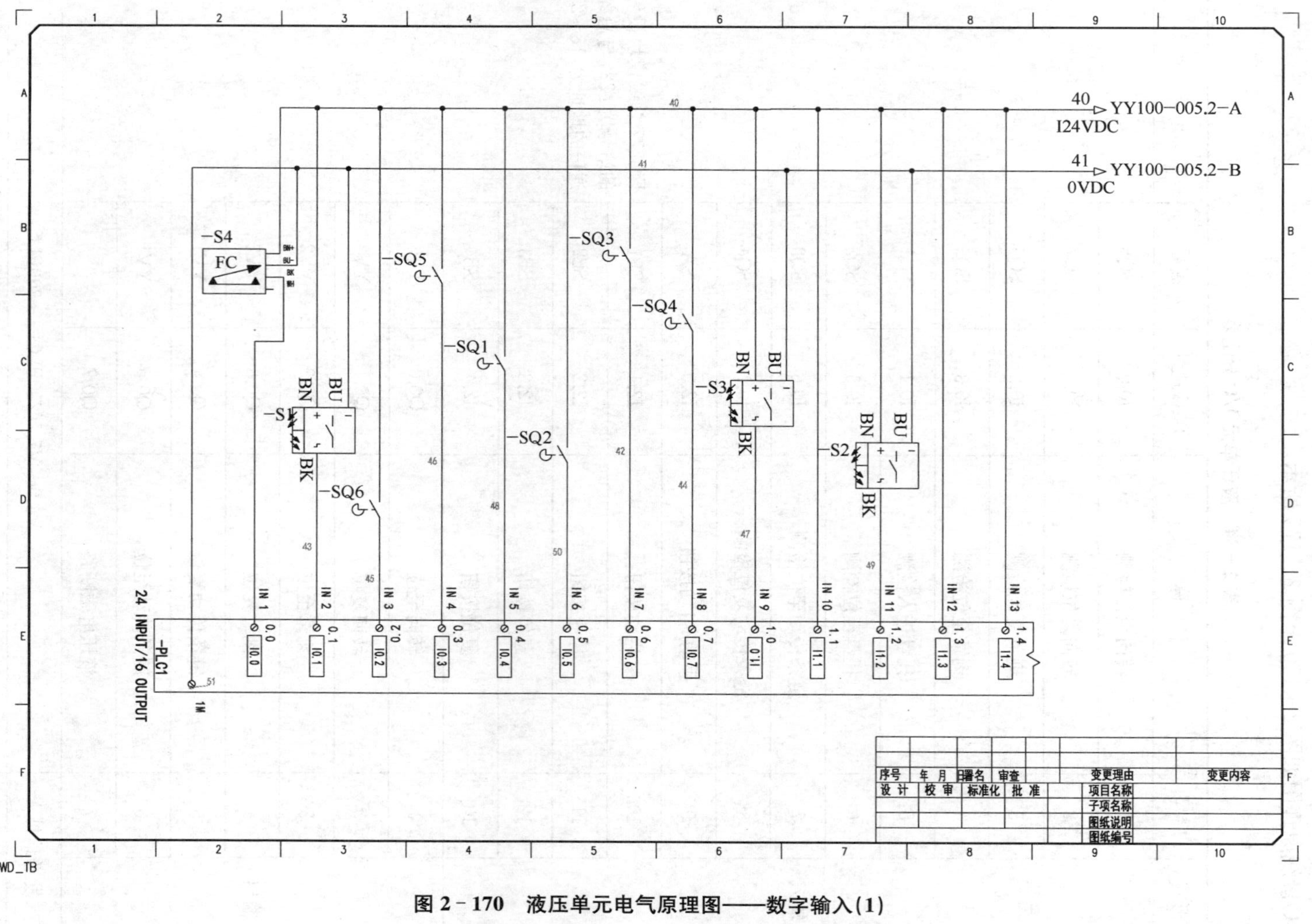

图 2-170 液压单元电气原理图——数字输入(1)

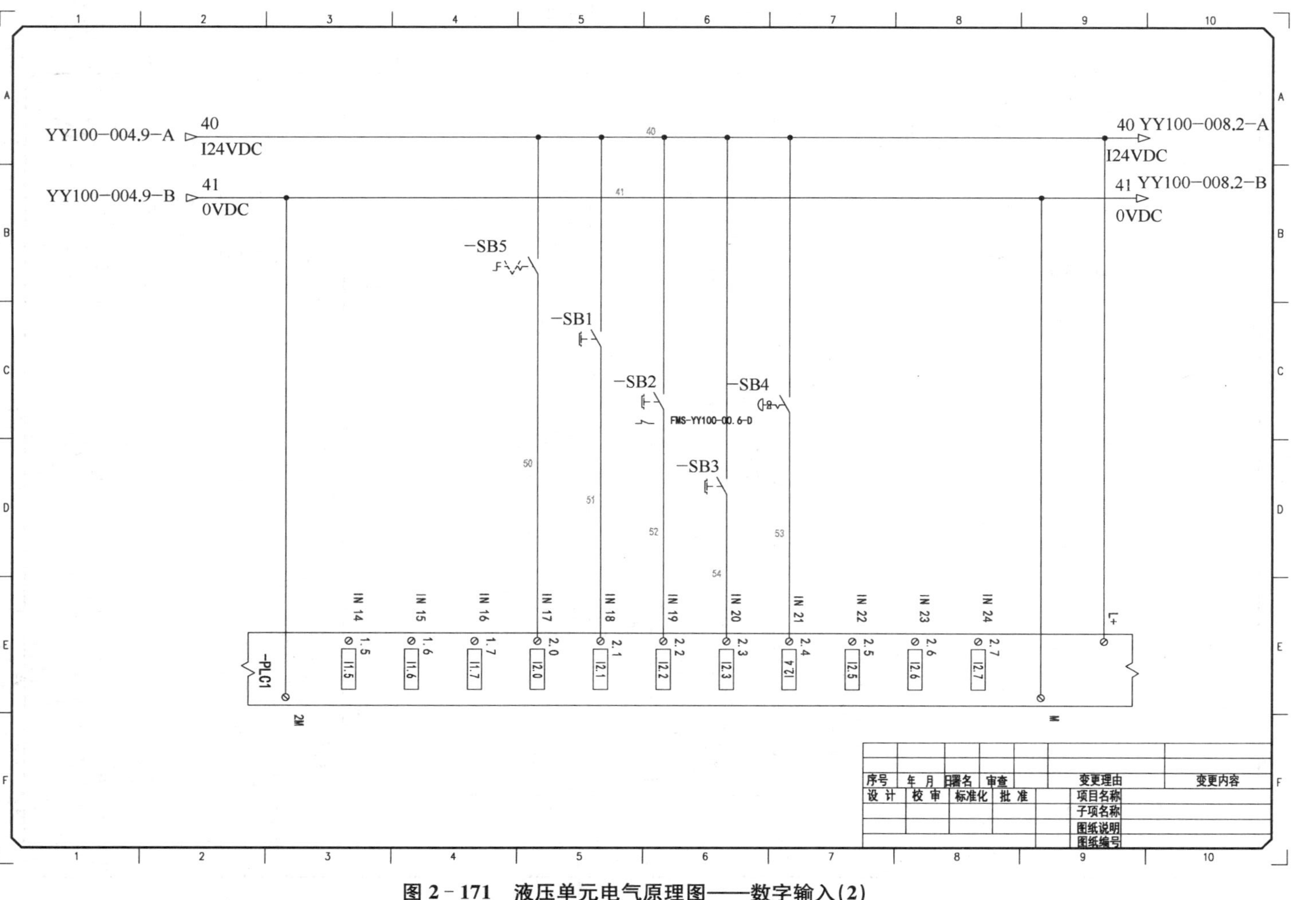

图 2-171　液压单元电气原理图——数字输入(2)

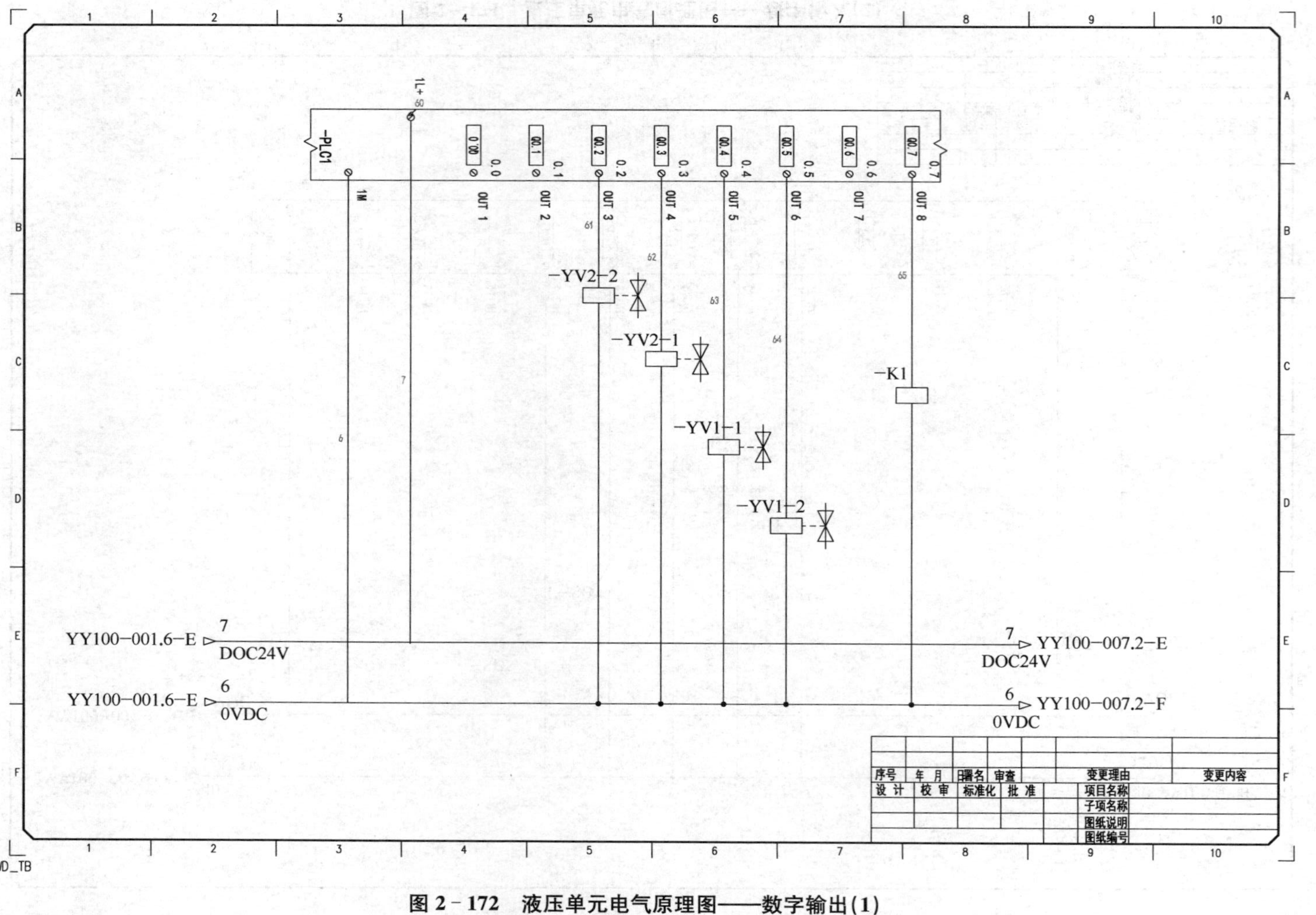

图 2-172 液压单元电气原理图——数字输出(1)

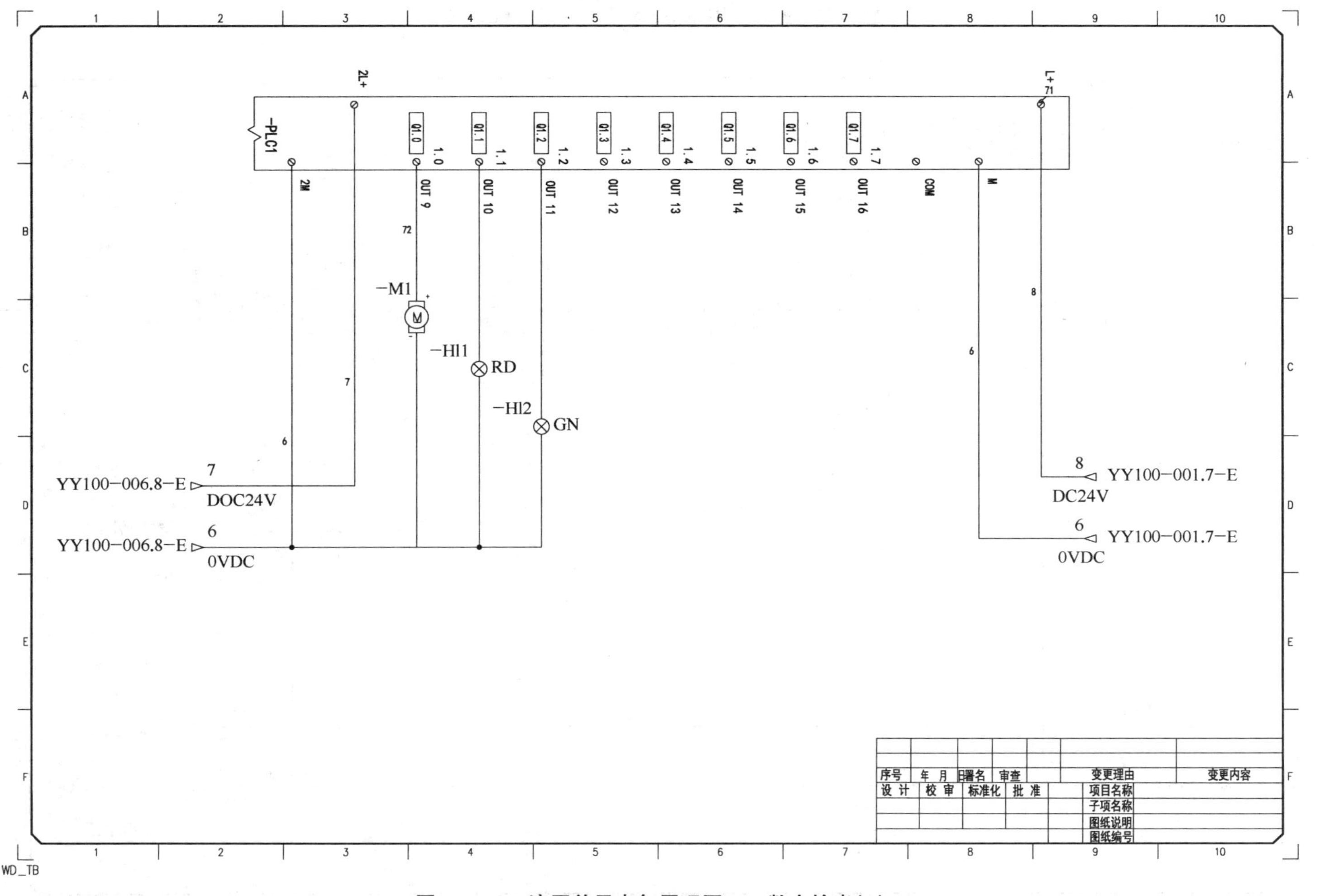

图 2－173　液压单元电气原理图——数字输出(2)

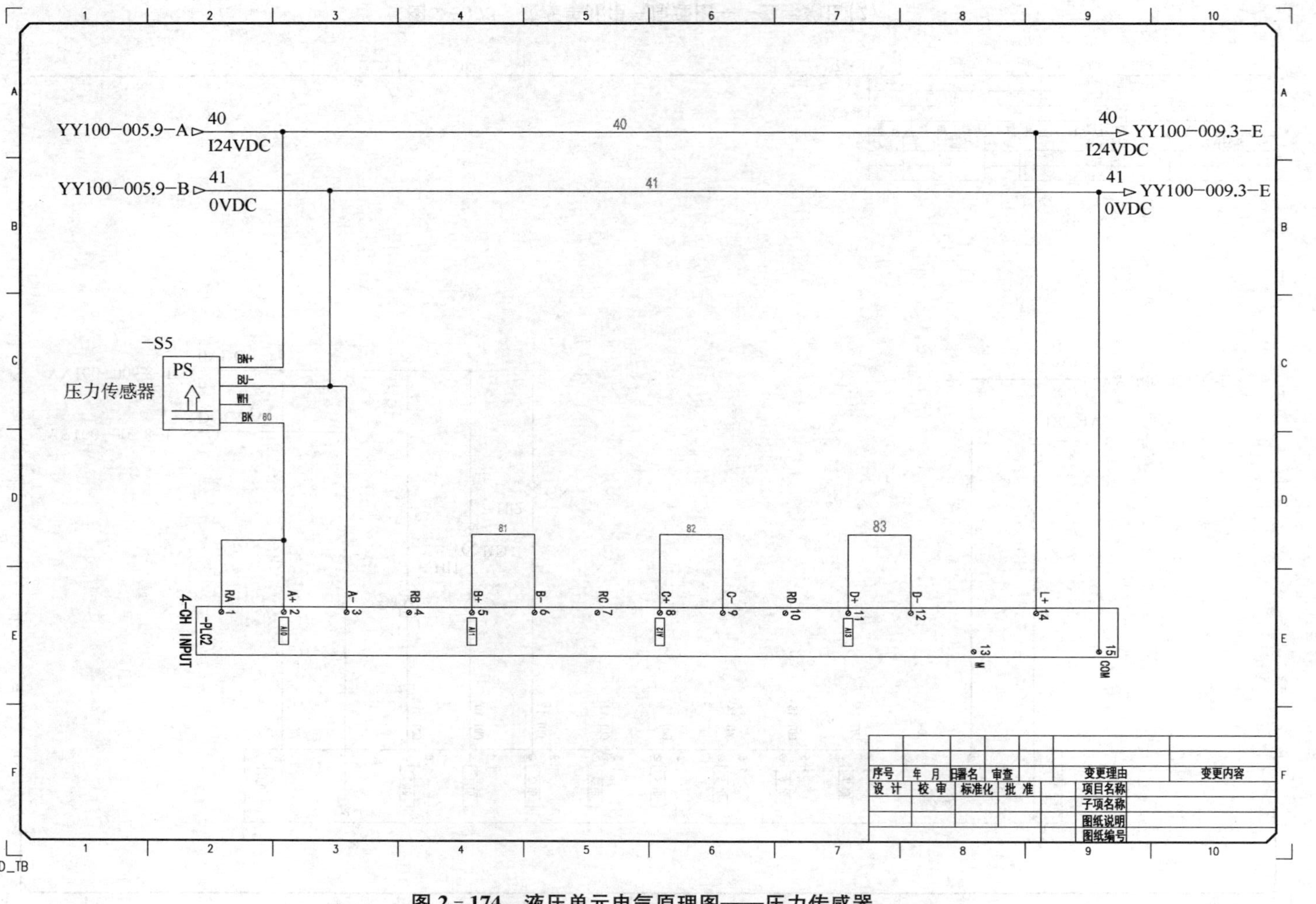

图 2-174 液压单元电气原理图——压力传感器

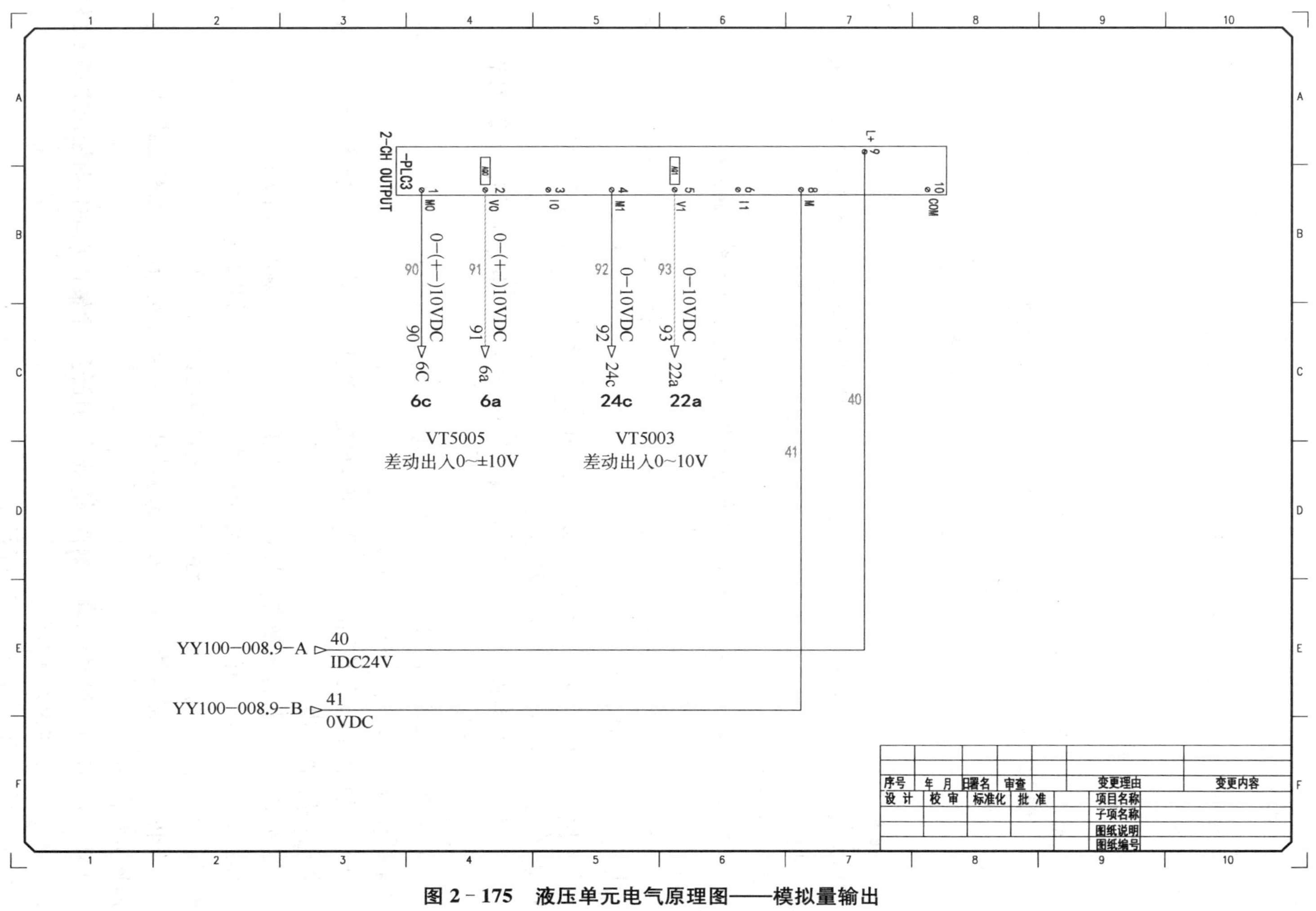

图 2 - 175　液压单元电气原理图——模拟量输出

2.8.5 液压单元的编程与单机调试

训练目标

按照本单元控制要求，在规定时间内完成传感器、液压系统的安装与调试，并进行 PLC 程序设计与调试。

训练要求

(1) 熟悉液压单元的功能及结构组成；

(2) 根据控制要求设计液压控制回路原理图，安装执行器件并进行调试；

(3) 安装所使用的传感器并能调试；

(4) 查明 PLC 各端口地址，根据要求编写程序和调试。

1. 编程要求

初始状态：液压单元的链条传动检测复位、转向检测复位、刻章检测复位状态，液压电磁断路失电。

2. 系统运行

(1) 托盘进入发出检测信号后，链条传动至位电磁阀与液压磁路断路同时得电，链条带动托盘及工件进入本单元。

(2) 链条传动到位后，链条传动至位检测微动开关发出信号，此时链条传动至位电磁阀与液压磁路断路同时失电，链条传动停止。

(3) 托盘入位后托盘至位检测微动开关发出信号，刻章至位电磁阀与液压磁路断路同时得电，对托盘上的工件进行刻章动作。

(4) 刻章至位检测微动开关有信号时，刻章至位电磁阀失电停止动作，此时刻章复位电磁阀得电，使刻章臂复位。

(5) 刻章复位检测有信号时，该电磁阀失电结束动作，此时转向至位电磁阀得电，摆动液压缸带动液压单元整体进行 90°旋转。

(6) 当碰到转向至位检测的微动开关时，该电磁阀失电停止动作，此时链条传动复位电磁阀得电，将工件送出。

(7) 链条传动复位检测到有信号时，该电磁阀与液压磁路断路同时失电。

(8) 当托盘送出检测的光电开关发出检测信号时，表示托盘已经完全离开液压单元。此时转向复位电磁阀与液压磁路断路同时得电，使液压单元复位。

(9) 转向复位检测微动开关发出信号时，转向复位电磁阀与液压磁路断路同时失电，系统回复初始状态。

说明：以上控制过程中在转向、刻章、链条传动任何一个输出点动作时液压电磁断路都为得电状态，反之则为失电状态。

液压单元程序流程如图 2－176 所示。

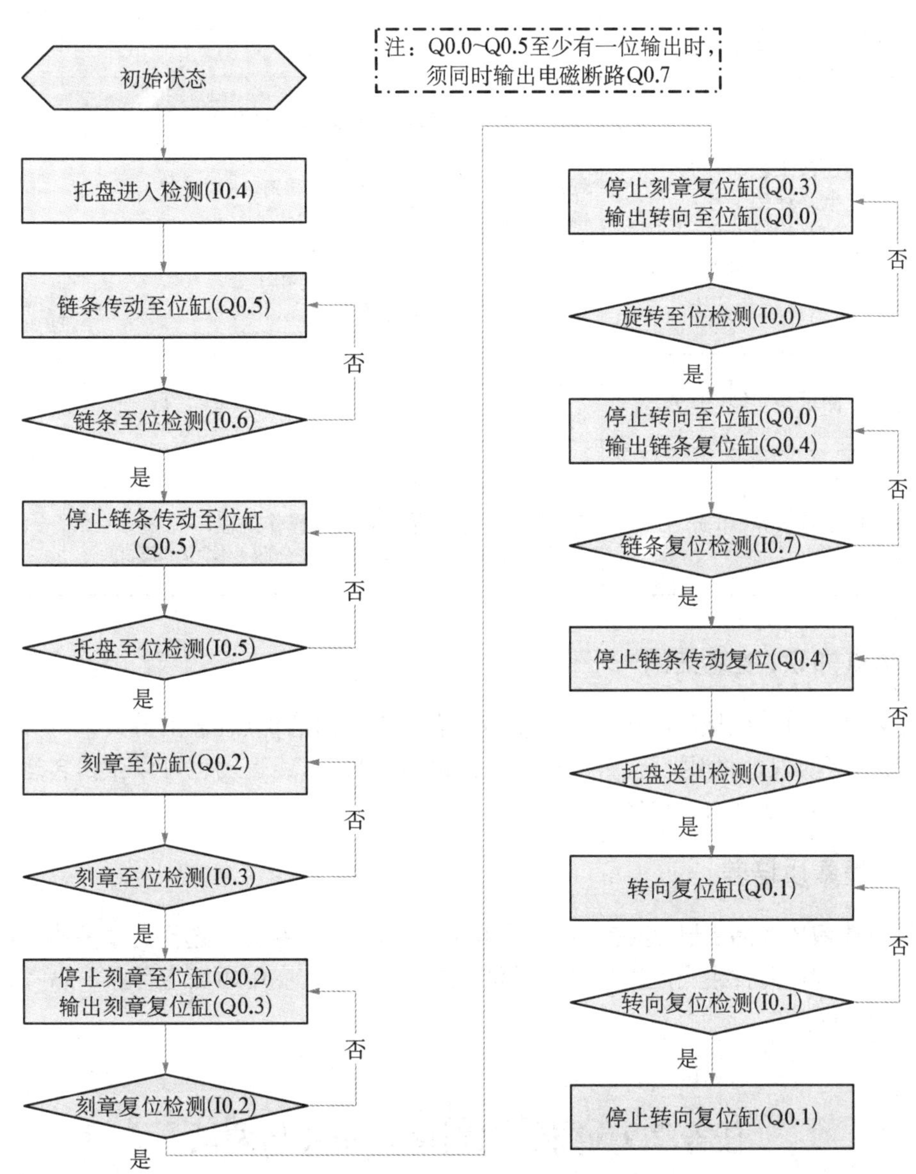

图 2 - 176　液压单元程序流程图

液压单元实训项目评分标准如表 2 - 35 所示。

表 2 - 35　评分表

训练项目	训练内容	训练要求	教师评分
液压单元	1. 程序和图纸(30 分) 电路图 液压系统图 程序清单	电路图和液压系统图绘制有错误，每处扣 0.5 分； 电路图和液压系统图符号不规范，每处扣 0.5 分	

续 表

训练项目	训练内容	训练要求	教师评分
液压单元	2. 连接工艺(30 分) 电路连接工艺 油路连接工艺 机械安装及装配工艺	端子连接处没有线号,每处扣 0.5 分; 端子连接压线不牢,每处扣 0.5 分; 电路接线没有绑扎或电路接线凌乱,扣 2 分; 油路连接未完成或有错,每处扣 2 分; 油路连接有漏气现象,每处扣 1 分; 液压缸节流阀调整不当,每处扣 1 分; 油路没有绑扎或油路连接凌乱,扣 2 分	
	3. 测试与功能(30 分)	启动、停止方式不按照控制要求,扣 1 分; 运行测试不满足要求,每处扣 0.5 分	
	4. 职业素养(10 分)	团队合作配合紧密; 现场操作安全保护符合安全操作规程; 工具摆放、导线线头等处理符合职业岗位的要求	

2.8.6 重点知识、技能归纳

液压系统相对于机械传动和电气传动而言有许多突出的优点:输出力大,维护简单,元件结构简单,可实现过载保护等。液压执行元件既可以做直线运动也可以做回转运动。而且易于和电气系统实现自动控制。

2.8.7 工程素质培养

查阅专业液压产品手册,思考如何选择液压元件,本生产线为何选择这些液压元件。了解国内外主要液压元件生产厂家以及当前液压技术的进展、应用领域与行业。思考如何用 PLC 控制比例阀?

任务 2.9 图像识别单元安装与调试

学习目标

(1) 掌握本单元的结构组成、功能及安装,了解本单元的工作过程。

(2) 掌握电气原理图和电气接线的方法。

(3) 掌握用 PLC 控制图像识别单元的工作过程并编写程序。

任务描述

学生根据控制要求,选择所需元器件和工具,绘制电路图,熟悉 I/O 分配,编写程序并调试,完成图像识别单元的工作过程。

2.9.1　认识图像识别单元

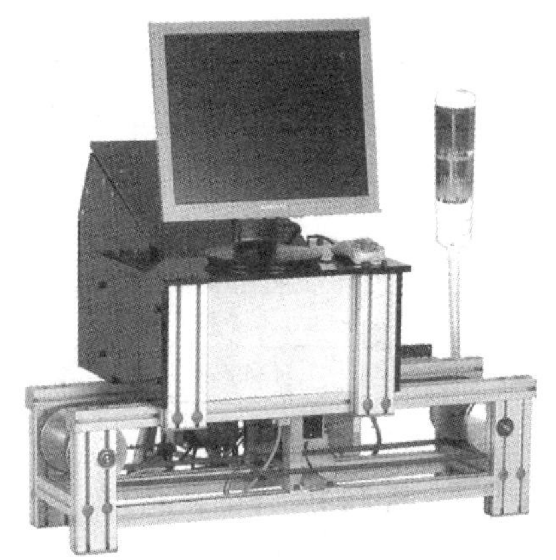

图 2-177　图像识别单元

图像识别单元的主要功能是运用电脑识别技术将前站传送来的工件进行数字化处理(通过图形摄取装置采集工件的当前画面与原设置结果进行比较),并将其判定结果输出。经检验处理后工件随托盘向下站传送。

主体结构组成如图 2-177 所示,包括彩色高速相机、操作键盘、彩色监视器电缆、16 mm 锁定镜头、液晶显示器、直线单元、工作指示灯等。

为实现本单元的控制功能,在主体结构的相应位置装设了电感式传感器等检测与传感装置,并配备了直流电机、电磁铁等执行机构和继电器等控制元件。详见图 2-178 所示。

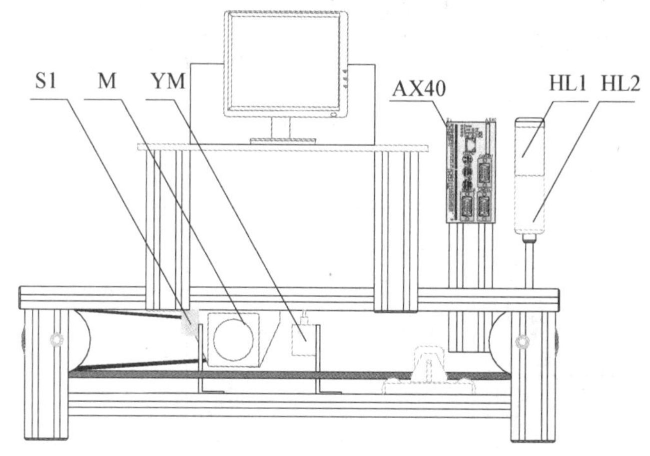

S1—托盘检测;M—传送电机;YM—直流电磁铁;AX40—图像检测装置;HL1—红色指示灯;HL2—绿色指示灯

图 2-178　图像识别单元检测元件、控制机构安装位置示意图

图像识别单元各元件如表 2-36 所示。

表 2-36　图像识别单元检测元件、执行机构、控制元件一览表

类别	序号	编　号		名　称	功　能	安装位置
检测元件	1	S1		电感式接近开关	检测托盘的位置	直线单元上
执行机构等	1	YM		直流电磁铁	控制托盘位置	直线单元上
	2	M		直流电机	驱动直线单元传送带	直线单元上
	3	HL	HL1	红色指示灯	显示工作状态	直线单元侧
			HL2	绿色指示灯	显示工作状态	

续 表

类别	序号	编 号	名 称	功 能	安装位置
控制元件	1	KM1	继电器	改变 REN 输出类型	桌面立柱上
	2	KM2	继电器	改变 D1 输出类型	桌面立柱上
	3	KM3	继电器	改变 D2 输出类型	桌面立柱上
	4	KM4	继电器	改变 D3 输出类型	桌面立柱上
	5	KM5	继电器	改变 D4 输出类型	桌面立柱上

2.9.2 图像识别单元 PLC 的安装与接线

要实现 PLC 对图像识别单元运行过程的控制，首先要绘制系统电气原理图和进行基本的 I/O 分配，然后进行软件程序的编制。本单元 PLC 的 I/O 信号如表 2－37 所示。PLC 的 I/O 接线原理图如图 2－179 至图 2－181 所示。

表 2－37 图像识别单元 I/O 分配表

形式	序号	名 称	PLC 地址	编号	地址设置
输入	1	托盘检测	I0.0	S1	EM277 总线模块设置的站号为：28，与总站通信的地址为：26～29
	2	REN	I0.1	REN	
	3	上盖检测	I0.2	D1	
	4	标签检测	I0.3	D2	
	5	销钉检测	I0.4	D3	
	6	销钉材质检测	I0.5	D4	
	7	手动/自动按钮	I2.0	SA	
	8	启动按钮	I2.1	SB1	
	9	停止按钮	I2.2	SB2	
	10	急停按钮	I2.3	SB3	
	11	复位按钮	I2.4	SB4	
输出	1	直流电磁铁	Q0.0	YM	
	2	传送电机	Q0.1	M	
	3	图像采集	Q0.2	ACK	
	4	品种切换	Q0.3	TYP	
	5	IN1	Q0.4	IN1	
	6	光源	Q0.5		
	7	绿色指示灯	Q0.6	HL2	
	8	红色指示灯	Q0.7	HL1	
	9	蜂鸣器报警	Q1.6	HA1	
	10	蜂鸣器报警	Q1.7	HA2	
发送地址		V4.0～V7.7(200PLC⟶300PLC)			
接收地址		V0.0～V3.7(200PLC⟵300PLC)			

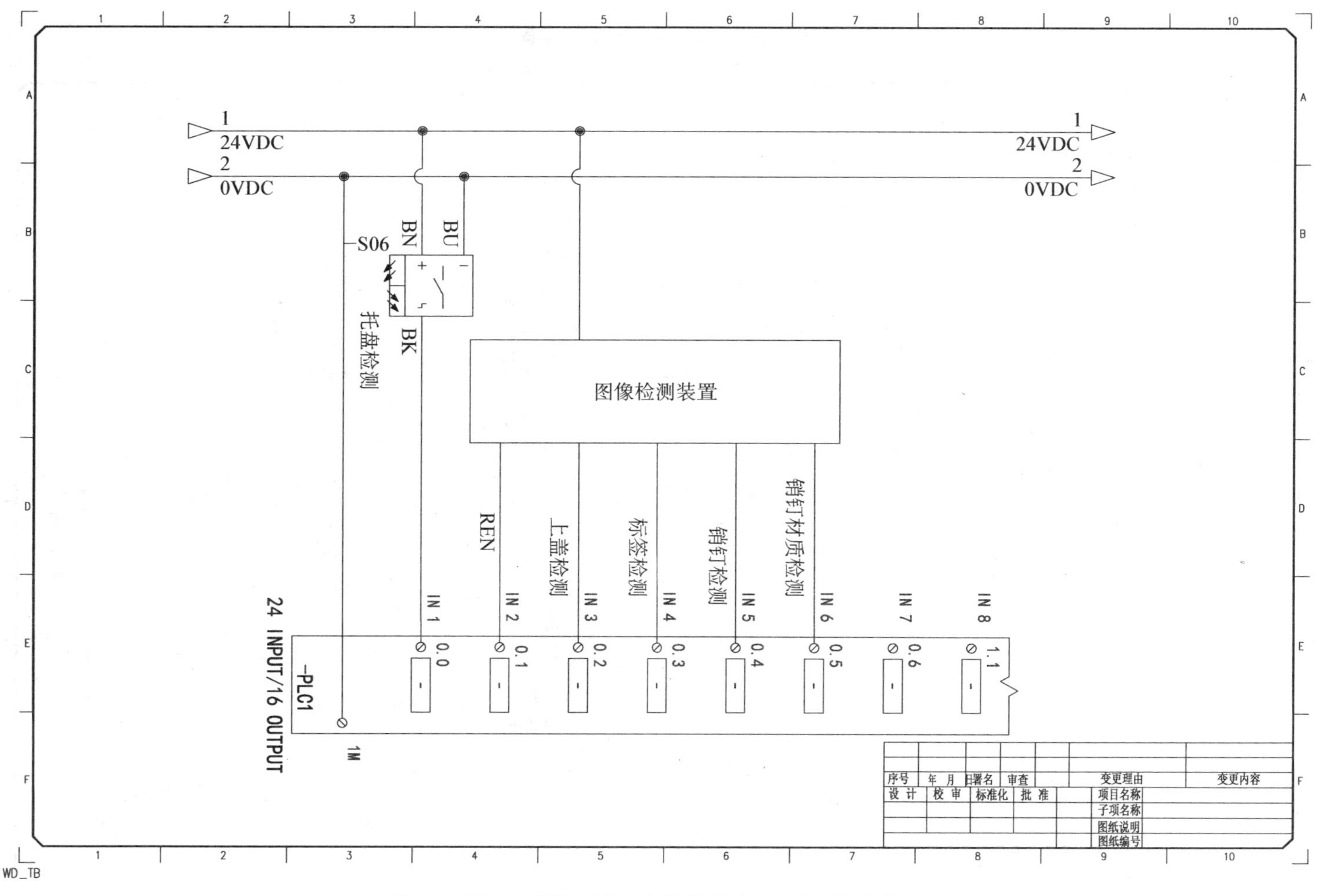

图 2-179　图像识别单元电气原理图——数字输入(1)

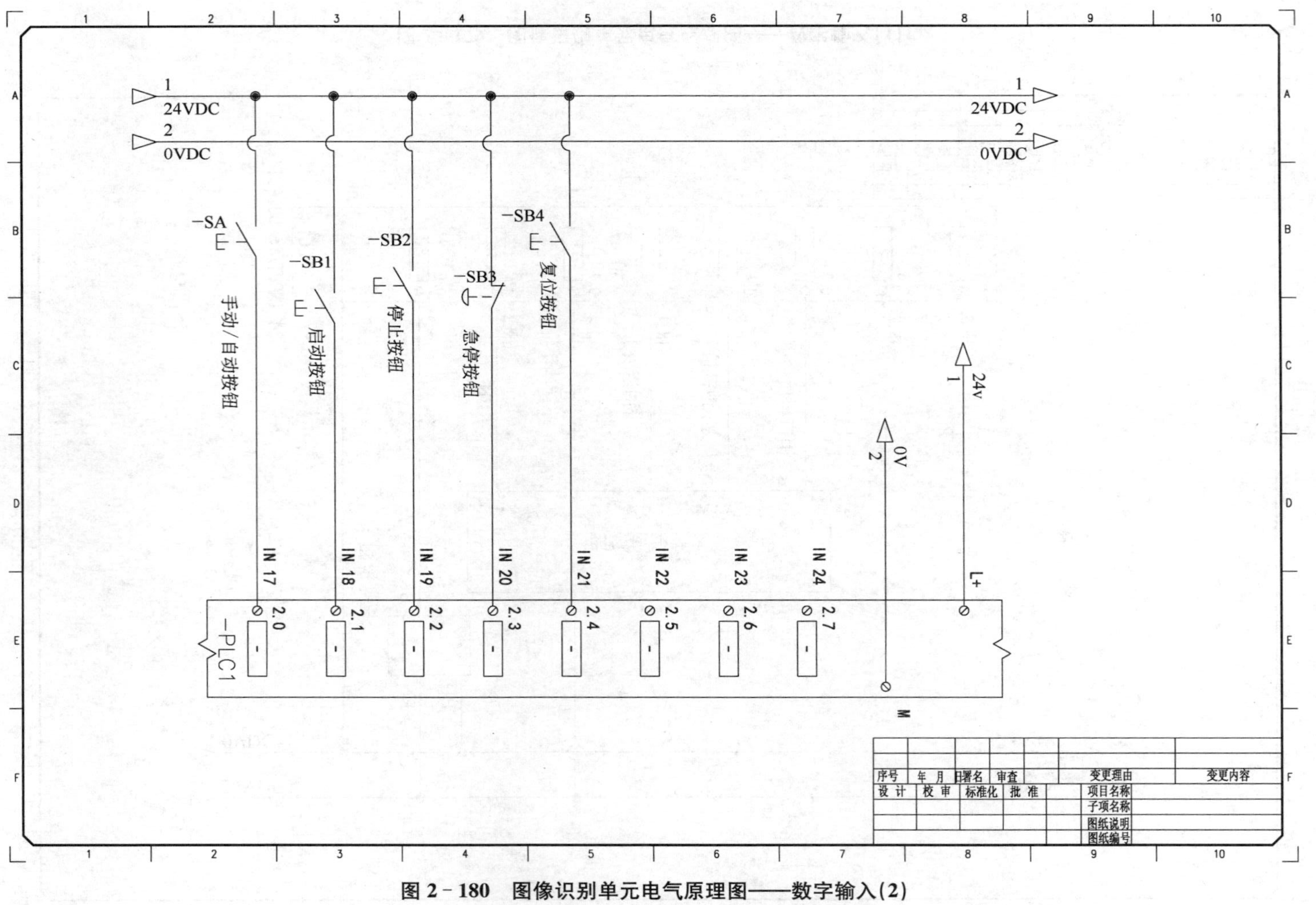

图 2-180 图像识别单元电气原理图——数字输入(2)

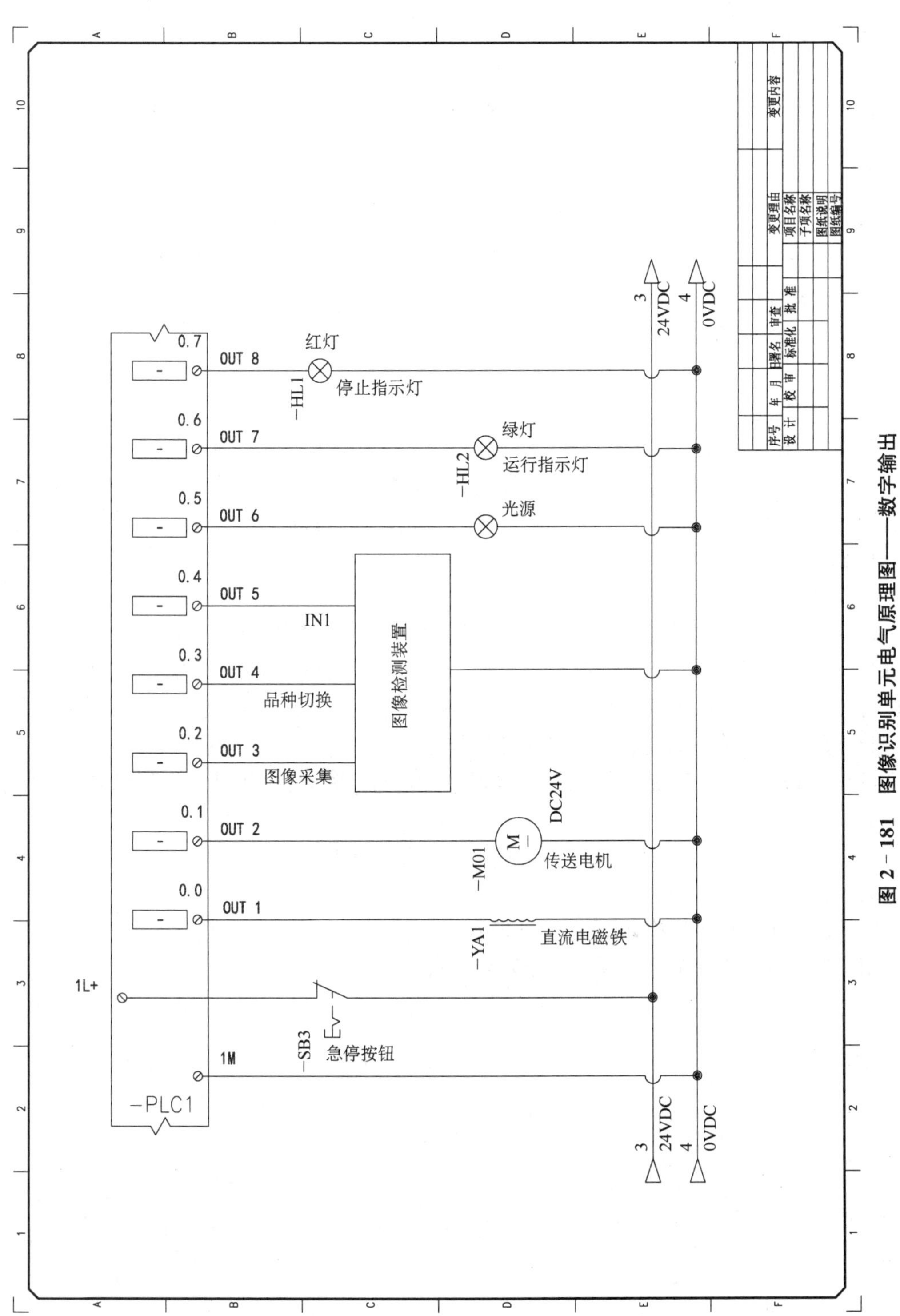

图 2-181　图像识别单元电气原理图——数字输出

2.9.3 图像识别单元的编程与单机调试

训练目标

按照本单元的控制要求，在规定时间内完成传感器的安装与调试，并进行 PLC 程序设计与调试。

训练要求

(1) 根据控制要求设计液压控制回路原理图，安装执行器件并进行调试；

(2) 安装所使用的传感器并能调试；

(3) 查明 PLC 各端口地址，根据要求编写程序和调试。

1. 编程要求

初始状态：直线传送电机处于停止状态；直流电磁铁竖起禁行；工作指示灯熄灭。

系统启动运行后本单元红色指示灯发光；直线电机驱动传送带开始运转且始终保持运行状态(分单元运行时可选用与 PLC 运行/停止同状态的特殊继电器保持直线传送电机的运行状态)。

2. 系统运行

(1) 当托盘载工件到达定位口时，托盘传感器发出检测信号，绿色指示灯发光、红色指示灯熄灭；开启图像采集信号，产品检测工作开始(产品检测工作是通过彩色相机对工件整体进行监控，判定主体、上盖、销钉的装配情况和测试销钉材质、标签有无等相关参数，测试后经彩色显示器精美图像显示结果和输出数据)。

(2) 产品检测工作完成后发出信号，延时 2 秒进行品种切换(短脉冲)，直流电磁铁吸合下落放行托盘。

(3) 放行托盘 3 秒后，直流电磁铁释放伸出恢复禁行状态。红色指示灯发光、绿色指示灯熄灭。此时系统恢复初始状态。

图像识别单元程序流程如图 2 - 182 所示。

图像识别单元实训项目的评分标准如表 2 - 38 所示。

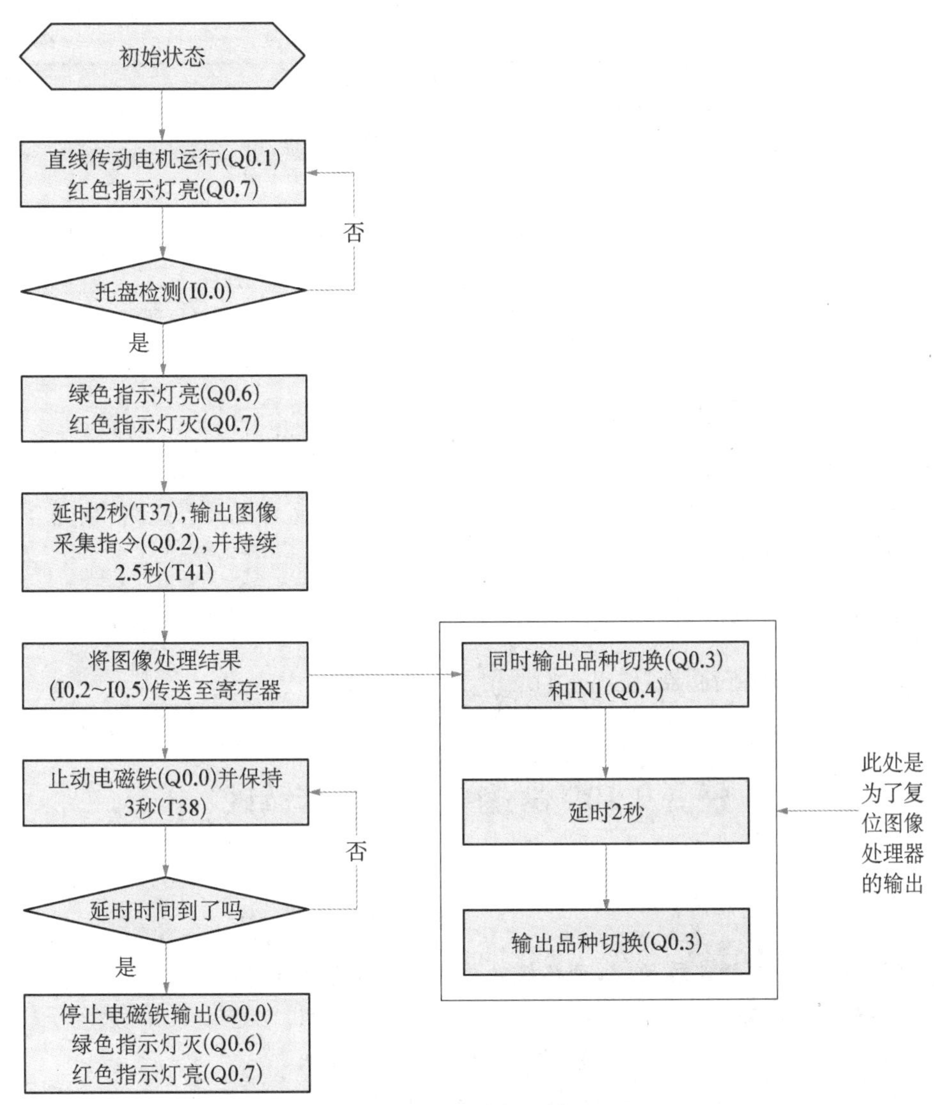

图 2 - 182　图像识别单元程序流程图

表 2 - 38　评分表

训练项目	训练内容	训练要求	教师评分
图像识别单元	1. 程序和图纸(30 分) 电路图 气路图 程序清单	电路图和气路图绘制有错误,每处扣 0.5 分; 电路图和气路图符号不规范,每处扣 0.5 分	
	2. 连接工艺(30 分) 电路连接工艺 气路连接工艺 机械安装及装配工艺	端子连接处没有线号,每处扣 0.5 分; 端子连接压线不牢,每处扣 0.5 分; 电路接线没有绑扎或电路接线凌乱,扣 2 分; 气路连接未完成或有错,每处扣 2 分; 气路连接有漏气现象,每处扣 1 分; 气缸节流阀调整不当,每处扣 1 分; 气路没有绑扎或气路连接凌乱,扣 2 分	

续 表

训练项目	训练内容	训练要求	教师评分
图像识别单元	3. 测试与功能(30 分)	启动、停止方式不按照控制要求,扣 1 分; 运行测试不满足要求,每处扣 0.5 分	
	4. 职业素养(10 分)	团队合作配合紧密; 现场操作安全保护符合安全操作规程; 工具摆放、导线线头等处理符合职业岗位的要求	

2.9.4 重点知识、技能归纳

通过该任务的完成,学生能够重点掌握 PLC 编程、调试和检修的方法。学生正确完成本次工作任务后,会加深对 PLC 控制方法的理解、学会 PLC 程序的设计思路,掌握合理有效的工作方法,加强团队合作意识。

2.9.5 工程素质培养

本单元使用了哪些传感器,说出它们适用于哪些场合?

任务 2.10 分拣单元安装与调试

学习目标

(1) 了解无杆气缸的工作原理,了解摆动马达的工作原理和功能。

(2) 了解真空皮碗的工作原理和功能;本单元的工作过程。

(3) 掌握分拣单元气路图,电气原理图和电气接线的方法。

(4) 掌握用 PLC 控制分拣单元的工作过程并会编写程序。

任务描述

学生根据控制要求,选择所需元器件和工具,绘制电路图,熟悉 I/O 分配,编写程序并调试,完成分拣单元的工作过程。

2.10.1 认识分拣单元

分拣单元的主要功能是根据检测单元的检测结果(标签有无),采用气动机械手对工件进行分类,合格产品随托盘进入下一站入库;不合格产品进入废品线,空托盘向下站传送。如图 2-183 所示。

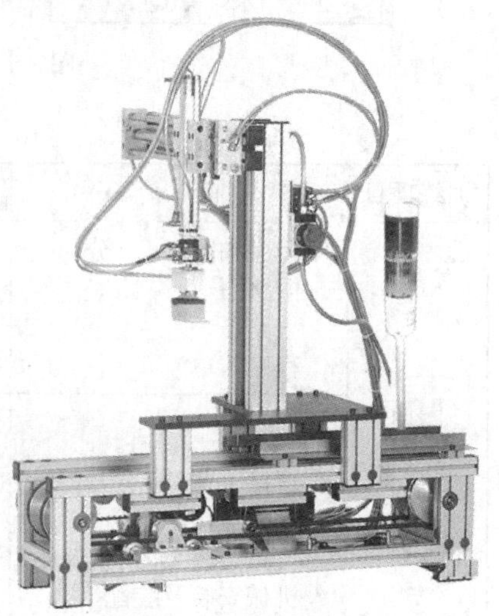

图 2-183 分拣单元

2.10.2　相关知识:气动控制回路分析

电气—气动控制系统主要是控制电磁阀的换向,其特点是响应快,动作准确,在气动自动化应用中相当广泛。

电气—气动控制回路图包括气动回路和电气回路两部分。如图 2 - 184 所示。

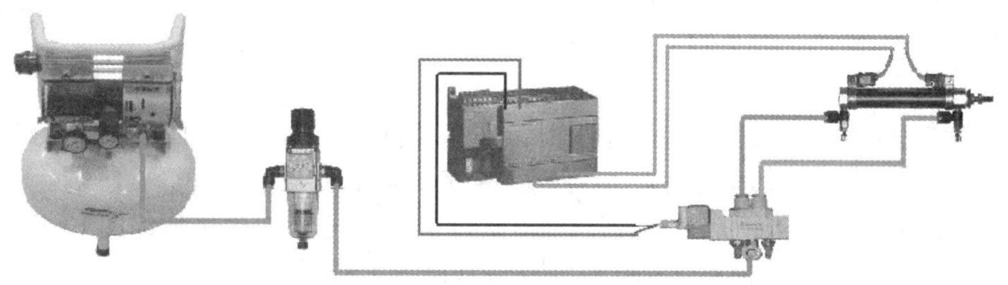

图 2 - 184　电气—气动控制回路

气动回路一般指动力部分,电气回路则为控制部分。通常在设计电气回路之前,一定要先设计出气动回路,按照动力系统的要求,选择采用何种形式的电磁阀来控制气动执行件的运动,从而设计电气回路。在设计中气动回路图和电气回路图必须分开绘制。在整个系统设计中,气动回路图按照习惯放置于电气回路图的上方或左侧。

用二位五通单电控电磁换向阀控制单气缸运动:利用手动按钮控制单电控二位五通电磁阀来操纵单气缸实现单个循环。动力回路如图 2 - 186(a)所示,动作流程如图 2 - 185 所示。依照设计步骤完成图 2 - 186(b)所示电气回路图。

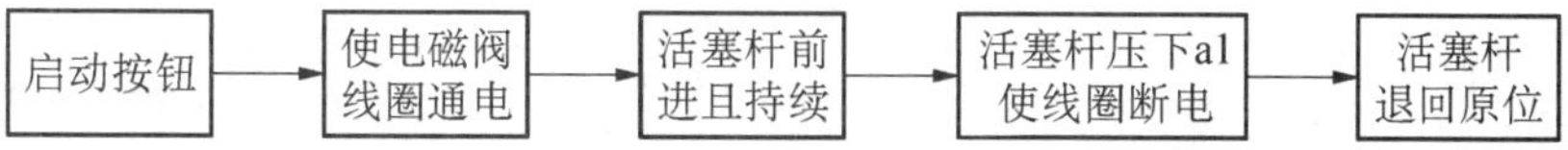

启动按钮
使电磁阀线圈通电
活塞杆前进且持续
活塞杆压下a1使线圈断电
活塞杆退回原位

图 2 - 185　动作流程图

YA
4
2
5
3
1
+24V
1
2
3
PB1
K
K
PB2
a1
K
YA
0V

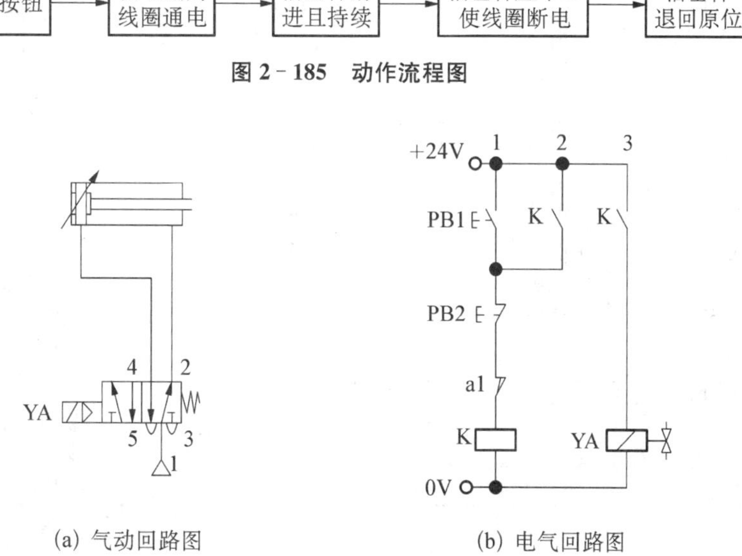

(a) 气动回路图　　(b) 电气回路图

图 2 - 186　气动、电气回路图

1. 设计步骤

(1) 将启动按钮 PB1 及继电器 K 置于 1 号线上,继电器的常开触点 K 及电磁阀线圈

YA 置于 3 号线上。这样当 PB1 一按下，电磁阀线圈 YA 通电，电磁阀换向，活塞前进，完成方框 1,2 的要求。如图(b)的 1 和 3 号线。

(2) 由于 PB1 为一点动按钮，手一放开，电磁阀线圈 YA 就会断电，则活塞后退。为使活塞保持前进状态，必须将继电器 K 所控制的常开触点接于 2 号线上，形成一自保电路，完成方框 3 的要求。如图 2－186(b)的 2 号线。

(3) 将行程开关 a1 的常闭触点接于 1 号线上，当活塞杆压下 a1，切断自保电路，电磁阀线圈 YA 断电，电磁阀复位，活塞退回，完成方框 5 的要求。图 2－186(b)中的 PB2 为停止按钮。

2. 动作说明

(1) 将启动按钮 PB1 按下，继电器线圈 K 通电，控制 2 和 3 号线上所控制的常开触点闭合，继电器 K 自保，同时 3 号线接通，电磁阀线圈 YA 通电，活塞前进。

(2) 活塞杆压下行程开关 a1，切断自保电路，1 和 2 号线断路，继电器线圈 K 断电，K 所控制的触点恢复原位。同时 3 号线断路，电磁阀线圈 YA 断电，活塞后退。

2.10.3 分拣单元的机械装配与调整

扫码见分拣单元视频

本单元的主体结构组成如图 2－187 所示，包括分拣单元主体框架、垂直移动气缸、直线单元、水平移动气缸、摆动气缸、气动电磁阀组、工作指示灯等。

为实现本单元的控制功能，在本站结构的相应位置装设了电感式传感器、磁性开关等检测与传感装置，并配备了直流电机、直动气缸、短程气缸、导向驱动装置、摆动气缸、真空开关等执行机构和电磁阀等控制元件。详见图 2－187 所示。

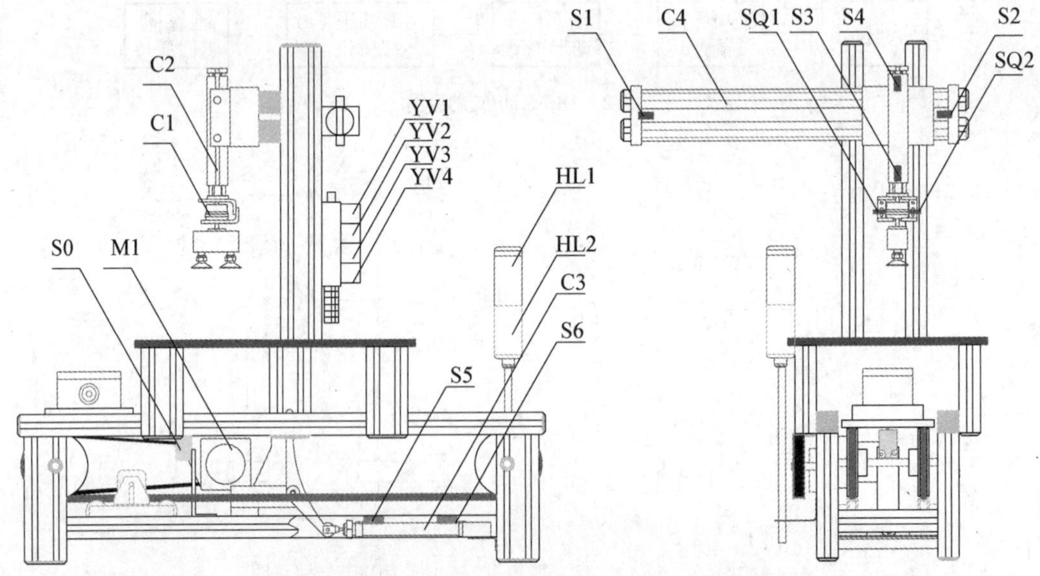

S0—托盘检测；S1—导向驱动装置至位；S2—导向驱动装置复位；S3—短程气缸至位；S4—短程气缸复位；S5—止动气缸至位；S6—止动气缸复位；SQ1—摆动气缸至位；SQ2—摆动气缸复位；M1—传送电机；YV1—摆动气缸电磁阀；YV2—短程气缸电磁阀；YV3—导向驱动装置电磁阀；YV4—止动气缸电磁阀；C1—摆动气缸；C2—短程气缸；C3—止动气缸；C4—导向驱动装置；HL1—红色指示灯；HL2—绿色指示灯

图 2－187 分拣单元检测元件、控制机构安装位置示意图

分拣单元各元件如表 2－39 所示。

表 2－39 分拣单元检测元件、执行机构、控制元件一览表

<table>
<tr><th>类别</th><th>序号</th><th colspan="2">编 号</th><th>名 称</th><th>功 能</th><th>安装位置</th></tr>
<tr><td rowspan="9">检测元件</td><td>1</td><td colspan="2">S0</td><td>电感式传感器</td><td>托盘进入检测</td><td>直线单元上</td></tr>
<tr><td>2</td><td colspan="2">S1</td><td>磁性接近开关</td><td>无杆气缸平移到位检测</td><td>无杆气缸上</td></tr>
<tr><td>3</td><td colspan="2">S2</td><td>磁性接近开关</td><td>无杆气缸初始位置检测</td><td>无杆气缸上</td></tr>
<tr><td>4</td><td colspan="2">S3</td><td>磁性接近开关</td><td>短程气缸初始位置检测</td><td>短程气缸上</td></tr>
<tr><td>5</td><td colspan="2">S4</td><td>磁性接近开关</td><td>短程气缸伸出至位检测</td><td>短程气缸上</td></tr>
<tr><td>6</td><td colspan="2">S5</td><td>磁性接近开关</td><td>确定止动气缸伸出位置</td><td>止动气缸上</td></tr>
<tr><td>7</td><td colspan="2">S6</td><td>磁性接近开关</td><td>确定止动气缸初始位置</td><td>止动气缸上</td></tr>
<tr><td>8</td><td colspan="2">SQ1</td><td>微动开关</td><td>确定摆动气缸旋转至位</td><td>摆动气缸上</td></tr>
<tr><td>9</td><td colspan="2">SQ2</td><td>微动开关</td><td>确定摆动气缸原位</td><td>摆动气缸上</td></tr>
<tr><td rowspan="7">执行机构</td><td>1</td><td colspan="2">M1</td><td>直流电机</td><td>驱动直线单元传送带</td><td>直线单元上</td></tr>
<tr><td>2</td><td colspan="2">C1</td><td>摆动气缸</td><td>将工件旋转 90°</td><td>短程气缸终端</td></tr>
<tr><td>3</td><td colspan="2">C2</td><td>短程气缸</td><td>控制旋转推筒</td><td>垂直于无杆气缸</td></tr>
<tr><td>4</td><td colspan="2">C3</td><td>止动气缸</td><td>控制托盘位置</td><td>直线单元上</td></tr>
<tr><td>5</td><td colspan="2">C4</td><td>导向驱动装置</td><td>将废品工件送入废品道</td><td>分拣支架上</td></tr>
<tr><td rowspan="2">6</td><td rowspan="2">HL</td><td>HL1</td><td>红色指示灯</td><td>显示工作状态</td><td rowspan="2">直线单元上</td></tr>
<tr><td>HL2</td><td>绿色指示灯</td><td>显示工作状态</td></tr>
<tr><td rowspan="4">控制元件</td><td>1</td><td colspan="2">YV1</td><td>电磁阀</td><td>控制摆动气缸</td><td>分拣支架上</td></tr>
<tr><td>2</td><td colspan="2">YV2</td><td>电磁阀</td><td>控制短程气缸</td><td>分拣支架上</td></tr>
<tr><td>3</td><td colspan="2">YV3</td><td>电磁阀</td><td>控制止动气缸</td><td>分拣支架上</td></tr>
<tr><td>4</td><td colspan="2">YV4</td><td>电磁阀</td><td>控制导向驱动装置</td><td>分拣支架上</td></tr>
</table>

1. 垂直移动气缸

垂直移动气缸如图 2－188 所示。

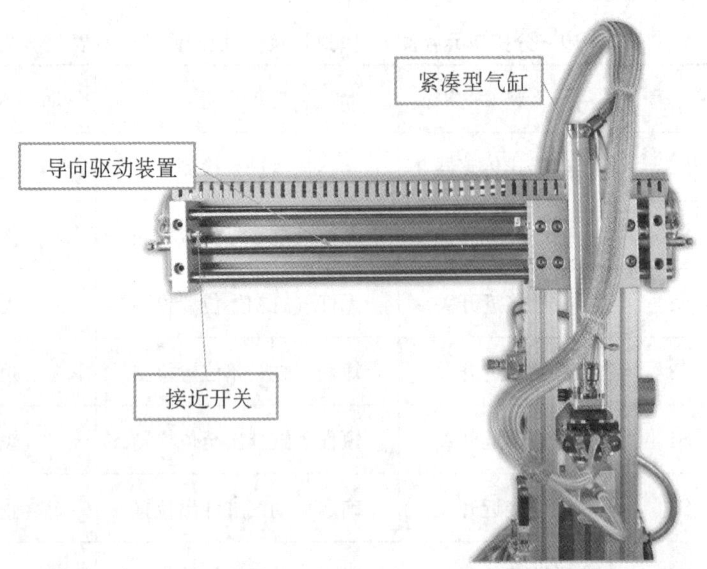

图 2-188 垂直移动气缸

技术参数:垂直移动气缸行程 200 mm,复定位精度≤0.1 mm、接近开关。导向驱动装置行程 300 mm,复定位精度≤0.1 mm。

2. 直线单元

直线单元如图 2-189 所示。

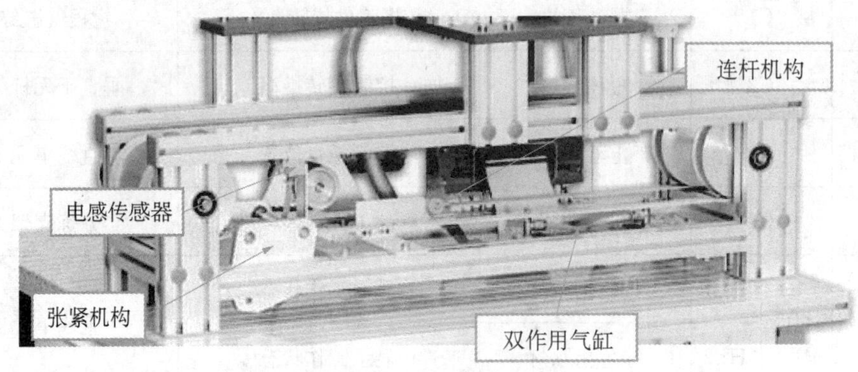

图 2-189 直线单元

(1) 功能或工艺过程。

检测托盘到位与否,待完成分拣任务后气动挡停机构放行并将托盘送入下一站。

(2) 技术参数。

55 r/min 直流电机、气动挡停机构、托盘检测(电感传感器)、扁平传送带。

3. 摆动气缸和真空吸盘

摆动气缸和真空吸盘如图 2-190 所示。

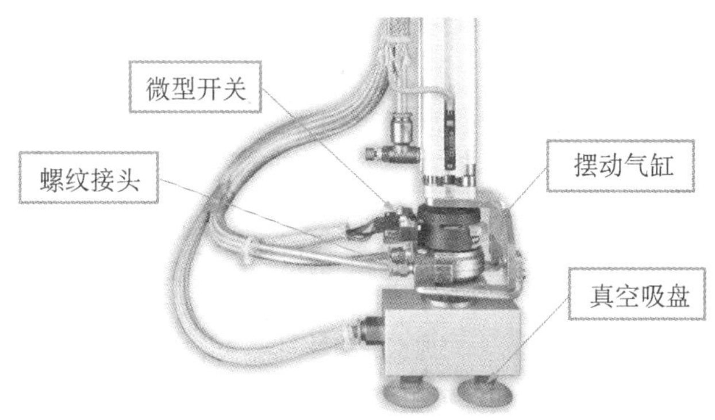

图 2-190　摆动气缸和真空吸盘

技术参数：摆动气缸旋转角度 90°，摆动重复定位精度≤0.2°，真空吸盘直径 Φ30 mm。

4. 气动电磁阀组

气动电磁阀组如图 2-191 所示。

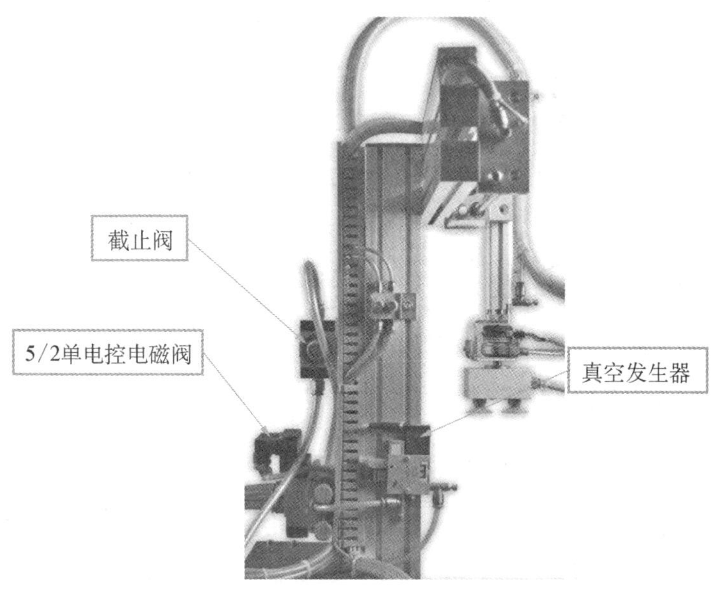

图 2-191　气动电磁阀组

技术参数：气阀控制模块：截止阀 3/2 双稳、5/2 单电控电磁阀和真空发生器。

2.10.4　分拣单元 PLC 的安装与接线

气动控制回路是本工作单元的执行机构之一，包括垂直移动气缸、水平移动气缸、摆动气缸。气动控制回路的工作原理如图 2-192 所示。气缸的两个极限工作位置安装有磁感应接近开关；阀组由两个二位五通的电磁阀组成。电磁阀安装在汇流板上，汇流板中两个排气口末端均连接了消声器。

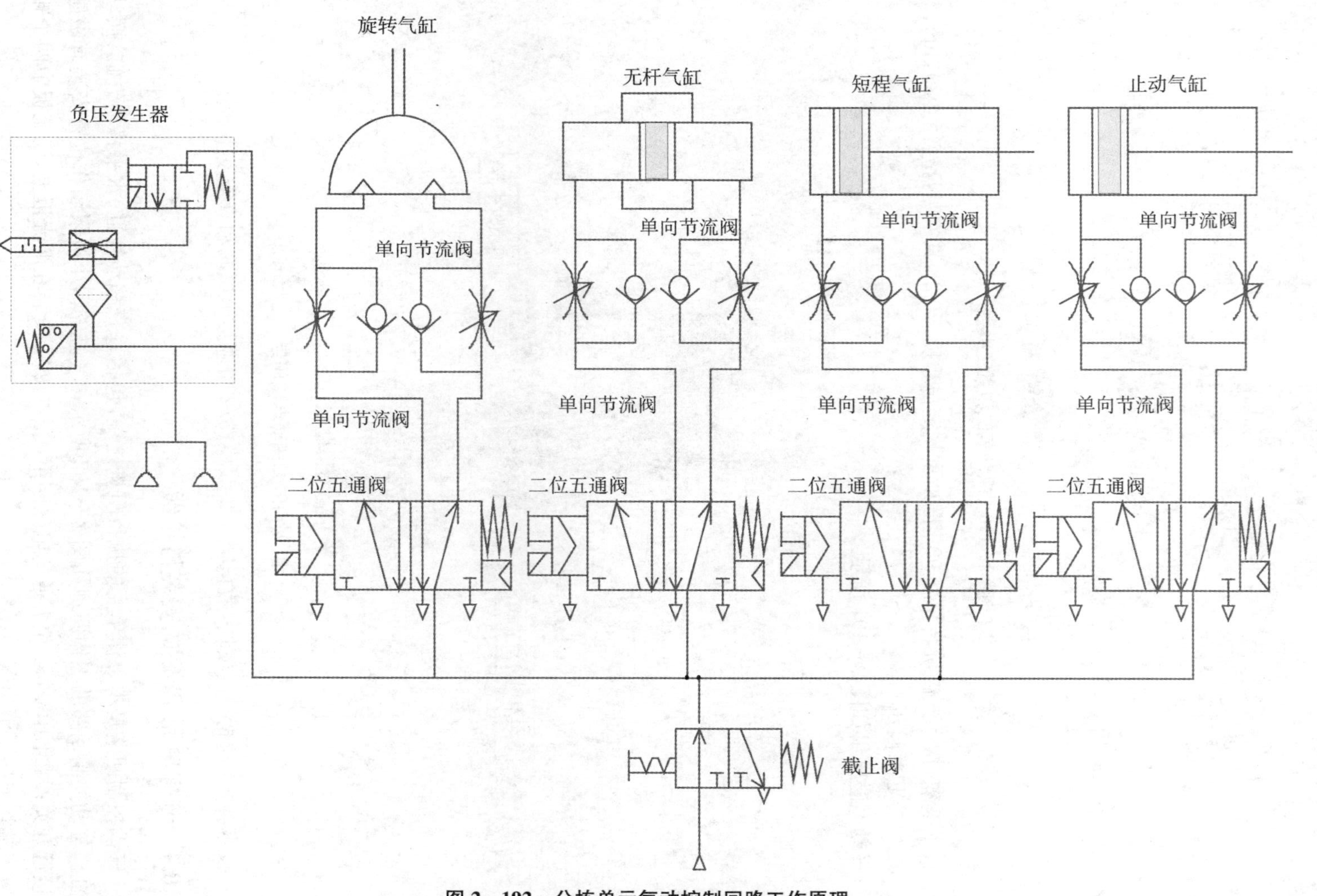

图 2-192 分拣单元气动控制回路工作原理

要实现 PLC 对分拣单元运行过程的控制，首先要绘制系统电气原理图和进行基本的 I/O 分配，然后进行软件程序的编制。本单元 PLC 的 I/O 信号如表 2－40 所示。PLC 的 I/O 接线原理图如图 2－193 至图 2－197 所示。

表 2－40　分拣单元 I/O 分配表

形式	序号	名称	PLC 地址	编号	地址设置
输入	1	导向驱动装置至位	I0.0	S1	EM277 总线模块设置的站号为：24，与总站通信的地址为：10～11
	2	导向驱动装置复位	I0.1	S2	
	3	短程气缸至位	I0.2	S3	
	4	短程气缸复位	I0.3	S4	
	5	摆动气缸至位	I0.4	SQ2	
	6	摆动气缸复位	I0.5	SQ1	
	7	真空开关	I0.6		
	8	托盘检测	I0.7	S0	
	9	止动气缸至位	I1.0	S5	
	10	止动气缸复位	I1.1	S6	
	11	手动/自动按钮	I2.0	SA	
	12	启动按钮	I2.1	SB1	
	13	停止按钮	I2.2	SB2	
	14	急停按钮	I2.3	SB3	
	15	复位按钮	I2.4	SB4	
	16	KEY1	I2.6	SB5	
	17	KEY2	I2.5	SB6	
输出	1	止动气缸	Q0.0	YV3	
	2	摆动气缸(旋转)	Q0.1	YV1	
	3	导向驱动装置(水平)	Q0.2	YV4	
	4	短程气缸(垂直)	Q0.3	YV2	
	5	真空发生器	Q0.4		
	6	传送电机	Q0.5	M1	
	7	绿色指示灯	Q0.6	HL2	
	8	空直线电机	Q0.7	M2	
	9	红色指示灯	Q1.0	HL1	
发送地址		V2.0～V3.7(200PLC⟶300PLC)			
接收地址		V0.0～V1.7(200PLC⟵300PLC)			

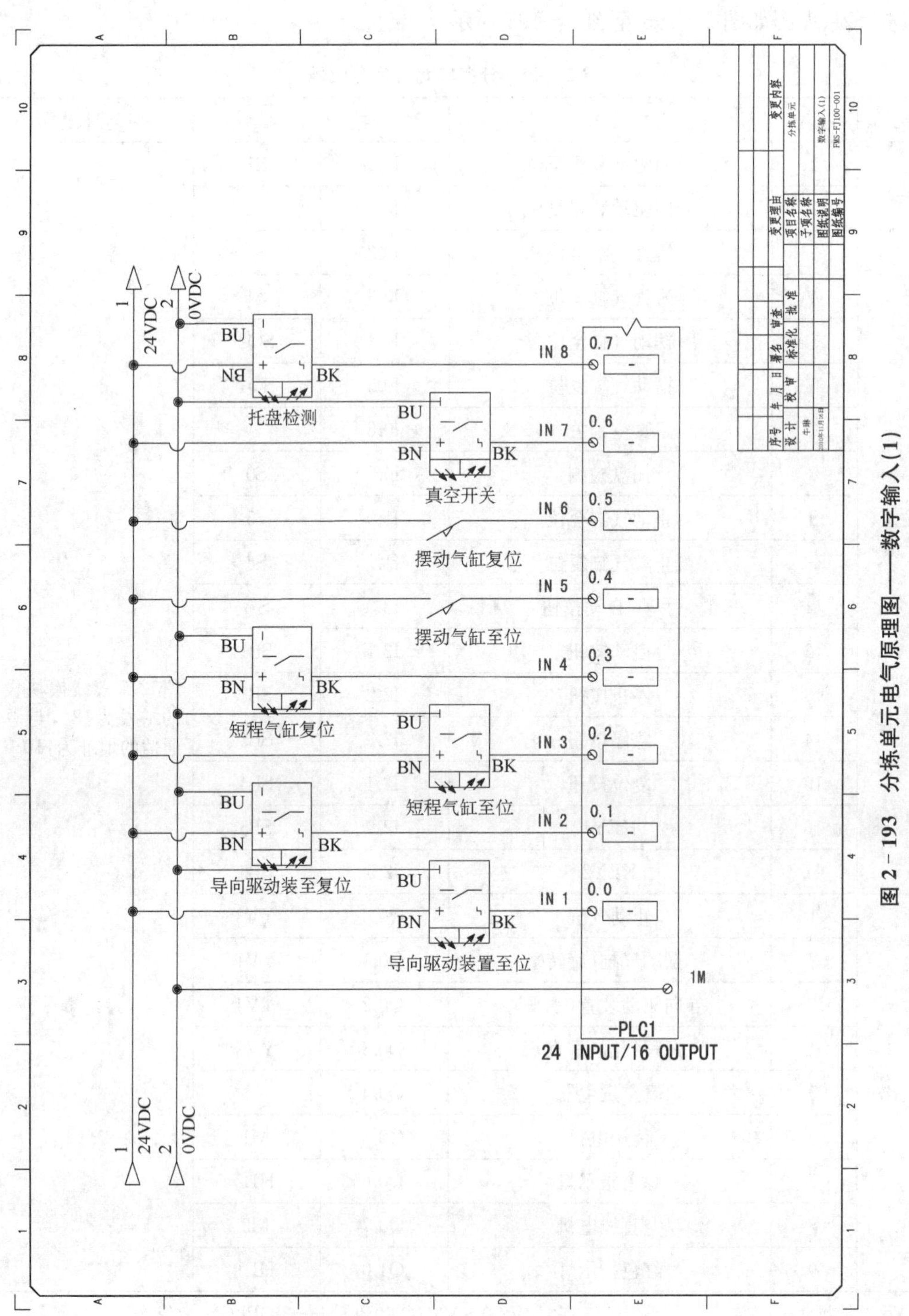

图 2-193 分拣单元电气原理图——数字输入(1)

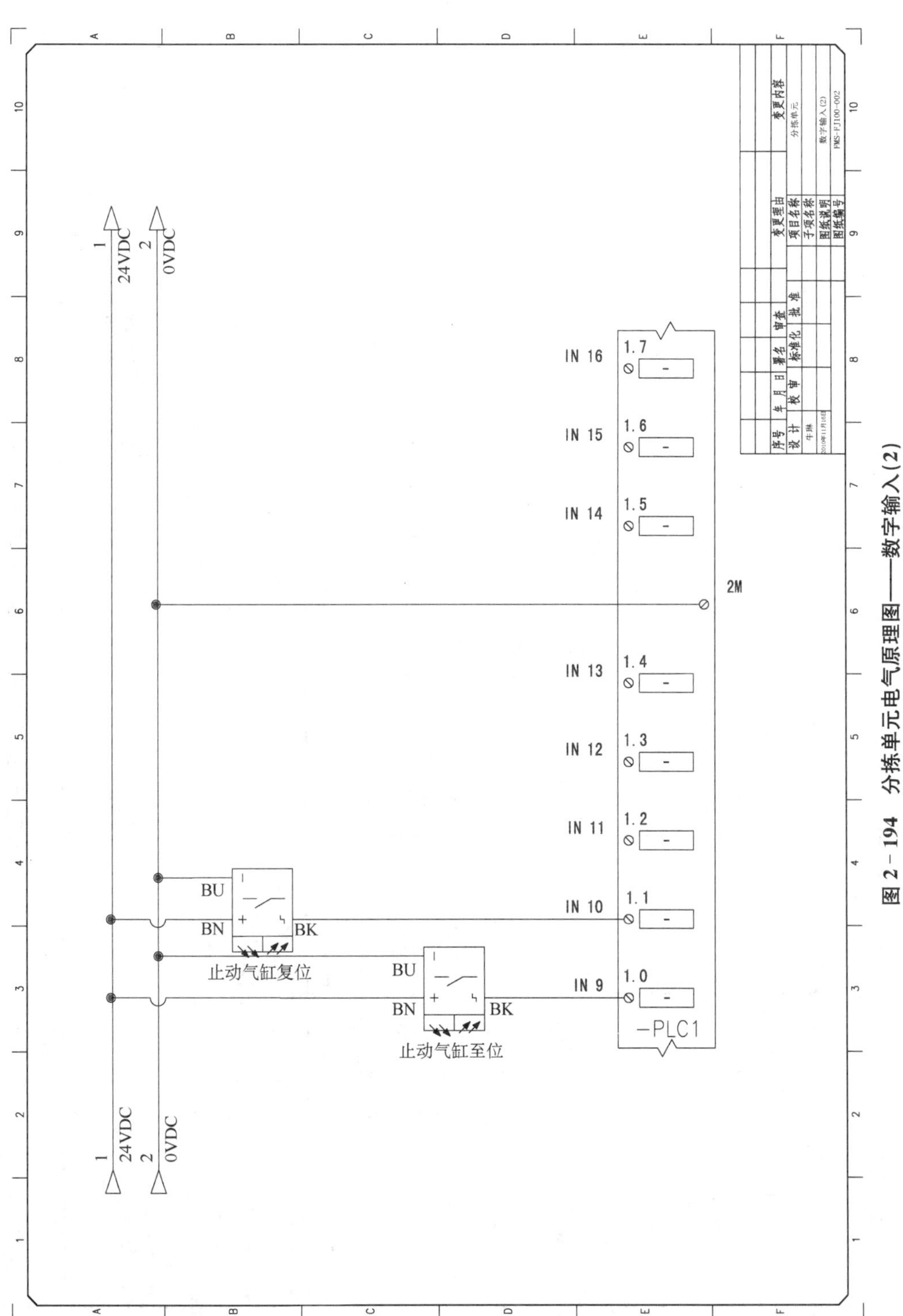

图 2-194　分拣单元电气原理图——数字输入(2)

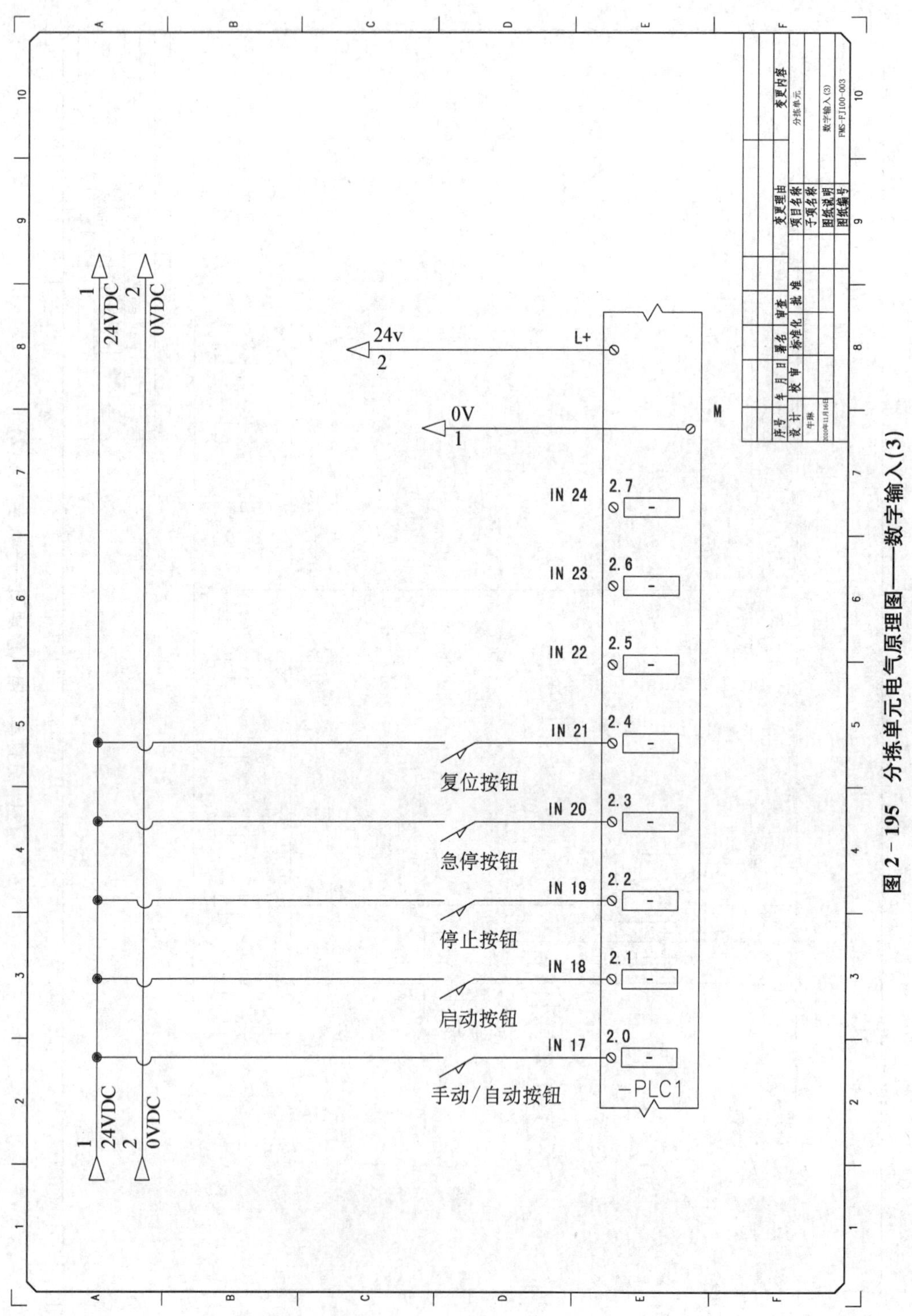

图 2-195 分拣单元电气原理图——数字输入(3)

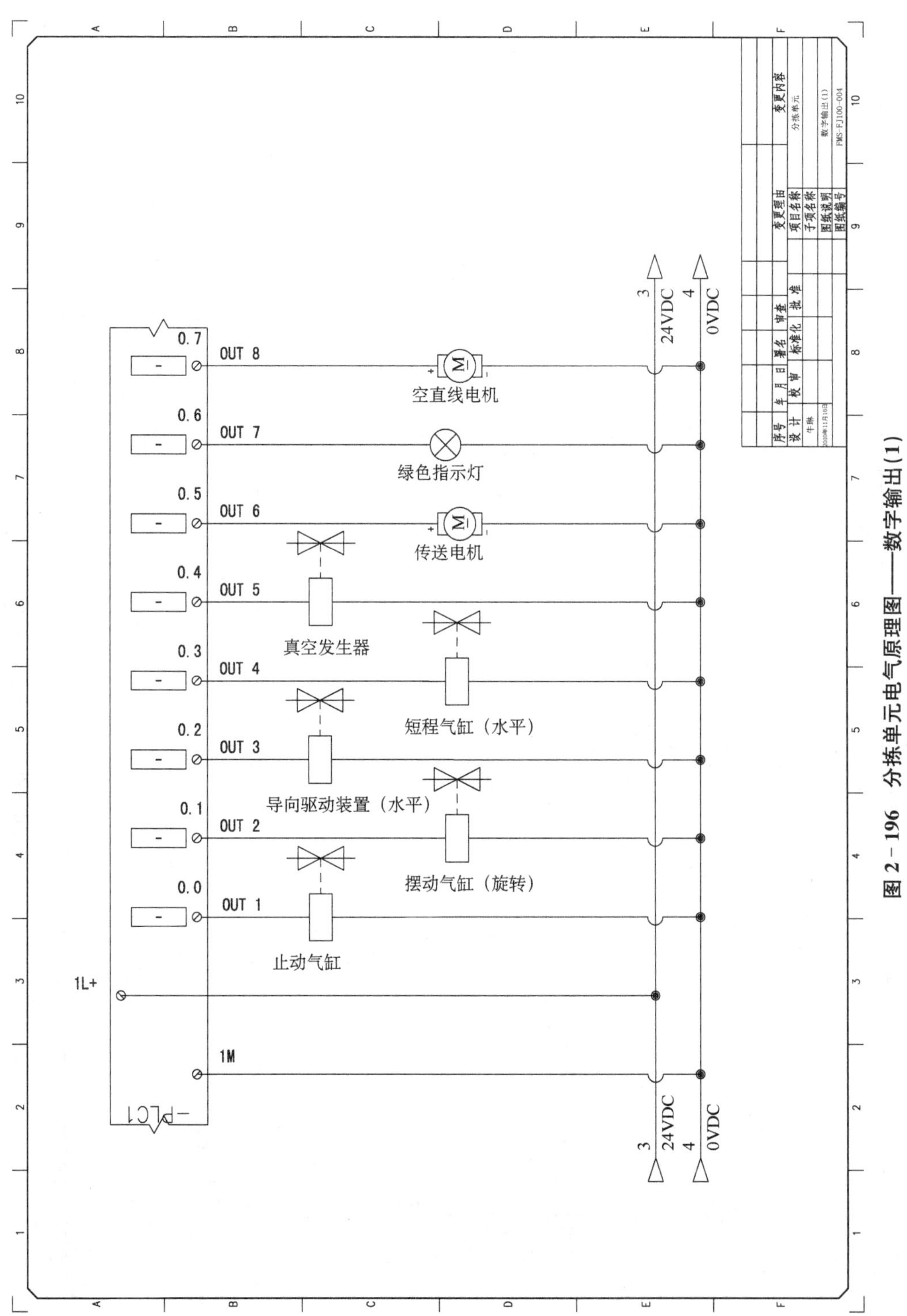

图 2-196　分拣单元电气原理图——数字输出(1)

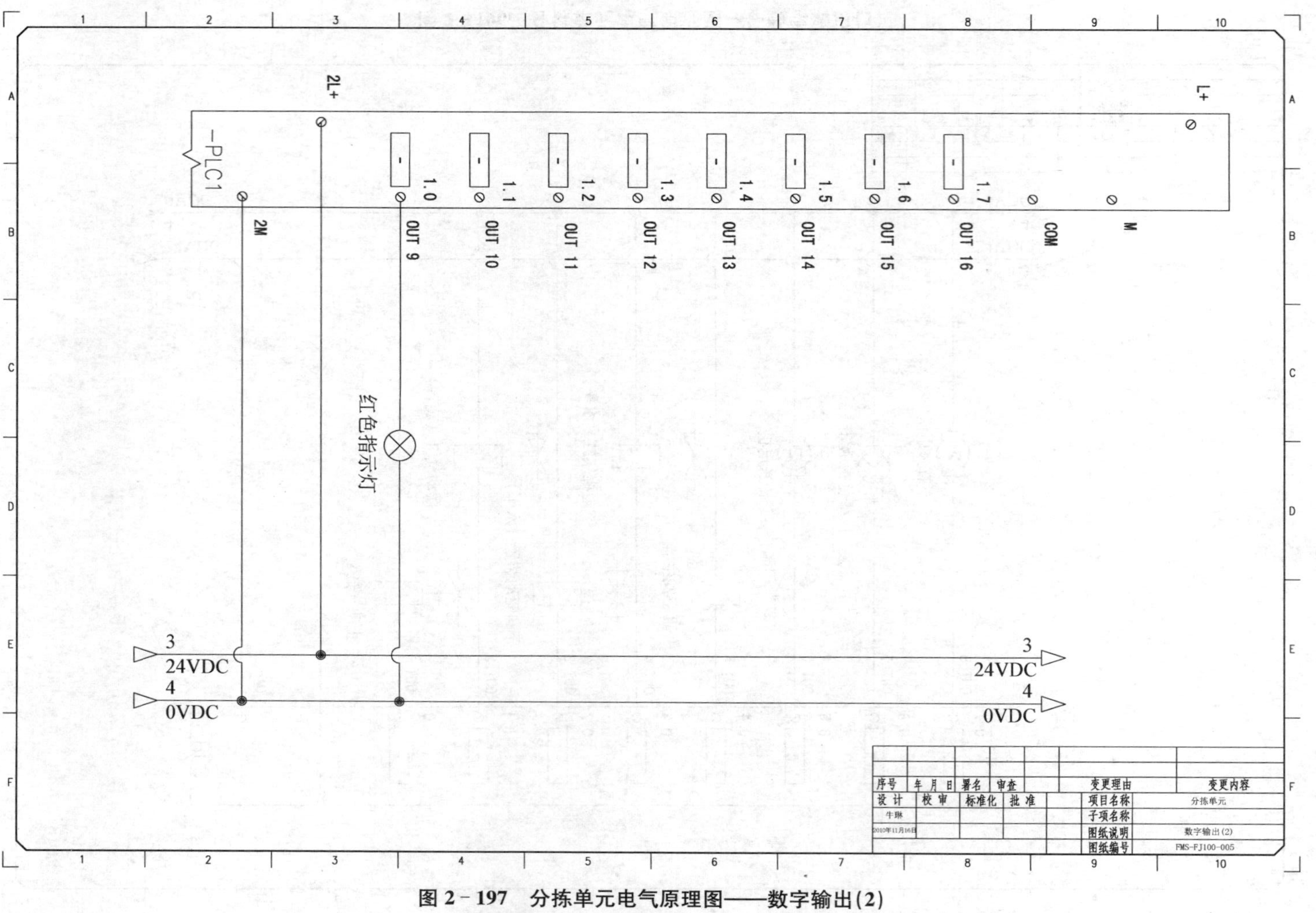

图 2-197 分拣单元电气原理图——数字输出(2)

2.10.5　分拣单元的编程与单机调试

训练目标

按照本单元控制要求，在规定时间内完成传感器、气动系统安装与调试，并进行PLC程序设计与调试。

训练要求

(1) 了解本单元的机械装配方法；熟悉气动机械手的工作原理和真空皮碗的功能；观察机械传动机构和运动过程。

(2) 对照电源系统图和气动原理图学习本单元电源系统和气动系统的设计与连接调试方法。

(3) 对照图查找本单元各类检测元件、控制元件和执行机构的安装位置，并依据分拣PLC控制接线图熟悉其安装接线方法。

(4) 理解本单元各检测元件、执行机构的功能，熟悉基本调试方法(必要时可根据系统运行情况适当调整相应位置)。

1. 编程要求

初始状态：短程气缸(垂直)、无杆缸(水平)、摆动缸(旋转)均为复位，机械手处于原始状态，限位杆竖起禁止为止动状态；真空开关不工作；直线传送电机处于停止状态；工作指示灯熄灭。

系统启动运行后本单元红色指示灯发光；直线电机驱动传送带开始运转且始终保持运行状态(分单元运行时可选用与PLC运行/停止同状态的特殊继电器保持直线传送电机的运行状态)。

2. 系统运行

需根据检测单元的检测结果选择A、B两种不同的控制过程。

A. 若检测结果为合格产品则：

(1) 当托盘载合格工件到达定位口时，托盘传感器发出检测信号，红色指示灯熄灭，绿色指示灯发光；经3秒确认后，止动缸动作使限位杆落下放行。

(2) 放行3秒后止动气缸复位，限位杆恢复竖直禁行状态。

(3) 当限位杆恢复止动状态后，红色指示灯发光、绿色指示灯熄灭。此时系统恢复初始状态。

注：V＊.＊为本站接收的检测单元传送的合格产品的检测信号。

B. 若检测结果为不合格产品则：

(1) 当托盘载不合格工件到达定位口时，托盘传感器发出检测信号，红色指示灯熄灭，绿色指示灯发光。经3秒确认后启动短程气缸垂直下行。

(2) 短程气缸垂直下行到位发出信号，开启真空开关，皮碗压紧工件。

(3) 接收到真空检测信号(皮碗吸紧工件)后，短程气缸持工件垂直上行。

(4) 短程气缸持工件上行至位(返回原位)后，摆动缸动作使工件转动90°。

(5) 机械手持工件转动 90°至位后,无杆缸动作使机械手水平左行。

(6) 机械手水平左行至位后,启动短程气缸垂直下行。

(7) 短程气缸垂直下行到位发出信号,停止真空开关,皮碗失真空使工件下落。

(8) 真空检测信号消失后,短程气缸垂直上行。

(9) 短程气缸上行至位(返回原位)后,无杆缸动作使机械手水平右行返回,同时摆动缸动作使其回转 90°。

(10) 摆动缸(旋转)、无杆缸(水平)均复位后,延时 3 秒,止动缸输出使限位杆下落,放行托盘。

(11) 止动缸至位 3 秒后停止输出。

(12) 限位杆恢复竖直禁行状态,红色指示灯发光、绿色指示灯熄灭。系统恢复初始状态。

注:V*.#为本站接收的检测单元传送的不合格产品的检测信号。

分拣单元程序流程如图 2-198 所示。

分拣单元实训项目的评分标准如表 2-41 所示。

表 2-41 评分表

训练项目	训练内容	训练要求	教师评分
分拣单元	1. 程序和图纸(30 分) 电路图 气路图 程序清单	电路图和气路图绘制有错误,每处扣 0.5 分; 电路图和气路图符号不规范,每处扣 0.5 分	
	2. 连接工艺(30 分) 电路连接工艺 气路连接工艺 机械安装及装配工艺	端子连接处没有线号,每处扣 0.5 分; 端子连接压线不牢,每处扣 0.5 分; 电路接线没有绑扎或电路接线凌乱,扣 2 分; 气路连接未完成或有错,每处扣 2 分; 气路连接有漏气现象,每处扣 1 分; 气缸节流阀调整不当,每处扣 1 分; 气路没有绑扎或气路连接凌乱,扣 2 分	
	3. 测试与功能(30 分)	启动、停止方式不按照控制要求,扣 1 分; 运行测试不满足要求,每处扣 0.5 分	
	4. 职业素养(10 分)	团队合作配合紧密; 现场操作安全保护符合安全操作规程; 工具摆放、导线线头等处理符合职业岗位的要求	

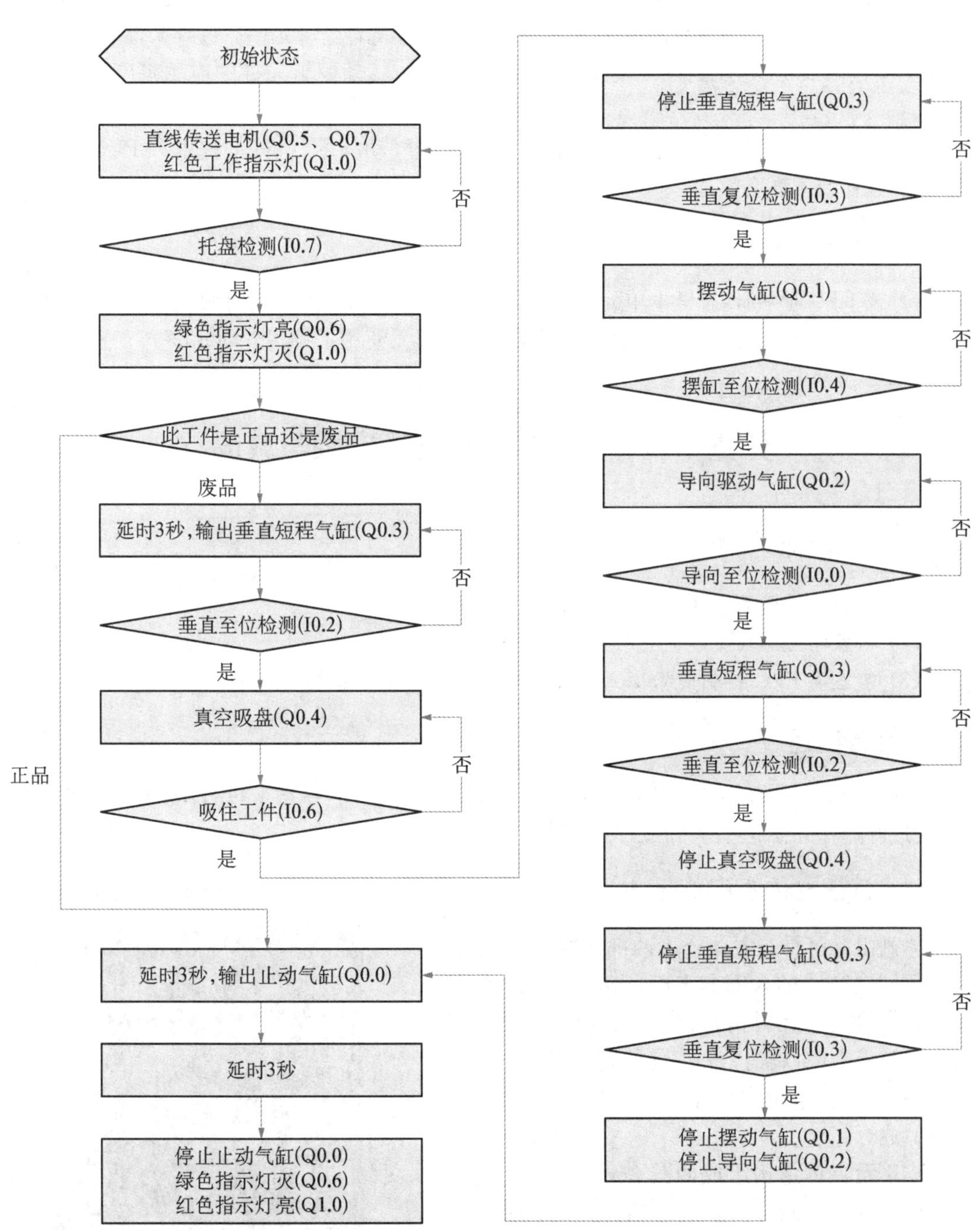

图 2－198　分拣单元程序流程图

2.10.6 重点知识、技能归纳

气动控制元件按功能和用途可分为方向控制阀、流量控制阀和压力控制阀三大类。此外，还有通过改变气流方向和通断实现各种逻辑功能的气动逻辑元件。近年来，随着气动元件的小型化以及 PLC 控制在气动系统中的大量应用，气动逻辑元件的应用范围正在逐渐减小。

通过训练熟悉分拣单元的结构与功能，亲身实践气动技术、机械手技术和 PLC 控制技术，并将这些技术融会贯通。

2.10.7 工程素质培养

(1) 查阅专业手册，思考本单元使用了哪些传感器，说出它们适用于哪些场合？

(2) 了解当前国内外主要气动元件厂家以及本单元使用了哪些气动元件。

任务 2.11 升降梯立体仓库安装与调试

学习目标

(1) 了解传感器的功能和在本单元中的作用。

(2) 掌握电气原理图和电气接线的方法。

(3) 掌握用 PLC 控制升降梯立体仓库单元的工作过程并编写程序。

任务描述

学生根据控制要求，选择所需元器件和工具，绘制电路图，熟悉 I/O 分配，编写程序并调试，完成升降梯立体仓库单元的工作过程。

2.11.1 认识立体仓库单元

本站由升降梯与立体仓库两部分组成，可进行两个不同生产线的入库和出库。在本装配生产线中可根据检测单元对销钉材质的检测结果将工件进行分类入库(金属销钉和尼龙销钉分别放入不同的仓库)。若传送至本单元的为分拣后的空托盘，则将其放行。

本单元主体结构组成如图 2－199 所示，包括仓库(左、右各一)、升降步进电机、水平移动导轨、水平移动伺服电机、垛机传送装置、凸轮传动机构、垛机换向机构、垛机传动直流电机、垛机换向气缸、电磁阀、传感器、限位开关、光栅、光栅显示器、工作指示灯等。

图 2－199 升降梯立体仓库单元

2.11.2　相关知识:伺服电机认知及应用

伺服控制系统一般包括伺服控制器、伺服驱动器、执行机构(伺服电机)、被控对象(工作台)和测量/反馈环节五部分组成。如图 2-200 所示。

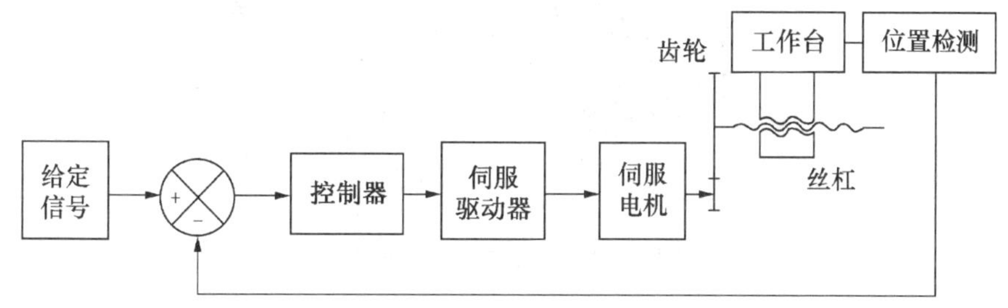

图 2-200　伺服控制系统

伺服电机主要包括 3 部分：

(1) 编码器:位于伺服电动机的背面,主要测量电动机的实际速度,并将转速信号转化为脉冲信号。

(2) 编码器电缆:从伺服电动机背面的编码器引出一组电缆,主要传输测得的转速信号,并反馈给控制器进行比较。

(3) 输入电源线电缆:与电动机内部绕组 U、V、W 连接,还包括一根接地线。

伺服电机的外形如图 2-201 所示。

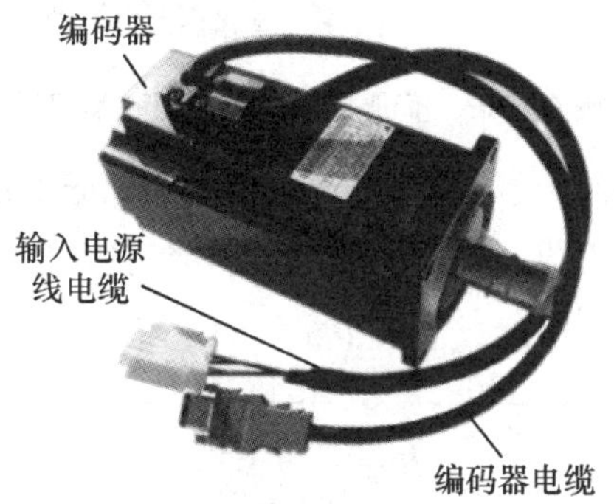

图 2-201　伺服电机的外形

现代高性能的伺服系统,大多数采用永磁交流伺服系统。永磁交流伺服系统包括永磁同步交流伺服电动机和全数字交流永磁同步伺服驱动器两部分。

永磁式交流伺服电机由定子、转子和编码器构成。如图 2-202 所示。

交流伺服电机的工作原理:伺服电机内部的转子是永磁体,驱动器控制的 U/V/W 三相电形成电磁场,转子在此磁场的作用下转动,同时电机自带的编码器反馈信号给驱动器,驱动器根据反馈值与目标值进行比较,调整转子转动的角度。伺服电机的精度取决于编码器的精度(线数)。

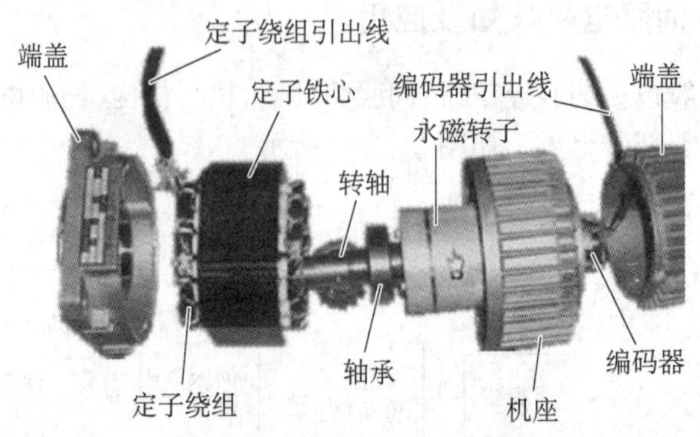

图 2-202　永磁式交流伺服电机

伺服电动机的编码器是用来检测转速和位置的。编码器主要分为增量编码器和绝对值编码器。如图 2-203 所示。

图 2-203　伺服电机的剖面图和编码器

交流永磁同步伺服驱动器主要由伺服控制单元、功率驱动单元、通信接口单元、伺服电动机及相应的反馈检测器件组成，其中伺服控制单元包括位置控制器、速度控制器、转矩和电流控制器等等。结构组成如图 2-204 所示。

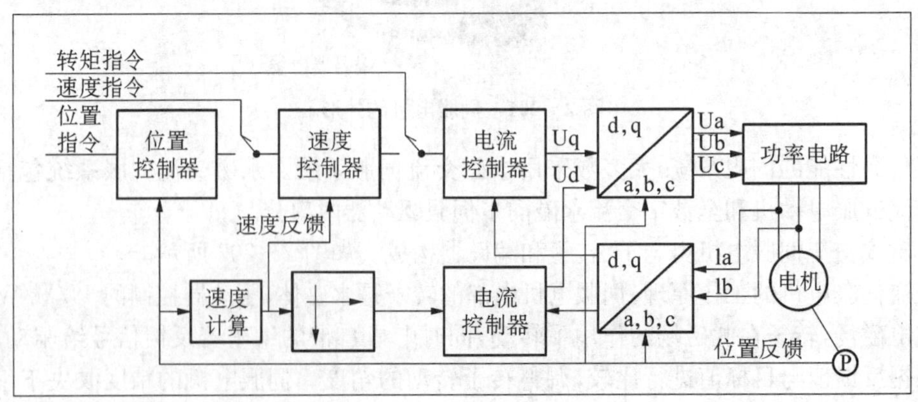

图 2-204　系统控制结构

伺服驱动器外围接线如图 2-205 所示。

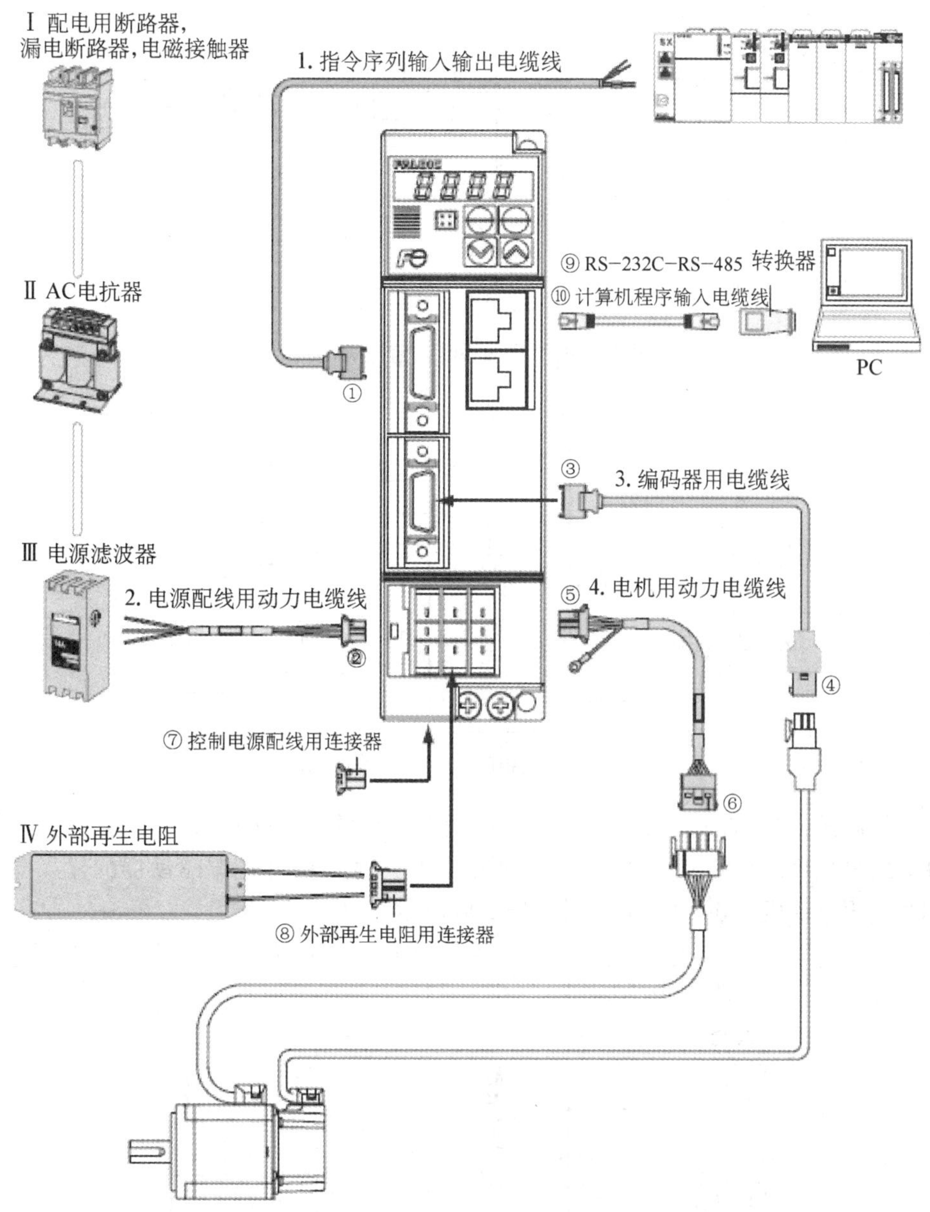

图 2 - 205　伺服驱动器外围接线图

伺服系统主要有三种控制模式,分别是位置控制模式、速度控制模式和转矩控制模式。

位置控制模式是伺服系统中最常用的控制模式,它一般是通过外部输入脉冲的频率来确定伺服电机转动的速度,通过脉冲数来确定伺服电机转动的角度,所以一般用于定位装置。如图 2 - 206 所示。

速度控制模式时,通过控制输出电源的频率来对电动机进行调速。伺服驱动器无须输入脉冲信号也可以正常工作,故可取消伺服控制器,此时的伺服驱动器类似于变频器。如图 2 - 207 所示。

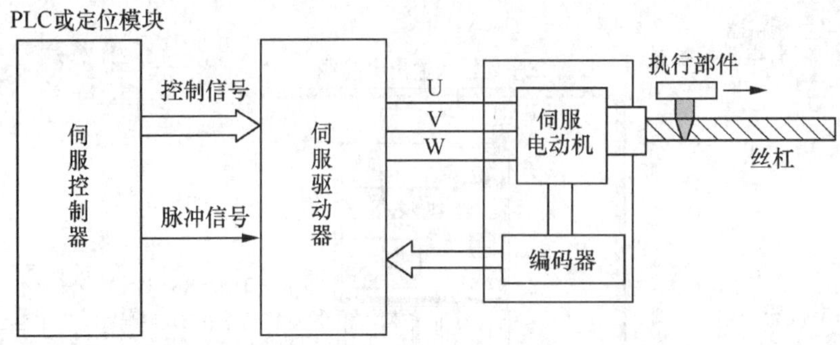

图 2-206 伺服系统位置控制模式

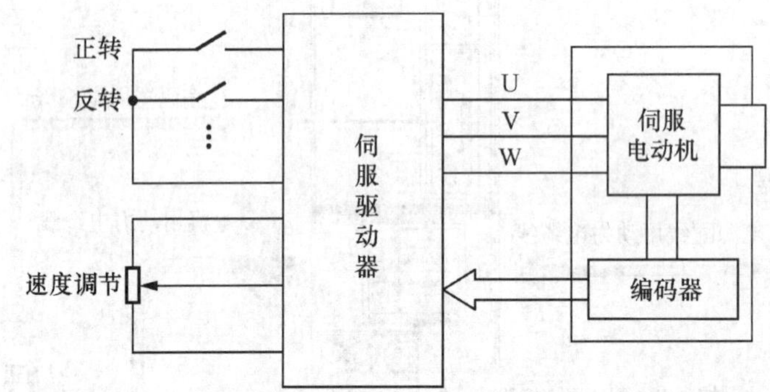

图 2-207 伺服系统速度控制模式

转矩控制模式时，通过外部模拟量输入控制电动机的输出转矩大小。伺服驱动器无须输入脉冲信号也可以正常工作，故可取消伺服控制器，通过操作伺服驱动器的输入电位器，可以调节伺服电动机的输出转矩。如图 2-208 所示。

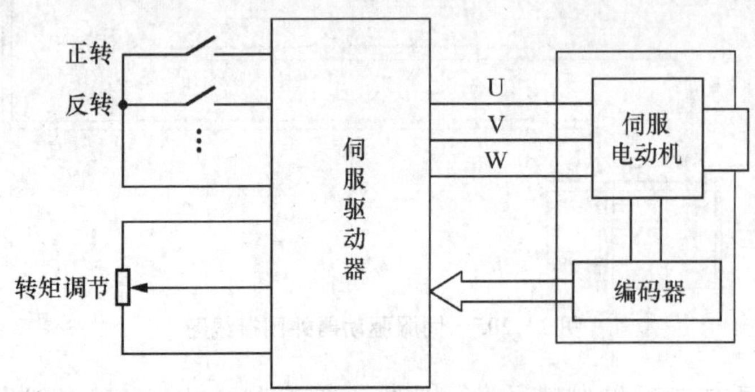

图 2-208 伺服系统转矩控制模式

2.11.3 立体仓库单元的机械装配及调整

本单元在结构设计中涉及丝杠、丝母升降机构，齿轮齿条差动升降机构，链轮链条差动升降机构，齿轮齿条升降梯水平移动机构，丝杠、丝母升降梯水平移动机构等相关的机械原理、机械零件知识。齿轮、齿条差动升降机构如图 2-209 所示。

扫码见立体仓库单元视频

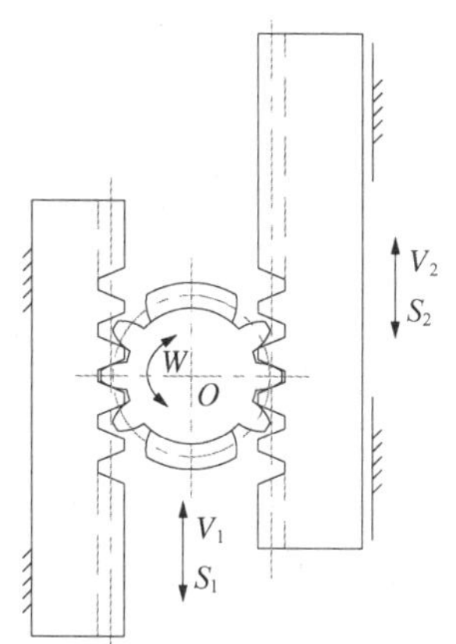

机构名称：齿轮、齿条差动升降机构
工作特性：即时速度 $V_2=2V_1$。
行程 $S_2=2S_1$。
本机构应用目的：增大举升高度。

图 2－209　齿轮、齿条差动升降机构结构图

齿轮、齿条传动机构如图 2－210 所示。

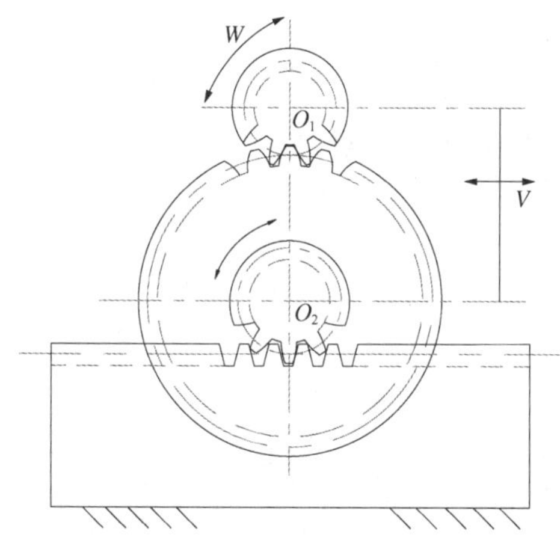

机构名称：齿轮、齿条传动机构
工作特性：传动平稳。
本机构应用目的：升降货梯水平传动。

图 2－210　齿轮、齿条传动机构结构图

滚珠丝杠传动机构如图 2－211 所示。

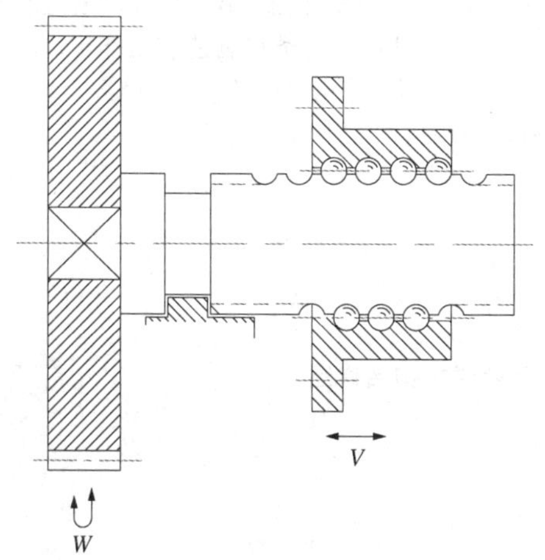

机构名称：滚珠丝杠传动机构
工作特性：传动平稳，精度高。
本机构应用目的：升降货梯水平传动。

图 2－211　滚珠丝杠传动机构结构图

链轮、链条差动升降机构如图 2－212 所示。

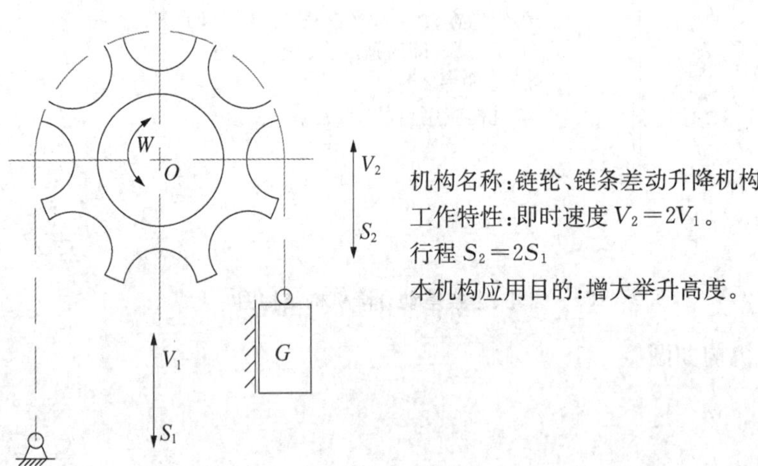

机构名称：链轮、链条差动升降机构

工作特性：即时速度 $V_2=2V_1$。

行程 $S_2=2S_1$

本机构应用目的：增大举升高度。

图 2－212　链轮、链条差动升降机构结构图

链条长度补偿机构如图 2－213 所示。

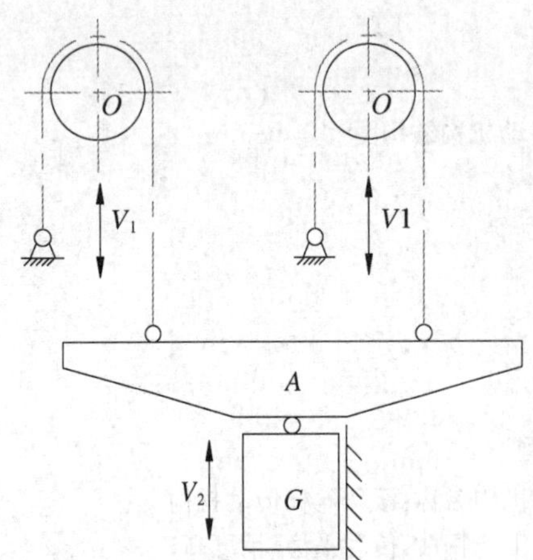

机构名称：链条长度补偿机构。

工作特性：可使两根链条平衡受力，即通过杠杆 A 使两根链条在制造和工作中磨损后产生的长度不一致相互补偿。

本机构应用目的：提升升降平台。

图 2－213　链条长度补偿机构结构图

平衡重块机构如图 2－214 所示。

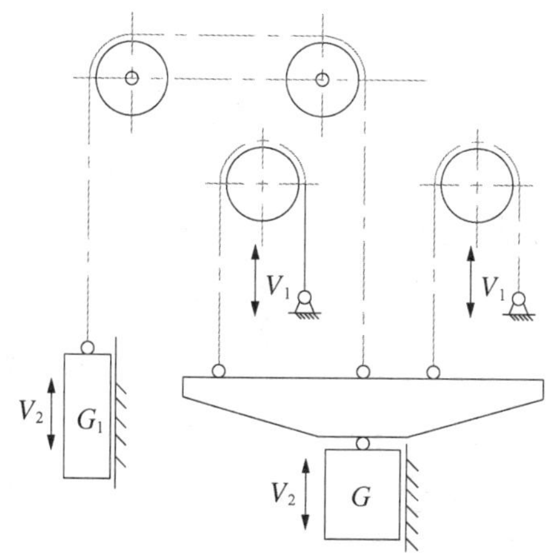

机构名称：平衡重块机构

工作特性：G_1 依一定关系小于 G，且与 G 同步运动。

本机构应用目的：重块与升降平台配合，以减小动力电机功率。

图 2－214　平衡重块机构结构图

丝杠、丝母机构如图 2－215 所示。

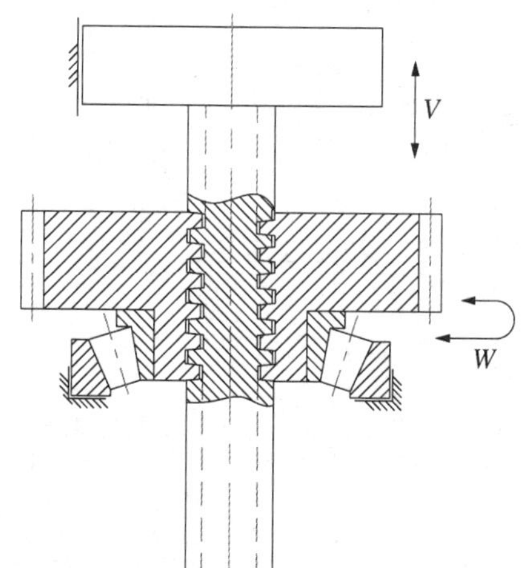

机构名称：丝杠、丝母机构

工作特性：省力、自锁、可靠、安全。

附：轴承可以承受大的轴向力及径向力、自动定心。

本机构应用目的：升降台升降。

图 2－215　丝杠、丝母机构结构图

为实现本单元的控制功能，在主体结构的相应位置装设了光电开关、电感式传感器、微动开关等检测与传感装置，并配备了直流电机等执行机构和电磁阀、继电器等控制元件。详见图 2－216 所示。

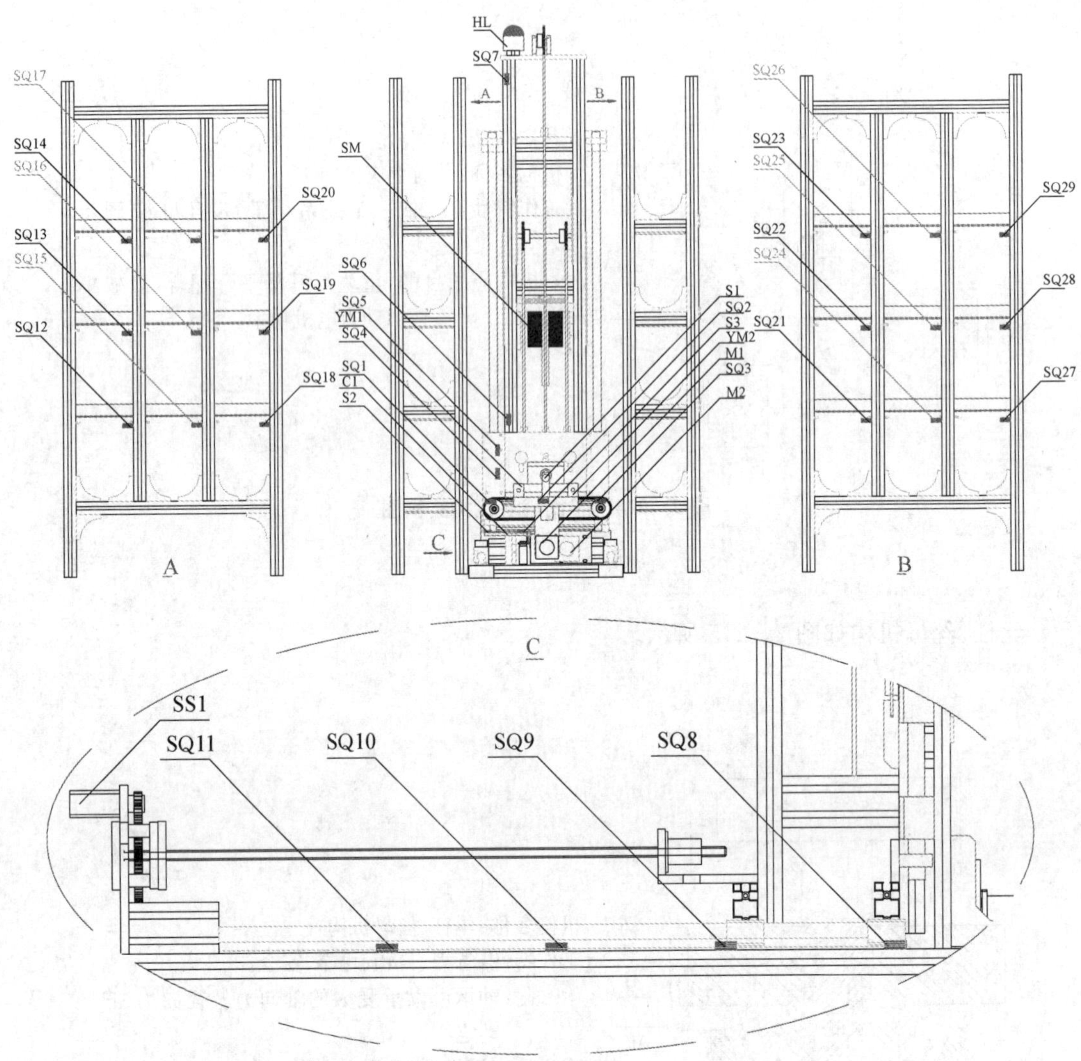

S1—垛机工件检测；S2—旋转气缸复位；S3—旋转气缸至位；SQ1—垛机左侧限位；SQ2—垛机中间限位；SQ3—垛机右侧限位；SQ4—凸轮下限位；SQ5—凸轮上限位；SQ6—底层限位；SQ7—高层限位；SQ8—外限位；SQ9—一排限位；SQ10—二排限位；SQ11—三排限位；SQ12—库 1；SQ13—库 2；SQ14—库 3；SQ15—库 4；SQ16—库 5；SQ17—库 6；SQ18—库 7；SQ19—库 8；SQ20—库 9；SQ21—库 10；SQ22—库 11；SQ23—库 12；SQ24—库 13；SQ25—库 14；SQ26—库 15；SQ27—库 16；SQ28—库 17；SQ29—库 18；SM—步进电机；C1—换向气缸；HL—工作指示灯；M1—垛机接、送件电机；M2—凸轮电机；YM1—垛机左库接件限位电磁铁；YM2—垛机右库接件限位电磁铁；SS1—伺服电机

图 2-216 升降梯立体仓库单元检测元件、控制机构安装位置示意图

分拣单元各元件如表 2 - 42 所示：

表 2 - 42　升降梯立体仓库单元检测元件、执行机构、控制元件一览表

类别	序号	编　号	名　称	功　能	安装位置
检测元件	1	S1	光电传感器	垛机工件检测	垛机上
	2	S2	磁性接近开关	旋转气缸复位	旋转气缸上
	3	S3	磁性接近开关	旋转气缸至位	旋转气缸上
	4	SQ1	微动开关	垛机左侧限位	垛机左侧
	5	SQ2	微动开关	垛机中间限位	垛机中间
	6	SQ3	微动开关	垛机右侧限位	垛机右侧
	7	SQ4	微动开关	凸轮下限位	凸轮连接板上
	8	SQ5	微动开关	凸轮上限位	凸轮连接板上
	9	SQ6	微动开关	底层限位	升降梯前面左支撑腿下面
	10	SQ7	微动开关	高层限位	升降梯前面左支撑腿上面
	11	SQ8	微动开关	外限位	升降梯左侧底层最外面
	12	SQ9	微动开关	一排限位	升降梯左侧底层
	13	SQ10	微动开关	二排限位	升降梯左侧底层
	14	SQ11	微动开关	三排限位	升降梯左侧底层
	15	SQ12	微动开关	库 1	左侧仓库
	16	SQ13	微动开关	库 2	左侧仓库
	17	SQ14	微动开关	库 3	左侧仓库
	18	SQ15	微动开关	库 4	左侧仓库
	19	SQ16	微动开关	库 5	左侧仓库
	20	SQ17	微动开关	库 6	左侧仓库
	21	SQ18	微动开关	库 7	左侧仓库
	22	SQ19	微动开关	库 8	左侧仓库
	23	SQ20	微动开关	库 9	左侧仓库
	24	SQ21	微动开关	库 10	右侧仓库
	25	SQ22	微动开关	库 11	右侧仓库
	26	SQ23	微动开关	库 12	右侧仓库
	27	SQ24	微动开关	库 13	右侧仓库
	28	SQ25	微动开关	库 14	右侧仓库
	29	SQ26	微动开关	库 15	右侧仓库
	30	SQ27	微动开关	库 16	右侧仓库
	31	SQ28	微动开关	库 17	右侧仓库
	32	SQ29	微动开关	库 18	右侧仓库

续 表

类别	序号	编 号	名 称	功 能	安装位置
执行机构等	1	SM	步进电机	步进电机控制升降梯升、降	升降梯中间
	2	YM1	直流电磁铁	垛机左库接件限位电磁铁	垛机左面
	3	YM2	直流电磁铁	垛机右库接件限位电磁铁	垛机右面
	4	C1	换向气缸	将垛机进行90°换向	垛机底侧
	5	M1	直流电机	垛机接、送件电机	垛机底侧
	6	M2	直流电机	凸轮电机控制垛机	垛机底侧
	7	HL	工作指示灯	显示工作状态	升降梯顶部
	8	SS1	伺服电机	伺服电机控制 升降梯内进、外送	升降梯后端

2.11.4 立体仓库单元PLC的安装与接线

要实现PLC对升降梯立体仓库单元运行过程的控制，首先要绘制系统电气原理图和进行基本的I/O分配，然后进行软件程序的编制。本单元PLC的I/O信号如表2-43所示。PLC的I/O接线原理图如图2-217至图2-226所示。

表2-43 升降梯立体仓库单元I/O分配表

形式	序号	名 称	PLC地址	编号	备注
输入	1	底层限位	I0.0	SQ6	
	2	高层限位	I0.1	SQ7	
	3	垛机工件检测	I0.2	S1	
	4	垛机左侧限位	I0.3	SQ1	
	5	垛机中间限位	I0.4	SQ2	
	6	垛机右侧限位	I0.5	SQ3	
	7	旋转气缸至位	I0.6	S3	
	8	旋转气缸复位	I0.7	S2	
	9	凸轮上限位	I1.0	SQ5	
	10	凸轮下限位	I1.1	SQ4	
	11	外限位	I1.2	SQ8	
	12	一排限位	I1.3	SQ9	
	13	二排限位	I1.4	SQ10	
	14	三排限位	I1.5	SQ11	
	15	空直线检测	I1.6		
	16	库1	I1.7	SQ12	
	17	手动/自动按钮	I2.0	SA	
	18	启动按钮	I2.1	SB1	
	19	停止按钮	I2.2	SB2	

续　表

形式	序号	名　称	PLC 地址	编号	备注
输入	20	急停按钮	I2.3	SB3	EM277 总线模块设置的站号为:26,与总站通信的地址为:32～35
	21	复位按钮	I2.4	SB4	
	22	KEY2	I2.5	SB5	
	23	KEY1	I2.6	SB6	
	24	库 2	I2.7	SQ13	
	25	库 3	I3.0	SQ14	
	26	库 4	I3.1	SQ15	
	27	库 5	I3.2	SQ16	
	28	库 6	I3.3	SQ17	
	29	库 7	I3.4	SQ18	
	30	库 8	I3.5	SQ19	
	31	库 9	I3.6	SQ20	
	32	库 10	I3.7	SQ21	
	33	库 11	I4.0	SQ22	
	34	库 12	I4.1	SQ23	
	35	库 13	I4.2	SQ24	
	36	库 14	I4.3	SQ25	
	37	库 15	I4.4	SQ26	
	38	库 16	I4.5	SQ27	
	39	库 17	I4.6	SQ28	
	40	库 18	I4.7	SQ29	
	1	伺服电机内进	Q0.0	KM3	
	2	步进脉冲	Q0.1	M3:P	
	3	步进方向	Q0.2	M3:P+D	
	4	伺服电机外送	Q0.3	KM4	
	5	垛机接件左	Q0.4	KM1	
	6	垛机送件右	Q0.5	KM2	
	7	凸轮电机	Q0.6	M2	
	8	换向气缸	Q1.0	YV	
	9	垛机左库接件限位电磁铁	Q1.1	YM1	
	10	垛机右库接件限位电磁铁	Q1.2	YM2	
	11	工作指示灯	Q1.3	HL	
发送地址		V4.0～V7.7(200PLC⟶300PLC)			
接收地址		V0.0～V3.7(200PLC⟵300PLC)			

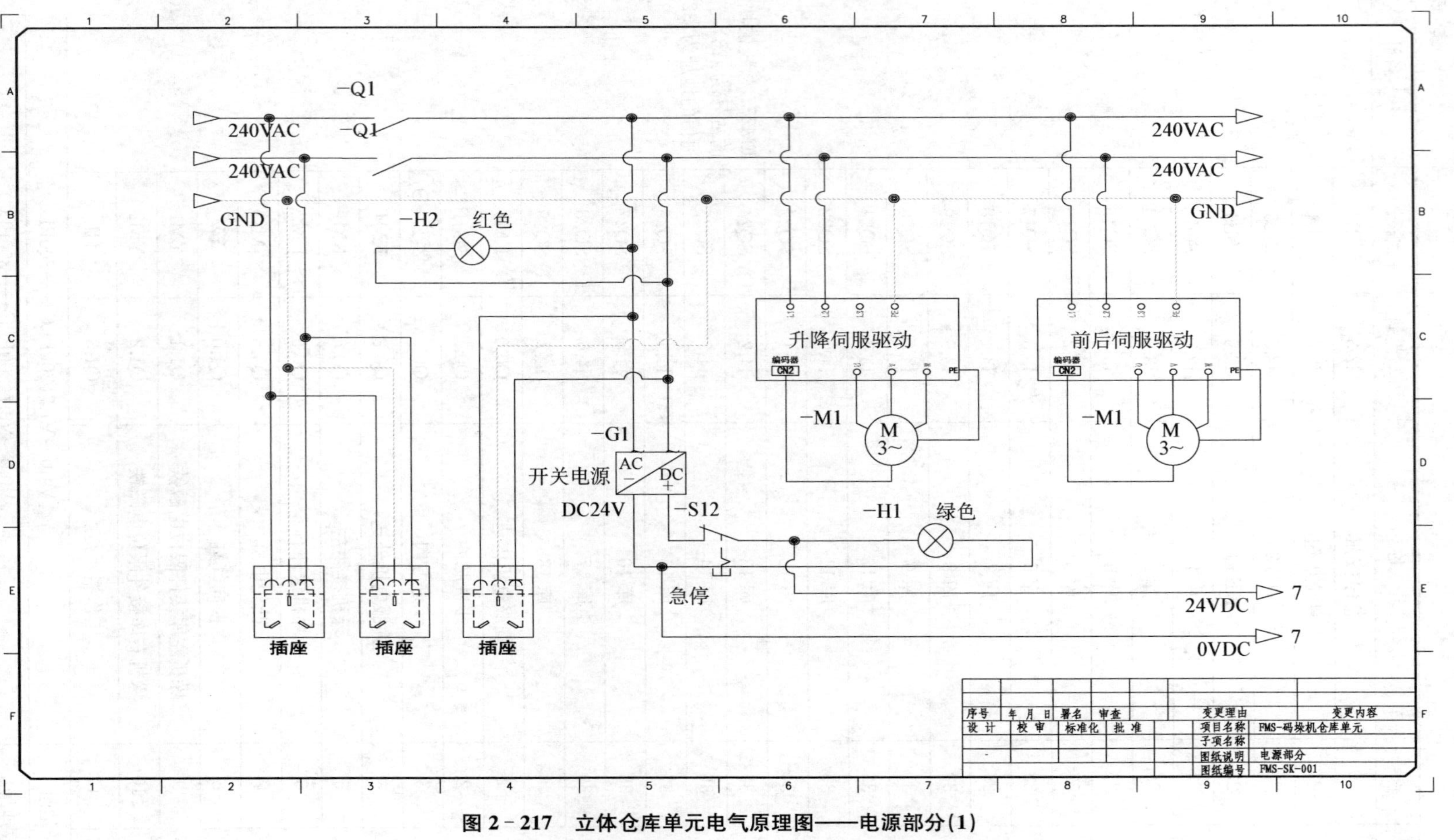

图 2－217 立体仓库单元电气原理图——电源部分(1)

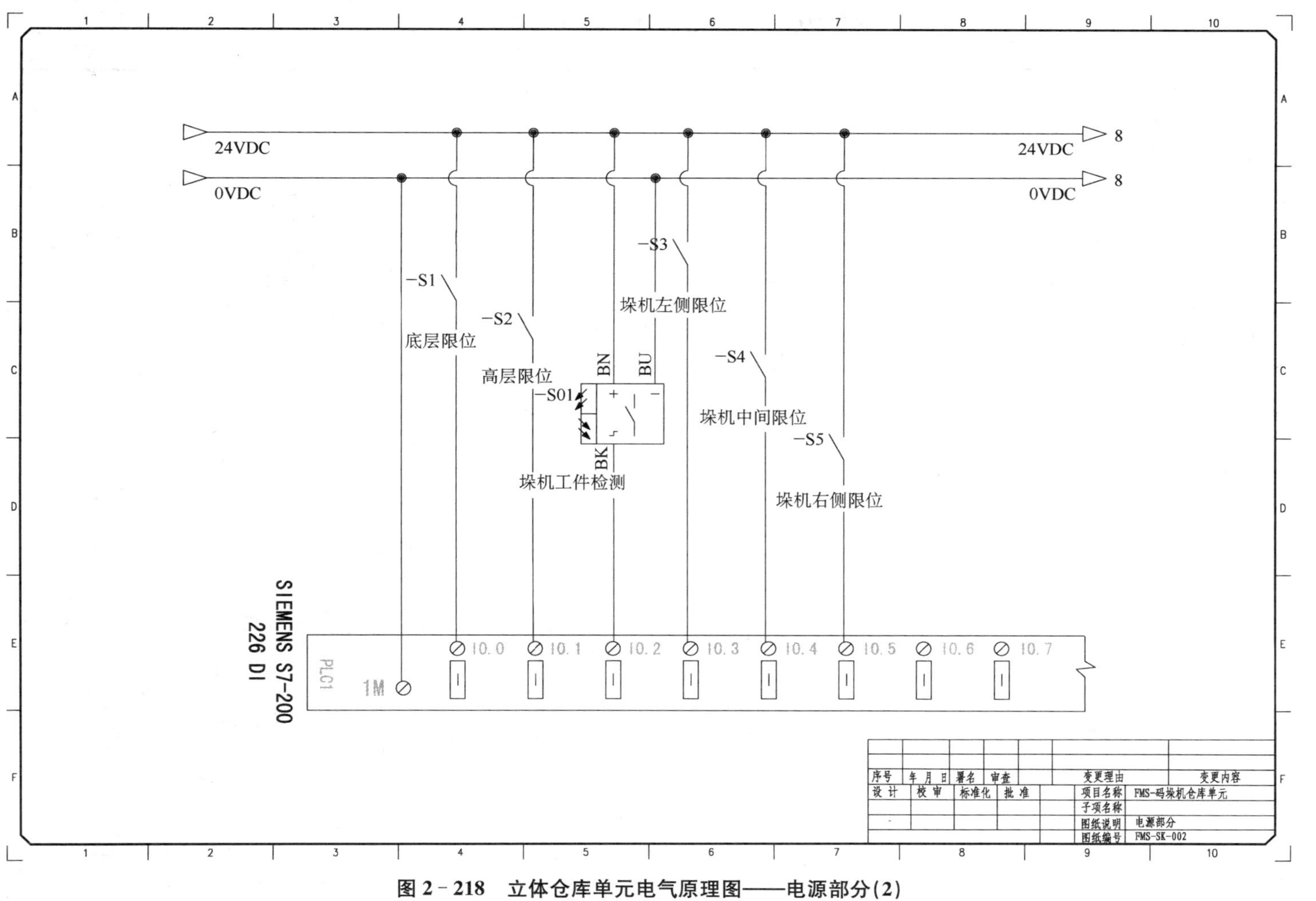

图 2-218　立体仓库单元电气原理图——电源部分(2)

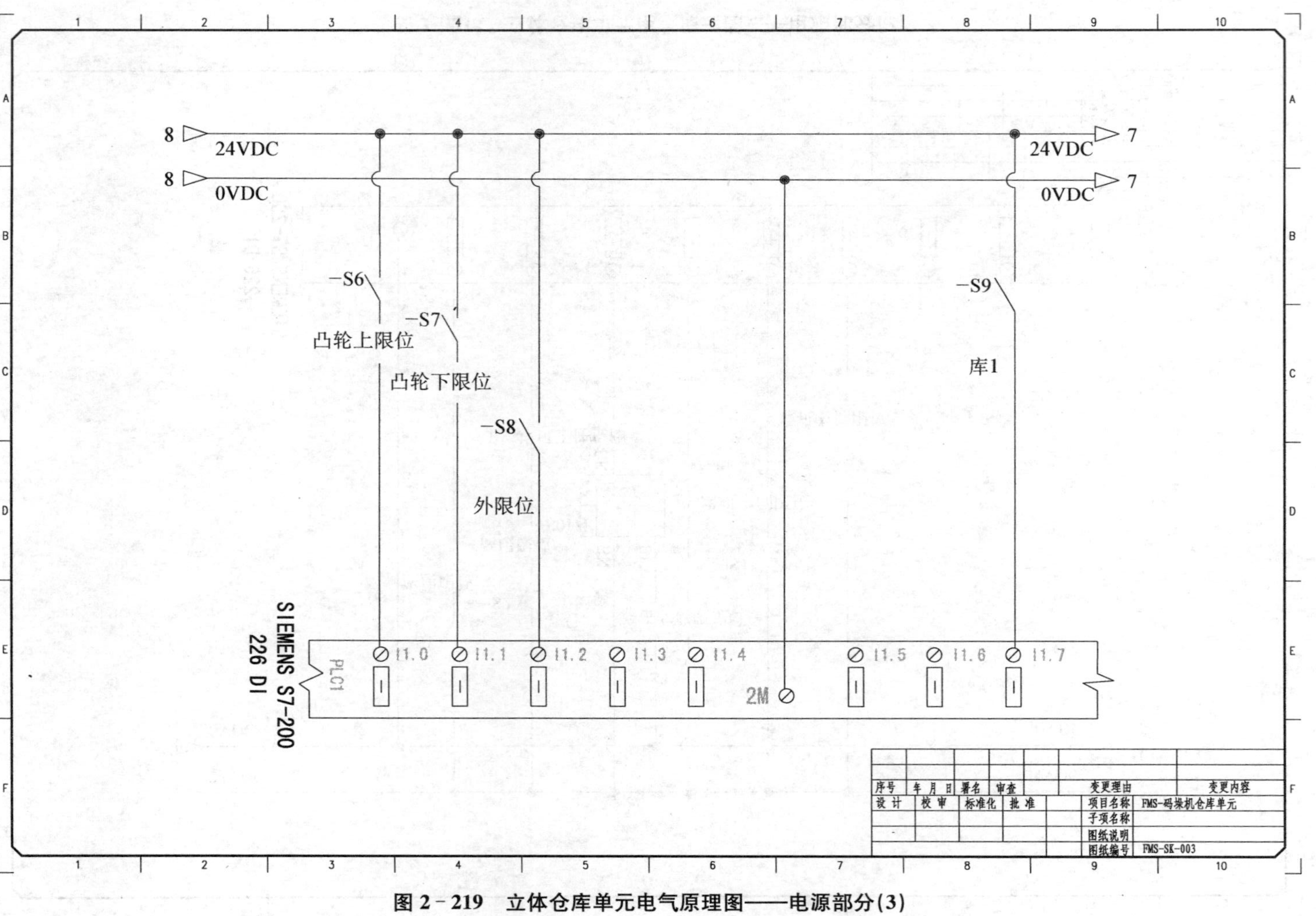

图 2-219 立体仓库单元电气原理图——电源部分(3)

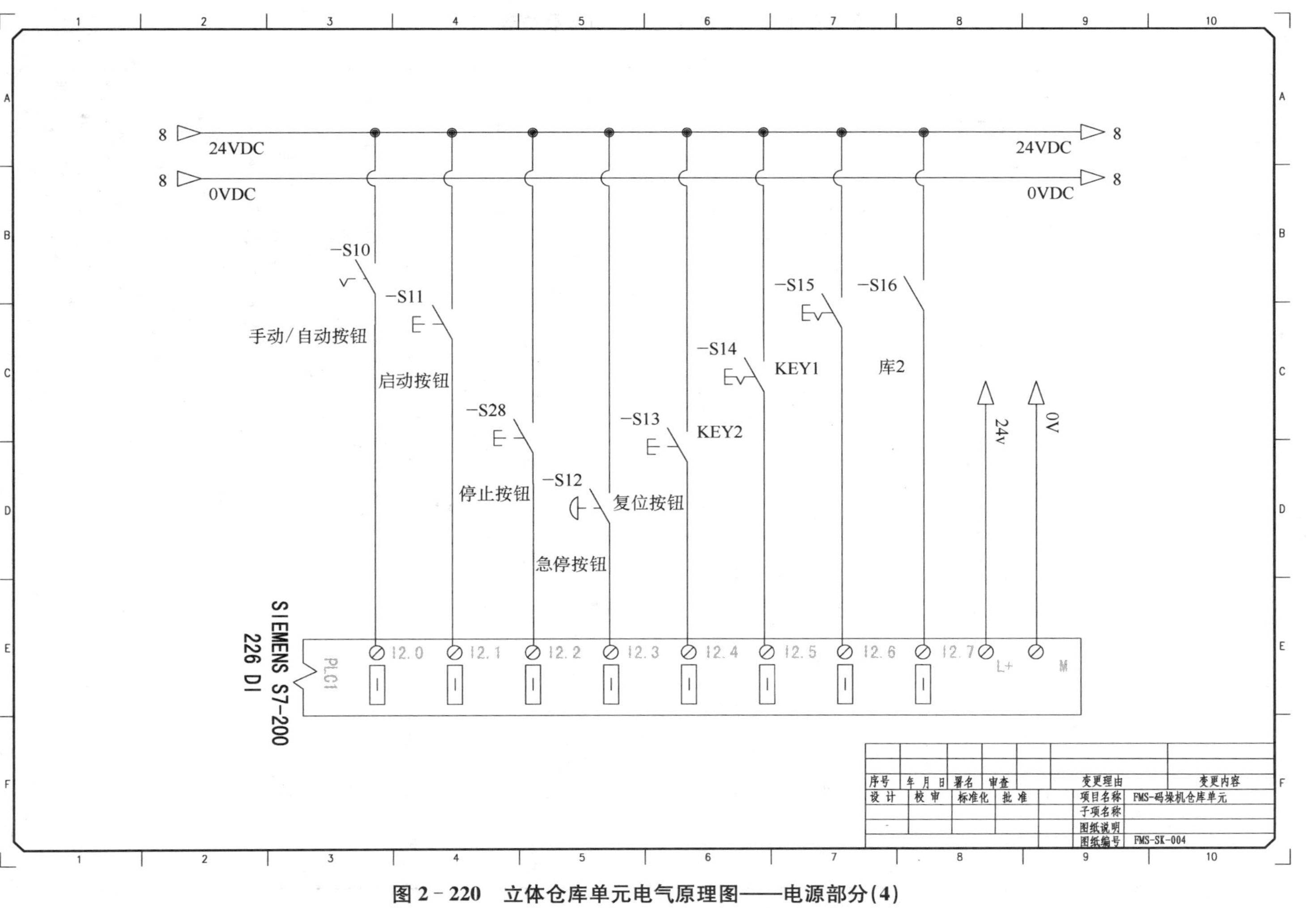

图2-220 立体仓库单元电气原理图——电源部分(4)

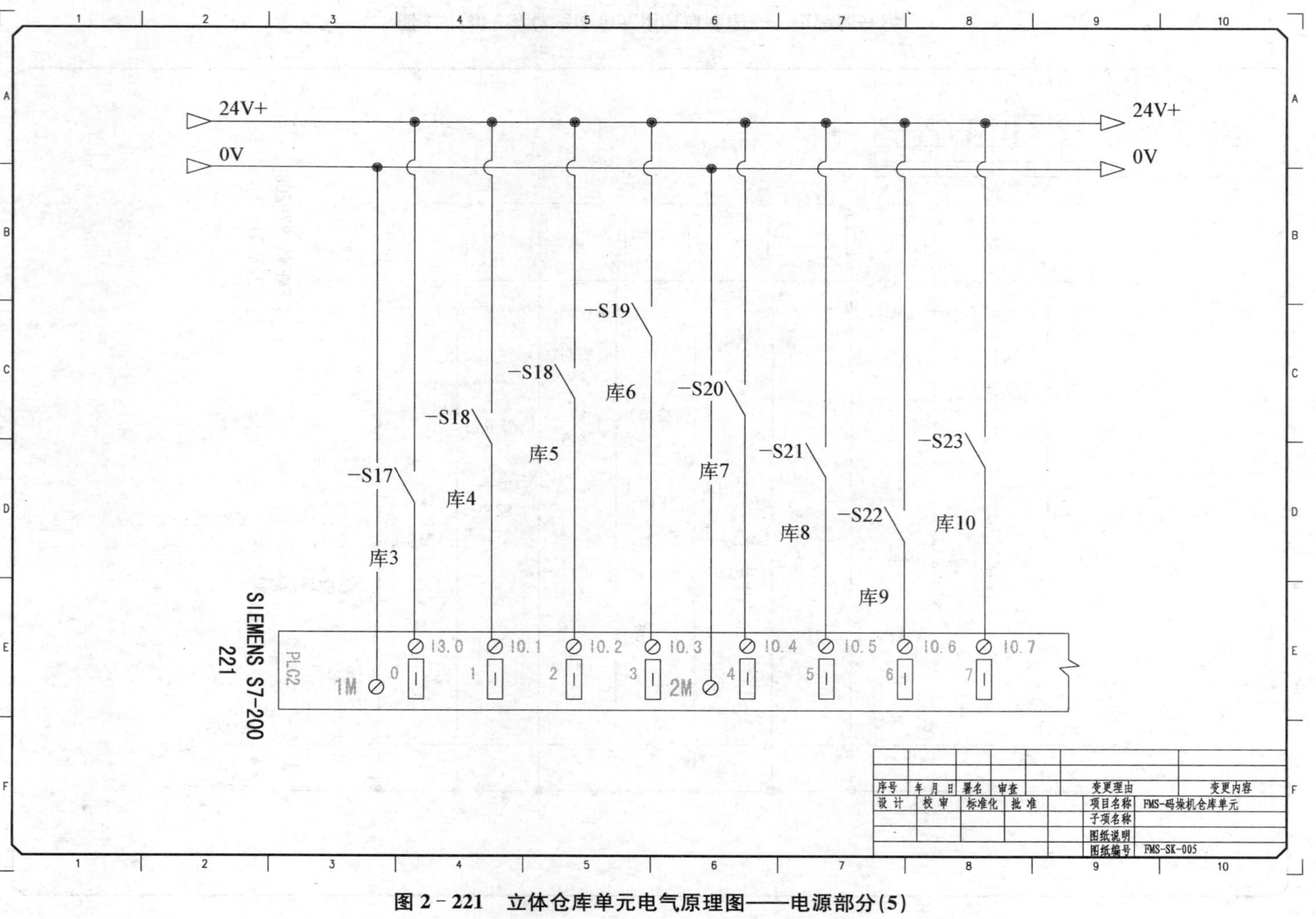

图 2-221 立体仓库单元电气原理图——电源部分(5)

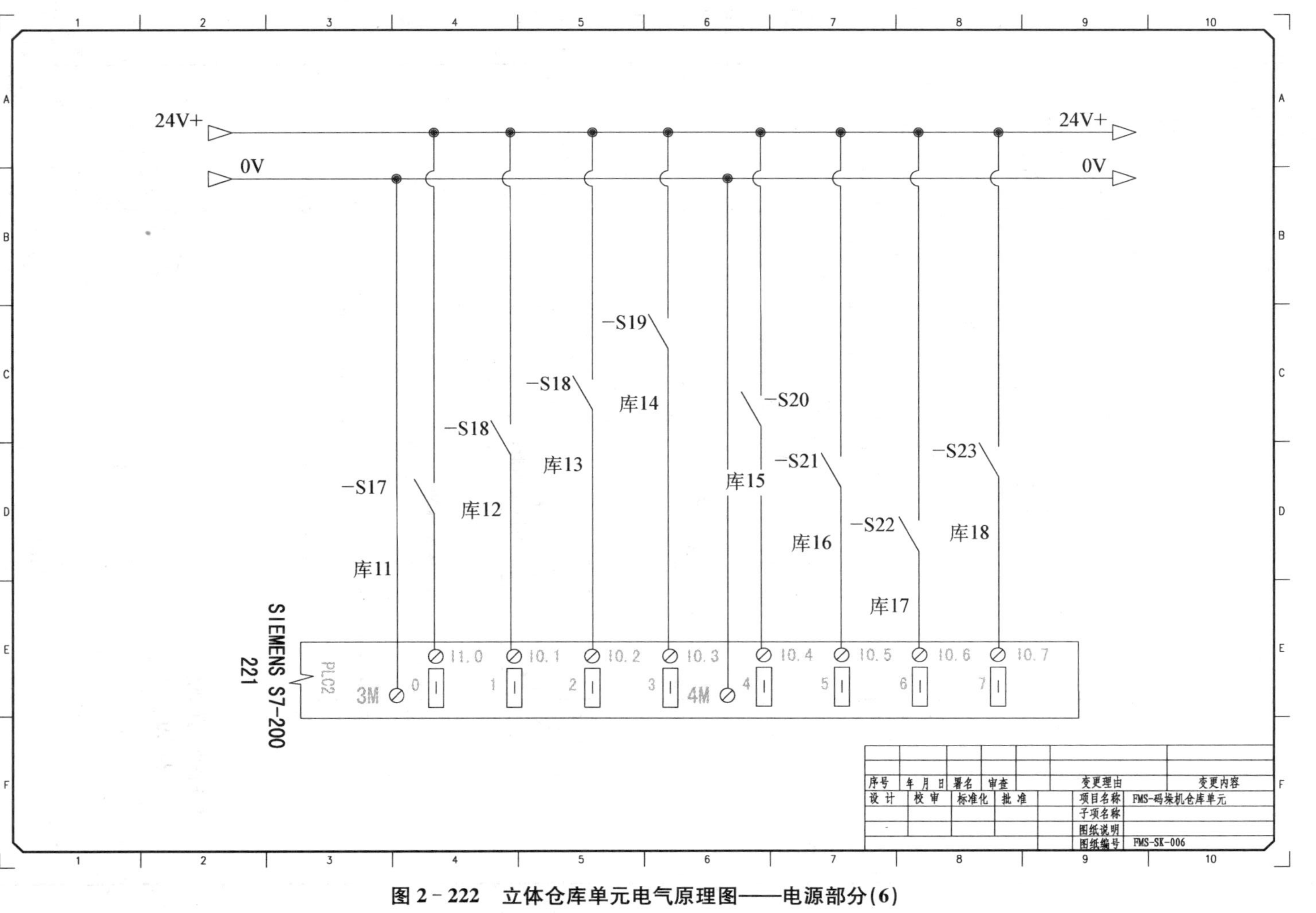

图 2－222　立体仓库单元电气原理图——电源部分(6)

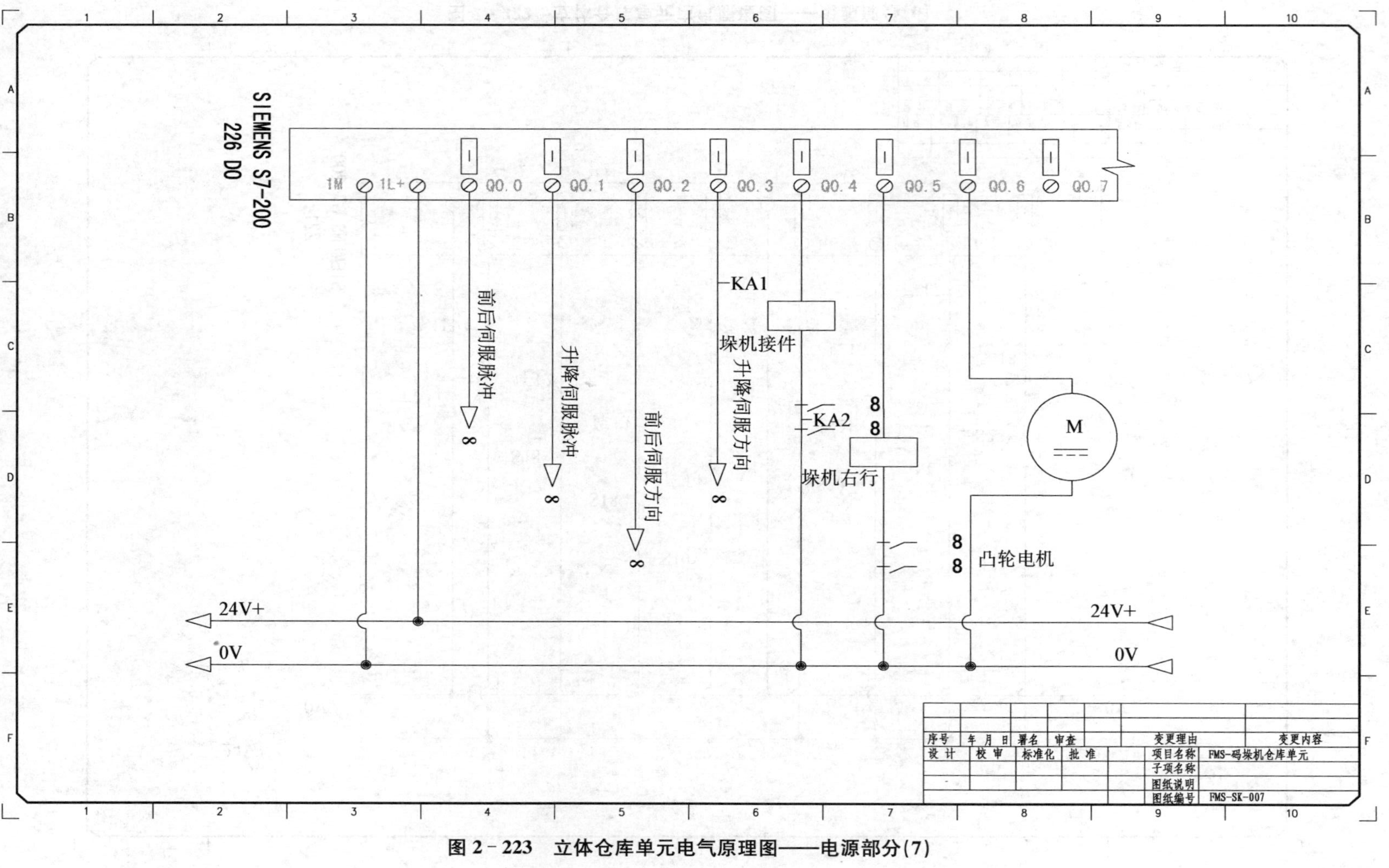

图 2-223 立体仓库单元电气原理图——电源部分(7)

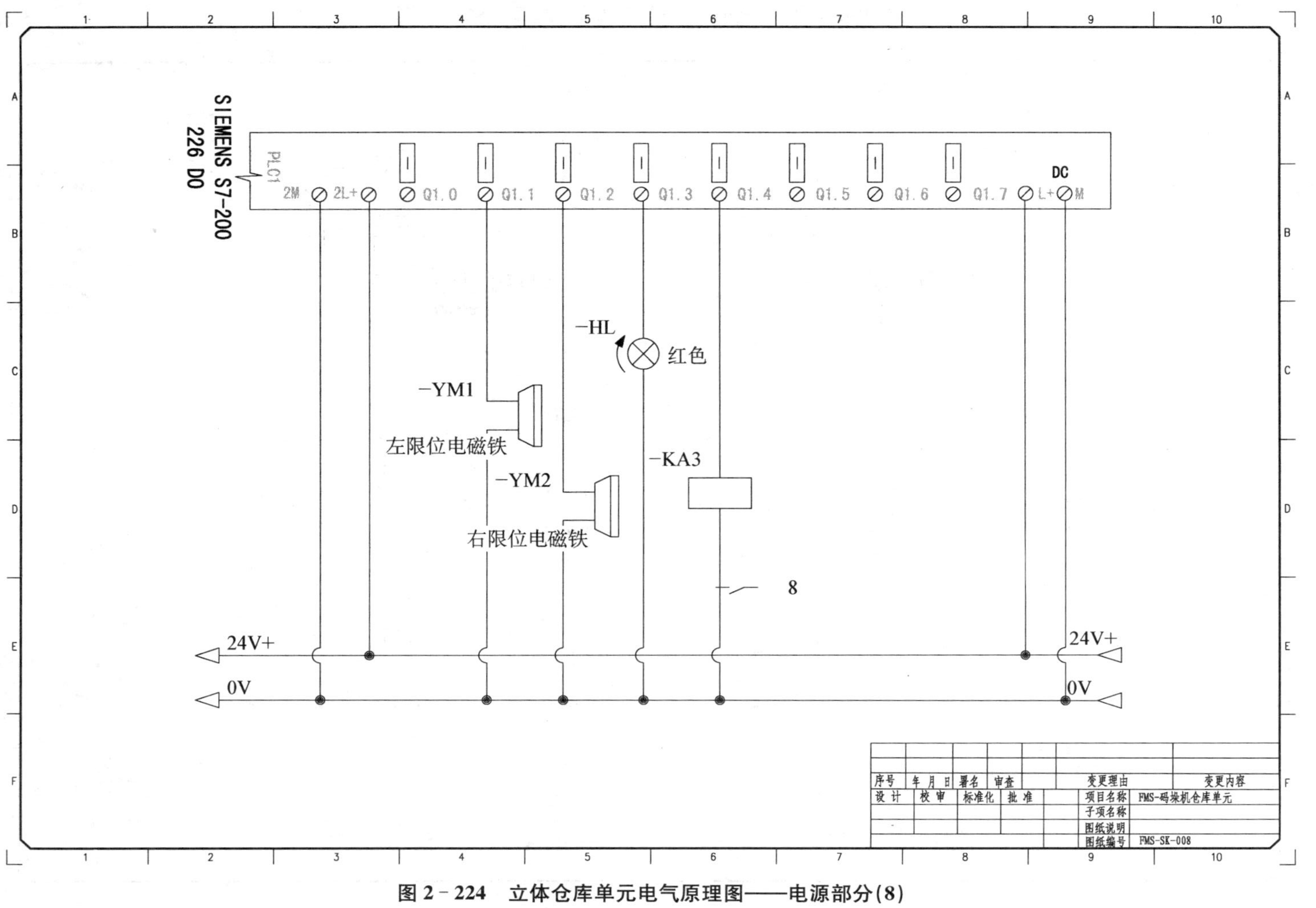

图 2－224　立体仓库单元电气原理图——电源部分(8)

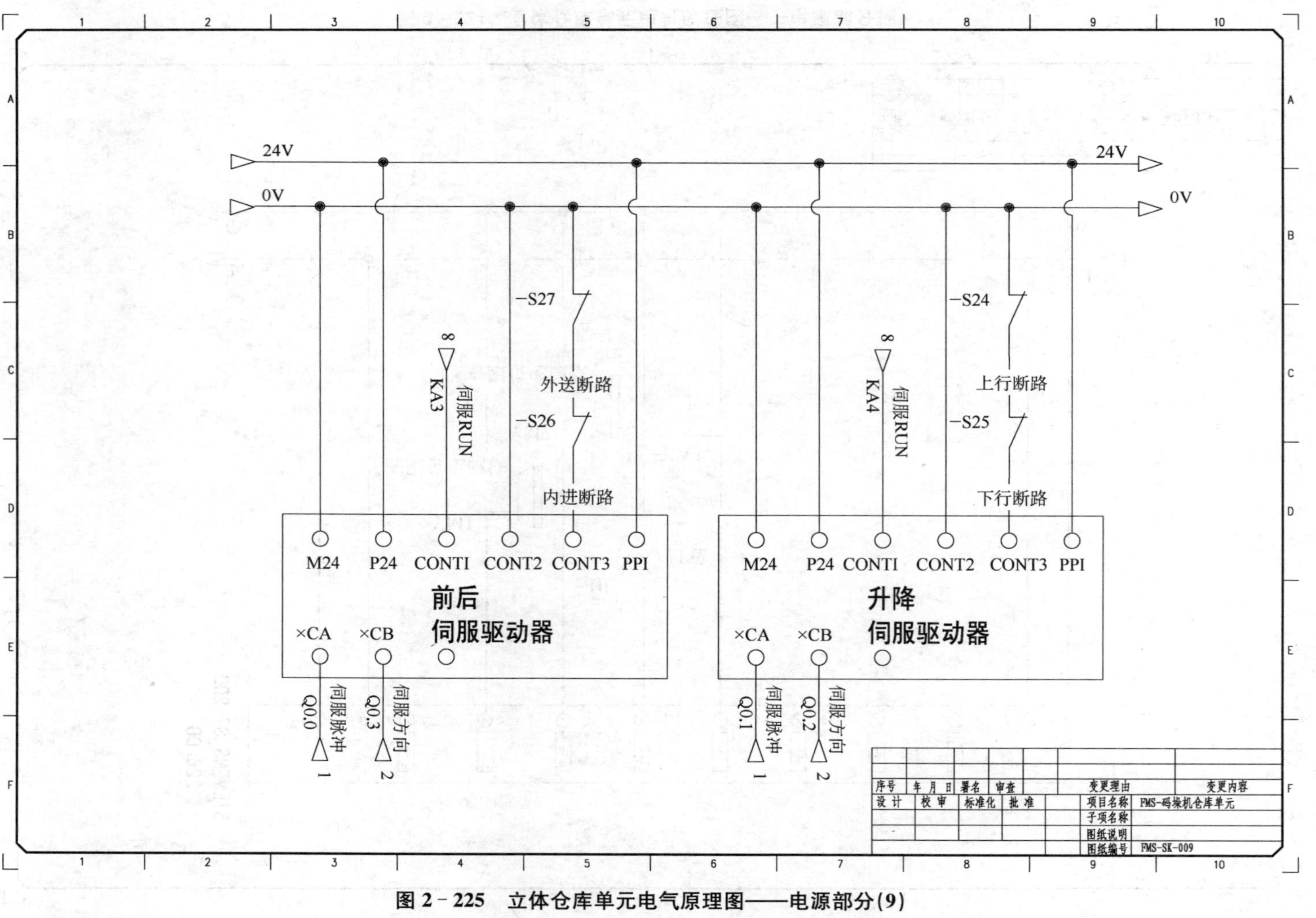

图 2-225 立体仓库单元电气原理图——电源部分(9)

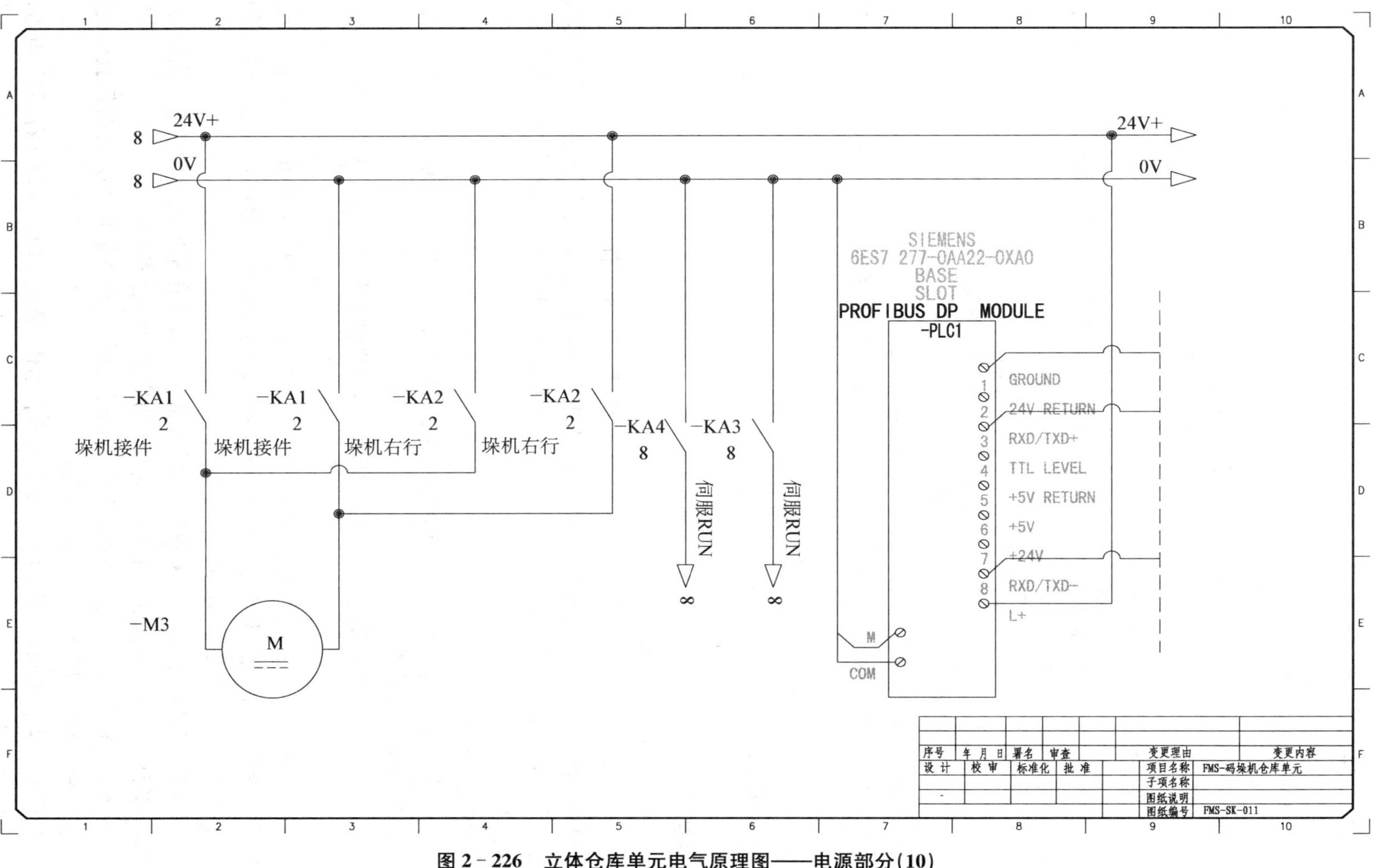

图 2-226　立体仓库单元电气原理图——电源部分(10)

2.11.5 立体仓库单元的编程与单机调试

训练目标

按照本单元控制要求，在规定时间内完成传感器，气动系统安装与调试，并进行 PLC 程序设计与调试。

训练要求

(1) 了解本单元中链条与飞轮的传动和齿轮减速等传动方式，熟悉配重、拉力平衡块的设计原理；观察机械传动结构和运动过程。

(2) 学习本单元电源系统的设计与连接调试方法。

(3) 熟悉本单元各类传感器的功能，认识光栅尺和光栅显示器。

(4) 了解步进、伺服等各类电机的驱动和控制方法。

(5) 读懂工程图纸，学会照图安装接线，掌握检查方法。

(6) 学习根据控制要求及工作状态表绘制功能图，并依此编制和调试 PLC 程序的方法。

(7) 学习分析、查找、排除故障的方法。

(8) 实现系统运行。

编程要求

1. 正品入库控制要求

——将合格工件送入立体库的控制过程

初始状态：换向气缸处于复位；垛机处于中间限位；伺服电机(内进/外退)处于外限位；步进电机(升降)处于底限位；凸轮(库内)处于下限位。此时所有执行机构均为停止状态，工作指示灯熄灭。

系统运行期间：

(1) 当接收到前站分拣单元放行合格品信号后工作指示灯发光，垛机左行，同时垛机左限位电磁铁吸合准备接件。

(2) 当垛机左行到位后，左限位开关发出信号，垛机停止左行等待接件，3.5 秒后垛机接件换向右行。

(3) 当垛机载工件右行到中间位置且检测到工件后，中间限位开关和工件检测传感器发出信号，垛机停止右行并释放左限位电磁铁，同时启动步进脉冲(此时步进方向向上输出为 0)，使垛机载工件随升降梯定向上行运送工件。

(4) 通过串口读取光栅尺高度数值，并将此数值与目标仓库单元的高度进行比较后垛机随升降梯到达指定层位高度停止上行，伺服电机启动向内运送工件。

(5) 伺服电机将垛机向内送到指定某排位，某排位限位开关发出信号，此时伺服电机停止内进，凸轮动作使垛机提升 30 mm 的行程。

(6) 凸轮上限位发出检测信号时凸轮电机停止动作，垛机左(右)行，左(右)限位电磁铁吸合放行工件入库。

(7) 垛机左(右)行到位使左(右)限位开关发出信号后停止左(右)行,凸轮动作放置托盘工件。

(8) 当凸轮下限位发出信号且库位微动开关动作后,入库动作结束,垛机右(左)行。

(9) 当垛机右(左)行到中间位置时中限位开关发出信号停止右(左)行,并释放左(右)限位电磁铁。此时启动伺服电机向外退出。

(10) 当伺服电机向外退至原位后外限位开关动作停止外退,步进方向转为向下(输出为1),并同时启动步进脉冲使升降梯下行。

(11) 升降梯下行至底层(原位),底层限位开关动作,此时停止步进脉冲,并使步进方向输出为0,将升降梯停放在原位,工作指示灯熄灭。

说明:(1) 当系统需要根据控制要求的具体规定自行选择入库库位时,需另行编制自动选择方向(左/右库)、层位、库位的程序,而工件入库的动作步骤同上。

(2) 若进行单站控制的实训,可用 key1 按钮信号取代前站分拣单元的正品放行信号。

2. 合格工件送入本单元程序控制流程图

如图2-227所示为合格工件送入本单元程序流程图。

3. 废品传送控制要求

——将废品托盘传送至本单元的控制过程

初始状态:换向气缸处于复位;垛机处于中间限位;伺服电机(内进/外退)处于外限位;步进电机(升降)处于底限位;凸轮(库内)处于下限位。此时所有执行机构均为停止状态,工作指示灯熄灭。

系统运行期间:

(1) 当接收到前站分拣单元放行托盘信号后工作指示灯发光,垛机左行,同时垛机左限位电磁铁吸合准备接件。

(2) 当垛机左行到位后,左限位开关发出信号,垛机停止左行等待接件,3.5秒后垛机接件换向右行。

(3) 当垛机载托盘右行到中间位置后,中间限位开关发出信号,垛机释放左限位电磁铁,延时2秒后垛机右限位电磁铁吸合准备送件。

(4) 垛机右行到位使右限位开关发出信号后停止右行,完成送件工作。5秒后垛机左行并释放右限位电磁铁。

(5) 当垛机左行到中间位置时中限位开关发出信号停止左行,等待下次动作,工作指示灯熄灭。

4. 废品托盘传送至本单元程序控制流程图

如图2-228所示为废品托盘传送至本单元程序流程图。

立体仓库单元实训项目评分标准如表2-44所示。

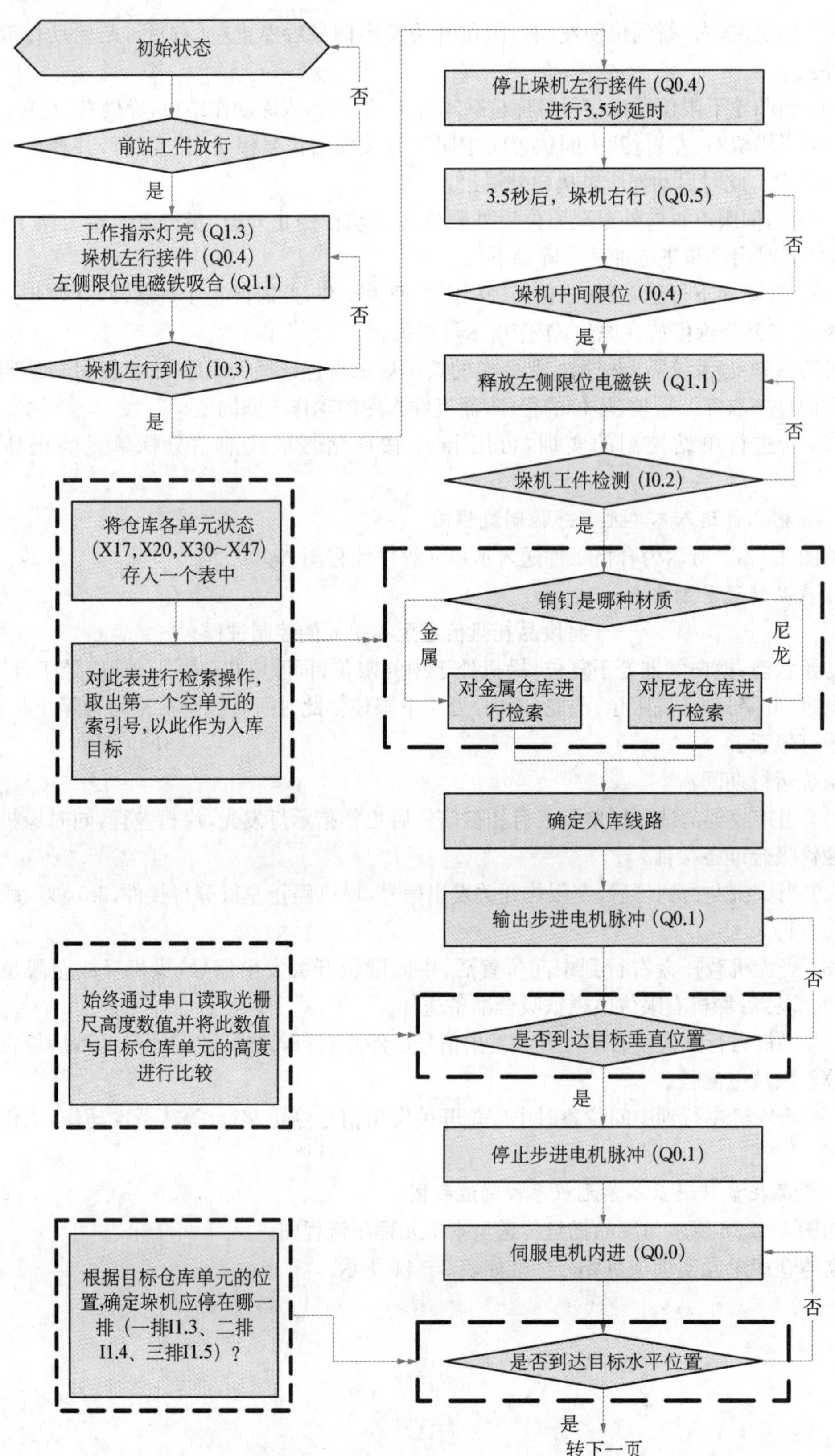
初始状态
否
前站工件放行
是
工作指示灯亮（Q1.3）
垛机左行接件（Q0.4）
左侧限位电磁铁吸合（Q1.1）
否
垛机左行到位（I0.3）
是
停止垛机左行接件（Q0.4）
进行3.5秒延时
3.5秒后，垛机右行（Q0.5）
否
垛机中间限位（I0.4）
是
释放左侧限位电磁铁（Q1.1）
否
垛机工件检测（I0.2）
是
将仓库各单元状态
(X17,X20,X30~X47)
存入一个表中
对此表进行检索操作,
取出第一个空单元的
索引号,以此作为入库
目标
销钉是哪种材质
金
属
尼
龙
对金属仓库进
行检索
对尼龙仓库进
行检索
确定入库线路
输出步进电机脉冲（Q0.1）
否
始终通过串口读取光栅
尺高度数值,并将此数值
与目标仓库单元的高度
进行比较
是否到达目标垂直位置
是
停止步进电机脉冲（Q0.1）
伺服电机内进（Q0.0）
否
根据目标仓库单元的位
置,确定垛机应停在哪一
排（一排I1.3、二排
I1.4、三排I1.5）？
是否到达目标水平位置
是
转下一页

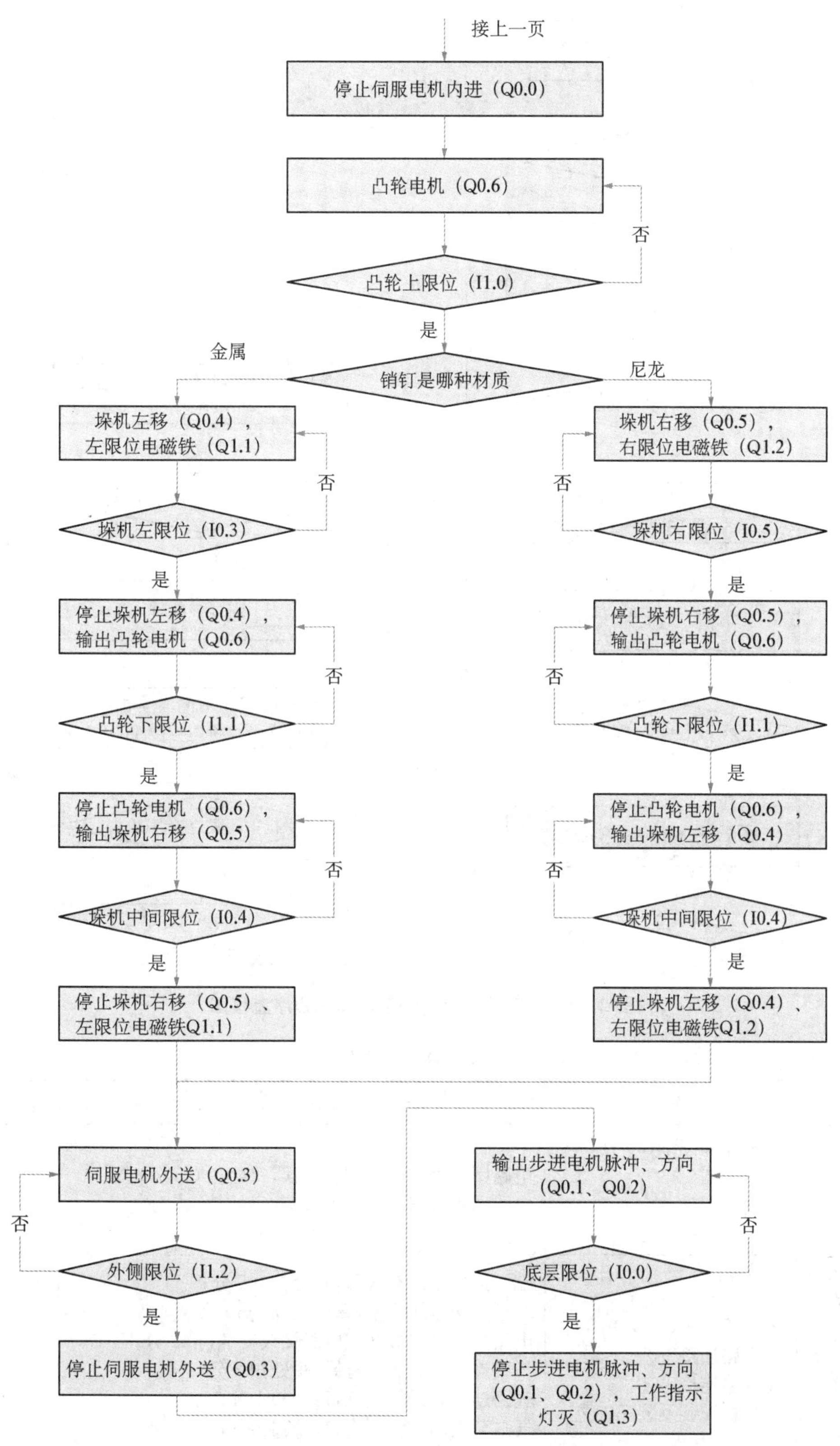

图 2－227　合格工件送入本单元程序流程图

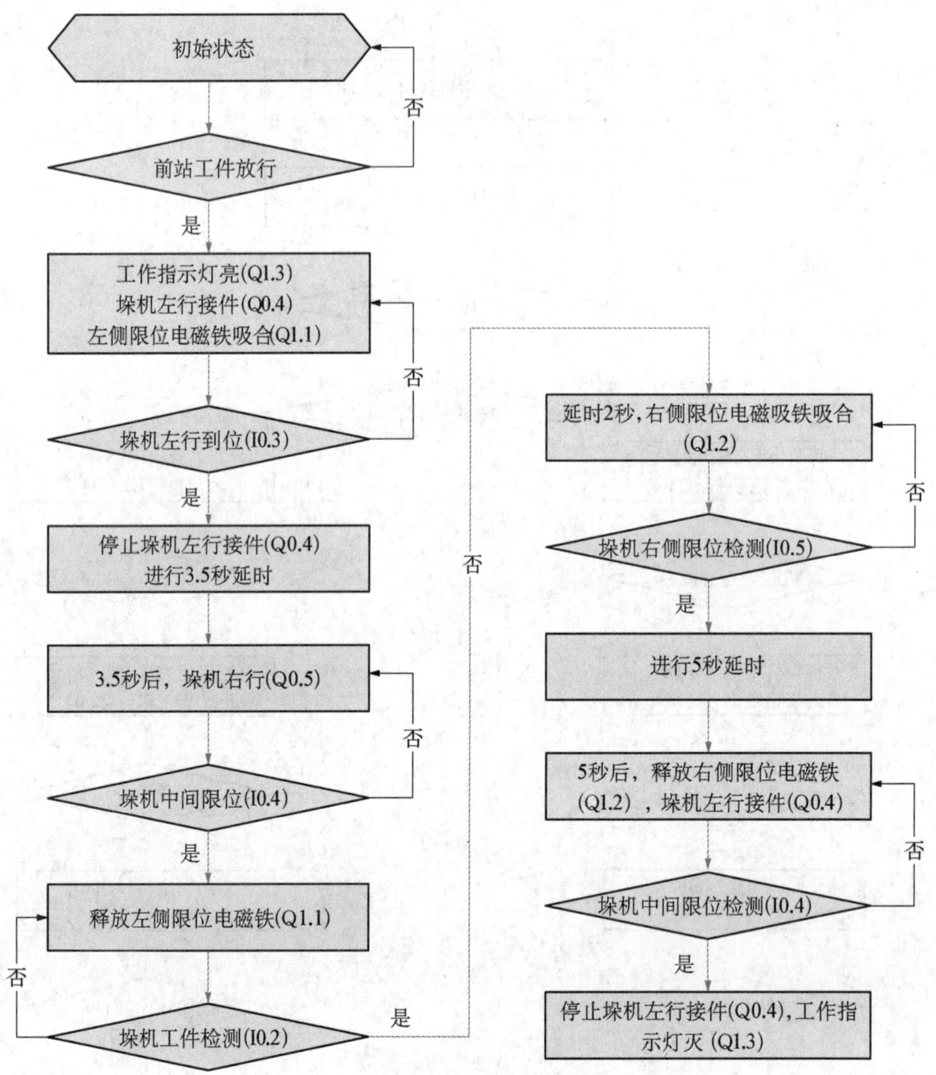

图 2－228　废品托盘传送至本单元程序流程图

表 2－44　评分表

训练项目	训练内容	训练要求	教师评分
立体仓库单元	1. 程序和图纸(30 分) 电路图 气路图 程序清单	电路图和气路图绘制有错误，每处扣 0.5 分； 电路图和气路图符号不规范，每处扣 0.5 分	
	2. 连接工艺(30 分) 电路连接工艺 气路连接工艺 机械安装及装配工艺	端子连接处没有线号，每处扣 0.5 分； 端子连接压线不牢，每处扣 0.5 分； 电路接线没有绑扎或电路接线凌乱，扣 2 分； 气路连接未完成或有错，每处扣 2 分； 气路连接有漏气现象，每处扣 1 分； 气缸节流阀调整不当，每处扣 1 分； 气路没有绑扎或气路连接凌乱，扣 2 分	

续　表

训练项目	训练内容	训练要求	教师评分
立体仓库单元	3. 测试与功能(30 分)	启动、停止方式不按照控制要求,扣 1 分; 运行测试不满足要求,每处扣 0.5 分	
	4. 职业素养(10 分)	团队合作配合紧密; 现场操作安全保护符合安全操作规程; 工具摆放、导线线头等处理符合职业岗位的要求	

2.11.6　重点知识、技能归纳

交流伺服电机是立体仓库单元的运动执行元件。伺服电机分为交流伺服和直流伺服两大类,交流伺服系统已经成为高性能伺服系统的主要发展方向。常用的交流伺服电机一般由永磁式同步电机和同轴的光电编码器构成。

2.11.7　工程素质培养

伺服驱动器的参数较多,外部端口较复杂,查阅交流伺服电机和驱动器的厂家资料,认识所有外部端口的作用,记住伺服驱动器相关参数的作用,尝试在手动方式下进行对伺服电机及驱动器的检验。

项目3 自动化生产线系统安装与调试

在完成装配生产线各分站运行控制的基础上，可以进一步实现整个系统的全程连续控制。本自动化生产线教学系统采用SIMATIC S7－300系列PLC做上位机，由多个S7－200系列和变频器作为下位机，由下位机控制各站的执行元件，由上位机通过PROFIBUS总线对各下位机和执行元件进行连接和控制。

学习目标

(1) 了解主控平台的板面布置及各部件的功能；

(2) 了解系统总电源系统、总气路系统的设计思路及连接方法；

(3) 理解主站的通信控制和管理功能；

(4) 了解PROFIBUS协议结构，熟悉硬件组态方法。

任务描述

(1) 了解主控平台的板面布置及各部件的功能，检查核对其电气安装接线。

(2) 对照电源系统总图和气路连接总图理解总电源、总气源的引入方式、安全保护措施及分路电源、分路气源的分配方法。

(3) 依据S7－300 PLC控制接线图熟悉其安装接线方法。

(4) 理解主控平台上S7－300 PLC作为一类主站所实现的总线通信控制与管理功能，体会主、从站间的硬件连接方式，熟悉总线通信系统的实际安装接线。

(5) 了解总线协议结构及PROFIBUS模板特点；学习正确配置主站的硬件组态；学会设置与主站对应的下位机模块地址。

任务3.1 自动化生产线机械结构调整

实训系统由12个站点组成，并选取多种机械传动方式实现站间串联，由于整个系统采用矩形布局，因而传送方式分为直线传送和转角传送两大类，并分别使用不同的机械传送装置完成站间工件的传递。

1. 转角单元

在装配生产线上四个转角分别使用不同的技术实现对工件的换向处理。形成四个不同的换向单元——滚筒转角单元、伸缩换向单元、液压换向单元和铣床下面的一个“O”形带转角单元。如图 3-1 所示。

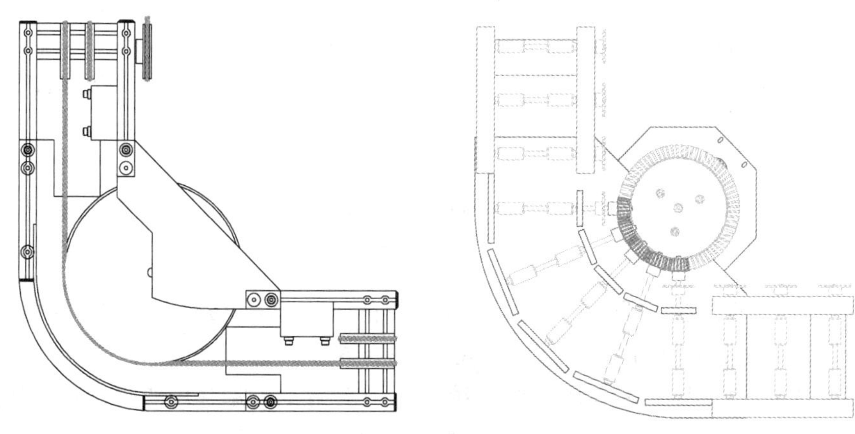

图 3-1　转角单元

转角单元的主要任务:将工件实行 90°换向工作。

锥齿轮传动机构如图 3-2 所示。

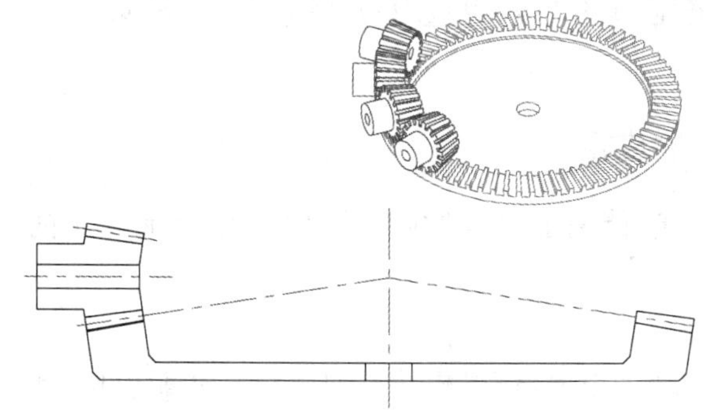

机构名称:锥齿轮传动机构

工作特性:用于相交的两轴之间的回转运动。此锥齿轮易于制造,适用于低速,轻载传动的场合。

本机构应用目的:改变轴的传动方向,用于对载体换向。

图 3-2　锥齿轮传动机构结构图

2. 直线单元

直线单元主要负责工件在相邻工作单元间的传输,完成工件的各项加工或装配操作,实训系统的直线单元由“O”形带、扁平带、滚轮等组成。

(1) 传送带。

“O”形带和扁平带是非常普遍的传输装置,一般使用电机作为动力源,常用的结构布局如图 3-3 所示。

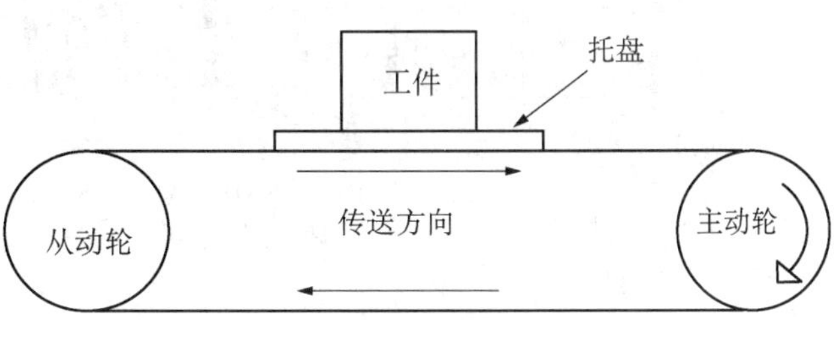

图 3-3　传送带结构布局

主动轮在电机驱动下转动,带动传送带向前移动,将工件由一个工作单元传送至下一个工作单元，托盘承载工件可以直接放在传送带上。“O”形带传动机构如图 3-4 所示。

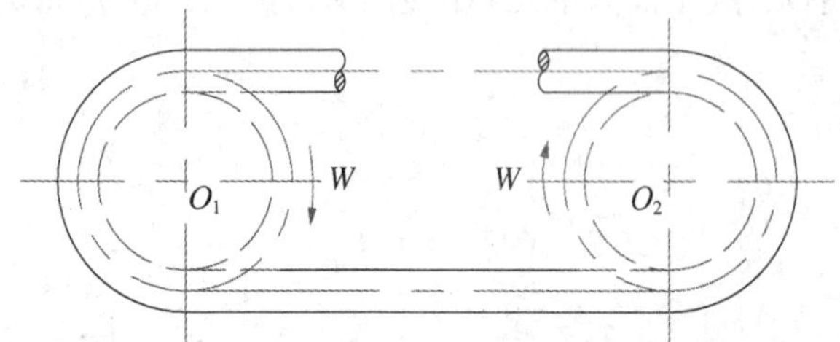

机构名称：“O”形带传动机构
工作特性：平稳、无噪声。
本机构应用目的：作为运行轨道，传送模块。

图 3-4 “O”形带传动机构

(2) 滚轮。

滚轮也是常见的传送装置，主要用来传送较重的工件，滚轮安装在轴上，轴的一端安装有齿轮，在链条的驱动下带动滚轮转动，实现工件的传输。

实训目的：自行设计装配单元柔性系统的相互连接；掌握“O”形带、扁平带、滚轮的应用。

直线单元的主要任务：利用传送带将工件传送到下一个工序。

任务 3.2 利用 PROFIBUS 通信实现自动化生产线联机调试

3.2.1 S7-300 PLC 在自动化生产线中的应用

S7-300 PLC 是模块化的中小型 PLC 系统，能满足中等性能要求的应用。各种单独的模块之间可进行组合以用于扩展。

1. 系统组成

S7-300 PLC 系统一般由电源模块、中央处理单元、信号模块、接口模块、功能模块、通信模块和特殊模块组成。如图 3-5 所示。

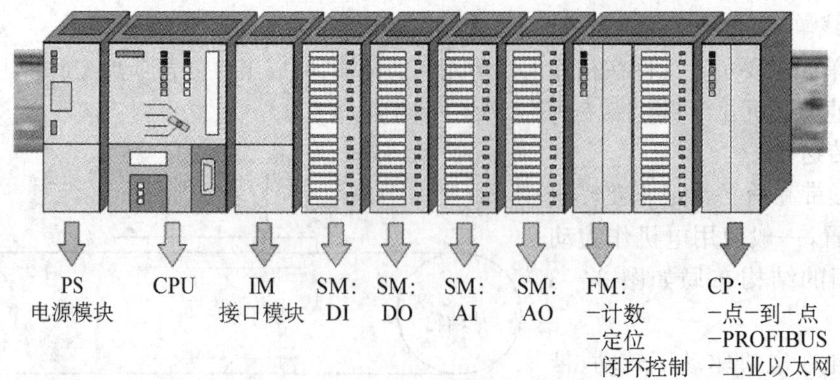

图 3-5 S7-300 PLC 系统组成

(1) 中央处理单元(CPU)。各种 CPU 有各种不同的性能,有的 CPU 上集成有输入/输出点,有的 CPU 上集成有 PROFIBUS - DP 通信接口等。

(2) 信号模块(SM)。用于数字量和模拟量输入/输出。

(3) 通信模块(CP)。用于连接网络和点对点连接。

(4) 功能模块(FM)。用于高速计数,定位操作(开环或闭环)。

(5) 电源模块(PS)。用于将 SIMATIC S7 - 300 连接到 220 V 交流电源,给 PLC 系统提供 24 V 直流电源。

(6) 接口模块(IM)。用于多机架配置时连接主机架(CR)和扩展机架(ER)。S7 - 300 通过分布式的主机架(CR)和扩展机架,可以操作多达 32 个模块。

3.2.2　了解工业通信网络

一般而言,企业的通信网络可划分为三级:企业级、车间级和现场级,如图 3 - 6 所示。

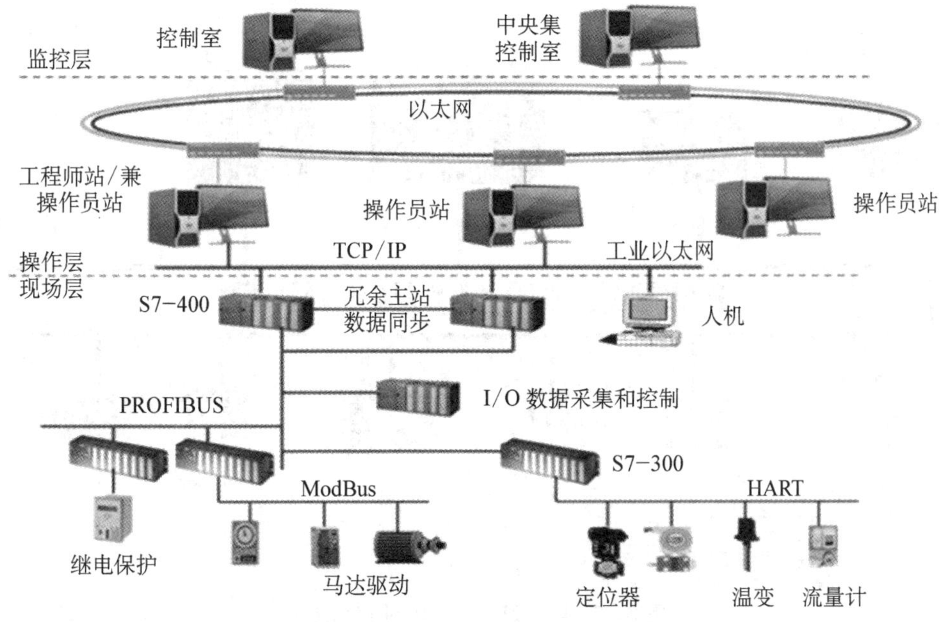

图 3 - 6　西门子工业通信网络的拓扑图

(1) 企业级通信网络。企业级通信网络用于企业的上层管理,为企业提供生产、经营、管理等数据,通过信息化的方式优化企业的资源,提高企业的管理水平。

在这个层次的通信网络中,IT 技术的应用十分广泛,如 internet 和 intranet。

(2) 车间级通信网络。车间级通信网络介于企业级和现场级之间。主要的任务是解决车间内各需要协调工作的不同工艺段之间的通信,从通信需求角度来看,要求通信网络能够高速传递大量信息数据和少量控制数据,同时具有较强的实时性。

对车间级通信网络,所使用的主要解决方案是工业以太网。

(3) 现场级通信网络。现场级通信网络处于工业网络系统的最底层,直接连接现场的各种设备,包括 I/O 设备、传感器、变送器、变频与驱动等装置。

对现场级通信网络,PROFIBUS是主要的解决方案。

3.2.3 基于PROFIBUS通信的两个单元联机调试

1. PROFIBUS总线介绍

PROFIBUS是一种国际化、开放式、不依赖于设备生产商的现场总线标准。广泛适用于制造业自动化、流程工业自动化和楼宇、交通电力等其他领域的自动化。

它是一种用于工厂自动化车间级监控和现场设备层数据通信与控制的现场总线技术。可实现现场设备层到车间级监控的分散式数字控制和现场通信网络,为实现工厂综合自动化和现场设备智能化提供了可行的解决方案。

PROFIBUS由三个兼容部分组成,即PROFIBUS-DP(Decentralized Periphery)、PROFIBUS-PA(Process Automation)和PROFIBUS-FMS(Fieldbus Message Specification)。

PROFIBUS-DP是一种高速低成本通信,用于设备级控制系统与分散式I/O的通信。使用PROFIBUS-DP可取代24 VDC或4～20 mA信号传输。其通信示意如图3-7所示。

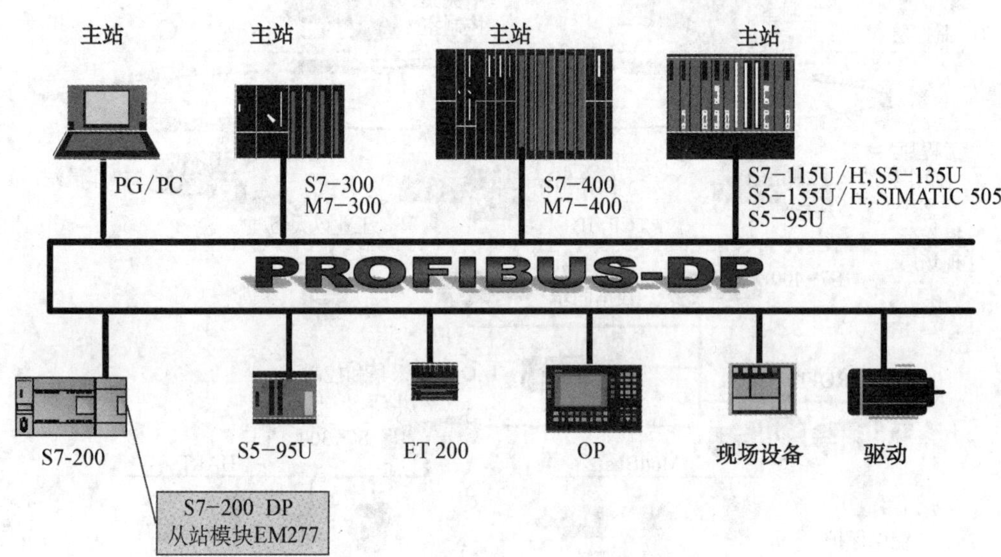

图3-7 PROFIBUS-DP通信示意图

PORFIBUS-PA:专为过程自动化设计,可使传感器和执行机构连在一根总线上,并有本征安全规范。

PROFIBUS-FMS:用于车间级监控网络,是一个令牌结构,实时多主网络。

2. PROFIBUS电缆的接法

PROFIBUS电缆,紫色,只有两根线在里面,一根红的一根绿的,然后外面有屏蔽层,接线的时候,要把屏蔽层接好,不能和里面的电线接触到,要分清楚进去的和出去的线分别是哪个,假如是一串的,就是一根总线下去,中间不断地接入分站,这个是很常用的方法,在总线的两头的两个接头,线都要接在进去的那个孔里,不能是出的那个孔,然后这两个两头的接头,要把它们的开关置为ON状态,这时候就只有进去的接线是通的,而出去的接线是断开的,其余中间的接头,都置为OFF,它们的进出两个接线都是通的,这就是线的接法。

S7－200 CPU 可以通过 EM277 PROFIBUS－DP 从站模块连入 PROFIBUS－DP 网，主站可以通过 EM277 对 S7－200 CPU 进行数据读/写。作为 S7－200 的扩展模块，EM277 像其他 I/O 扩展模块一样，通过出厂时就带有的 I/O 总线与 CPU 相连。因 EM277 只能作为从站，所以两个 EM277 之间不能通信。但可以由一台 PC 机作为主站，访问几个联网的 EM277。通过 EM277 模块进行的 PROFIBUS－DP 通信是最可靠的通信方式。建议在与 S7－300/400 或其他系统通信时，尽量使用此种通信方式。如图 3－8 所示。

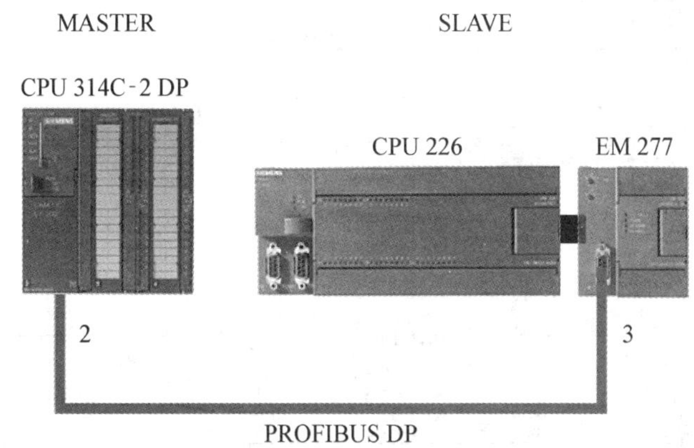

图 3－8　PROFIBUS DP 通信方式

通过 EM277 模块，将 S7－200 作为从站集成到 PROFIBUS DP 网络中。

设置步骤：

(1) 关闭模块的电源。

(2) 在 EM277 上设置定义的 PROFIBUS DP 地址。为此，转动下面的地址开关，使箭头指向所需的数字。

(3) 再打开模块的电源。如图 3－9 所示。

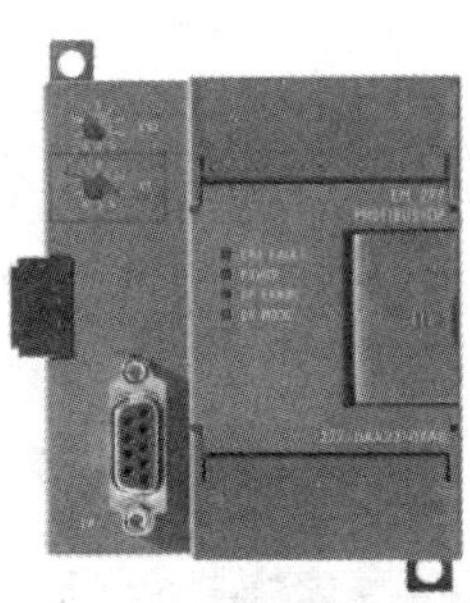

图 3－9　EM277 模块设置

3. 通信组态

S7－300 与 S7－200 通过 EM277 进行 PROFIBUS DP 通信，只需在 STEP 7 中组态 S7 -300 和 EM277，S7－200 端只需对应存放将要进行通信的数据，无须组态和编程。其实现步骤如下：

(1) 新建 S7－300 项目，打开"HW Config"编辑器，按硬件安装顺序和订货号依次插入机架、电源、CPU 进行硬件组态。

(2) 右击“DP”⇒“添加主站系统”，打开“PROFIBUS 接口 DP”对话框。如图 3-10 所示。

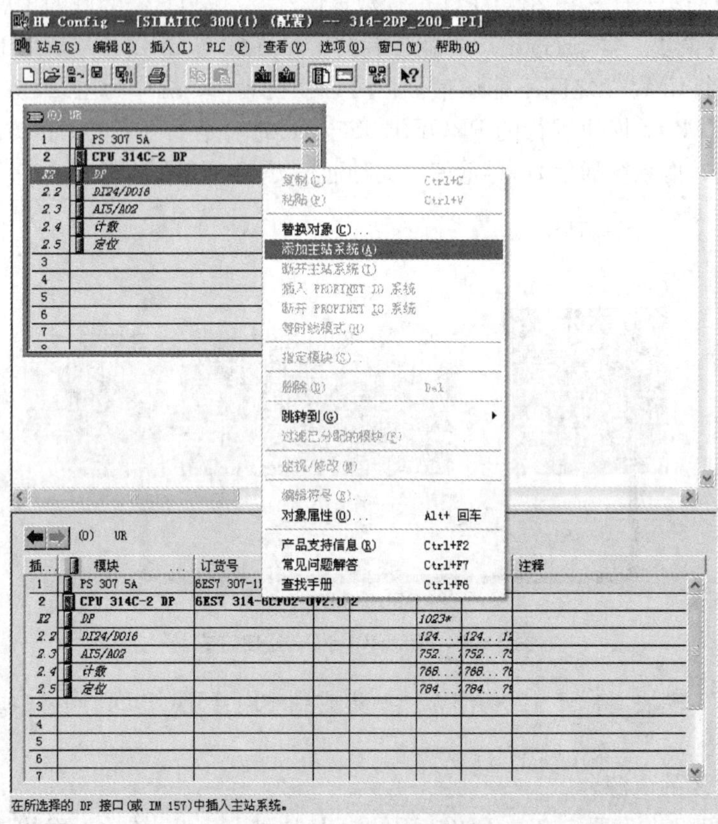

图 3-10　添加主站系统

(3) 在“PROFIBUS 接口 DP”对话框中点击“新建”按钮，打开“新建 PROFIBUS 子网”对话框。如图 3-11 所示。

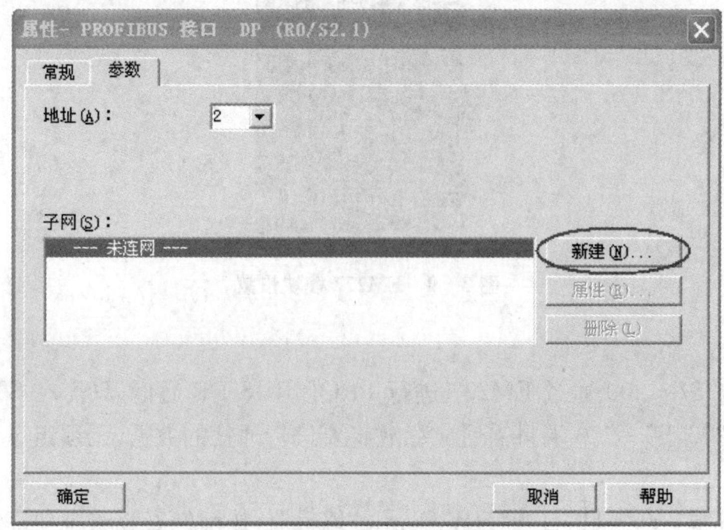

图 3-11　新建 PROFIBUS 子网

(4) 直接单击“确定”按钮,使用默认的网络设置。如图 3 - 12 所示。

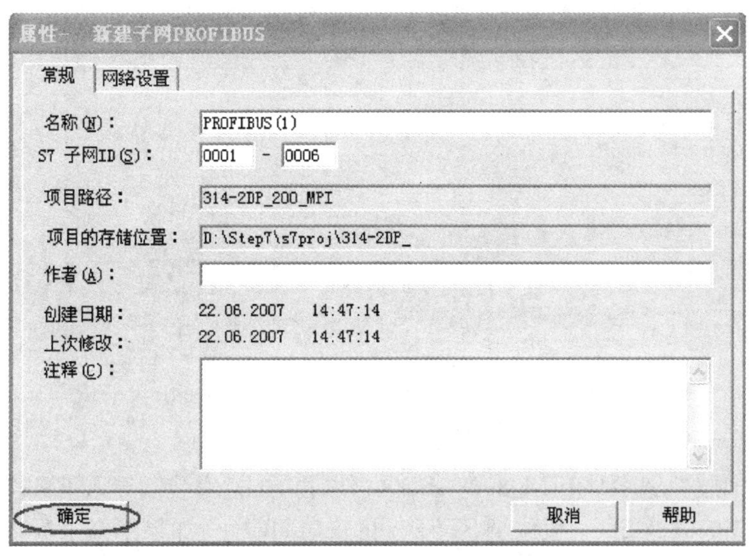

图 3 - 12　确立新建子网 PROFIBUS

(5) 确认添加。默认的主站地址为 2,通信波特率 1.5 Mbps。如图 3 - 13 所示。

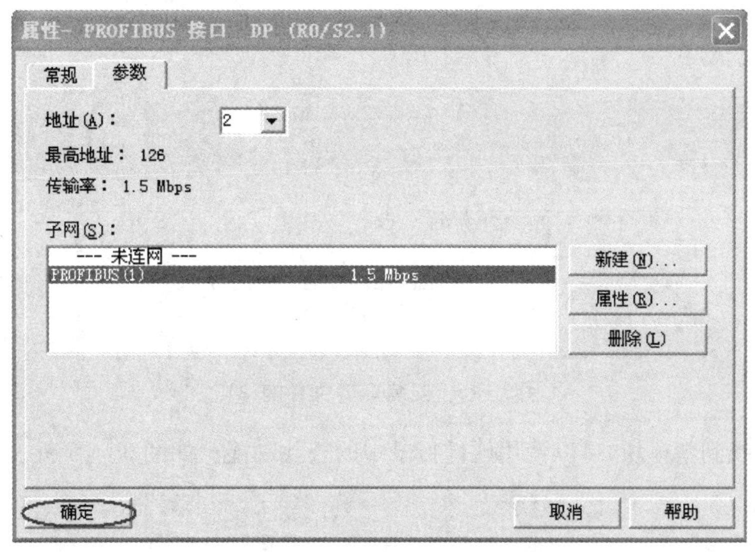

图 3 - 13　确定子网为默认参数

(6) 执行主菜单命令“选项”＞“安装 GSD 文件”,打开“安装 GSD 文件”对话框(必须通过 GSD 文件将 EM277 集成到 STEP 7 的硬件目录中,因为缺省情况下硬件目录中不包含该硬件。EM277 的 GSD 文件名为“SIEM089D.GSD”)。如图 3 - 14 所示。

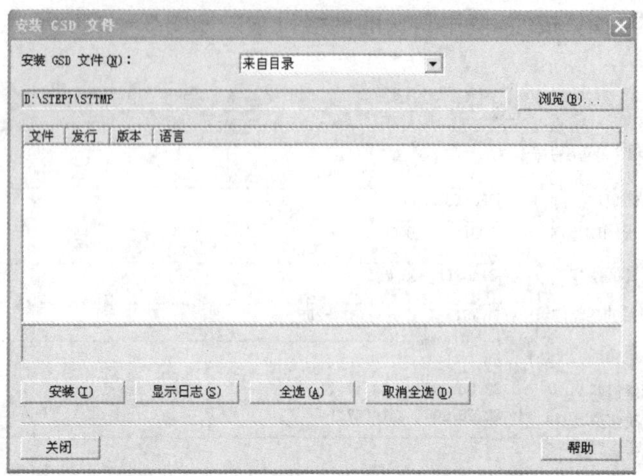

图 3－14　安装 GSD 文件的(1)

(7) 单击“浏览”,选择“SIEM089D.GSD”文件,再点击“安装”,导入 EM277 从站配置文件。注意:SIEM089D.GSD 一般位于 STEP 7 的安装目录下,如果不知道具体位置,可搜索该文件。如图 3－15 所示。

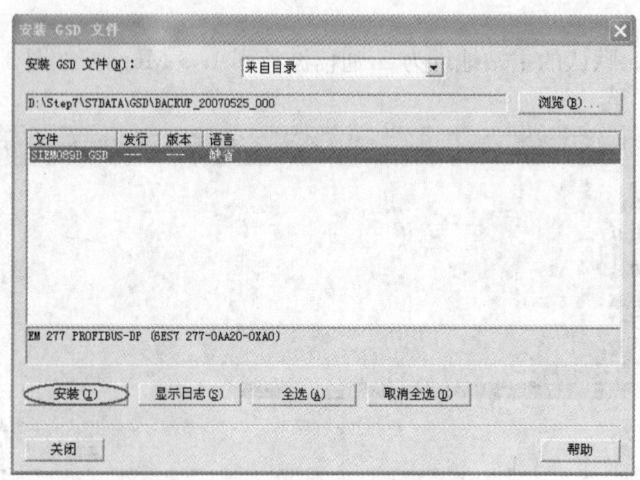

图 3－15　安装 GSD 文件的(2)

为了快速找到新模块,可以使用硬件目录中的查找功能。如图 3－16 所示。

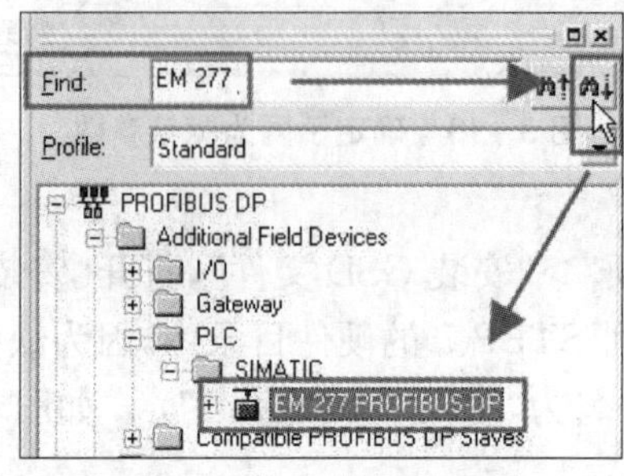

图 3－16　寻找 EM277

(8) 执行“PROFIBUS(1):DP 主站系统(1)”菜单命令“插入对象”。如图 3－17 所示。

图 3－17　插入对象

(9) 执行菜单命令“PROFIBUS DP→Additional Field Devices→PLC→SIMATIC→EM 277”加入 EM 277 从站，DP 从站的默认地址为 1，选择通信方式为 16 字节入/16 字节出。如图 3－18 所示。

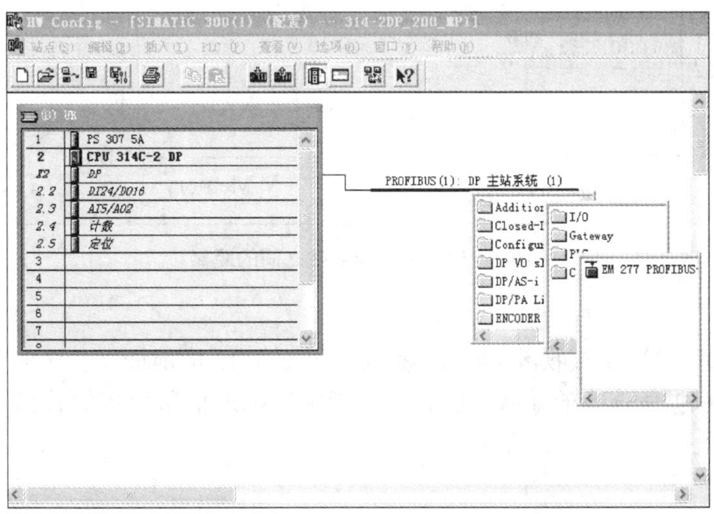

图 3－18　加入 EM277 从站

对于主站和从站之间的数据通信，必须在通信两端为接收和发送数据定义地址区。在S7－200中，这些区域位于变量存储区中。

对于示例组态，我们已经为接收和发送数据定义了2字节长度的数据。已经选择了下列地址区：

✓ 接收区 S7－300：IB10 和 IB11

✓ 发送区 S7－300：QB10 和 QB11

✓ 接收区 S7－200：VB100 和 VB101

✓ 发送区 S7－200：VB102 和 VB103

根据所选择的接收和发送区，从硬件目录中添加相关的输入/输出模块（2字节输出/2字节输入）。如图3－19所示。

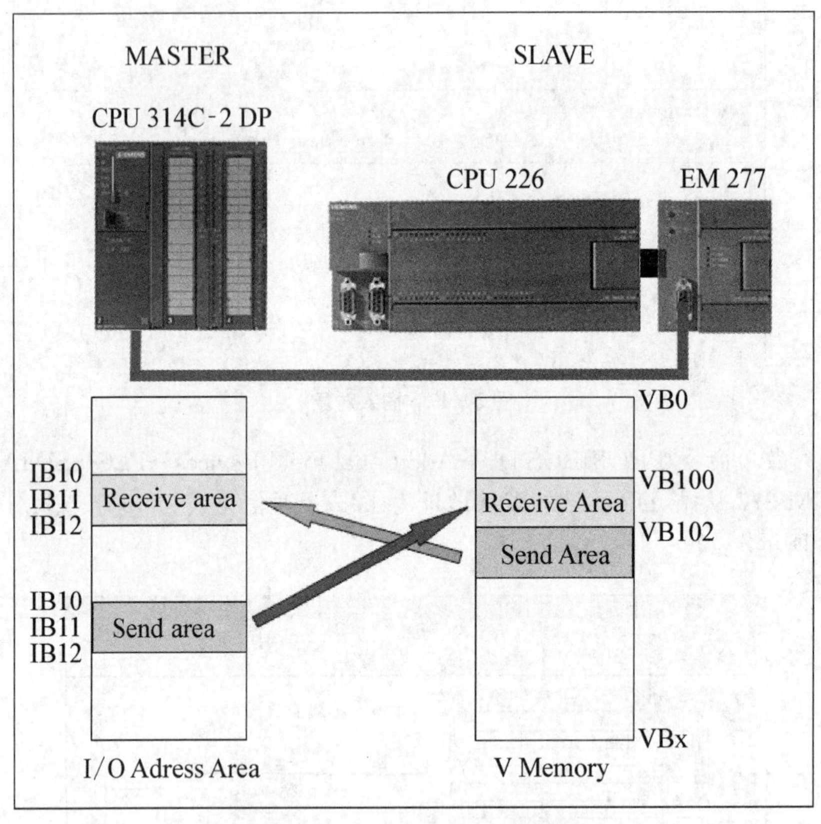

图3－19　主站和从站之间的距离

相应修改S7－300的接收区（输入）和发送区（输出）的地址。

此外，还要根据所选择的输入/输出模块，指定数据通信所使用的数据一致性的类型。如图3－20所示。

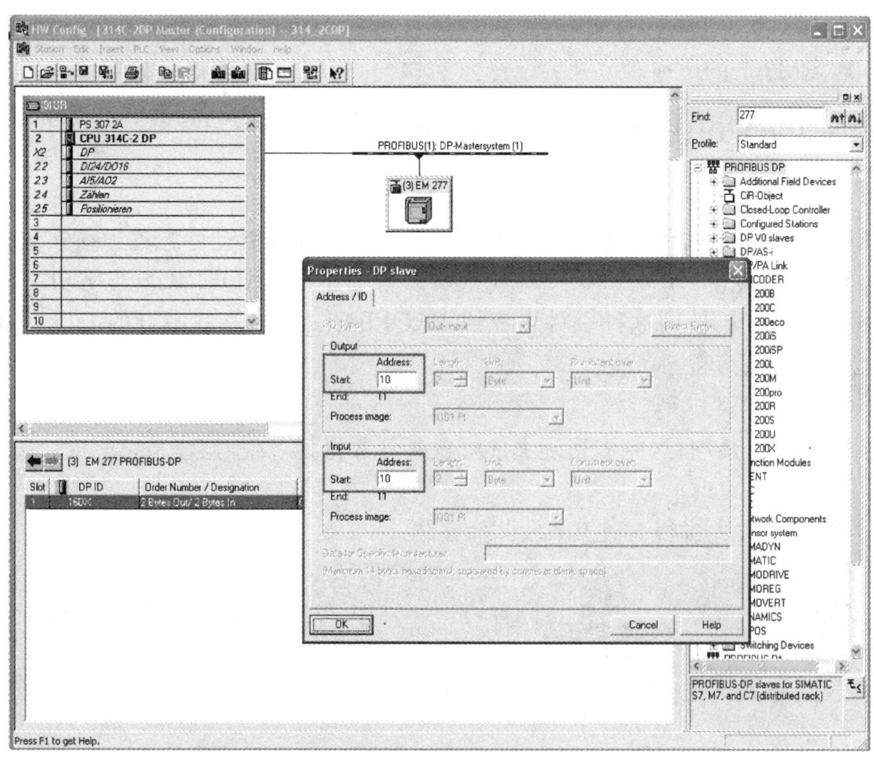

图 3-20　指定数据通信使用的数据一致性类型

打开 EM277 模块的属性窗口，然后通过参数 V 存储器中的 I/O 偏移指定接收区的起始地址。在示例组态中，已经选择 VB100 作为起始地址。如果没有手动指定，则系统自动在接收区之后附加发送区。如图 3-21 所示。

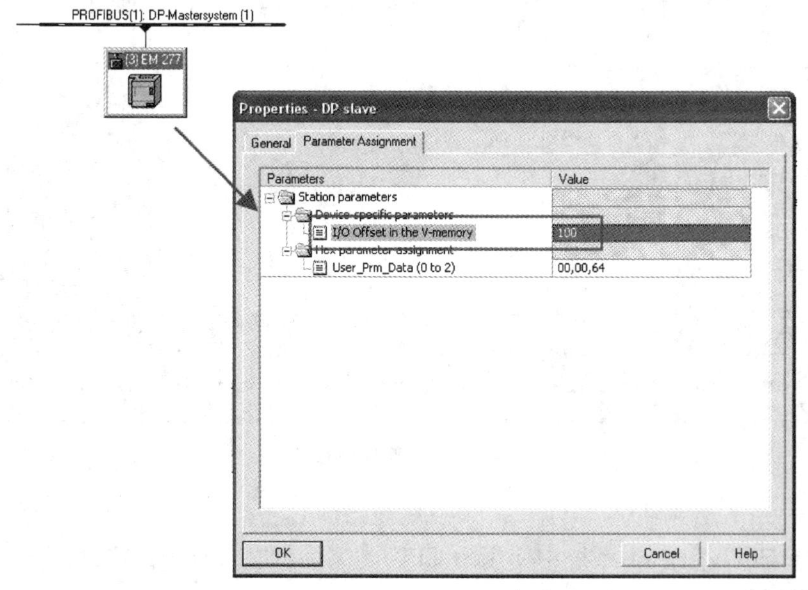

图 3-21　设置接收区的起始地址

(10) 向 S7－300 下载硬件组态。

(11) 将 EM277 的地址拨位开关设置为 1,以便与以上硬件组态的设定值一致。

3.2.4 基于 PROFIBUS 通信的生产线联机调试

1. S7－300(STEP 7 V5.4)硬件组态及简单编程介绍

使用 PROFIBUS 系统,在系统启动前先要对系统及各站点进行配置和参数化工作。完成此项工作的支持软件:SIMATIC S7,其主要设备的所有 PROFIBUS 通信功能都集成在 STEP 7 编程软件中。使用这种软件可完成 PROFIBUS 系统及各站点的配置、参数化、文件、编制启动、测试、诊断等功能。

2. 硬件配置

目的:生成一个新项目,完成系统硬件配置文件并将其下载,完成系统配置。

步骤:

(1) 在应用前首先进行 STEP 7 软件的安装。

(2) 安装完成后,双击 IDS_SN_STTGT OPX.EXE 图标,打开 STEP 7 主画面,系统将自动弹出一个新建项目对话框,点击 Next 按钮,如图 3－22 所示。

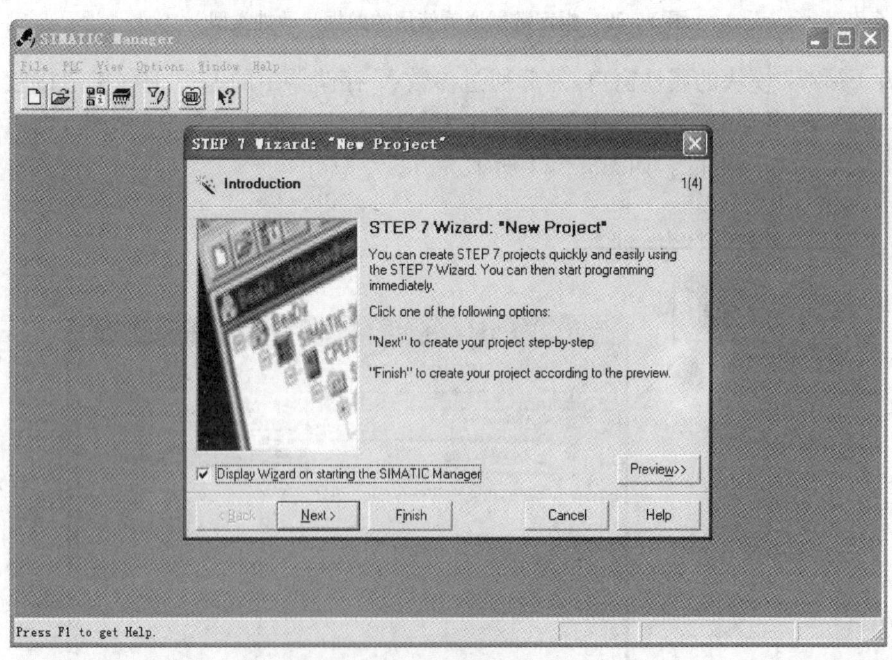

图 3－22 新建项目

(3) 选择 CPU 类型,本系统中使用的 CPU 类型为:CPU315－2DP,然后点击 Next 按钮,如图 3－23 所示。

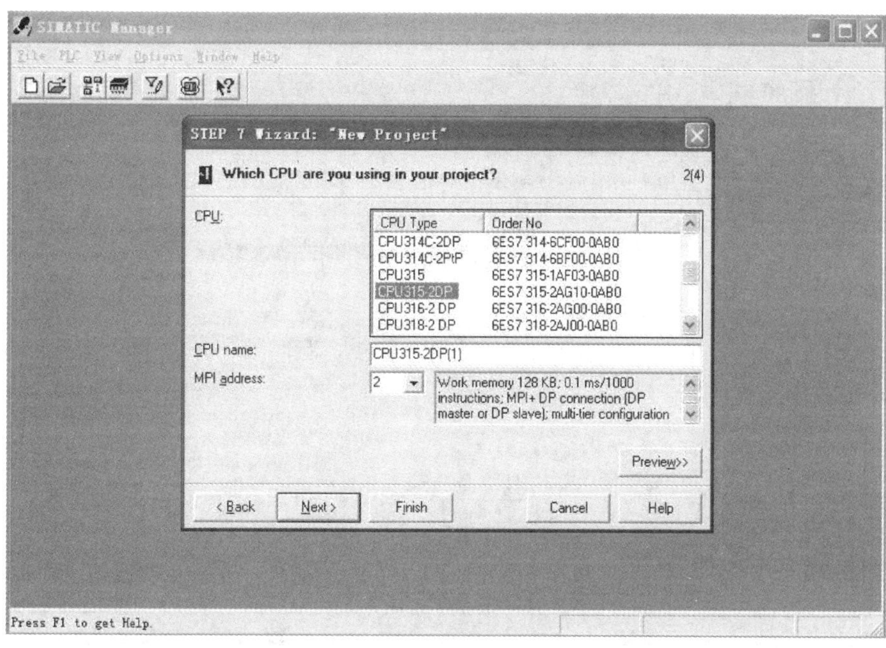

图 3－23　选择 CPU 类型

(4) 在块选择中选择组织块 OB1，并且选择用梯形图的编程方式 LAD，然后点击 Next 按钮，如图 3－24 所示。

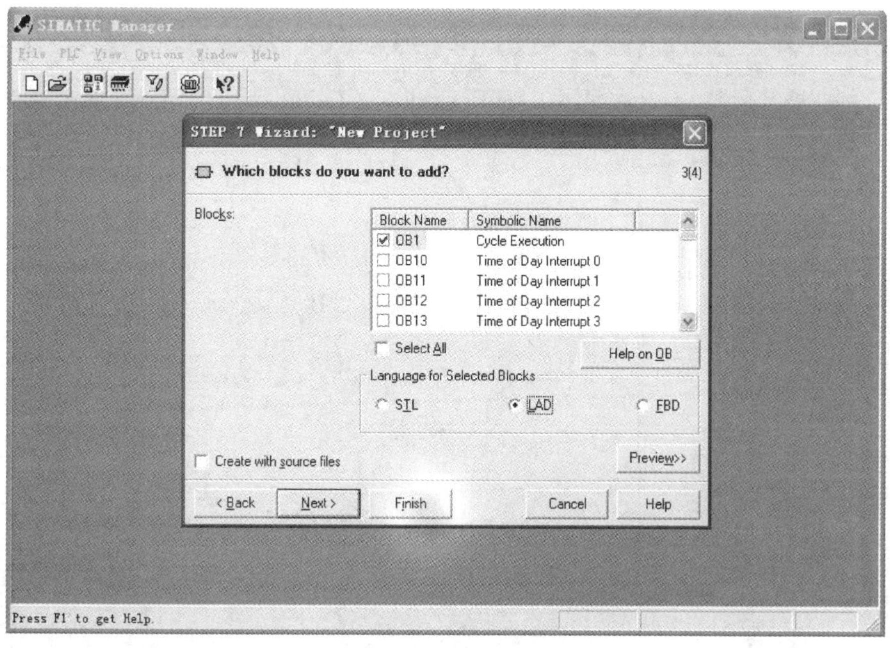

图 3－24　选择组织块

(5) 在弹出的对话框中给新建项目起一个项目名称：例如 test1，点击 Finish 按钮后，新建项目完成，如图 3－25 所示。

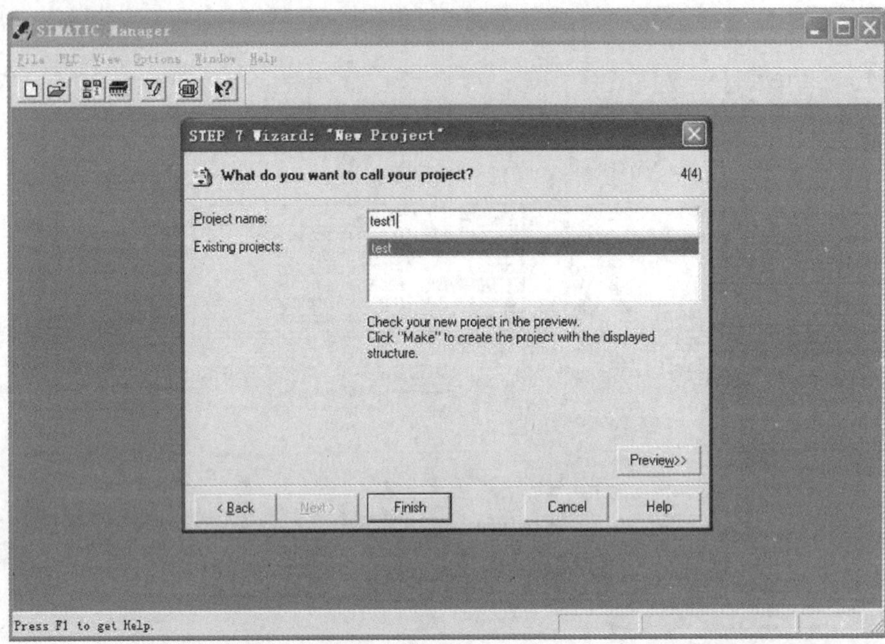

图 3-25 建立项目名称

(6) 将 Test1 左面的+点开，选中 SIMATIC 300 Station，然后选中 Hardware 并双击/或右键点 OPEN OBJECT，硬件组态画面即可打开，如图 3-26 所示。

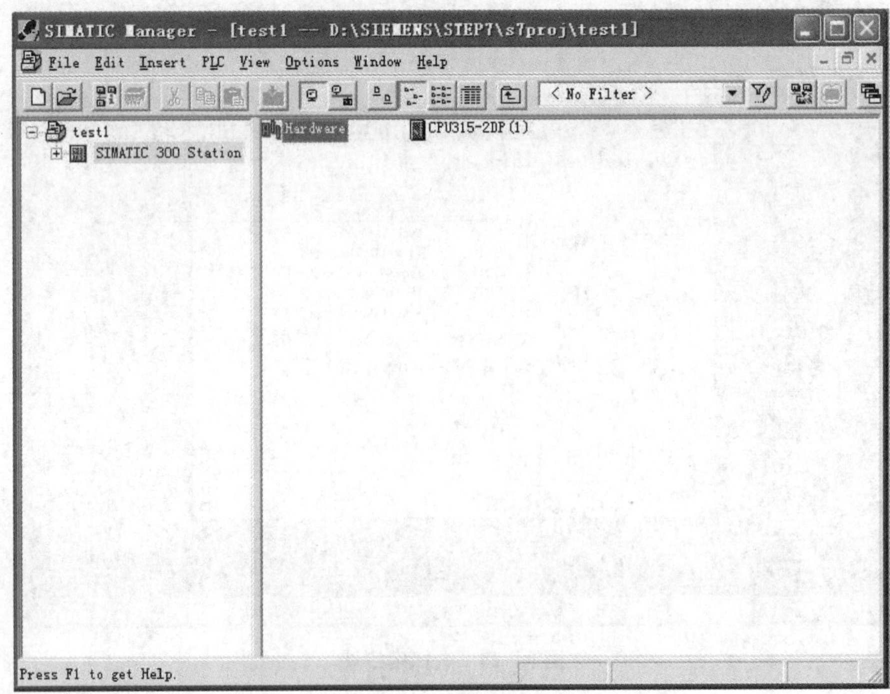

图 3-26 硬件组态

(7) 配置 300 的电源模块：点开 SIMATIC 300\点开 PS—300\选中 PS 307 2A，将其拖到机架 RACK 的第一个 SLOT，如图 3-27 所示。

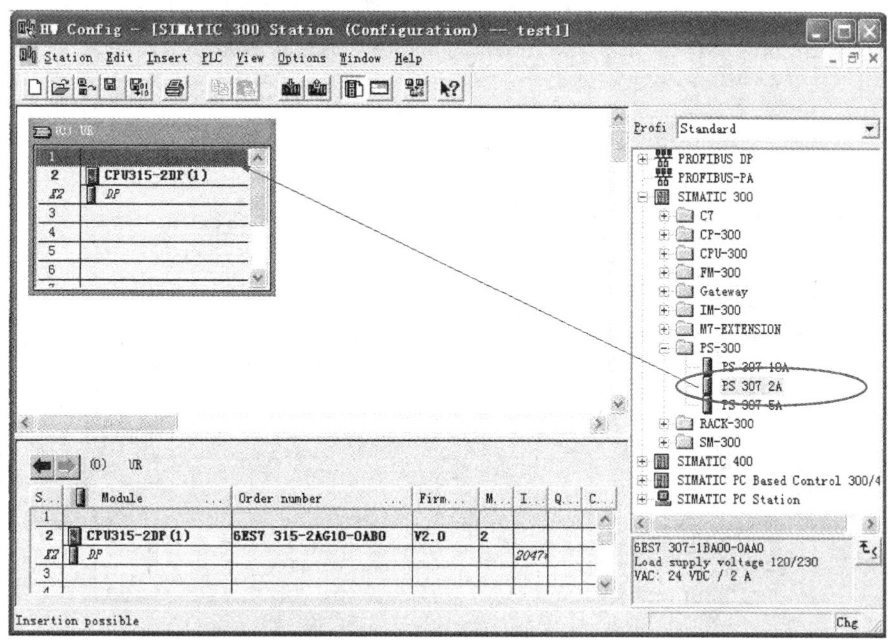

图 3-27　配置 300 电源模块

(8) 配置 300 的输入/输出模块：点开 SIMATIC 300\点开 SM—300\点开 DI/DO—300\选中 SM 323 DI16/DO16x24 V/0.5A，将其拖到机架 RACK 的第四个 SLOT，如图 3-28 所示。

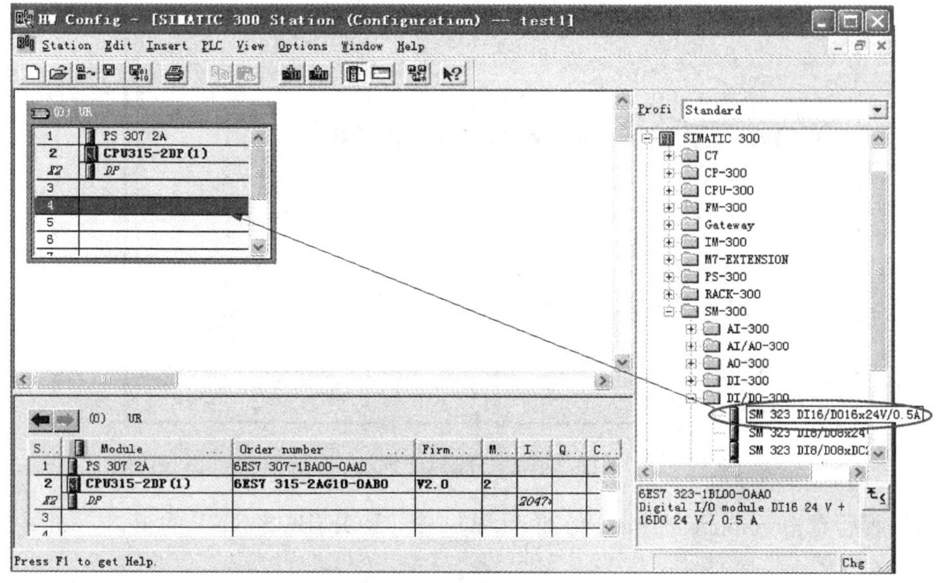

图 3-28　配置输入/输出模块

(9) 双击机架 RACK 的第 X2 个 SLOT，在弹出对话框中选择 Properties 按钮，如图 3－29 所示。

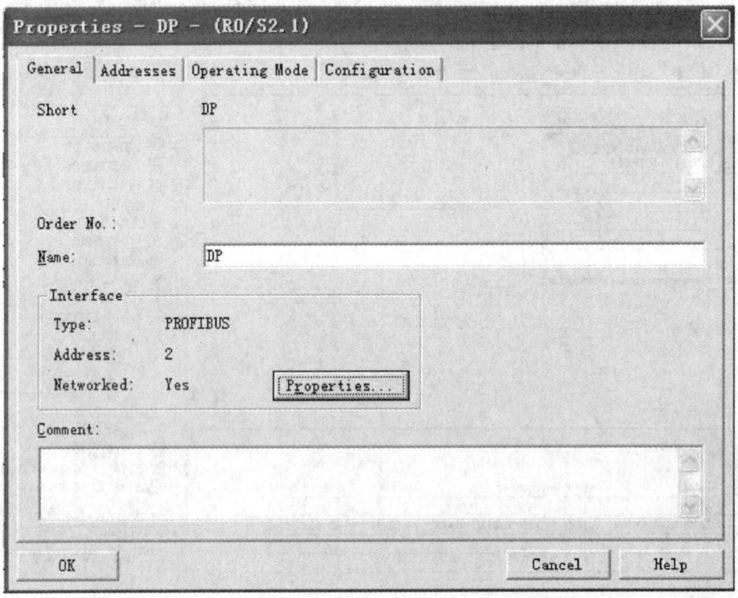

图 3－29 设置 DP 属性

(10) 在 Address 中选择分配你的 DP 地址，默认为 2，然后选择 New…按钮，如图 3－30 所示。

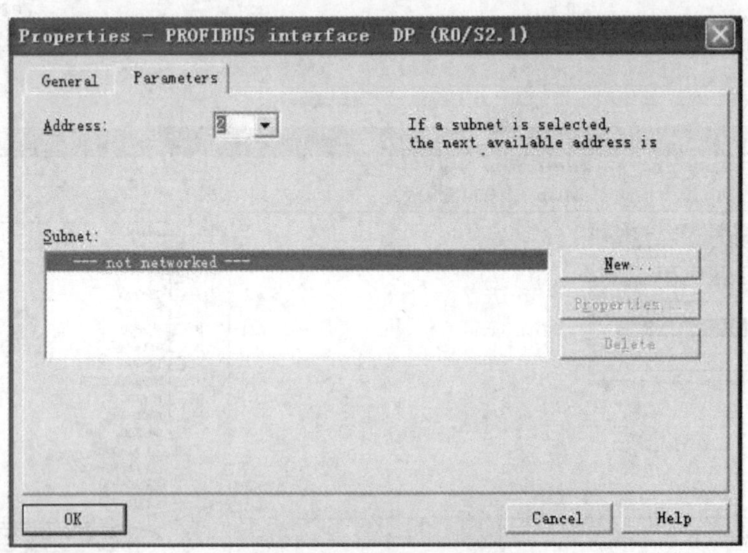

图 3－30 分配 DP 地址

(11) 然后点击 Subnet 的 New 按钮，生成一个 PROFIBUS NET 的窗口。如图 3－31 所示。

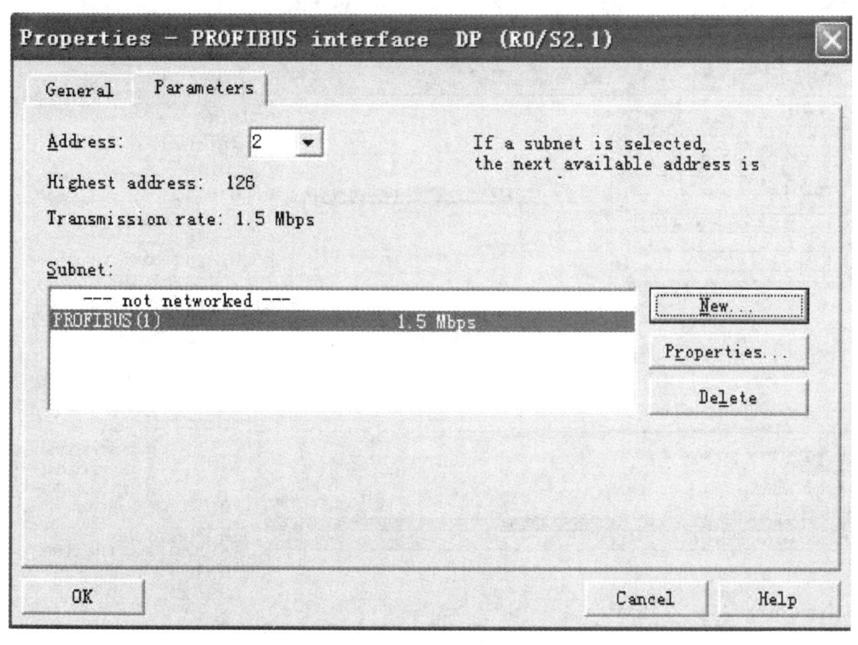

图3-31　新建连接

(12) 点中 Network Setting 页面，你可以在这里设置 PROFIBUS-DP 的参数，包括速率、协议类型。如图 3-32 所示。

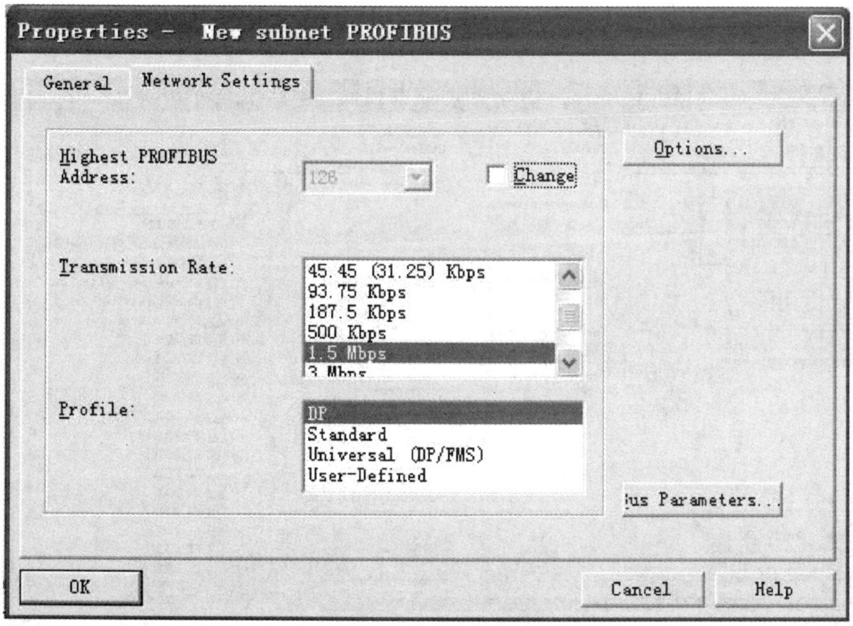

Properties - New subnet PROFIBUS
General
Network Settings
Highest PROFIBUS
Address:
128
Change
Options...
Transmission Rate:
45.45 (31.25) Kbps
93.75 Kbps
187.5 Kbps
500 Kbps
1.5 Mbps
Profile:
DP
Standard
Universal (DP/FMS)
User-Defined
Bus Parameters...
OK
Cancel
Help

图3-32　设置网络属性

点击 OK，即可生成一个 PROFIBUS-DP 网络。如图 3-33 所示。

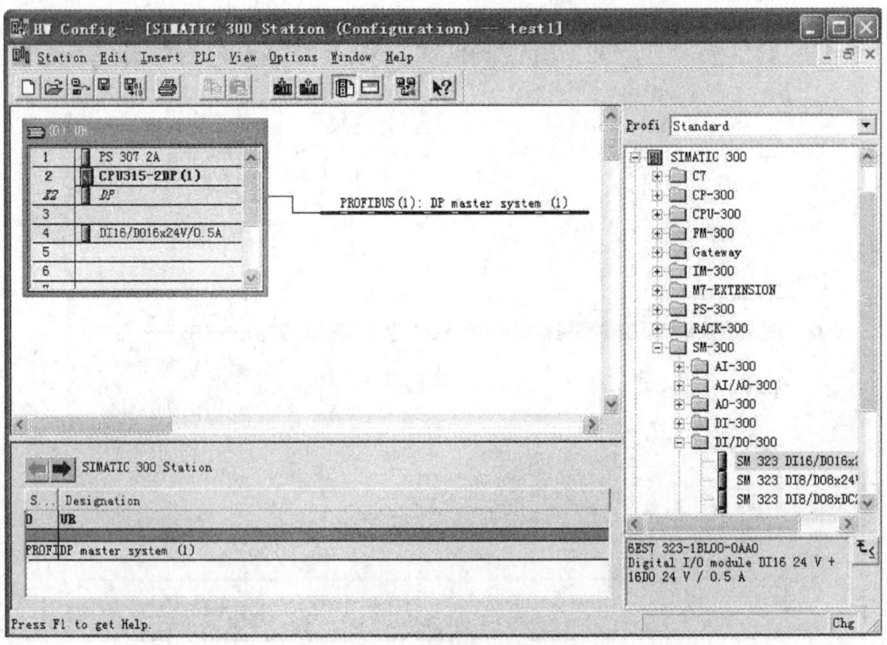

图 3-33 生成 DP 网络

(13) 组态变频器和 EM277M 模块(在第一次使用时可能没有此模块和变频器模块的配置),点开菜单 Options 选择 Install New GSD...(如果两个文件已经存在,可直接执行第十七步);选择其 *.GSD 文件所在的文件夹(一般在所随机赠送给用户的刻录光盘中即可找到此文件),如图 3-34 所示。

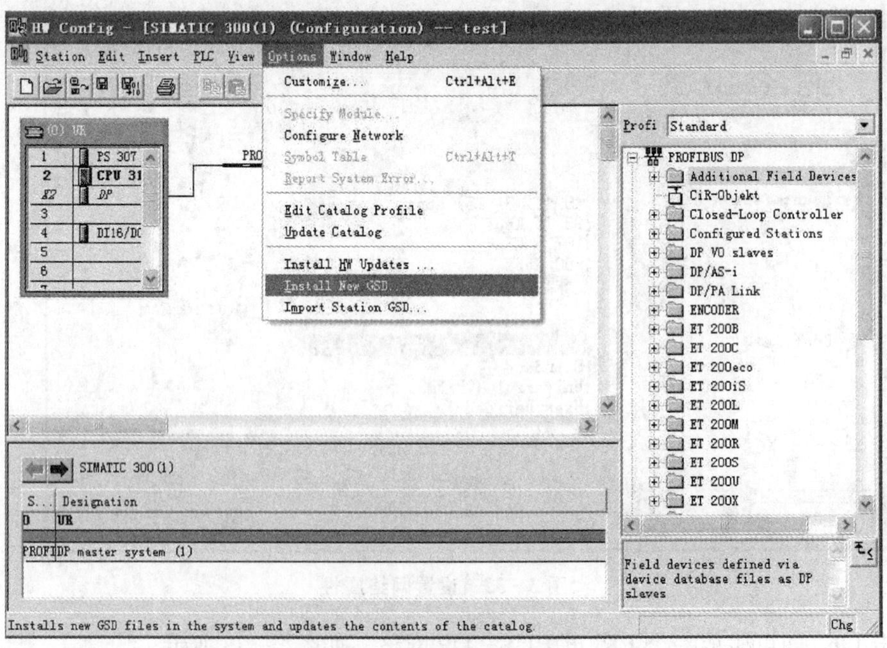

图 3-34 安装 GSD 文件

选中该文件后打开即会自动加载。如图 3－35 所示。

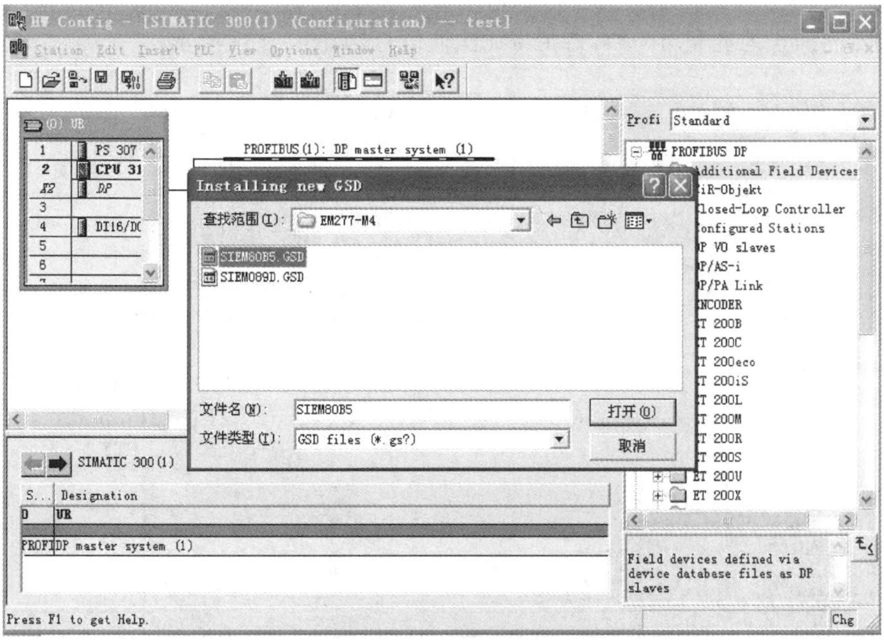

图 3－35　加载 GSD 文件

(14) 先组态变频器：点开 PROFIBUS DP\点开 Additional Field Devices\点开 Drives\点开 SIMOVERT\选中 MICROMASTER 4，将其拖到左面 PROFIBUS(1)：DP master system(1)上。如图 3－36 所示。

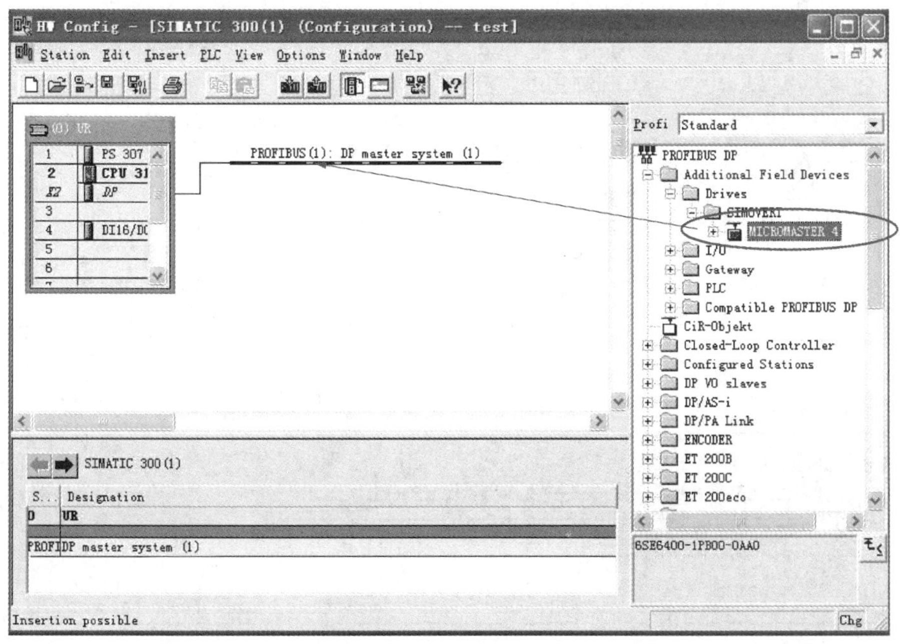

图 3－36　组态变频器

(15) 立即会弹出 MICROMASTER 4 通信设置画面;DP 地址可以改动,选择 3;点击确定(此值可根据用户的需要随意设置,但此值设定后必须与其实际连接的 MICROMASTER 420 变频器内所设地址完全一致,否则将无法通信)。如图 3-37 所示。

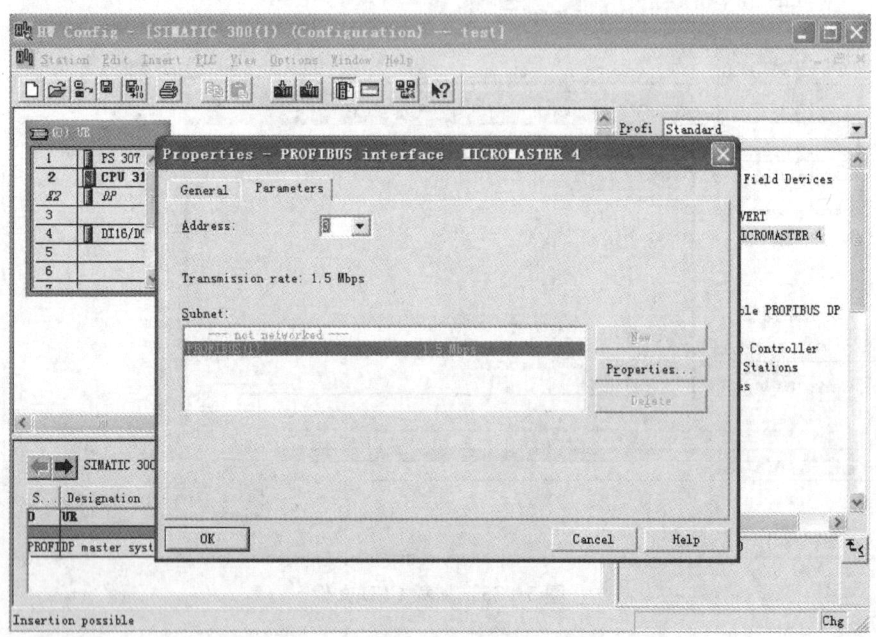

图 3-37 设置变频器通信地址

(16) 分配其 I/O 地址,点开 MICROMASTER 4\选中 0 PKW,2 PZD(PPO3),如图 3-38 所示。

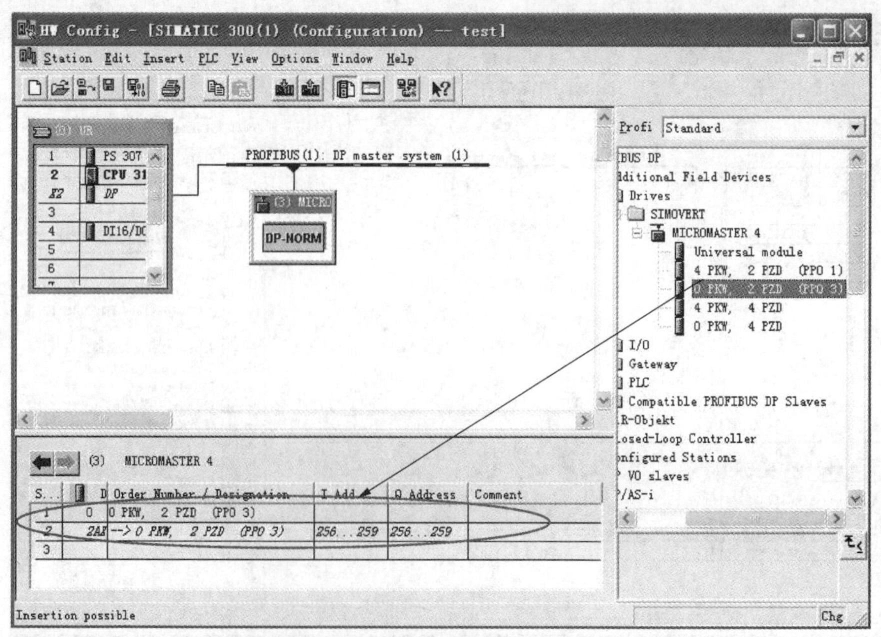

图 3-38 分配变频器 I/O 地址

(17) 双击其输入/输出地址，在弹出的对话框中选择其输入和输出的起始地址，在该设备中使用的地址为 100，此值可根据用户需求随意设置，只要和程序中的地址对应即可。如图 3－39 所示。

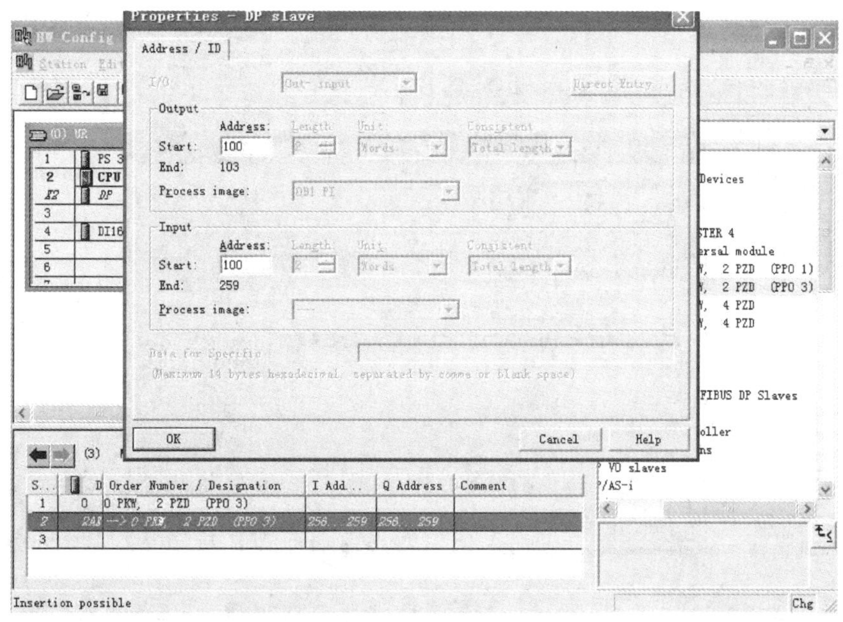

图 3－39　修改变频器 I/O 地址

(18) 再组态 EM277M 模块，点开 PROFIBUS DP\点开 Additional Field Devices\点开 PLC\点开 SIMATIC\选中 EM277PROFIBUS－DP，将其拖到左面 PROFIBUS(1)：DP master system(1)上。如图 3－40 所示。

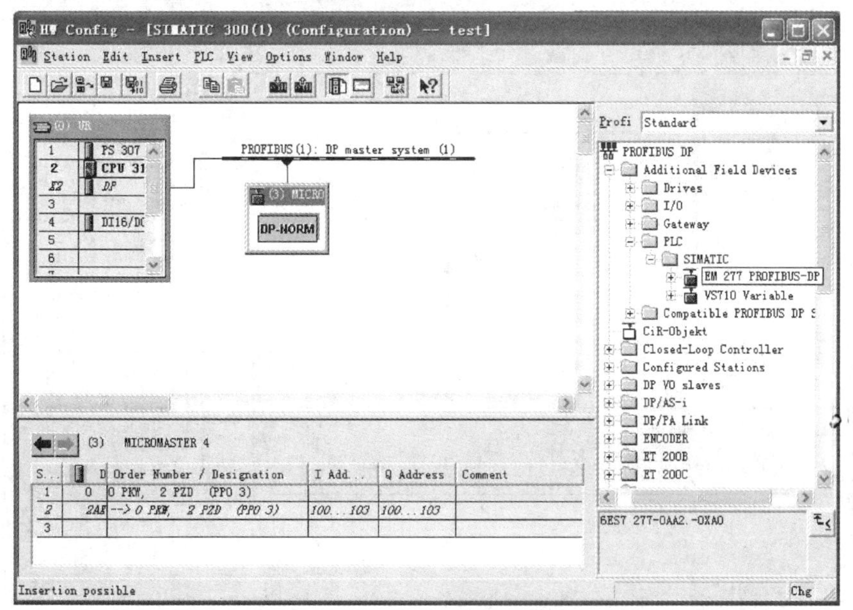

图 3－40　组态 EM277 模块

(19) 立即会弹出 EM277 PROFIBUS - DP 通信卡设置画面;DP 地址可以改动,选择 4;点击确定(此值可根据用户的需要随意设置,但此值设定后必须与其实际连接的 EM277 模块上所设置的地址完全一致)。如图 3 - 41 所示。

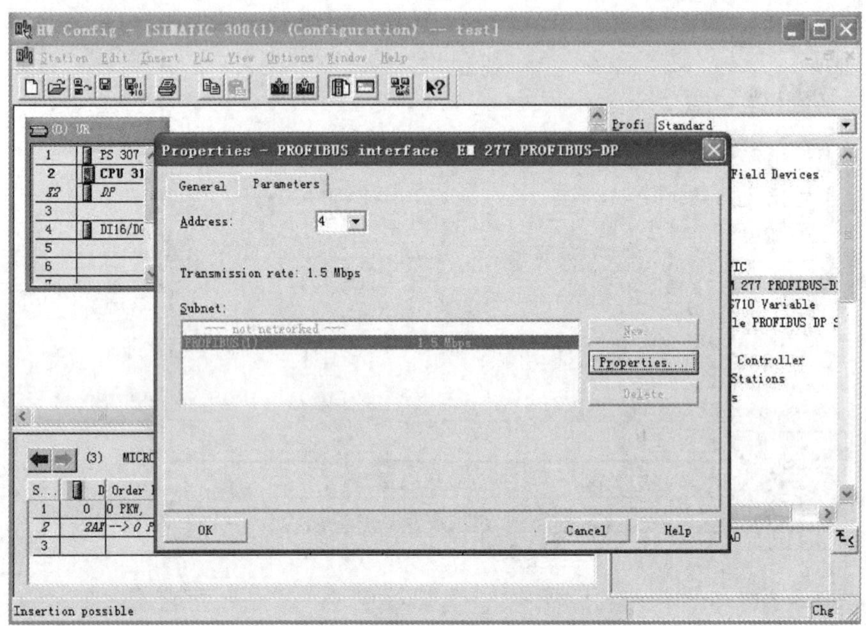

图 3 - 41 设置 EM277 模块通信地址

(20) 点开 EM277 PROFIBUS - DP\选中 Universal module,并将其拖入左下方的槽中,并分配其 I/O 地址,双击此槽。如图 3 - 42 所示。

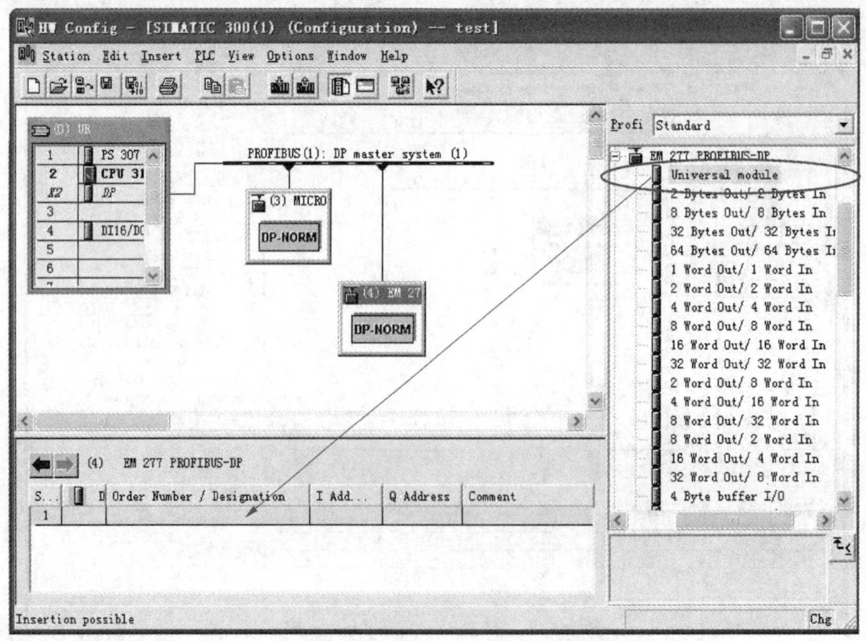

图 3 - 42 分配 EM277 模块 I/O 地址

(21) 在 I/O 选择处下拉菜单中选中 Input/Output。如图 3－43 所示。

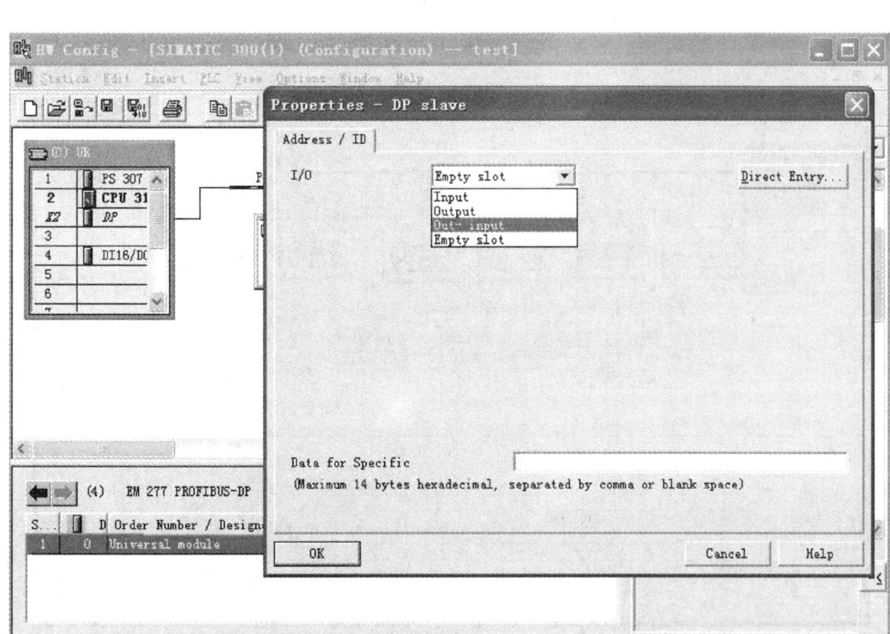

图 3－43 选择 EM277 模块 I/O 地址类型

在弹出的对话框中设置其输入/输出的起始地址(此地址即为上位机和下位机通信的I/O地址。用户可根据所给出的机电一体化 I/O 分配表设置,也可自行设置。)其输入/输出地址为 200 与 300 通信时需要使用的地址。如图 3－44 所示。

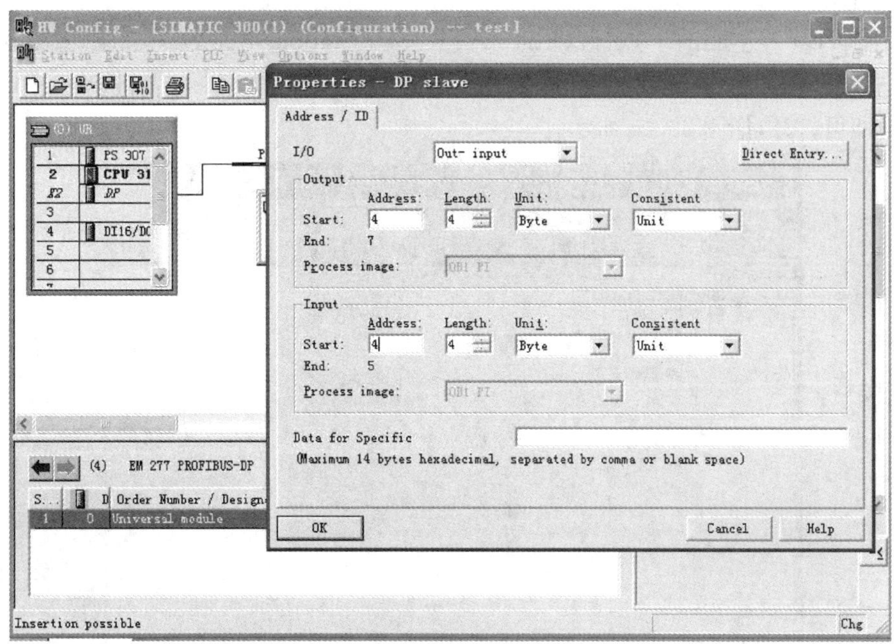

图 3－44 输入 EM277 模块 I/O 地址

(22) 按照上面步骤组态其他 EM277 模块,分配其地址。如图 3-45 所示。

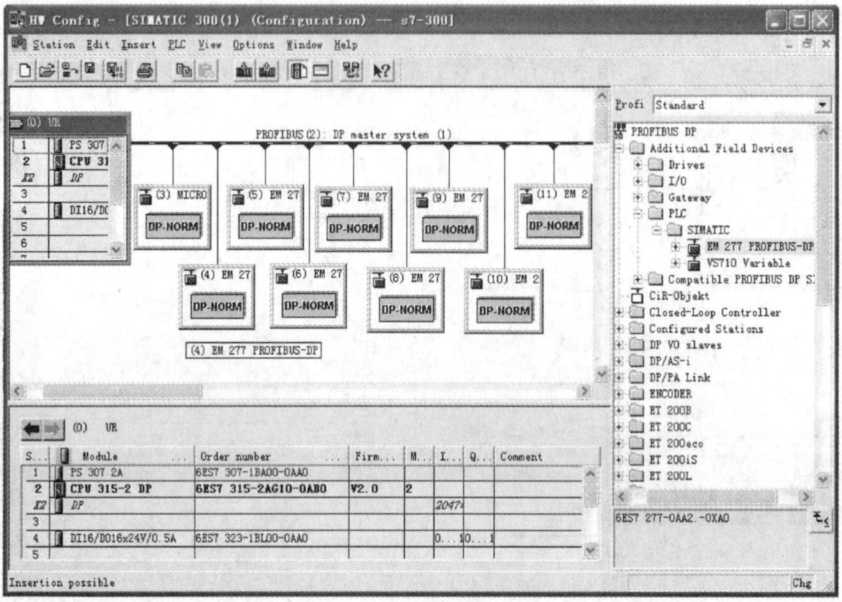

图 3-45　组态其他模块

(23) 点击 　,Save and Complice,存盘并编译硬件组态,完成硬件组态工作。

(24) 检查组态,点击 STATION\Consistency check,如果弹出 NO error 窗口,则表示没有错误产生! 组态完成。

3. 软件编程

(1) 将 Test 1 左面的+点开/将 SIMATIC 300 Station 左面的+点开/将 CPU315-2DP(1)左面的+点开/将 S7 Program(1)左面的+点开,选中 Block,然后选中 OB1 并双击编程界面即可打开,如图 3-46 所示。

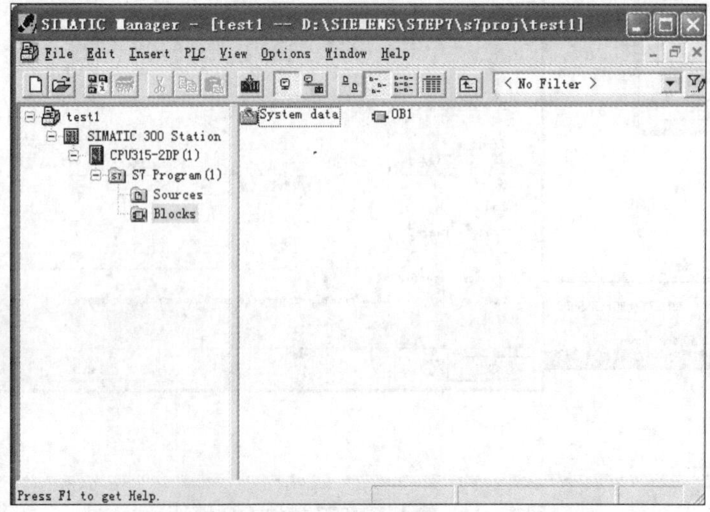

图 3-46　打开编程软件

(2) 在弹出的对话框中即可进行编程，编程完成后选择 PLC 下拉菜单中的 Download 即可下载至 PLC 300 中。如图 3-47 所示。

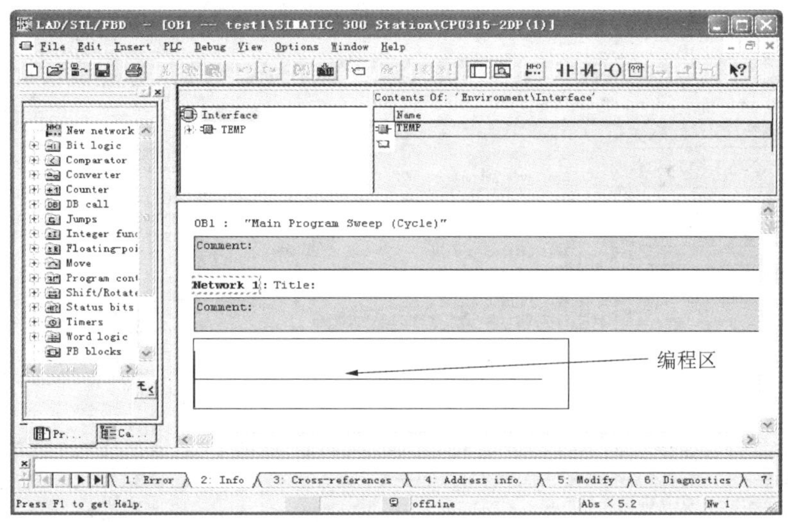

图 3-47 编程界面

4. S7-300 与 S7-200 的 PROFIBUS DP 通信设置

如何实现 S7300 与 S7-200 的 EM277 之间的 PROFIBUS DP 通信链接？将下位机 EM277 总线模块的地址分别进行设置，只要和 S7-300 硬件组态时设置的地址相对应即可。

S7-300 与 S7-200 通过 EM277 进行 PROFIBUS DP 通信，需要在 STEP 7 中进行 S7-300站组态，在 S7-200 系统中不需要对通信进行组态和编程，只需要将要进行通信的数据整理存放在 V 存储区与 S7-300 的组态 EM277 从站时的硬件 I/O 地址相对应就可以了。如图 3-48 所示。

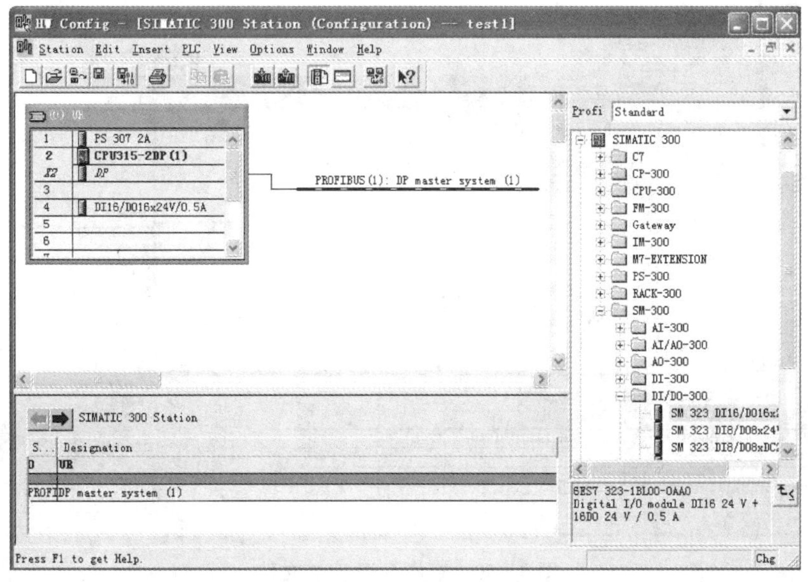

图 3-48 硬件组态界面

在已经配置完成的 S7－300 的硬件组态中，选中 STEP 7 的硬件组态窗口中的菜单 Option→ Install new GSD，导入 SIEM089D.GSD 文件，安装 EM277 从站配置文件，如图 3－49 所示。

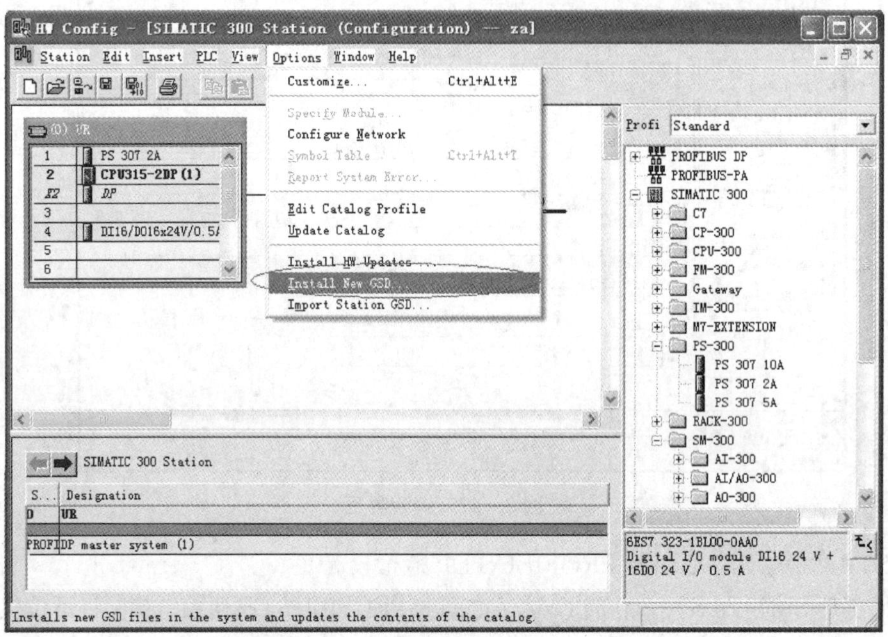

图 3－49 安装 GSD 文件

在 SIMATIC 文件夹中有 EM277 的 GSD 文件，如图 3－50 所示。

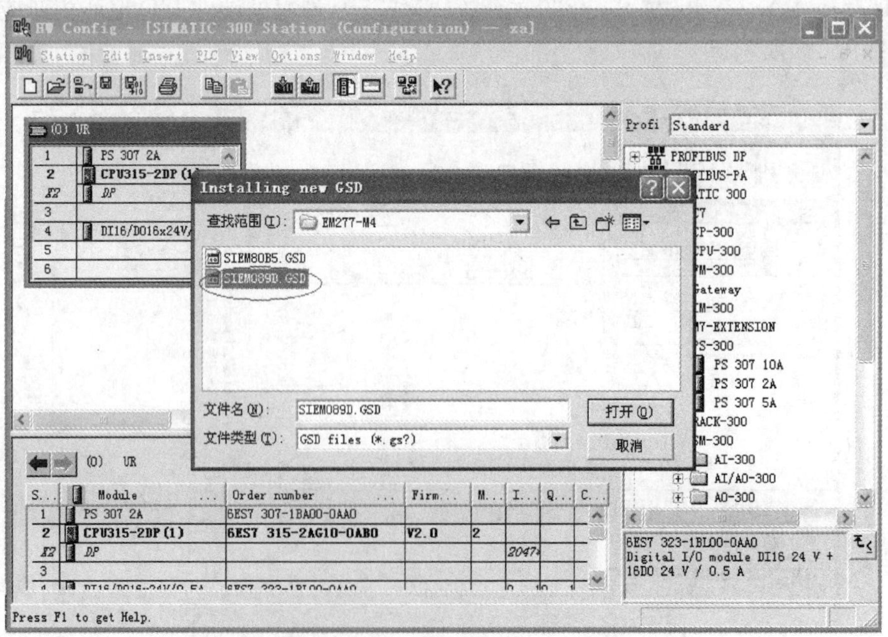

图 3－50 查找 GSD 安装文件

导入 GSD 文件后，在右侧的设备选择列表中找到 EM277 从站，PROFIBUS DP→Additional Field Devices→PLC→SIMATIC→选中 EM277 PROFIBUS－DP，将其拖到左边 PROFIBUS(1)：DP master system(1)上，当拖放箭头后带有一个“＋”号时松开。如图 3－51 所示。

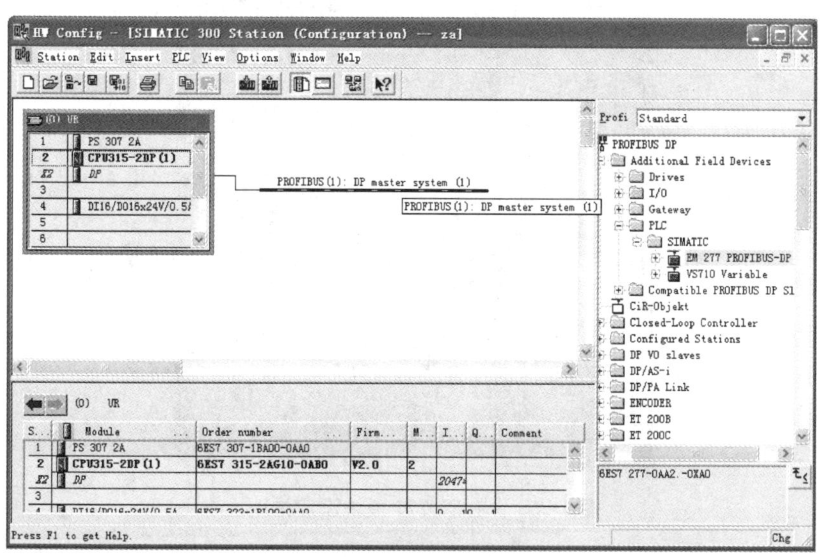

图 3－51　组态 EM277 模块

弹出 EM277 PROFIBUS－DP 通信卡设置画面；根据 EM277 上的拨位开关设定以上 EM277 从站的站地址，如图 3－52 所示。地址：选择 26(设备中定义的升降梯立体仓库单元的总线地址)；点击 OK(此值可根据用户的需要随意设置，但此值设定后必须与其实际连接的 EM277 模块上所设置的地址完全一致)。

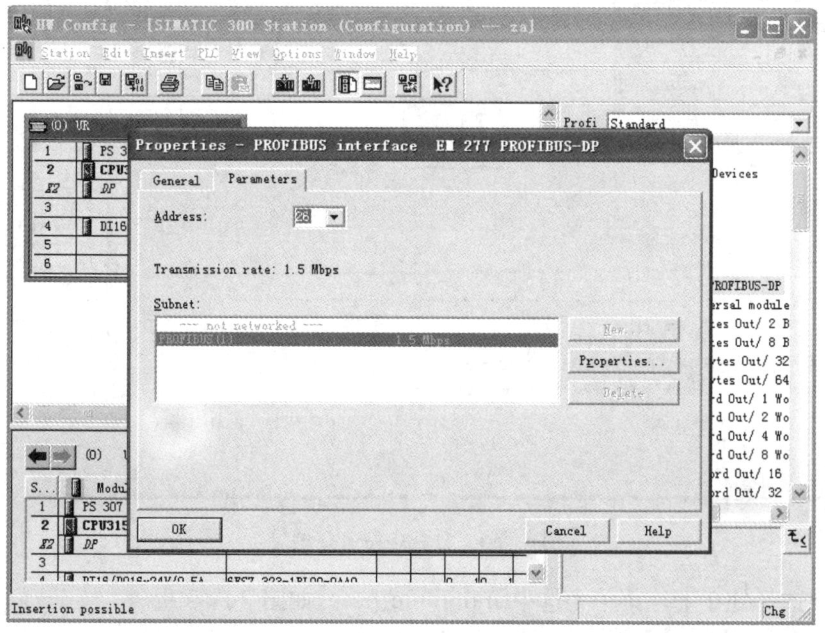

图 3－52　设置通信地址

根据 EM277 上的拨位开关设定以上 EM277 从站的站地址，如图 3－53 所示。

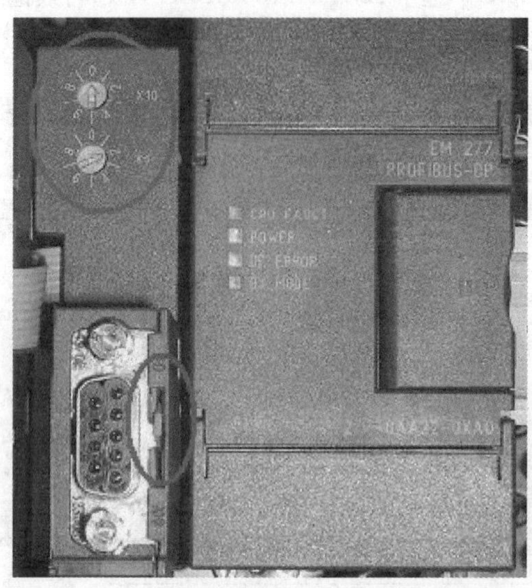

图 3－53　在 EM277 模块设定站地址

根据您的通信字节数，选择一种通信方式。如图 3－54 所示。点开 EM277 PROFIBUS－DP\选中 Universal module，并将其拖入左下方的槽中，并分配其 I/O 地址，双击此槽。

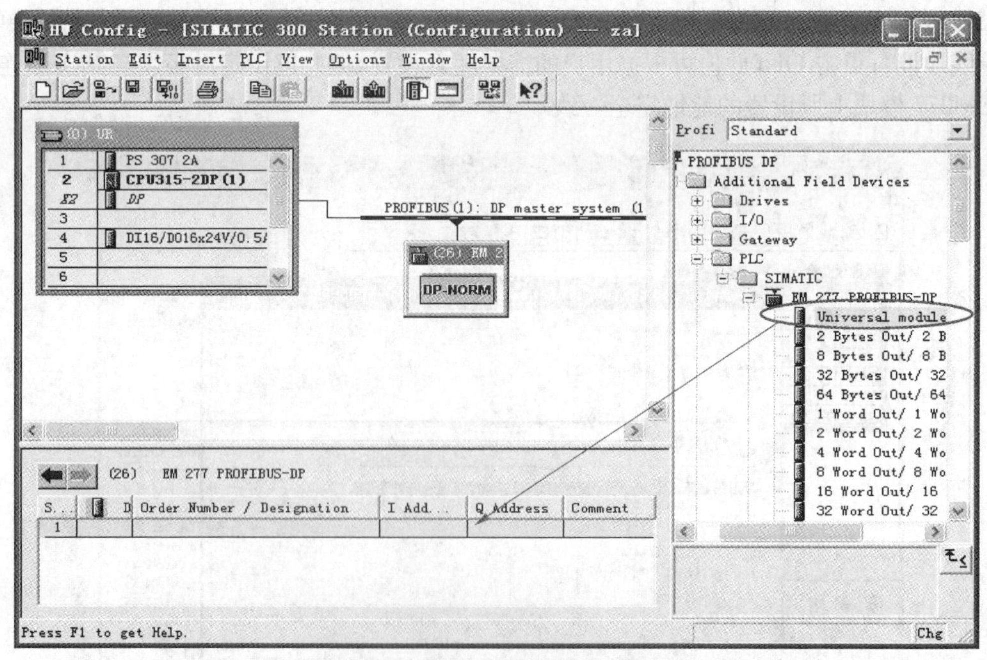

图 3－54　分配各站 I/O 地址

在 I/O 选择处在下拉菜单中选中 Input/Output。如图 3－55 所示。

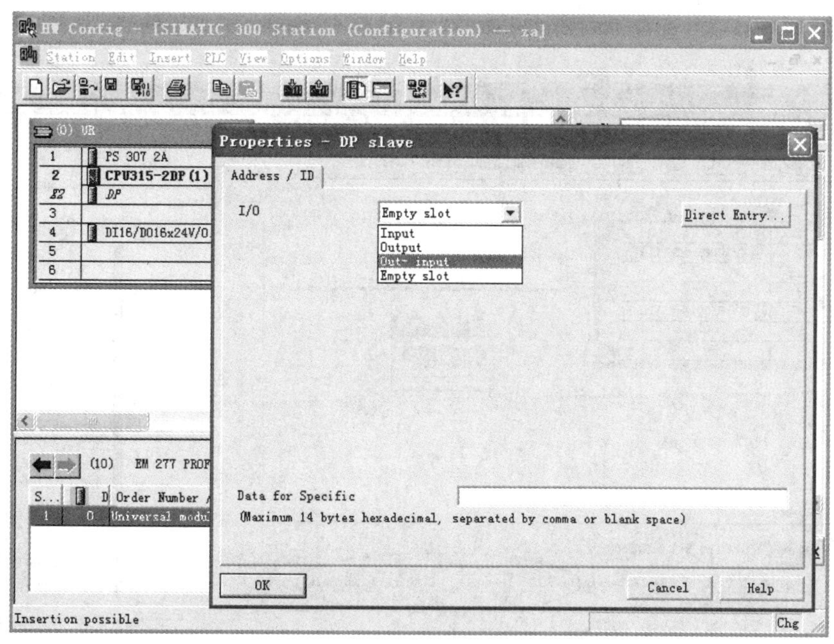

图 3－55　选择地址方式

在弹出的对话框中设置其输入/输出的起始地址(此地址即为上位机和下位机通信的I/O地址。用户可根据所给出的机电一体化 I/O 分配表设置,也可自行设置)。其输入与输出地址为 200 与 300 通信时需要使用的地址。单击 OK 键进行确认,此时通信地址设置完成。如图 3－56 所示。

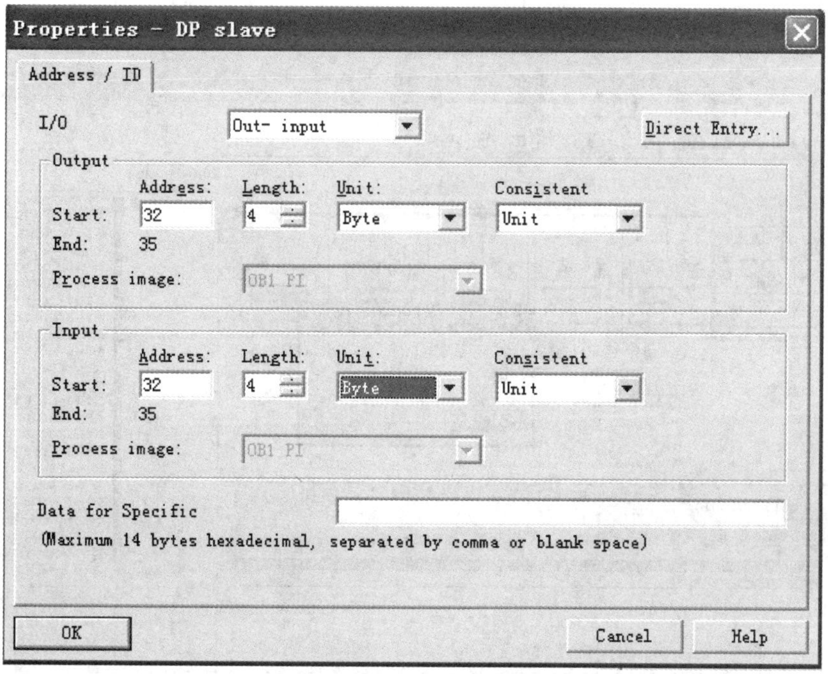

图 3－56　输入具体地址

按照上边步骤组态其他 EM277 模块,分配其地址。如图 3 - 57 所示。

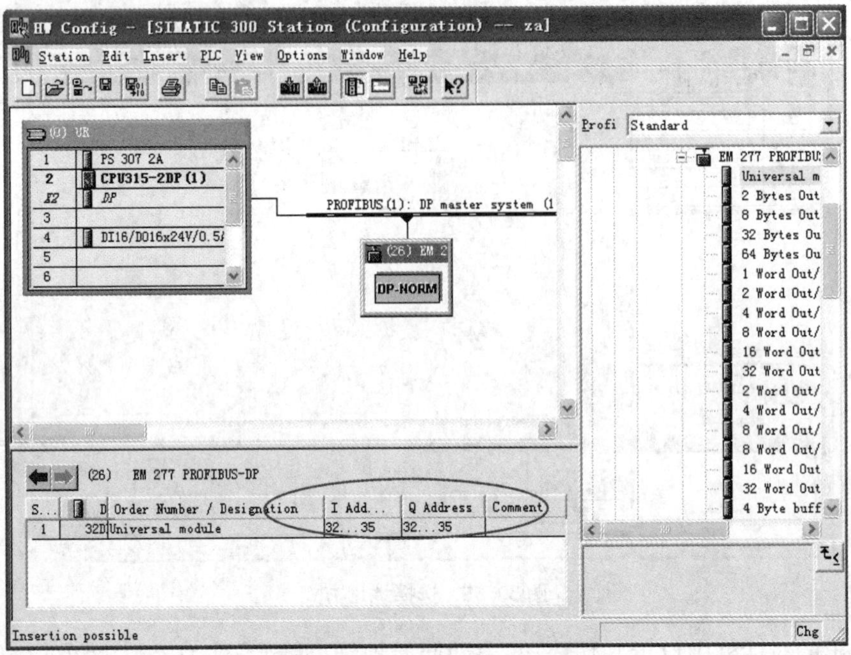

图 3 - 57 完成 EM277 模块组态

点击,Save and Complice,存盘并编译硬件组态,完成硬件组态工作。检查组态,点击 STATION\Consistency check,如果弹出 NO error 窗口,则表示没有错误产生,组态完成。如图 3 - 58 所示。

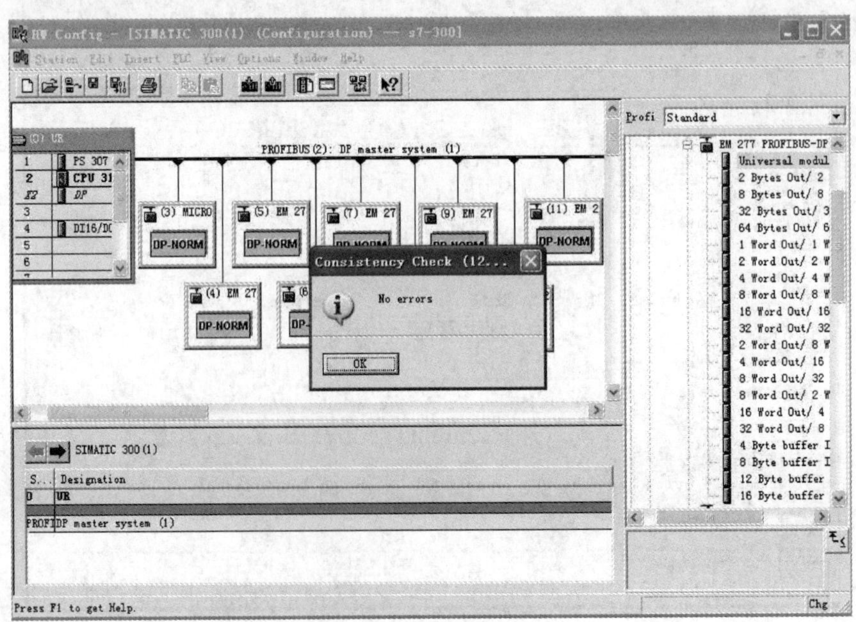

图 3 - 58 组态其他模块

组态完系统的硬件配置后，将硬件信息下载到 S7－300 的 PLC 当中，如图 3－59 所示。

图 3－59　下载组态信息

S7－300 的硬件下载完成后，将 EM277 的拨位开关拨到与以上硬件组态的设定值一致，在 S7－200 中编写程序将进行交换的数据存放在 VB0～VB7，对应 S7－300 的 PQB0～PQB3 和 PIB0～PIB3，打开 STEP 7 中的变量表和 STEP 7 MicroWin 32 的状态表进行监控，它们的数据交换结果如图 3－60 和图 3－61 所示。

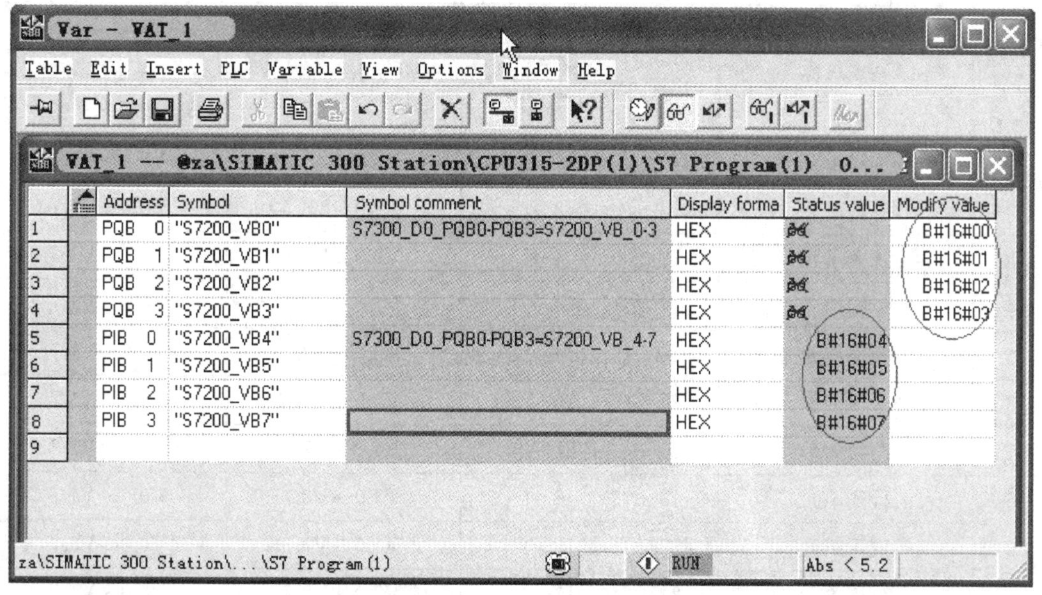

图 3－60　STEP 7 变量监控界面

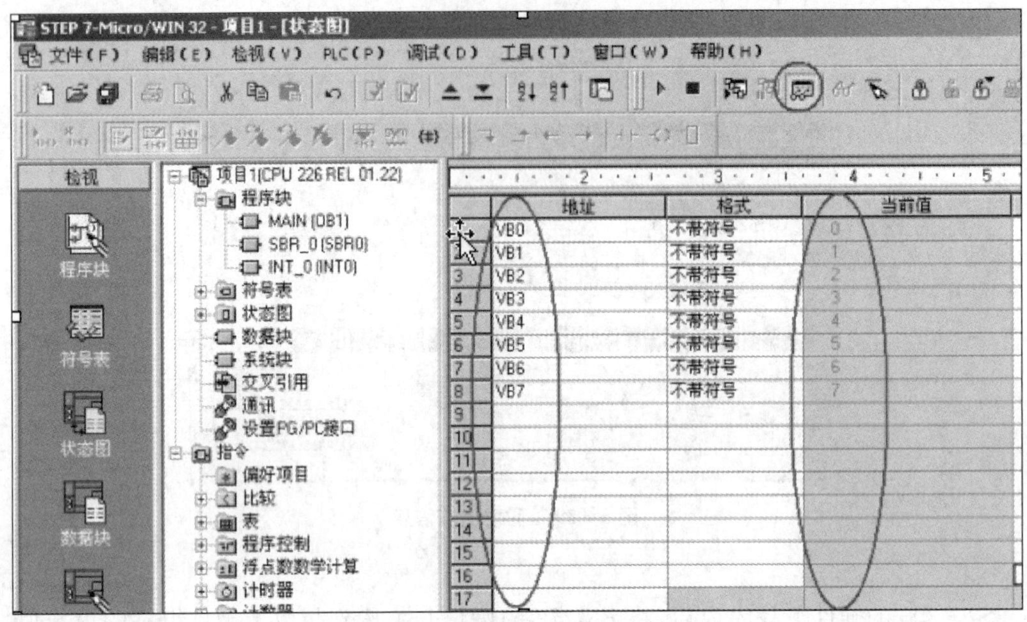

图 3-61 MicroWin 32 变量监控界面

注意：VB0～VB3 是 S7-300 写到 S7-200 的数据，VB4～VB7 是 S7-300 从 S7-200 读取的值。EM277 上拨位开关的位置一定要和 S7-300 中组态的地址值一致。

自动化生产线总线站点地址设置如表 3-1 所示。

表 3-1 生产线总线站点地址设置一览表

序号	站点名称	总线站号	与总站通信地址	变量存储器地址	
				发送地址（S7-200→S7-300）	接收地址（S7-300→S7-200）
1	上料单元	10	16～17	V2.0～V3.7	V0.0～V1.7
2	下料单元	08	2～3	V2.0～V3.7	V0.0～V1.7
3	加盖单元	12	4～5	V2.0～V3.7	V0.0～V1.7
4	穿销单元	14	6～7	V2.0～V3.7	V0.0～V1.7
5	模拟单元	16	14～15	V2.0～V3.7	V0.0～V1.7
6	图像识别单元	28	26～29	V4.0～V7.7	V0.0～V3.7
7	伸缩换向单元	20	22～25	V4.0～V7.7	V0.0～V3.7
8	检测单元	18	8～9	V2.0～V3.7	V0.0～V1.7
9	液压单元	22	18～21	V4.0～V7.7	V0.0～V3.7
10	分拣单元	24	10～11	V2.0～V3.7	V0.0～V1.7
11	升降梯立体仓库单元	26	32～35	V4.0～V7.7	V0.0～V3.7

为便于全面了解本系统全程控制中信号间的内在联系，现将总线通信中相关联的地址编号列于表 3-2。

表 3－2　总线通信关联的地址列表

<table>
<tr><th colspan="5">发送站</th><th rowspan="2">传送方向</th><th colspan="2">主站</th><th rowspan="2">传送方向</th><th colspan="3">接收站</th></tr>
<tr><th>总线站号</th><th>站点名称</th><th>信号名称</th><th>本站地址</th><th>传送变量地址</th><th>主站地址</th><th>主站输出地址</th><th>接收变量地址</th><th>站点名称</th><th>总线站号</th></tr>
<tr><td>10</td><td>上料单元</td><td>往下料放件信号</td><td></td><td>V2.3</td><td>S7－200→S7－300</td><td>I16.3</td><td>Q2.3</td><td>S7－300→S7－200</td><td>V0.3</td><td>下料单元</td><td>08</td></tr>
<tr><td>08</td><td>下料单元</td><td>料槽底层工件检测</td><td>I0.2</td><td>V3.5</td><td>S7－200→S7－300</td><td>I3.5</td><td>Q17.1</td><td>S7－300→S7－200</td><td>V1.1</td><td>上料单元</td><td>10</td></tr>
<tr><td>12</td><td>加盖单元</td><td>托盘检测</td><td>I0.1</td><td>V3.0</td><td>S7－200→S7－300</td><td>I5.0</td><td>Q3.0</td><td>S7－300→S7－200</td><td>V1.0</td><td>下料单元</td><td>08</td></tr>
<tr><td>14</td><td>穿销单元</td><td>托盘检测</td><td>I0.1</td><td>V3.0</td><td>S7－200→S7－300</td><td>I7.0</td><td>Q5.0</td><td>S7－300→S7－200</td><td>V1.0</td><td>加盖单元</td><td>12</td></tr>
<tr><td>16</td><td>模拟单元</td><td>托盘检测</td><td>I0.0</td><td>V3.0</td><td>S7－200→S7－300</td><td>I15.0</td><td>Q7.0</td><td>S7－300→S7－200</td><td>V1.0</td><td>穿销单元</td><td>14</td></tr>
<tr><td>28</td><td>图像识别单元</td><td>托盘检测</td><td>I0.0</td><td>V4.0</td><td>S7－200→S7－300</td><td>I26.0</td><td>Q15.0</td><td>S7－300→S7－200</td><td>V1.0</td><td>模拟单元</td><td>16</td></tr>
<tr><td>20</td><td>伸缩换向单元</td><td>工作指示灯</td><td>Q1.1</td><td>V4.0</td><td>S7－200→S7－300</td><td>I22.0</td><td>Q27.0</td><td>S7－300→S7－200</td><td>V3.0</td><td>图像识别单元</td><td>28</td></tr>
<tr><td>18</td><td>检测单元</td><td>托盘检测</td><td>I0.0</td><td>V3.0</td><td>S7－200→S7－300</td><td>I9.0</td><td>Q22.7</td><td>S7－300→S7－200</td><td>V0.7</td><td>伸缩换向单元</td><td>20</td></tr>
<tr><td>22</td><td>液压单元</td><td>本站整体复位</td><td></td><td>V7.0</td><td>S7－200→S7－300</td><td>I21.0</td><td>Q9.0</td><td>S7－300→S7－200</td><td>V1.0</td><td>检测单元</td><td>18</td></tr>
<tr><td rowspan="3">24</td><td rowspan="3">分拣单元</td><td rowspan="2">托盘检测</td><td rowspan="2">I0.7</td><td rowspan="2">V3.0</td><td rowspan="3">S7－200→S7－300</td><td>I11.0</td><td>Q18.0</td><td rowspan="3">S7－300→S7－200</td><td>V0.0</td><td>液压单元</td><td>22</td></tr>
<tr><td>I11.0</td><td>Q32.0</td><td>V0.0</td><td>升降梯立体仓库单元</td><td>26</td></tr>
<tr><td>止动气缸</td><td>Q0.0</td><td>V3.3</td><td>I11.3</td><td>Q32.1</td><td>V0.1</td><td>升降梯立体仓库单元</td><td>26</td></tr>
<tr><td>26</td><td>升降梯立体仓库单元</td><td>本站整体复位</td><td></td><td>V4.7</td><td>S7－200→S7－300</td><td>I32.7</td><td>Q11.0</td><td>S7－300→S7－200</td><td>V1.0</td><td>分拣单元</td><td>24</td></tr>
</table>

训练目标

(1) 了解主控平台的板面布置及各部件的功能;

(2) 了解系统总电源系统、总气路系统的设计思路及连接方法;

(3) 理解主站的通信控制和管理功能;

(4) 了解 PROFIBUS 协议结构,熟悉硬件组态方法;

(5) 学习生产线全程连续运行中系统调试和分析、查找、排除故障的方法。

训练要求

(1) 了解主控平台的板面布置及各部件的功能,检查核对其电气安装接线。

(2) 对照电源系统总图和气路连接总图理解总电源、总气源的引入方式、安全保护措施及分路电源、分路气源的分配方法。

(3) 依据 S7-300 PLC 控制接线图熟悉其安装接线方法。

(4) 理解主控平台上 S7-300 PLC 作为一类主站所实现的总线通信控制与管理功能,体会主、从站间的硬件连接方式,熟悉总线通信系统的实际安装接线。

(5) 了解总线协议结构及 PROFIBUS 模板特点;学习正确配置主站的硬件组态;学会设置与主站对应的下位机模块地址。

主站控制的基本要求:

主站控制按钮盒上的按钮为整个生产线的总控按钮,控制盒控制功能定义为:

"复位按钮":当按下此按钮时总站的三色指示灯中的黄灯亮,并且对各个分站进行初始化复位,所有标志位或计数器都将清零,重新计算。

"启动按钮":当所有单元均处于预备工作状态时按下此按钮,首先启动本套柔性生产线的底层传送电机使其运转且点亮各分站的红色指示灯,此后根据系统设计程序各分站按顺序进行相应的动作。

"停止按钮":当按下此按钮时所有站的动作均处于停止状态,按启动后可继续工作。

"急停按钮":当发生突发事故时,应立即按下急停按钮,系统将强制性将所有设备即刻调至停止工作状态(此时所有其他按钮都不起作用)。排除故障后需旋起急停按钮,并按下复位按钮,待各机构回复初始状态后按下启动按钮,系统方可重新开始运行。

说明:出现故障显示时应检查每个分站的情况,若发现故障则在排除后系统应重新启动开始运行。

考虑到分拣单元在不合格产品运送中采用了变频器技术,因而本系统将其安排在主站控制,其控制要求为:

废品单元的工件检测传感器连接到检测单元的 I1.1 的输入点上,当此传感器检测到废品线上有工件时输出一个中间变量(即 V*.*)传送至主站,总站接收到此信号后向变频器输出启动命令,驱动电机使废品传送带运转 5 秒后停止运行。

系统全程控制中需注意的问题:

系统全程控制时应满足下列条件:

(1) 设备电源(包括总电源及各分路电源)处于工作状态;

(2) 气泵气压达到 0.4～0.6 MPa；

(3) 确认总线通信正常；

(4) 确认各站处于初始状态(若从站不在初始状态，可通过总站的复位按钮进行整体复位后方可再次按下启动按钮，进行整体运行)。

系统全程运行时各分站程序需做以下补充或修改：

(1) 根据主站控制按钮盒上总控按钮的功能定义修改程序；

(2) 根据各分站中的要求补充修改程序。

3.2.5　重点知识、技能归纳

通过该任务的完成，学生能够重点掌握 PROFIBUS 总线的基本原理以及软硬件组态的方法。加深对 PROFIBUS 总线原理的理解，加强团队合作意识。

3.2.6　工程素质培养

(1) PROFIBUS 有哪几种传输技术?

(2) 使用 S7 组态时的注意事项有哪些?

项目 4 自动化生产线人机界面设计与调试

学习目标

(1) 熟悉组态监控原理。
(2) 掌握组态软件的使用方法。
(3) 能对底层设备运行情况进行监控。
(4) 掌握触摸屏的功能和使用。

任务描述

本任务利用触摸屏和 WinCC 软件完成对整个生产线的监控。

任务 4.1 触摸屏应用系统设计与调试

4.1.1 触摸屏认知

PLC 具有很强的功能，能够完成各种控制任务。但是同时我们也注意到这样一个问题：PLC 无法显示数据，没有漂亮的界面。不能像计算机控制系统一样，能够以图形方式显示数据，使操作简单方便。借助智能终端设备，即人机界面 HMI(human - machine interface)，通过人机界面设备提供的组态软件，能够很方便地设计出用户所要求的界面，也可以直接在人机界面设备上操作。如图4 - 1 所示。

图 4 - 1 智能终端的人机界面

人机界面设备提供了人机交换的方式，就像一扇窗户，是操作人员与 PLC 之间进行对话的接口设备。人机界面设备以图形形式显示所连接 PLC 的状态、当前过程数据以及故障信息。用户可使用 HMI 设备方便地操作和观测正在监控的设备或系统。工业触摸屏已经成为现代工业控制系统中不可缺少的人机界面设备之一。

本系统采用了德国西门子(SIEMENS)公司研发的人机界面。在自动生产线中,通过触摸屏这扇窗户,我们可以观察、掌握和控制自动化生产线以及 PLC 的工作状况。

1. 认识人机界面 smart 700IE

smart 700IE 采用了 7 英寸高亮度 TFT 液晶显示屏(分辨率 800×480),四线电阻式触摸屏。如图 4-2 所示是 smart 700IE 的视图。

2. 连接组态 PC

组态 PC 能够提供下列功能:

(1) 传送项目;

(2) 传送设备映像;

(3) 将 HMI 设备恢复至工厂默认设置;

(4) 备份、恢复项目数据。

将组态 PC 与 Smart Panel 连接:

(1) 关闭 HMI 设备;

(2) 将工业以太网电缆的一个连接器与 HMI 设备连接;

(3) 将工业以太网电缆的另一个连接器与组态 PC 连接。如图 4-3 所示。以太网接口如表 4-1 所示。

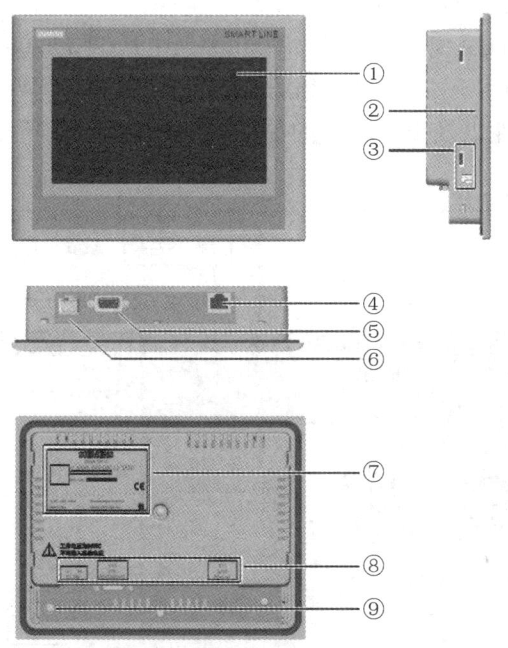

① 显示器/触摸屏　② 安装密封垫　③ 安装卡钉的凹槽
④ 以太网接口　⑤ RS485/422 接口　⑥ 电源连接器
⑦ 铭牌　⑧ 接口名称　⑨ 功能接地连接

图 4-2　Smart 700IE

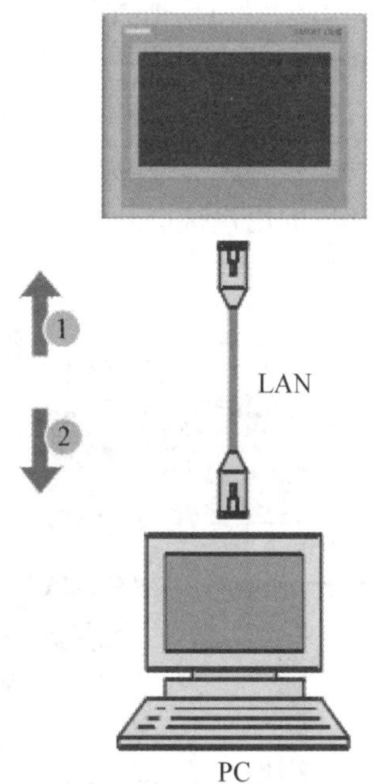

图 4-3　组态 PC 与 Smart Panel 连接

表 4－1 以太网接口针脚分配

插　　图	针 脚 号	说　　明
8 1	1	TX+
	2	TX−
	3	RX+
	4	NC
	5	NC
	6	RX−
	7	NC
	8	NC

4.1.2 认知 WinCC flexble 组态软件

WinCC flexible，德国西门子(SIEMENS)公司工业全集成自动化(TIA)的子产品，是一款面向机器的自动化概念的 HMI 软件。WinCC flexible 用于组态用户界面以操作和监视机器与设备，提供了对面向解决方案概念的组态任务的支持。WinCC flexible 与 WinCC 十分类似，都是组态软件，而前者基于触摸屏，后者基于工控机。

西门子的人机界面过去用组态软件 ProTool 组态，WinCC flexible 是在 ProTool 基础上发展起来的，并且与 ProTool 保持了兼容性，还支持多种语言，可以全球通用。WinCC flexible 综合了 WinCC 的开放性和可扩展性以及 ProTool 的易用性。如图 4－4 所示是 WinCC flexible 的用户接口界面。

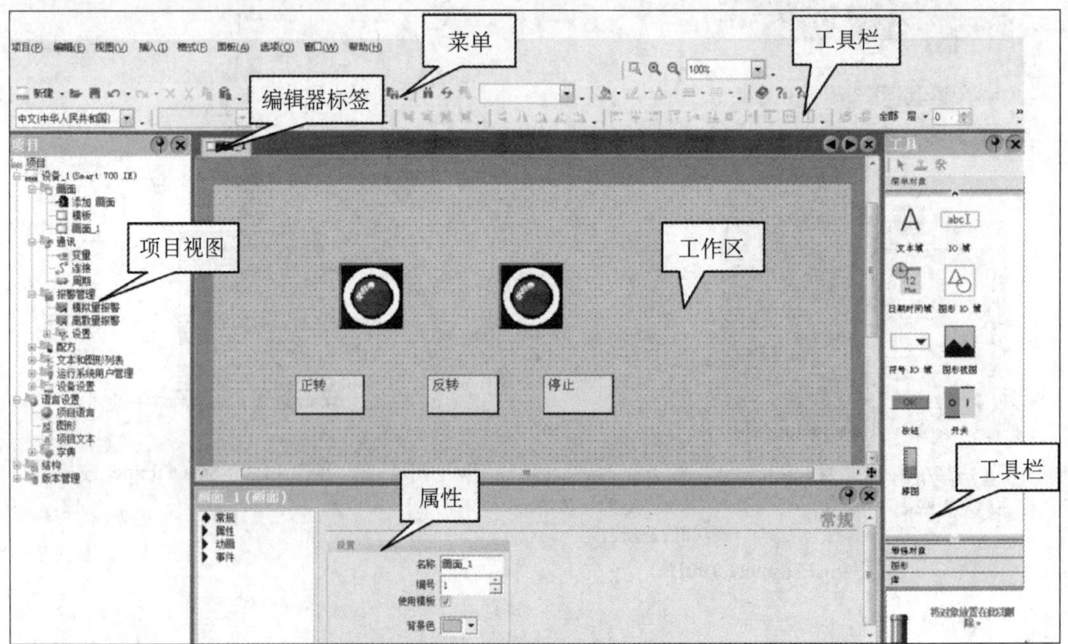

图 4－4 WinCC flexible 的用户接口

菜单和工具栏是大型软件应用的基础，初学时可以建立一个项目，对菜单和工具栏进行各种操作，通过操作了解菜单中的各种命令和工具栏中各个按钮的使用方法。菜单中浅灰色的命令和工具栏中浅灰色的按钮在当前条件下不能使用。

图 4－5 中显示了触摸屏设备启动期间和运行系统结束时迅速出现的装载程序。

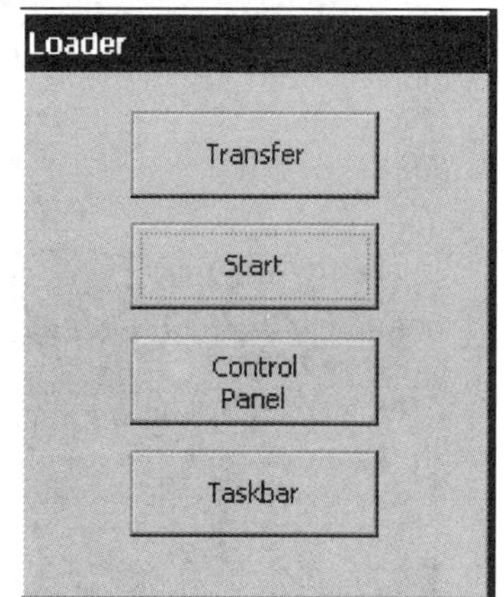

图 4－5　装载程序界面

装载程序各按钮具有下述功能：

(1) 按下"传送（Transfer)"按钮，将触摸屏设备切换到传送模式，等待组态画面的传送。

(2) 按下"开始（Start)"按钮，启动运行系统打开触摸屏设备上已装载的项目。

(3) 按下"控制面板（Control Panel)"按钮，访问 Windows CE 控制面板，可在其中定义各种不同的设置。例如，可在此设置传送模式的各种选项和参数。

(4) 按下"任务栏（Taskbar)"按钮，以便在 Windows CE 开始菜单打开时显示 Windows 工具栏。

本节通过组态电动机正反转控制画面说明如何建立和编辑 WinCC flexible 项目。使用 WinCC flexible 建立一个项目一般包括以下几个步骤。

(1) 启动 WinCC flexible；

(2) 建立项目；

(3) 建立通信连接；

(4) 组态变量；

(5) 画面组态；

(6) 仿真或下载运行。

项目是组态用户界面的基础，在项目中可创建画面、变量和报警等对象。画面用来描述被监控的系统，变量用来在人机界面设备和监控设备(PLC)之间传送数据。报警用来指示被监控系统的某些运行状态。

1. *启动* WinCC flexible

安装好 WinCC flexible 后，在 Window 桌面上将会生成 WinCC flexible 的图标，双击该图标，将打开 WinCC flexible 项目向导。

2. *建立项目*

项目向导有 5 个选项，选择"创建一个空项目"选项。在出现的"设备选择"对话框中，用鼠标单击选中 Smart 700 IE。点击"确定"按钮，创建一个新的项目。在项目视图中，将项目的名称修改为"电动机正反转控制"。执行菜单命令"文件"→"另存为"，设置保存项目的文件夹。如图 4－6 和图 4－7 所示。

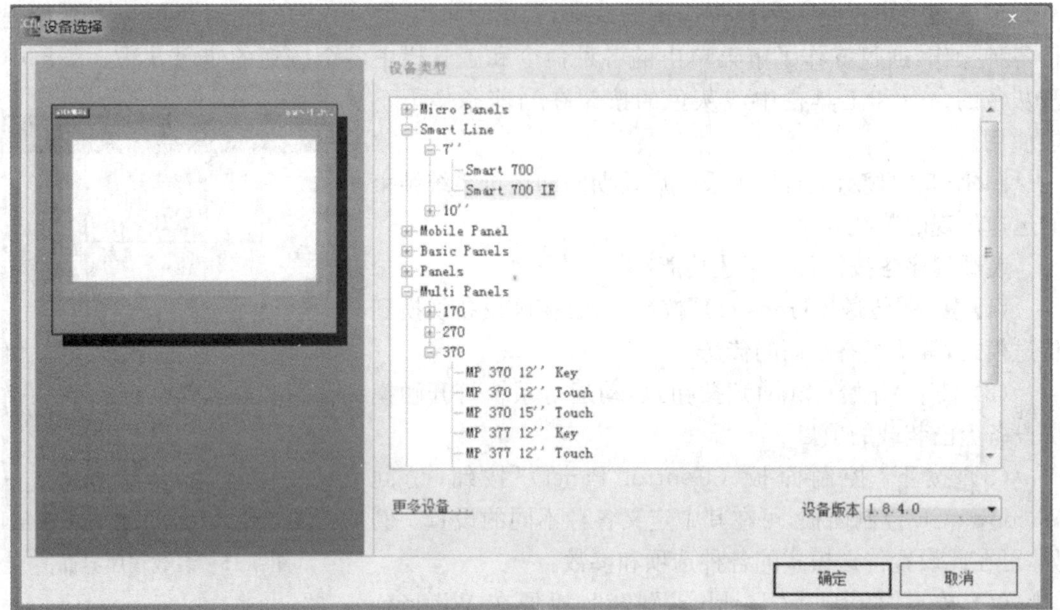

图 4-6 设备选择对话框

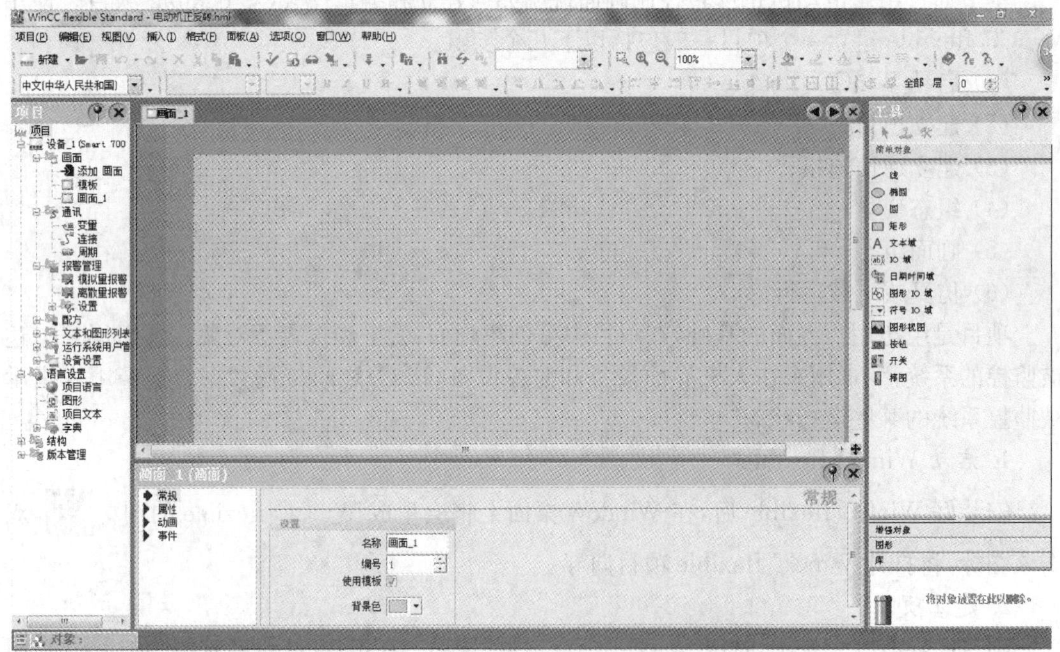

图 4-7 重命名后的电动机正反转控制画面

3. 建立通信连接

点击项目视图的“通信”文件夹中的“连接”图标，打开连接编辑器，然后点击连接表中的第一行，将会自动出现与 S7-200 的连接，连接的默认名称为“连接_1”。连接表的下方是连接属性视图。图中的参数为默认值，是项目向导自动生成的。在“参数”选项卡的“波特率”选择框中，选择传输速率为 19 200 bit/s，其余参数可以使用默认值。如图 4-8 所示。

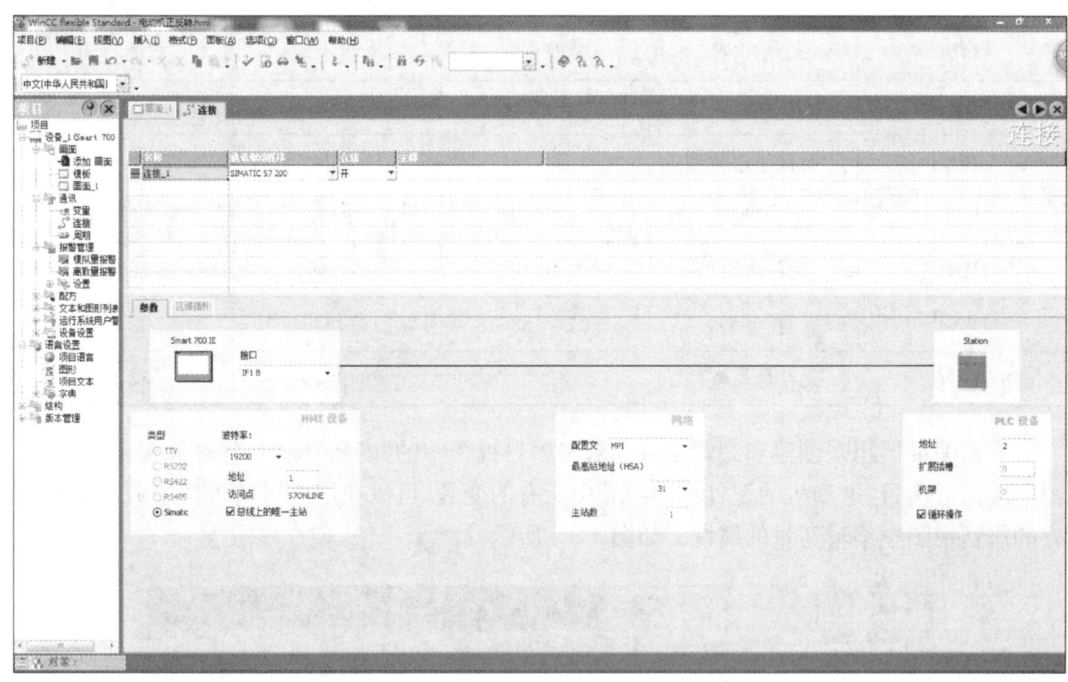

图 4－8　连接编辑器

4. 组态变量

(1) 变量的分类。

变量分为外部变量和内部变量,每个变量都有一个符号名和数据类型。

外部变量是人机界面与 PLC 进行数据交换的桥梁,是 PLC 中定义的存储单元的映像,其值随 PLC 程序的执行而变化。可以在 HMI 设备和 PLC 中访问外部变量。

内部变量存储在 HMI 设备内部的存储器中,与 PLC 没有连接关系,只有 HMI 设备能访问内部变量。内部变量用于 HMI 设备内部的计算或执行其他任务。内部变量用名称来区分,没有地址。

(2) 变量的数据类型。

WinCC flexible 软件中可定义的变量的基本数据类型有字符、字节、有符号整数、无符号整数、长整数、无符号长整数、实数、双精度浮点数、布尔(位)变量,字符串及日期时间。如表 4－2 所示。

表 4－2　变量的基本数据类型

类型	类型名称	数据下限	数据上限	存储空间
BOOL	布尔型	0	1	8 bit
BYTE	字节型	0	255	8 bit
WORD	字型	0	65535	16 bit
DWORD	双字型	0	4294967295	32 bit

续 表

类型	类型名称	数据下限	数据上限	存储空间
SINT	短整型	−128	127	8 bit
USINT	无符号短整型	0	255	8 bit
INT	整型	−32768	32767	16 bit
UINT	无符号整型	0	65535	16 bit
DINT	长整型	−2147483648	2147483647	32 bit
UDINT	无符号长整型	0	4294967295	32 bit

变量编辑器用来创建和编辑变量。双击项目视图中的“变量”图标，将打开变量编辑器。图中给出了项目“电动机的正、反转控制”中所有的变量，可以在工作区的表格中或在表格下方的属性视图中编辑变量的属性。如图 4－9 所示。

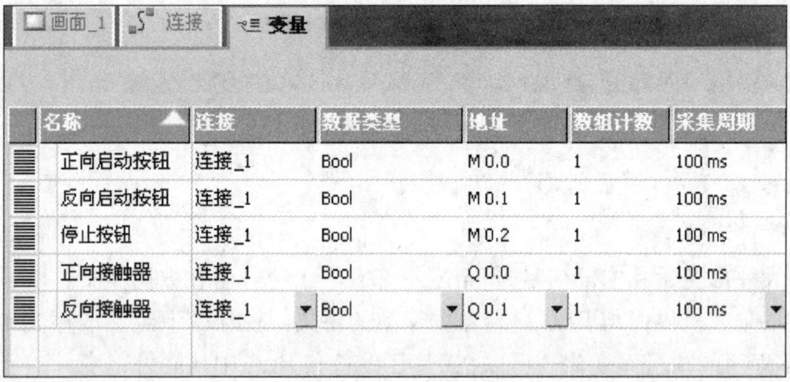

画面_1 连接 变量

名称	连接	数据类型	地址	数组计数	采集周期
正向启动按钮	连接_1	Bool	M 0.0	1	100 ms
反向启动按钮	连接_1	Bool	M 0.1	1	100 ms
停止按钮	连接_1	Bool	M 0.2	1	100 ms
正向接触器	连接_1	Bool	Q 0.0	1	100 ms
反向接触器	连接_1	Bool	Q 0.1	1	100 ms

图 4－9 变量编辑器

双击变量表中最下方的空白行，将会自动生成一个新的变量，其参数与上一行变量的参数基本相同，其名称和地址与上面一行的地址和变量按顺序排列。例如，原来最后一行的变量名称为“反向接触器”时，新生成的变量的名称为“反向接触器”，地址为 Q0.1。

点击图中的变量表的“连接”列单元中的▼，可以选择“连接_1”(HMI 设备与 PLC 的连接)或“内部变量”，本例中的变量均为来自 PLC 的外部变量。

点击变量表的“数据类型”列单元中的▼，可在出现的选择框中选择变量的数据类型。

5. 画面组态

(1) 画面的基本概念。

人机界面用画面中可视化的画面元件来反映实际的工业生产过程，也可以在画面中修改工业现场的过程设定值。

画面由静态元件和动态元件组成。静态元件(例如文本或图形对象)用于静态显示，在运行时它们的状态不会变化，不需要变量与之连接，它们不能有 PLC 更新。

动态元件的状态受变量的控制，需要设置与它连接的变量，用图形、字符、数字趋势图和棒图等画面元件来显示 PLC 或 HMI 设备存储器中的变量的当前状态或当前值。PLC 和 HMI 设备通过变量和动态元件交换过程值和操作员的输入数据。

(2) 打开画面。

生成项目“电动机的正、反转控制”后，系统将自动生成一个名为“画面_1”的画面。用鼠标右键点击项目视图中该画面的图标，在出现的快捷菜单中执行“重命名”，将该画面的名称改为“初始画面”。双击项目视图中的“初始画面”图标，打开画面编辑器。

在画面编辑器下方的属性对话框的“常规”选项卡中，可以设置画面的名称、编号和背景颜色。点击“背景色”选择框的▾，在出现的颜色列表中选择画面的背景色为白色。点击画面下方的属性视图中的“使用模版”复选框，使其中的“√”消失，则选择在组态时不显示模版中的对象。

(3) 按钮的生成与组态。

① 按钮的生成。

组态画面中按钮与连接在 PLC 输入端的物理按钮的功能相同，主要用来给 PLC 提供开关量输入信号，通过 PLC 的用户程序来控制生产过程。画面中的按钮元件不能与 S7 系列 PLC 的数字量输入(例如 I0.0)连接，应与存储位(例如 M0.0)连接。

点击工具箱中的“简单对象”组，出现常见的画面元件的图标。将其中的“按钮”图标拖放到画面中，拖动的过程中鼠标的光标变成十字形，按钮图标跟随十字形光标移动，十字形光标的中心在画面的 x、y 轴的坐标(x/y)和按钮的宽、高(w/h)尺寸(均以像素为单位)也跟随光标一起移动。放开鼠标左键，按钮被放置在画面上，其左上角在十字形光标的中心。按钮的四周有 8 个小正方形，可以用鼠标移动和放大、缩小按钮。

② 按钮的属性设置。

选中某个按钮后，在工作区下方的属性视图中，选中左侧树形结构中的“常规”，在右侧的对话框中选择按钮的模式为“文本”。在“文本”域的单选框中，选中“文本”。如图 4-10 所示。

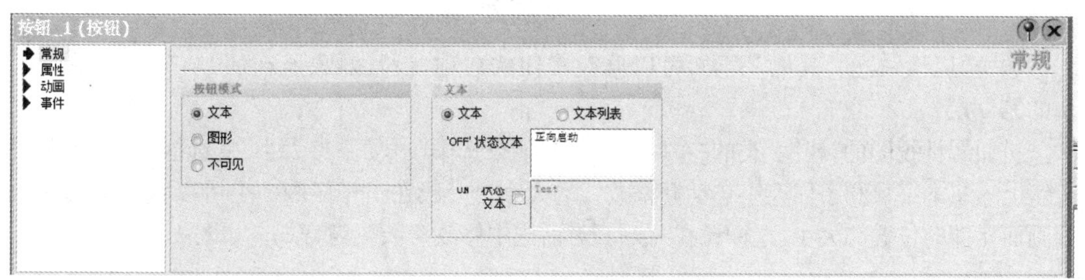

图 4-10　按钮的常规属性组态

如果选中复选框“按下时”，可以分别设置“按下时”和“弹起时”的文本。未选中该复选框时，按钮按下时和弹起时显示的文本相同。

在工作区的画面中央生成三个按钮，其文本分别为“正向启动”“反向启动”和“停止”。如图 4-11 所示。

选中属性视图窗口的“属性”类中的“外观”，“外观”左侧的正方形图标变为指向右侧的箭头。在右侧的对话框中，将按钮的背景色修改为浅灰色。如图 4-12 所示。

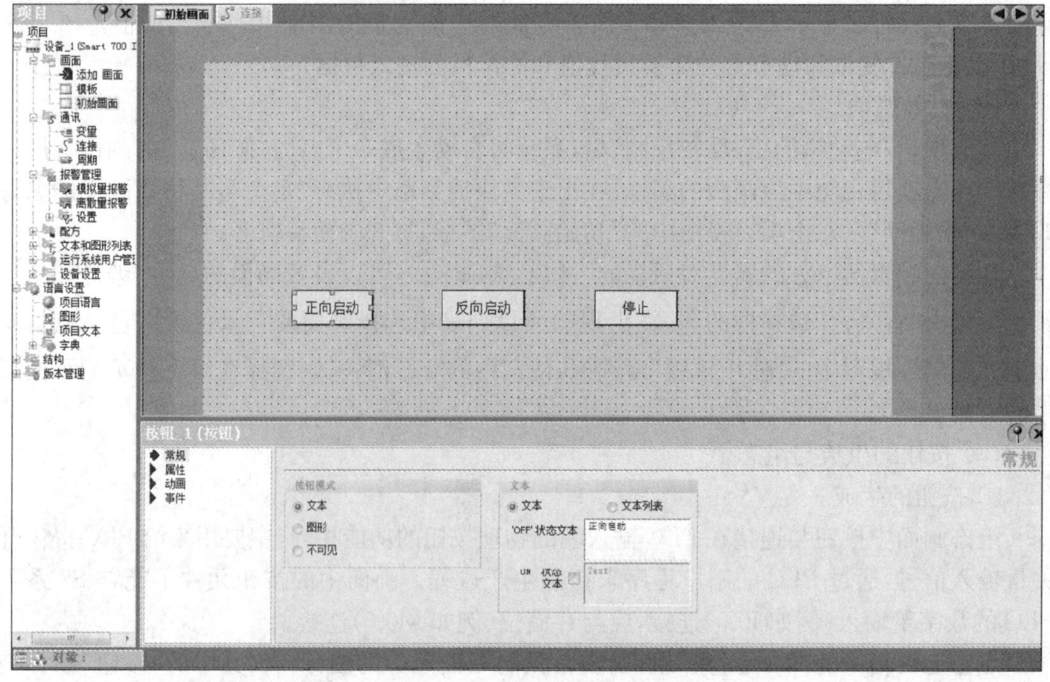

图 4-11 组态三个按钮的画面

图 4-12 按钮的外观组态

选中“属性”类的“其他”子类，可以修改按钮的名称，设置对象所在的“层”，一般使用默认的第 0 层。

按钮属性视图的“属性”类的“布局”对话框，如果选中“自动调整大小”复选框，系统将根据按钮上的文本字数和字体大小自动调整按钮的大小。一般在工作区画面上可以直接用鼠标设置画面元件的位置和大小，这样比在“布局”对话框中修改参数更为直观。如图 4-13 所示。

图 4-13 按钮的布局组态

可以用“文本”对话框定义包含静态文本或动态文本的画面对象的文本外观，例如可以选择字体和字号，或者设置下划线等附加效果。如图 4－14 所示。

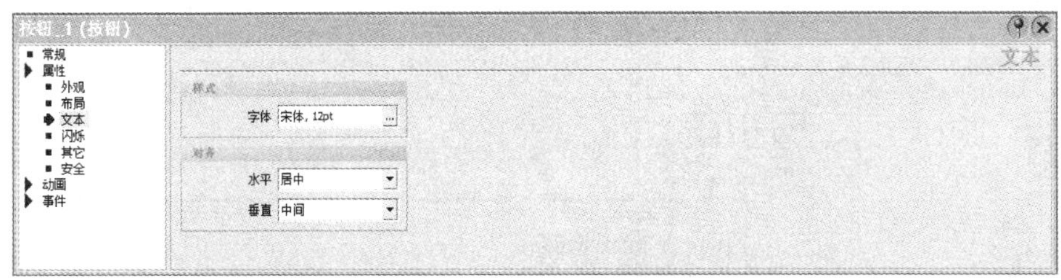

图 4－14　按钮的文本格式组态

在图中设置的样式（粗体、斜体等）和效果（删除线、下划线）等文本格式将用于该画面对象中的整个文本。例如可以用粗体格式显示整个标题，但是不能以粗体格式显示标题中的部分字符或单词。

③ 按钮功能的设置。

选中文本为“正向启动”的按钮，打开属性视图的“事件”类的“按下”对话框，点击视图右侧最上面一行，再点击它的右侧出现的▼（在点击之前它是隐藏的），在出现的系统函数列表中选择“编辑位”文件夹中的函数“SetBit”（置位）。如图 4－15 所示。

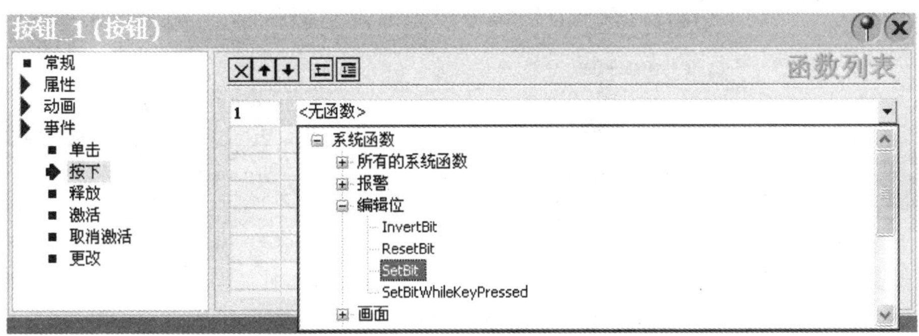

图 4－15　组态按钮按下时执行的函数

直接点击函数列表中第 2 行右侧隐藏的▼，在出现的变量列表中选择变量“正向启动按钮”，在运行时按下该按钮，将变量“正向启动按钮”置位为 1 状态。如图 4－16 所示。

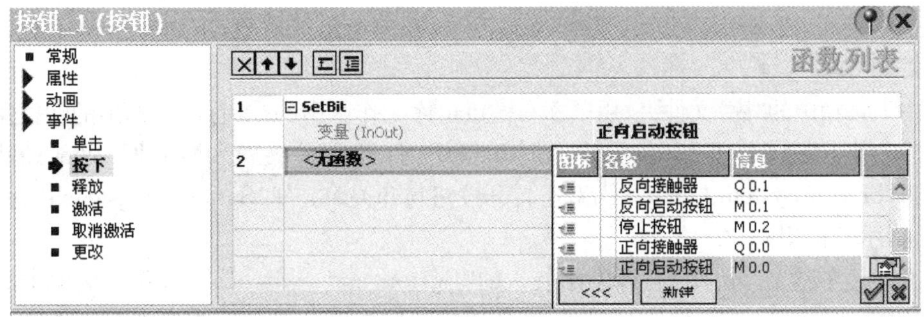

图 4－16　组态按钮按下时操作的变量

在选中文本为“正向启动”的按钮状态下，打开属性视图的“事件”类的“释放”对话框，用和上述相同的方法，在出现的系统函数列表中选择“编辑位”文件夹中的函数“ResetBit”(置位)。如图 4 - 17 所示。

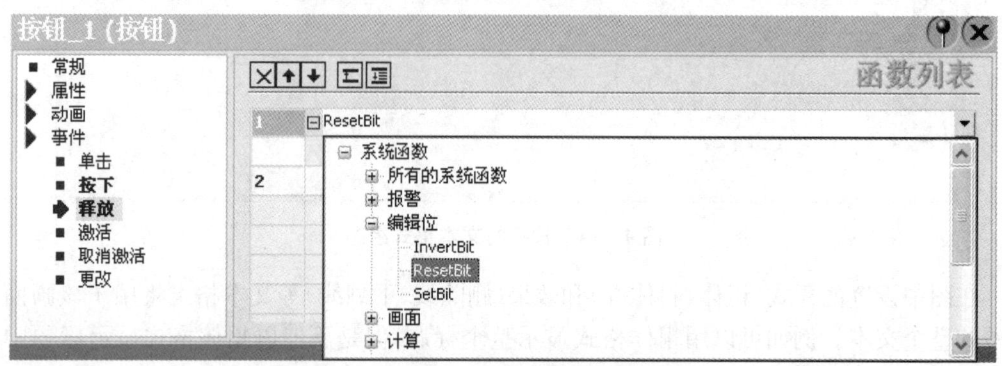

图 4 - 17　组态按钮释放时执行的函数

直接点击函数列表中第 2 行右侧隐藏的▾，在出现的变量列表中选择变量“正向启动按钮”，在运行时释放该按钮，将变量“正向启动按钮”复位为 0 状态。如图 4 - 18 所示。

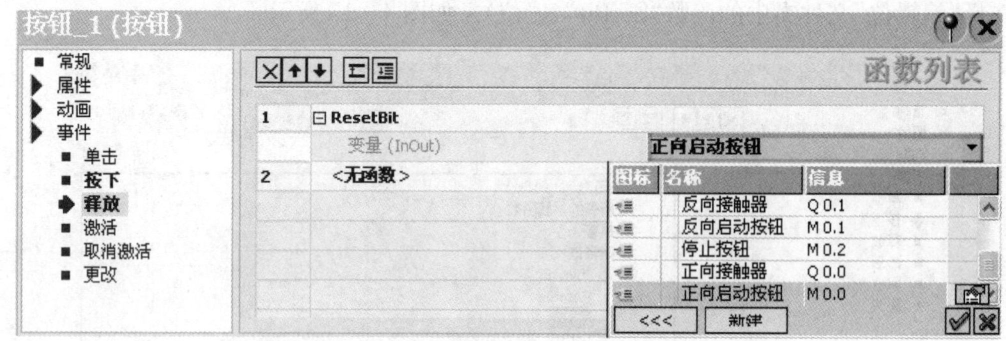

图 4 - 18　组态按钮释放时操作的变量

用同样的方法分别组态“反向启动”按钮与变量“反向启动按钮”的连接和“停止”按钮与变量“停止按钮”的连接，在按下时调用系统函数“SeBit”，在释放时调用系统函数“ReseBit”。

(4) 指示灯与文本域的生成与组态。

① 打开库文件。

在工具箱内，没有用于显示变量 ON/OFF 状态的指示灯对象，下面介绍使用对象库中的指示灯的方法。

选中工具箱中的“库”文件夹，用鼠标右键点击库工作区中的空白处，在弹出的快捷菜单中执行命令“库…”→“打开”。在出现的对话框中，打开文件夹“\SIMATIC WinCC flexible Support\Libraries\System-Libraries”，双击打开按钮与开关库文件“Button_and_switches.wlf”。

② 指示灯的组态。

在工具箱中选中“库”组，打开刚刚装入的“Button_and_switches”库，双击该库中的文件夹“Indicator_switches(指示灯/开关)”，将其中的圆形指示灯图标拖放到画面工作区。如图 4 - 19 所示。

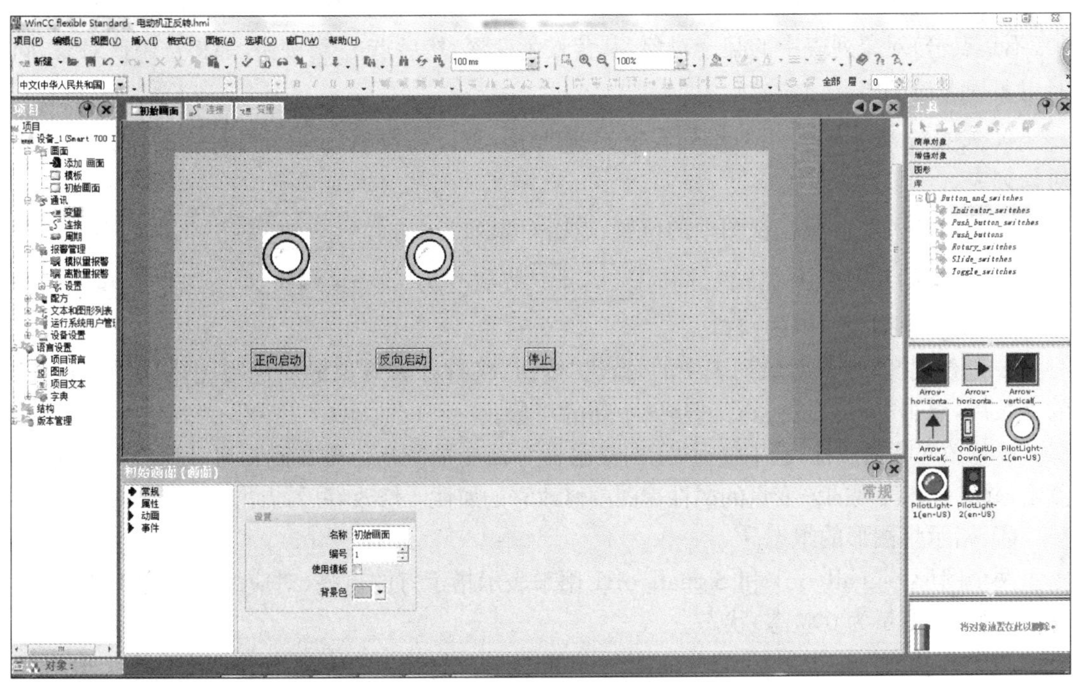

图 4－19　指示灯的组态

③ 对象列表。

在属性视图的“常规”对话框中，设置对象的格式为“通过图形切换”。

点击“变量”选择框右侧的 ▾，将自动打开变量对象列表，如图 4－20 所示。对象列表使操作更为方便快捷，可以用对象列表进行下列操作：

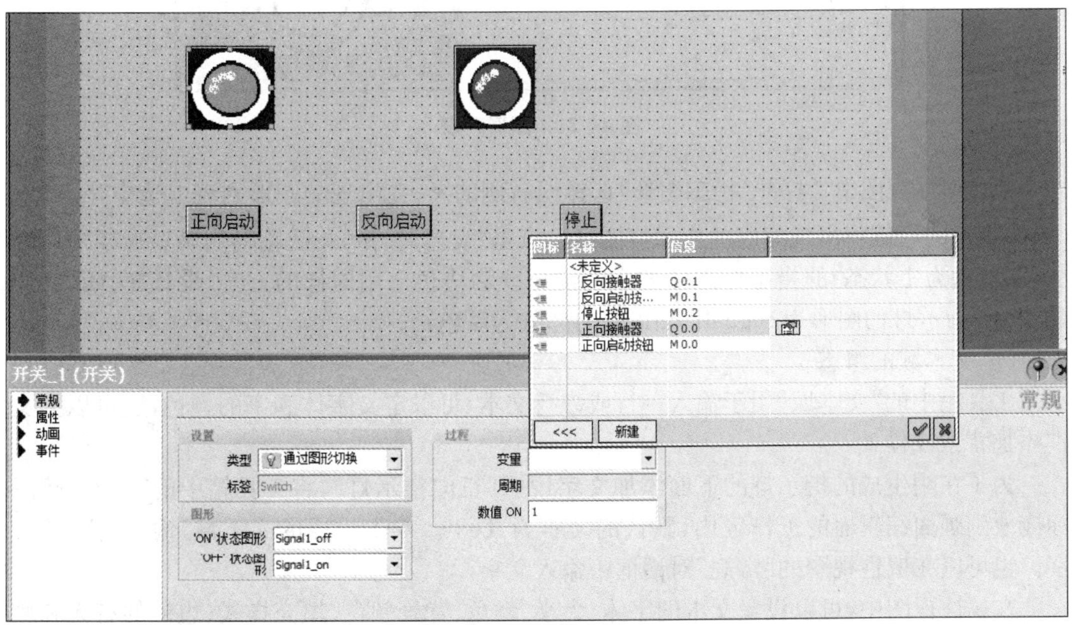

图 4－20　变量对象列表

a. 选择对象:这是对象列表最主要的功能。用鼠标点击表中的某个对象,或者用鼠标选中(不是点击)对象列表中的某个对象,其背景色变深,然后点击✔按钮,都将选中该对象,同时对象列表被关闭。

b. 关闭对象列表:点击对象列表中的✖按钮,可以在没有选择任何对象的情况下关闭对象列表。

c. 显示和关闭对象在视图中的位置:点击对象列表中的 <<< 按钮,将在列表的左侧显示对象在项目视图中的位置,同时 <<< 按钮变为 >>> 按钮。点击 >>> 按钮,将关闭对象列表左侧的窗口。

d. 新建对象:点击对象列表中的"新建"按钮,将打开新对象的属性视图,设置好新对象的参数后,点击"确定"按钮,将创建一个新的对象。

e. 修改对象的属性:选中变量"正向接触器",该变量所在行最右侧将出现属性图标,点击该图标,在出现的该变量的属性视图中修改它的属性。修改好后,点击"确定"按钮。

④ 指示灯图形的组态。

两个图形 Signall_on1 和 Signall_off1 用来表示指示灯的点亮(对应的变量为 1 状态)和熄灭(对应的变量为 0 状态)状态。

图形 Signall_on1 的中间部分为深色,图形 Signall_off1 的中间部分为浅色。一般习惯用浅色表示指示灯点亮,所以需要用下面的操作来交换属性视图中两个状态的图形。如图 4-21所示。

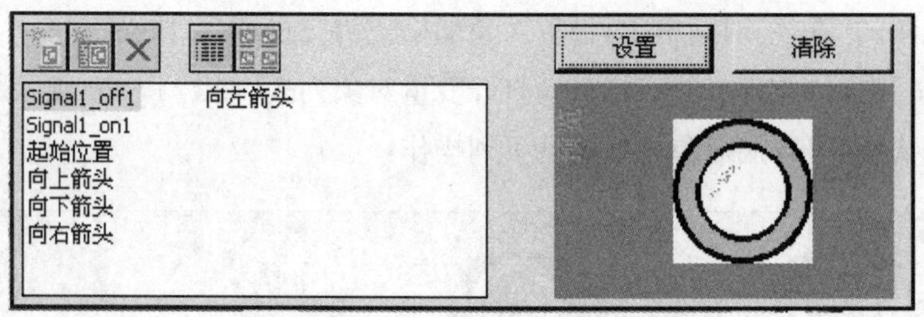

图 4-21 图形列表

点击属性视图中"'打开'状态图形"选择框右侧的▾,在出现的图形列表中选中"Signall_off1",窗口的右侧将出现相应的指示灯图形。点击"设置"按钮,关闭图形列表。这样"打开"状态(变量为 1 状态)的指示灯图形的中间部分变为浅色。用同样的方法,设置"关闭"状态(0 状态)指示灯的图形为 Signall_on1(中间部分为深色)。

⑤ 文本域的组态。

工具箱中的"文本域"用于输入一行或多行文本,可以定义字体和字的颜色,还可以为文本添加背景或样式。

为了在刚生成的指示灯的下面添加文字说明"正向指示灯",将工具箱中的"文本域"图标拖放到画面编辑器的工作区内,默认的文本为 Text。双击生成的文本域,输入需要的文字。也可以在属性视图的"常规"对话框中输入文字。

在属性视图中,可以设置文本的字体、大小、颜色、背景颜色、填充样式、边框的有无和颜色、垂直放置或水平放置、水平和垂直方向居中或偏向某一方等。

如果需要生成大量的具有相同格式的文本，可以复制和粘贴已经设置好的文本，然后修改其中的文字内容。

用同样的方法生成图形另一个指示灯和对应的文本域，并与变量“反向接触器”连接。

点击“项目”→“保存”，保存组态好的项目。

6. 项目下载运行

(1) 触摸屏项目文件的下载。

用工业以太网连接好计算机与触摸屏，接通电源，触摸屏启动后的短暂期间，将会出现装载程序视图。点击装载程序视图中的“以太网 r”(传送)按钮，将出现传送对话框。

点击 WinCC flexible 工具栏中的按钮，在出现的通信设置对话框中，设置将项目文件下载到触摸屏的通信参数。其中的“模式”应按实际使用触摸屏的 IP 地址编号设置。如图4－22 所示。

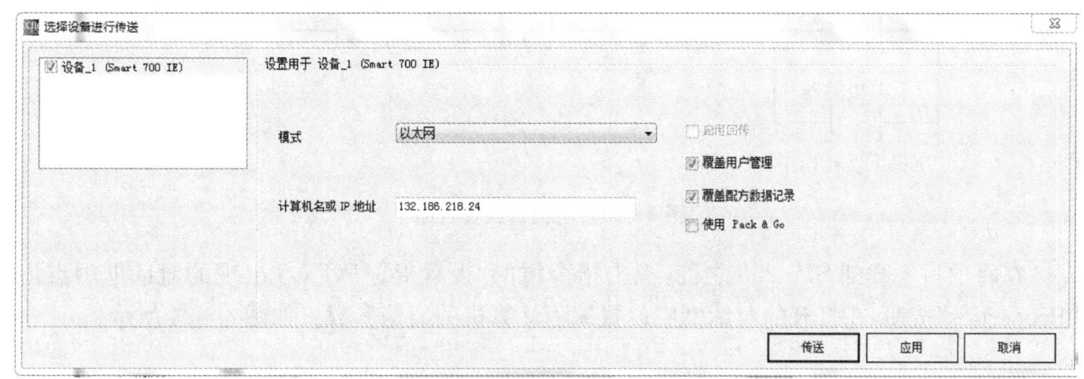

图 4－22 下载的通信参数设置

点击“传送”按钮，首先开始编译项目，如果编译过程中发现错误，将在输出视图中产生错误信息，并终止编译过程。如果编译成功，系统将检查目标设备的版本，建立与设备的连接，从设备中获取信息。如果组态计算机与 HMI 设备的连接出现故障，将在输出视图中输出一条报警信息。如果未检测到通信错误，该项目将被传送到 HMI 设备上。下载成功后，触摸屏自动进入运行状态，显示初始画面。

(2) S7－200 的编程与参数设置。

打开 S7－200 的编程软件，双击它的指令数的“符号表”中的“用户定义 1”图标，在打开的符号表中可以创建各变量的符号，它们与 WinCC flexible 的变量表中的符号和地址完全相同。如表 4－3 所示。

表 4－3 PLC 符号表

制　　表	地　　址
正向启动按钮	M0.0
反向启动按钮	M0.1
停止按钮	M0.2
正向接触器	Q0.0
反向接触器	Q0.1

双击指令树的“程序块”中的“主程序”图标，在主程序中生成梯形图程序。如图 4－23 所示。

网络1 网络标题
正向启动按钮
反向启动按钮
停止按钮
反向接触器
正向接触器
正向接触器
网络2
反向启动按钮
正向启动按钮
停止按钮
正向接触器
反向接触器
反向接触器
“电机正反转程序”

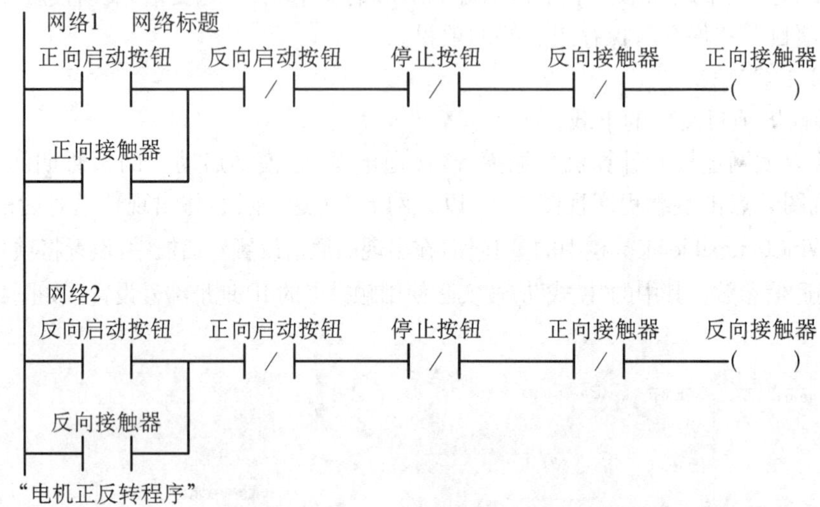

图 4－23 电机正反转程序

在将项目下载到 S7－200 之前，点击指令树的“设置 PG/PC”，在出现的对话框中点击“Properties”按钮，在打开的对话框中设置编程计算机的通信参数。如图 4－24 所示。

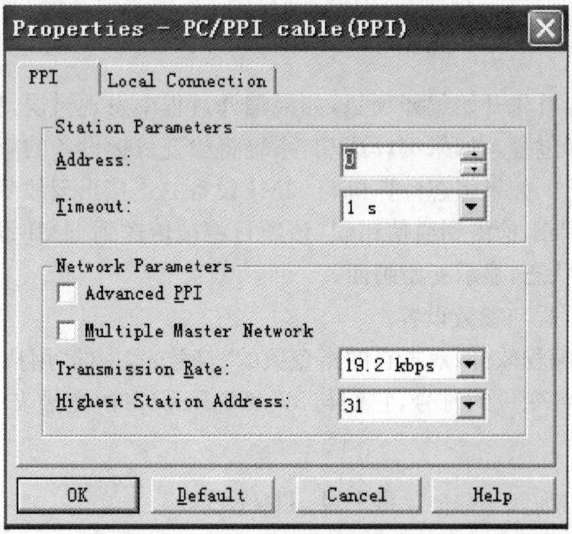

Properties - PC/PPI cable(PPI)
PPI
Local Connection
Station Parameters
Address:
0
Timeout:
1 s
Network Parameters
Advanced PPI
Multiple Master Network
Transmission Rate:
19.2 kbps
Highest Station Address:
31
OK
Default
Cancel
Help

图 4－24 计算机的通信参数设置

点击指令树的“系统块”按钮，在打开的对话框中点击“通信端口”，设置 PLC 的 RS－485 通信接口的参数，该参数不仅用于将项目下载到 PLC，还用于 PLC 和触摸屏之间的通信。保证连接编辑器和图中的通信参数一致，才能实现 PLC 和触摸屏之间的通信。如图4－25 所示。

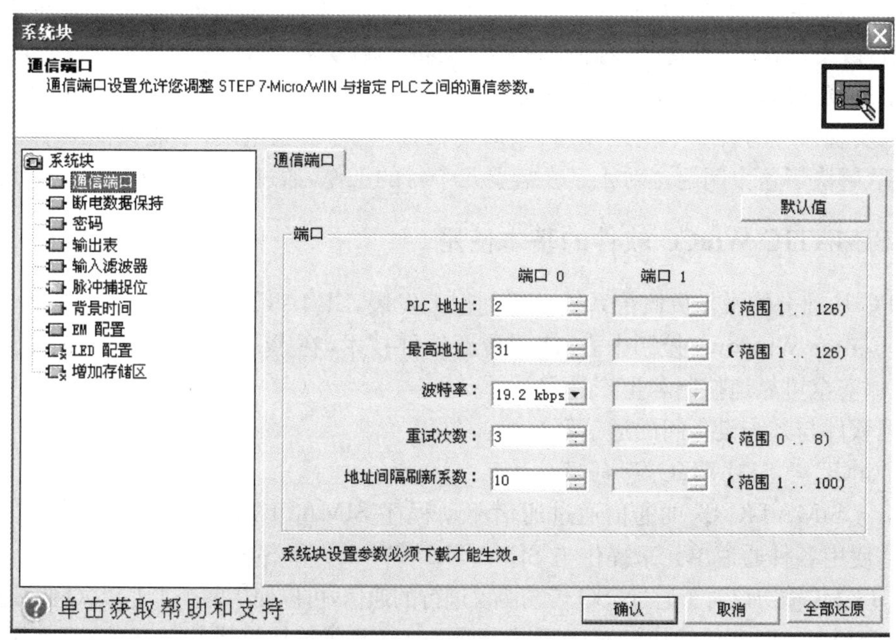

图 4-25　系统块中的端口参数设置

用 PC/PPI 编程电缆连接编程计算机的 RS-232 接口和 S7-200 的 RS-485 通信接口，点击工具栏上的按钮，将程序块和系统块下载到 S7-200。

(3) 项目的运行。

关闭触摸屏和 S7-200 的电源，用 MPI 通信电缆连接它们的通信接口，接通它们的电源，令 S7-200 进入运行模式，此时绿色的“RUN”LED 亮。如果通信正常，则触摸屏显示初始画面后再过数秒，它的面板上的“COM”(通信)指示灯快速闪动。

点击初始画面中的“正向启动”按钮，由于梯形图程序的运行，S7-200 的 Q0.0 变为 1 状态，初始画面中的正向指示灯亮。点击“停止”按钮，Q0.0 变为 0 状态，初始画面中的正向指示灯熄灭。

点击初始画面中的“反向启动”按钮，由于梯形图程序的运行，S7-200 的 Q0.1 变为 1 状态，初始画面中的反向指示灯亮。点击“停止”按钮，Q0.1 变为 0 状态，初始画面中的反向指示灯熄灭。

任务 4.2　组态软件应用系统设计与调试

4.2.1　组态软件认知

在使用工控软件时，经常会使用组态(Configuration)一词。简单地讲，组态就是用应用软件中提供的工具、方法，完成工程中某一具体任务的过程。与硬件生产相对照，组态与组装类似。如果组装一台计算机，首先需要准备主板、机箱、电源、CPU、显示器、硬盘及光驱等，然后用这些部件组装自己需要的计算机。当然，软件中的组态要比硬件的组装有更大的发挥空间,而且它一般要比硬件中的"部件"更多,每个"部件"都很灵活,因为软件都有内部属性,通过改变属性可以改变其规格(如大小、形状、颜色等)。

在组态概念出现之前,要实现某任务,都是通过编程语言(如BASIC语言、C语言等)编写程序来实现。编写程序不但工作量大、周期长,而且容易犯错误,不能保证工期。组态软件的出现,解决了这个问题。对于过去需要几个月的工作,通过组态,几天就可以完成。

4.2.2 SIMATIC WinCC软件的基本使用

在PC基础上的操作员监控系统已得到很大发展,SIMATIC WinCC(Windows Control Control Center Windows控制中心)使用最新软件技术,在Windows环境中提供各种监控功能,确保安全可靠地控制和生产过程。

监控软件与系统设备间的通信及连接:

1. WinCC与SIMATIC S7的通信过程

(1) 与SIMATIC S7的通信通过通信驱动程序SIMATIC S7 PROTOCOL SUITE来实现。它使用各种通道单元来提供与SIMATIC S7-300和S7-400 PLC的通信。

(2) ISO传输协议对于通过ISO传输协议进行的通信,可以使用两个工业以太网通道单元。

(3) ISO-on-TCP传输协议对于通过ISO-on-TCP传输协议进行的通信,可使用通道单元TCP/IP。

(4) 对于较小的网络,建议使用ISO传输协议,因为它的性能更好。如果要穿过更多由路由器连接的扩充网络来进行通信,则应该使用ISO-on-TCP传输协议。

(5) 过程中的通信伙伴。

通信驱动程序SIMATIC S7 PROTOCOL SUITE允许与SIIMATIC S7-300和S7-400 PLC所进行的通信。它们必须配有支持ISO或ISO-on-TCP传输协议的通信处理器。如图4-26显示可能的通信伙伴。

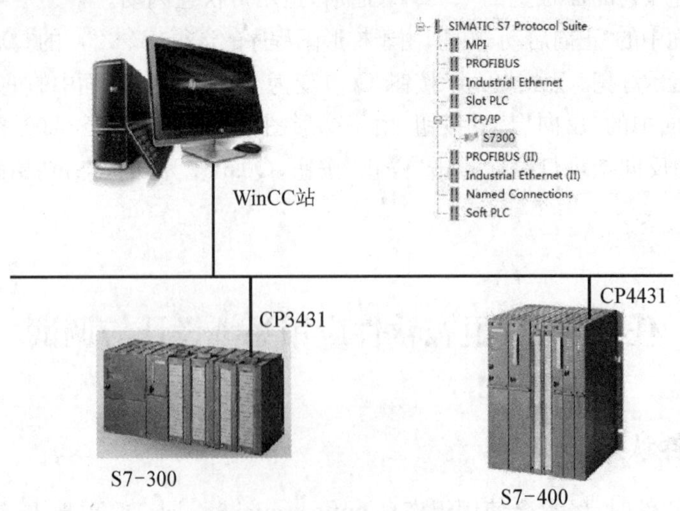

图4-26 通信伙伴示意图

2. 通信数据

工业以太网和TCP/IP通道单元支持通过Hard net和Soft net模块所进行的通信。如

表4-4列出了各种通信处理器所需的驱动程序软件。

表4-4　各种通信处理器所需的驱动程序软件

通信处理器	驱动程序软件
CP 1413	IE S7-1413
CP 1613	IE S7-1613
CP 1411	IE SOFT NET-S7 BASIC
CP 1511	IE SOFT NET-S7 BASIC

使用通过ISO传输协议的两个工业以太网通道单元，通信驱动程序SIMATIC S7 PROTOCOL SUITE支持与至多两个模块进行的通信。通过使用ISO-on-TCP传输协议的TCP/IP通道单元，支持与一个模块进行的通信。

4.2.3　SIMATIC WinCC软件在自动化生产线的应用

1.启动WinCC

双击桌面上的SIMATIC WinCC Explorer图标，启动WinCC。如图4-27所示。

如果曾经运行过WinCC，则将自动打开上一次运行过的项目。若是第一次运行WinCC，则将弹出如图4-28中的对话框。可选择新建项目或打开已有的项目。我们选择打开已存在项目。

图4-27　WinCC启动画面

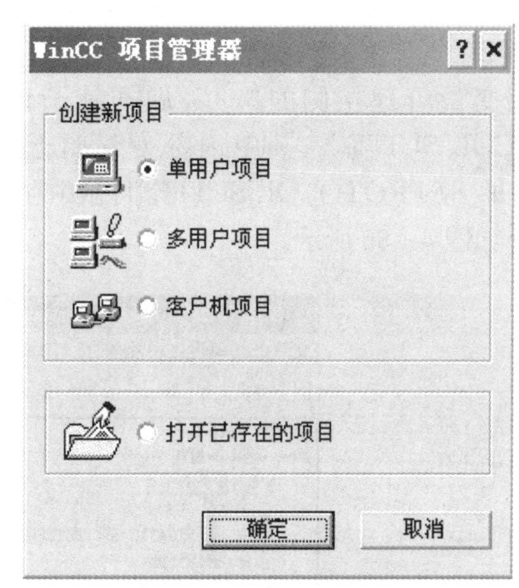

图4-28　WinCC项目管理器对话框

2. 项目管理器

(1) 计算机选项。

选择总控程序并确定后，将进入WinCC项目管理器。如图4-29为项目管理器的运行界面。在导航窗口单击每一个节点，都将在右侧窗口中显示其子项。

图4-4中已选择了“计算机”，右侧窗口将显示与用户的计算机名相同的服务器名。右键单击此服务器名称，并在弹出的菜单中选择“属性”，便可进入计算机属性对话框。在这里

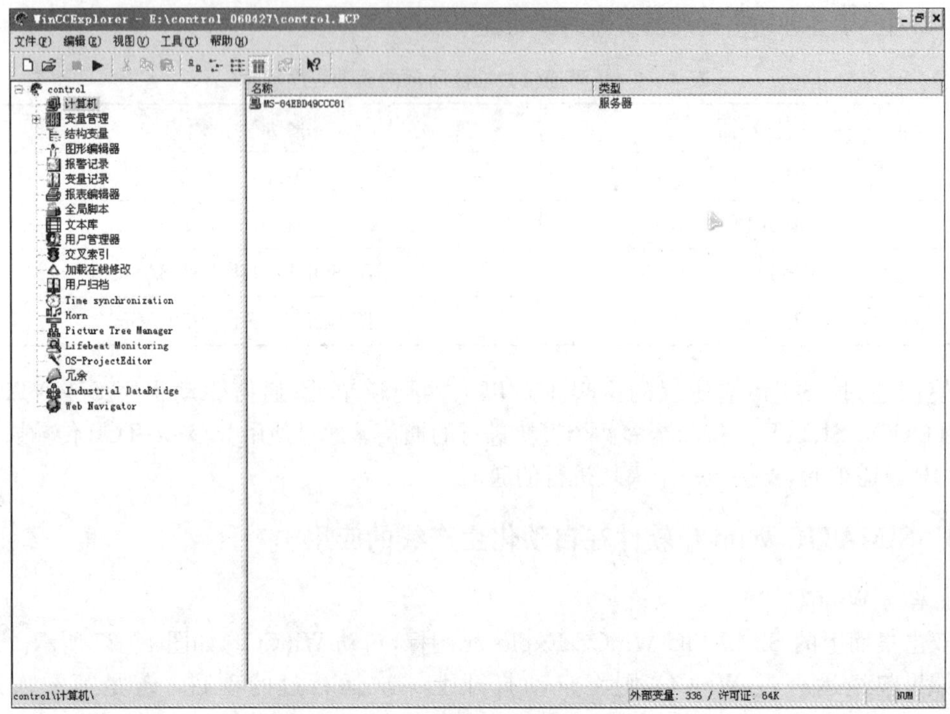

图 4-29 WinCC 项目管理器

可设置 WinCC 运行时的属性，如设置 WinCC 运行时系统的启动组件和默认语言等。

(2) 变量管理。

单击变量管理左侧的"+"，展开其子目录，将显示"内部变量"及"SIMATIC S7 PROTOCOL SUITE"。其中内部变量目录中存储了只在程序内部使用的变量。而"SIMATIC S7 PROTOCOL SUITE"目录中存储了与外部控制器(如 PLC)有过程连接的外部变量。如图 4-30 所示。

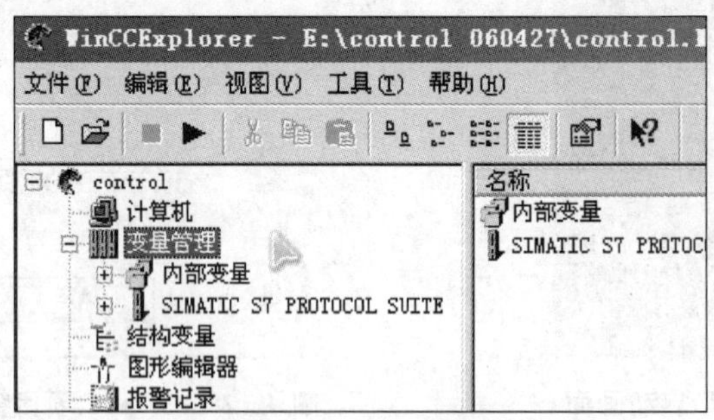

图 4-30 WinCC 变量管理

依次展开"SIMATIC S7 PROTOCOL SUITE"→MPI→NewConnection，将看到所有外部变量组，组名与相应的分站名称相同。

单击一个变量组，在右侧窗口中将显示其包含的所有外部变量的名称、类型及其所对应的外部设备中的地址。如下图中第一行的"上盖检测 2_1"，它是一个二进制变量，其所对应的 PLC 中的地址为"I5.1"。如图 4-31 所示。

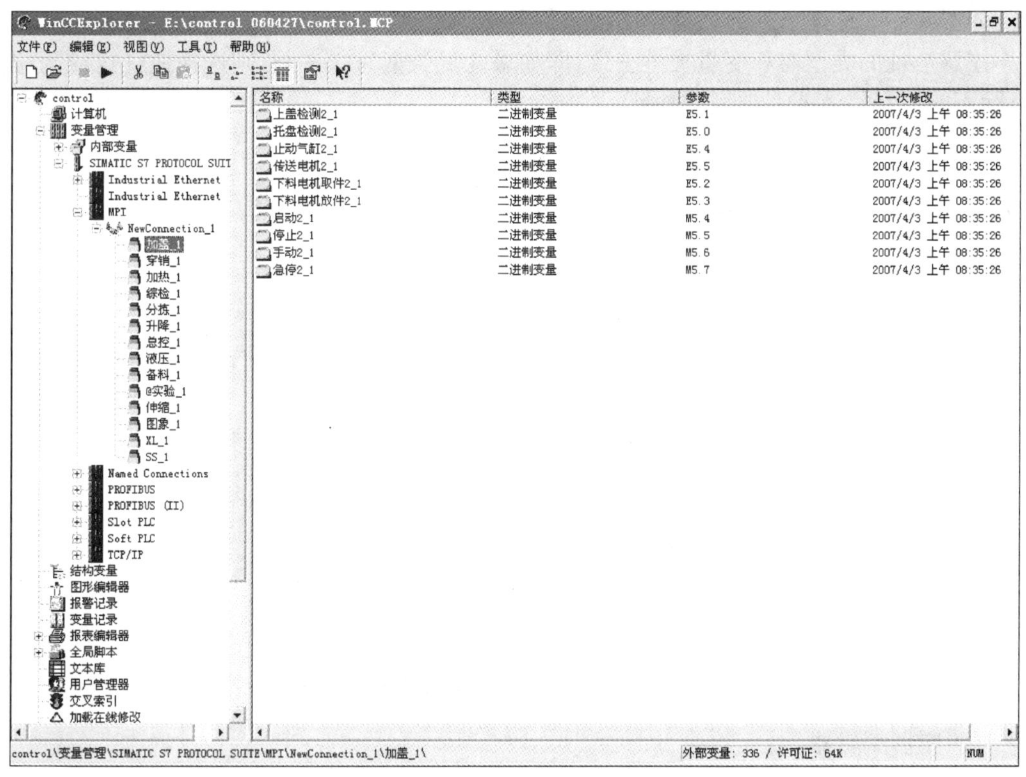

图 4-31　WinCC 外部变量

在右侧窗口的空白处，单击右键，并选择“新建变量”，将弹出下图的对话框。更改变量的名称，并选择你需要的数据类型。然后单击“选择”按钮，选择外部设备地址。如图 4-32 所示。

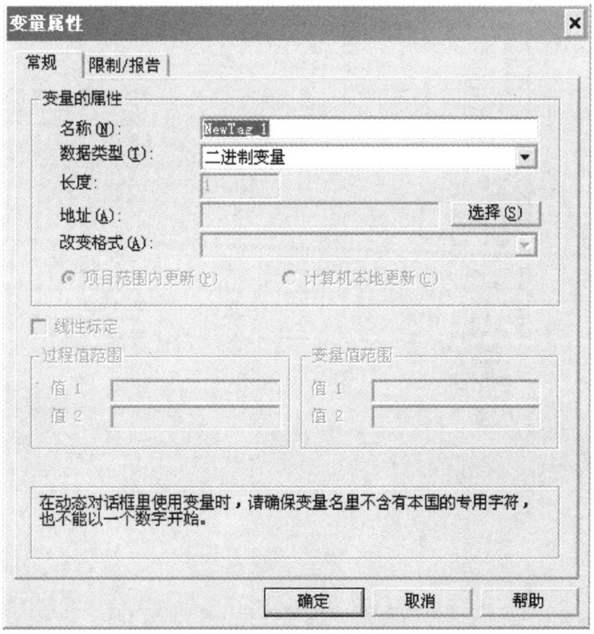

变量属性
常规　限制/报告
变量的属性
名称(N):　NewTag_1
数据类型(T):　二进制变量
长度:　1
地址(A):　选择(S)
改变格式(A):
项目范围内更新(P)　计算机本地更新(C)
线性标定
过程值范围　值 1　值 2
变量值范围　值 1　值 2
在动态对话框里使用变量时，请确保变量名里不含有本国的专用字符，也不能以一个数字开始。
确定　取消　帮助

图 4-32　WinCC 变量属性

如图 4 - 33 选择了外部设备中的输入位“I0.0”。

注意地址的类型需和变量类型一致，即如果变量类型为二进制，则选择地址也应为位类型，而不能选择字节或字类型的地址。

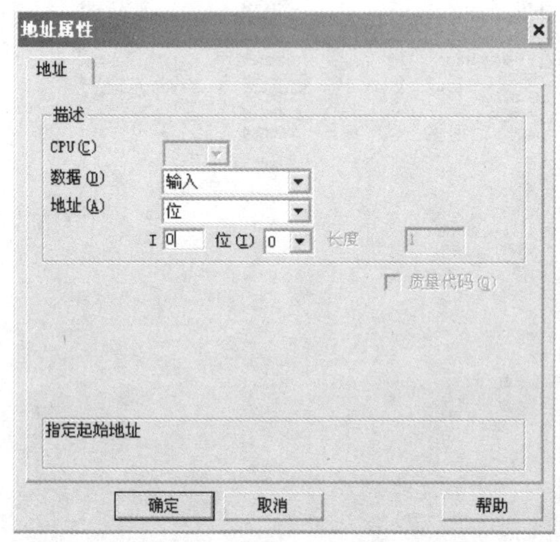

图 4 - 33 WinCC 地址属性

(3) 图形编辑器。

单击导航窗口中的“图形编辑器”，右侧窗口中将显示本项目中建立的所有画面的名称。双击右侧任意一个画面的名称，将打开此画面，并自动切换到“图形编辑器”程序运行界面。如图 4 - 34 所示。

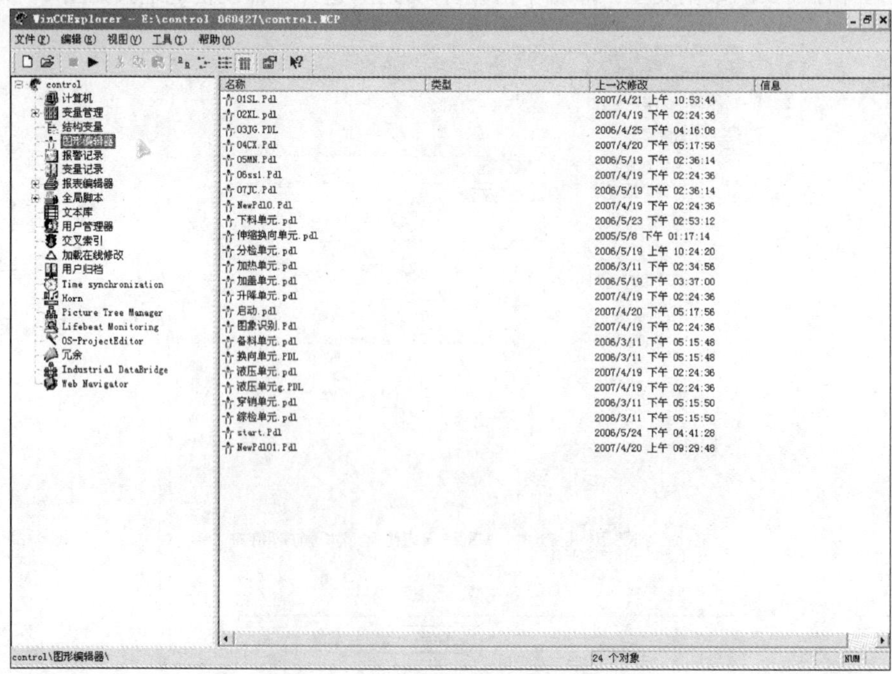

图 4 - 34 打开 WinCC 图形编辑器

在此程序中，可编辑组态图形化的过程控制画面，以在 WinCC 运行系统中使用。在对象选项板中可选择各种图形、控件等加入画面中，并对其进行组态和编程。使其在运行时实现动态显示或与用户进行交互。如图 4-35 所示。

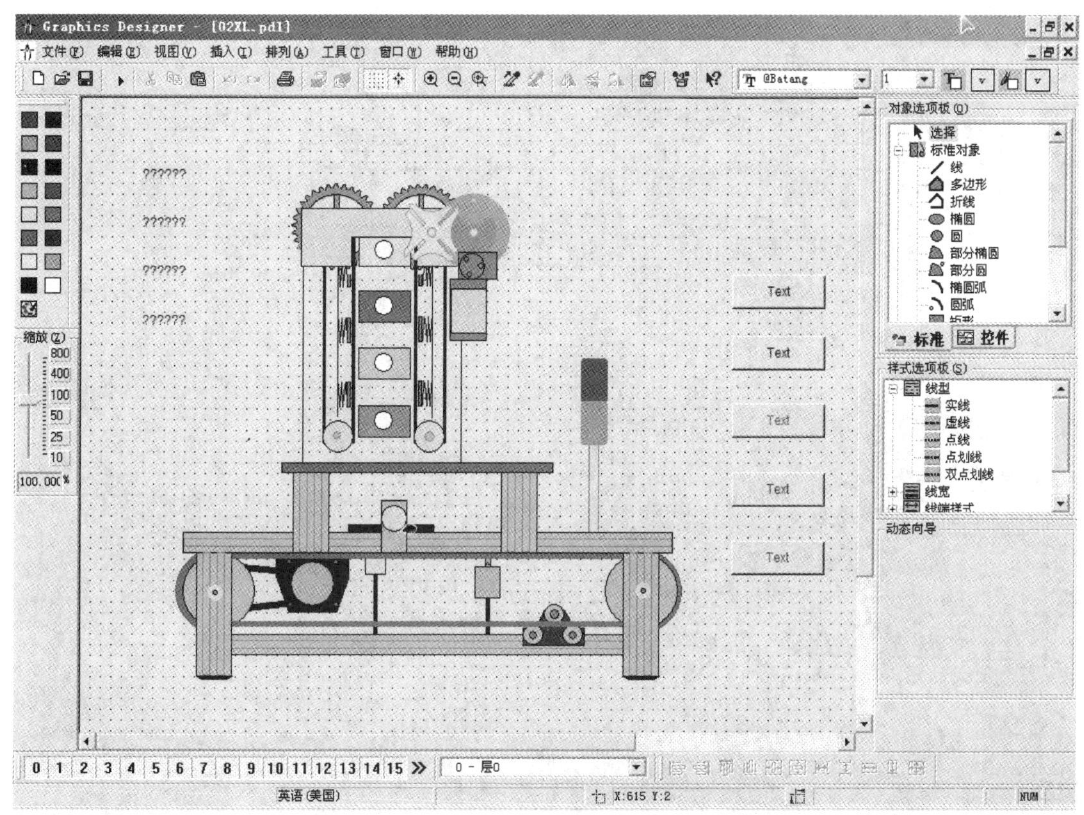

图 4-35　WinCC 图形编辑器界面

3. 运行系统

在“项目管理器”的工具栏中单击“激活”按钮。将激活 WinCC 运行系统。如图 4-36 所示。

图 4-36　激活 WinCC

如图 4-37 为本项目运行系统的主界面。左侧竖排的按钮对整个系统进行总控，启动、复位、停止按钮可控制整个系统运行、停止等操作。急停 1 和急停 0 按钮按下后将使系统保持在急停有效或无效状态，即按下急停 1 按钮后系统将不能再启动直到按下急停 0 按钮。

点击画面上方写有各分站名称的按钮，可分别进入各个分站的运行画面，并使用画面中的按钮对分站进行单独控制。如图 4－37 所示。

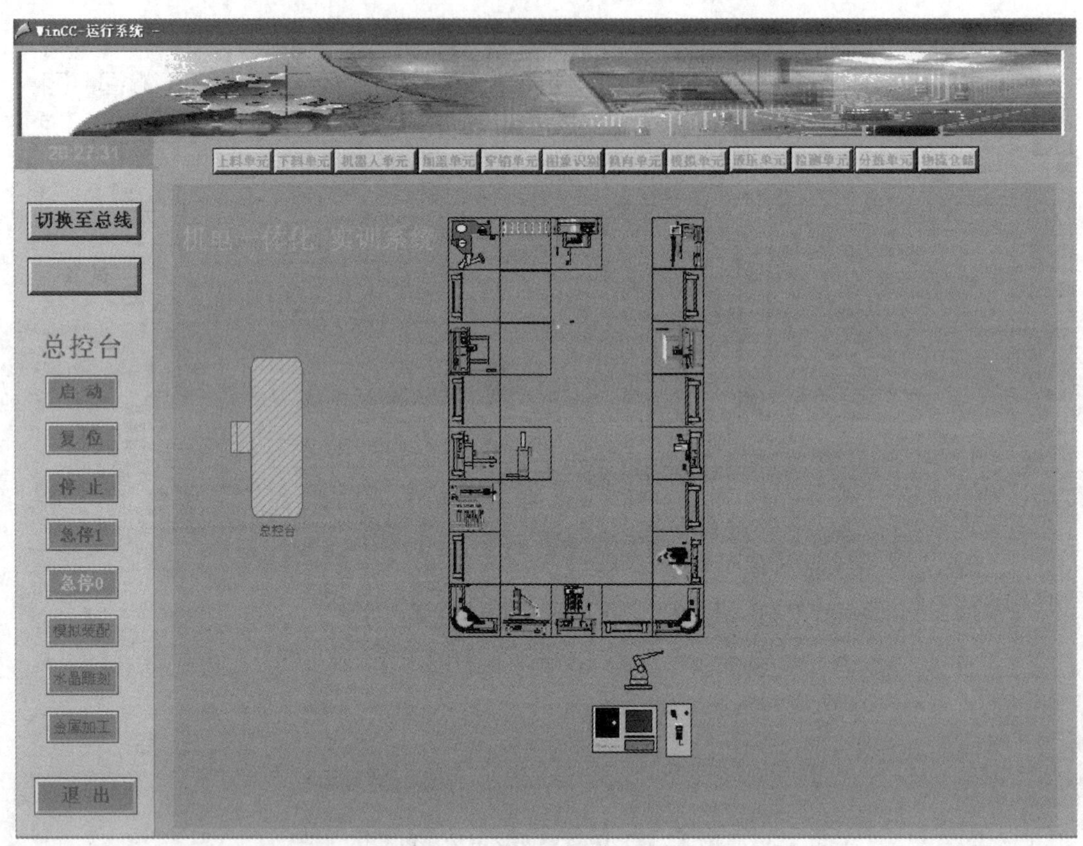

图 4－37 WinCC 运行界面

4.2.4 重点知识、技能归纳

本次任务介绍了建立应用工程的一般过程，通过建立自动线的控制工程，实现对系统的监控。

4.2.5 工程素质培养

练习在新工程中定义几个设备的变量，建立画面，实现基本旋转和水平移动的动作。

项目 5 工业机器人及柔性制造系统应用

任务 5.1 工业机器人认知

5.1.1 工业机器人概述

工业机器人由操作机(机械本体)、控制器、伺服驱动系统和检测传感装置构成,是一种仿人操作、自动控制、可重复编程、能在三维空间完成各种作业的机电一体化自动化生产设备。它集机械、电子、控制、计算机、传感器、人工智能等多学科高新技术于一体,对稳定、提高产品质量,提高生产效率,改善劳动条件和产品的快速更新换代起着十分重要的作用。工业机器人是能模仿人体某些器官的功能(主要是动作功能)、有独立的控制系统、可以改变工作程序和编程的多用途自动操作装置。工业生产中能代替人做某些单调、频繁和重复的长时间作业,或在危险、恶劣环境下的作业,例如在冲压、压力铸造、热处理、焊接、涂装、塑料制品成形、机械加工和简单装配等工序上以及在原子能工业等部门中,完成对人体有害物料的搬运或工艺操作。

5.1.2 工业机器人系统组成

工业机器人由机械系统、驱动系统和控制系统三个基本部分组成。

机械系统即执行机构,包括基座、臂部和腕部,大多数工业机器人有 3～6 个运动自由度。

驱动系统主要指驱动机械系统的驱动装置,用以使执行机构产生相应的动作。

控制系统的任务是根据机器人的作业指令程序及从传感器反馈回来的信号,控制机器人的执行机构,使其完成规定的运动和功能。如图 5 - 1 所示为各组成部分之间的关系。

1. 执行机构

执行机构可以抓起工件,并按规定的运动速度、运动轨迹、把工件送到指定位置处,放下工件。通常执行机构有以下几个部分,如图 5 - 2 所示。

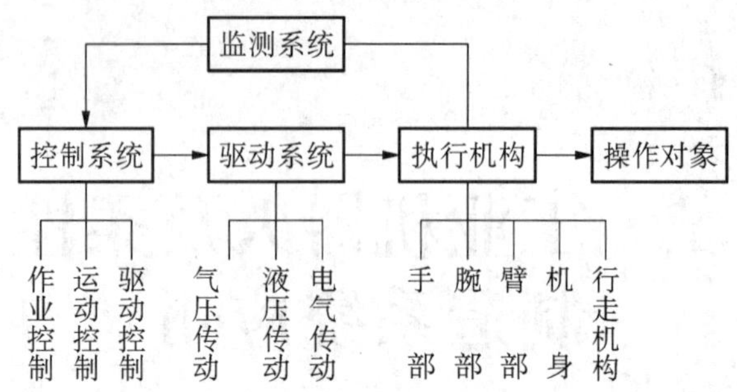

图 5-1　工业机器人各组成部分之间的关系

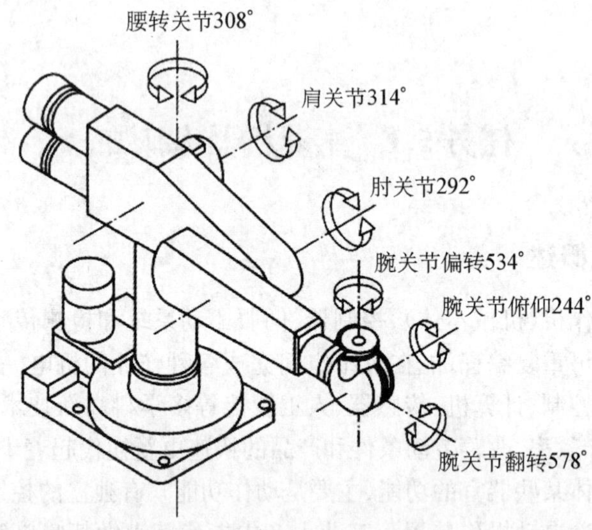

图 5-2　机器人机械结构图

(1) 手部。

手部是工业机器人用来握持工件或工具的部位,直接与工件或工具接触。有些工业机器人直接将工具(如电焊枪、油漆喷枪、容器等)固定在手部,它就不再另外安装手部了。

(2) 腕部。

腕部是将手部和臂部连接在一起的部件。它的作用是调整手部的方位和姿态,并可扩大臂部的活动范围。

(3) 臂部。

臂部支撑着腕部和手部,使手部活动的范围扩大。无论是手部、腕部或是臂部都有许多轴孔,孔内有轴,轴和孔之间形成一个关节,机器人有一个关节就有了一个自由度。

2. 机械本体

(1) 机械本体的作用是用来支承手部、腕部和臂部,驱动装置及其他装置也固定在机械本体上。

(2) 行走机构。对于可以行走的工业机器人,它的机械本体是可以移动的;否则,机械本体直接固定在基座上。行走机构用来移动工业机器人。有的行走机构是模仿人的双腿,有的只不过是轨道和车轮机构而已。

(3) 驱动系统。驱动系统装在机械本体内,执行机构的作用是向执行元件提供动力。根据不同的动力源,驱动系统的传动方式分为液压式、气动式、电动式和机械式四种,如图 5-3 所示。

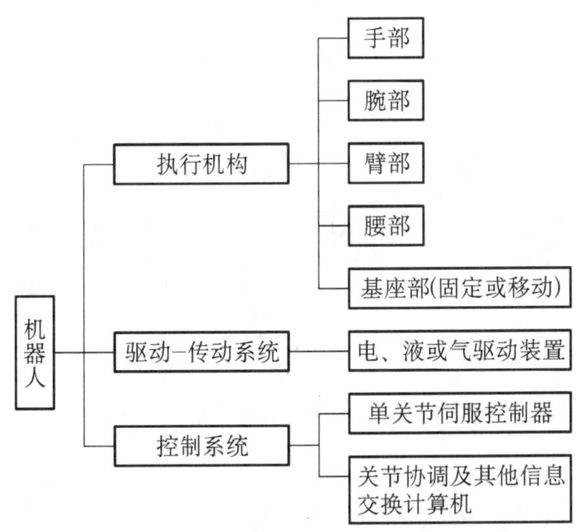

图 5-3　机器人驱动系统结构图

3. 控制系统

控制系统是工业机器人的指挥中心。它控制工业机器人按规定的程序动作。控制系统还可存储各种指令(如动作顺序、运动轨迹、运动速度以及动作的时间节奏等),同时还向各个执行元件发出指令。必要时,控制系统对自己的行为加以监视,一旦有越轨的行为,能自己排查出故障发生的原因并及时发出报警信号。

4. 检测系统

检测系统主要用来检测自己的执行系统所处的位置、姿势,并将这些情况及时反馈给控制系统,控制系统根据这个反馈信息发出调整动作的信号,使执行机构进一步动作,从而使执行系统精确地到达规定的位置和姿势。

5.1.3　工业机器人分类

机器人分类方法很多,按照技术水平划分:

第一代:示教再现型,具有记忆能力。目前,绝大部分应用中的工业机器人均属于这一类,缺点是操作人员的水平影响工作质量。

第二代:初步智能机器人,对外界有反馈能力。部分已经应用到生产中。

第三代:智能机器人,具有高度的适应性,有自行学习、推理、决策等功能,处在研究阶段。

一般根据构成工业机器人的 3 个大部分即机械部分、传感部分和控制部分来分类。

1. 按照基本结构划分

直角坐标型,也称“机床型”圆柱坐标型,球坐标型,全关节型。如图 5-4 所示。

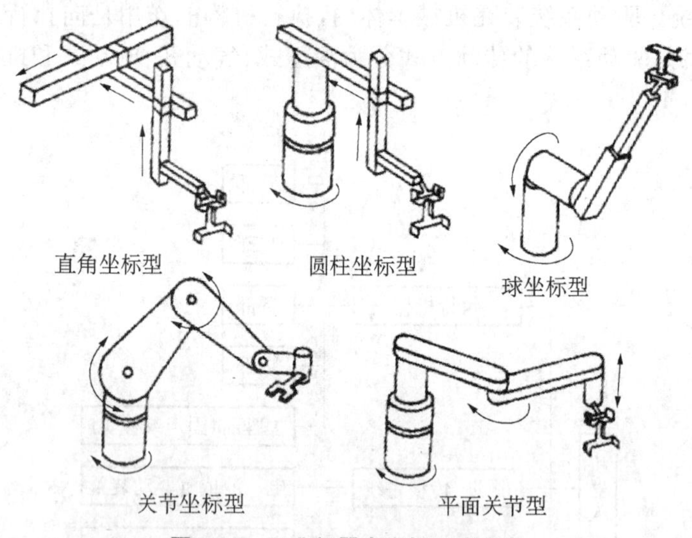

图5-4 工业机器人坐标形式分类

2. 按照受控运动方式划分

点位控制(PTP)型,Point to Point,如点焊、搬运机器人。

连续轨迹控制(CP)型,Continous Path,如弧焊、喷漆机器人。

3. 按驱动方式划分

气压驱动(压缩空气)型;液压驱动型(如重型机器人,搬运、点焊机器人);电驱动(电动机)型。电驱动型应用最多。

气动气压驱动所采用的元件为气压缸、气马达、气阀等。一般采用4~6个大气压,个别的达到8~10个大气压。它的优点是气源方便,维护简单,成本低。缺点是出力小,体积大。由于空气的可压缩性大,很难实现中间位置的停止,只能用于点位控制,而且润滑性较差,气压系统容易生锈。为了减少停机时产生的冲击,气压系统装有速度控制机构或缓冲减震机构。

电动电气驱动采用的不多。现在都用三相感应电机作为动力,用大减速比减速器来驱动执行机构;直线运动则用电机带动丝杠螺母机构;有的采用直线电动机。通用机械手则考虑采用步进电机、直流或交流的伺服电机、变速箱等。电气驱动的优点是动力源简单,维护、使用方便。驱动机构和控制系统可以采用同一形式的动力,出力比较大;缺点是控制响应速度比较慢。机械驱动只用于动作固定的场合。一般用凸轮连杆机构实现规定的动作。它的优点是动作确实可靠,工作速度快,成本低;缺点是不易于调整。电动机使用简单,且随着材料性能的提高,电动机性能也逐渐提高,所以总的看来,目前机器人关节驱动逐渐为电动式所替代。

液压驱动主要是通过油缸、油泵和油箱等实现传动。它利用油缸、油马达加齿轮齿条实现直线运动,利用摆动油缸、油马达与减速器、油缸与齿条、齿轮或链条链轮等实现回转运动。液压驱动的优点是压力高、体积小,出力大,动作平缓,可无级变速,自锁方便,并能在中间位置停止。缺点是需配备压力源,系统复杂,成本较高。

4. 按照应用领域划分

工业机器人,面向工业领域的多关节机械手或多自由度机器人。特种机器人,用于非制造业的各种机器人，服务机器人、水下机器人、农业机器人、军用机器人等，专用机器人以固定程序在固定地点工作的机器人。功能少、工作对象单一、结构简单、价格便宜，适用于大批量生产系统中。通用机器人具有独立的控制系统，动作灵活。通过改变程序可以完成各种作业。工作范围大，定位精度高、通用型强。结构复杂，适用于柔性制造系统中。

机器人各种驱动方式的特点比较如表 5－1 所示。

表 5－1　各种驱动方式在不同方面的特点比较

驱动方式	特　　点						
	输出力		控制性能	维修使用	结构体积	使用范围	制造成本
液压驱动	压力高 可获得大的输出力		输出力大、稳定，容易控制，可无级调速	维修方便，液体对温度变化敏感，油液泄露容易着火	在输出力相同的情况下，比气压驱动体积小	中、小型及重型机器人	液压元件成本高，油路比较复杂
气压驱动	压力低，输出力小		可高速、冲击大，精确定位困难，气体可压缩，阻尼差，低速不易控制	维修简单，能在高温、粉尘等环境中使用，高温无影响	体积较大	中小型机器人	结构简单、能源方便
电机驱动	直流电机 异步电机	输出力较大	控制性能较差、惯性大、不易精确定位	维修实用方便	需要减速装置，体积较大	速度低、特重大的机器人	成本低
	步进电机 伺服电机	输出力较小或较大	易与 CPU 相连，响应快、定位精度高、控制系统复杂	维修使用较复杂	体积较小	程序复杂、运动轨迹要求严格	成本较高

5.1.4　工业机器人编程语言

目前，对机器人编程的方式可以分为以下三种：示教编程、机器人语言编程和离线编程。

1. 示教编程

示教编程是目前工业机器人广泛使用的编程方法，根据任务的需要，将机器人末端工具移动到所需的位置及姿态，然后把每一个位姿连同运行速度、焊接参数等记录并存储下来，机器人便可以按照示教的位姿再现。

示教方式包括手把手示教和示教盒示教。如图 5－5 所示。

示教编程的优点：

不需要预备知识和复杂的计算机装置，方法简单、易于掌握。

示教编程的缺点：

占用生产时间，难以适应小批量、多品种的柔性生产需要；编程人员工作环境差、强度

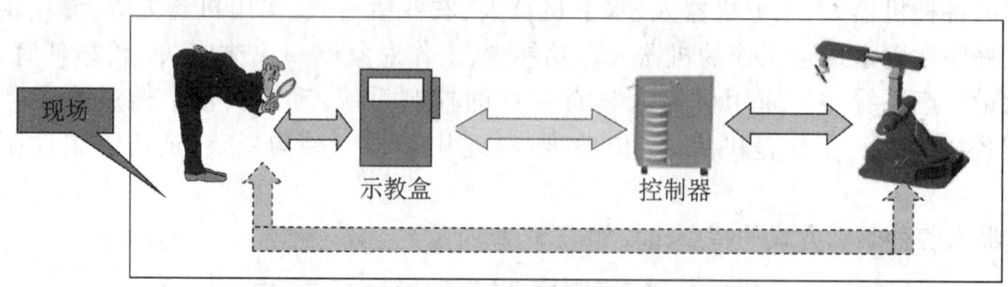

图 5-5 示教方式

大，一旦失误，会造成人员伤亡或设备损坏；编程效率低。

2. 离线编程

在计算机中建立设备、环境及工件的三维模型，在这样一个虚拟的环境中对机器人进行编程。机器人离线编程（Off Line Programming，OLP）系统是机器人语言编程的拓展，它充分利用计算机图形学的成果，建立机器人及其工作环境的模型，再利用一些规划算法，通过对图形的控制和操作在离线的情况下进行编程。如图 5-6 所示为离线编程示意图。

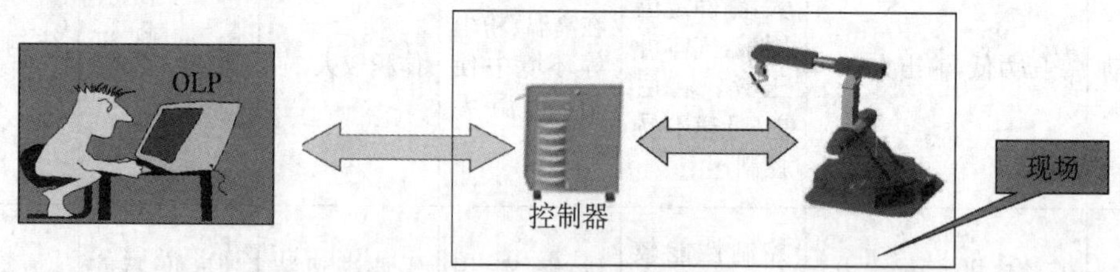

图 5-6 离线编程示意图

离线编程减少机器人不工作时间，改善了编程环境；使编程者远离危险的工作环境，提高了编程效率与质量；可使用高级语言对复杂任务编程，便于和 CAD 系统集成，实现 CAD/CAM/Robotics 一体化。如表 5-2 所示为示教编程与离线编程的比较。

表 5-2 示教编程与离线编程比较

示教编程	离线编程
需要实际机器人系统和工作环境	需要机器人系统和工作环境的图形模型
编程时机器人停止工作	编程不影响机器人工作
在实际系统上试验程序	通过仿真试验程序
编程的质量取决于编程者的经验	用规划技术可进行最佳参数及路径规划
很难实现复杂的机器人轨迹路径	可实现复杂运动轨迹的编程
需要实际机器人系统和工作环境	需要机器人系统和工作环境的图形模型

机器人离线编程是在一个虚拟的环境中对机器人进行编程。在计算机内建立机器人及其工作环境的模型，再利用一些规划算法，通过对图形的控制和操作在离线的情况下进行

编程。

一般离线编程系统主要包括:用户接口、机器人及环境的建模、运动学计算、轨迹规划、动力学仿真,并行操作、传感器仿真、通信接口、误差校正等。如图 5－7 所示为离线编程原理。

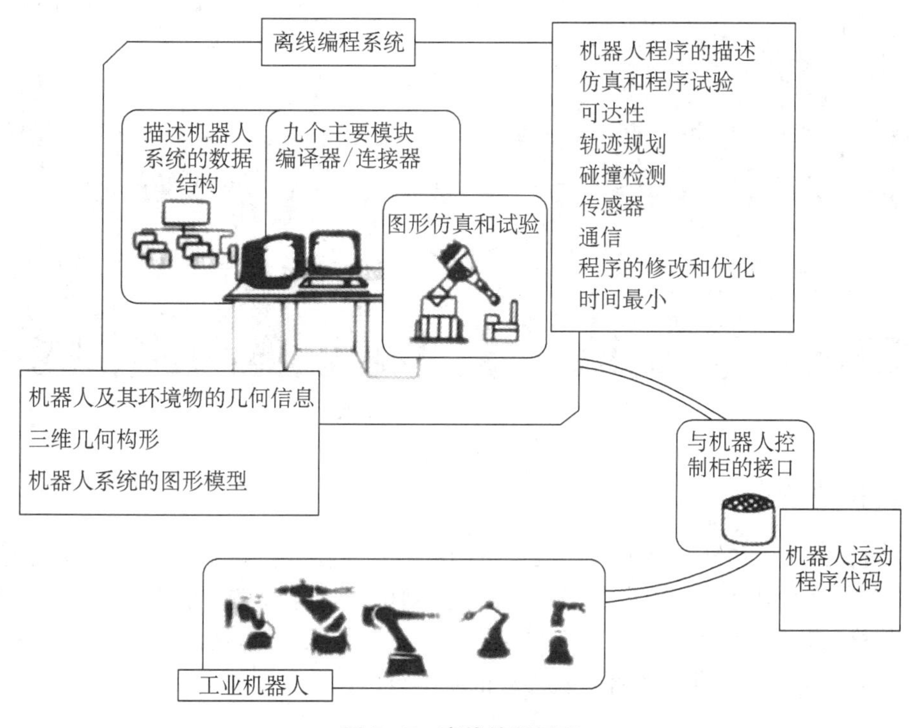

图 5－7　离线编程原理

任务 5.2　工业机器人应用

工业机器人是指在工业环境中应用的机器人,是一种能进行自动控制的、可重复编程、多功能的、多自由度的、多用途的操作机,被用来完成各种作业。因此,工业机器人被称为“铁领工人”。目前工业机器人是技术上最成熟、应用最广泛的机器人。喷涂机器人、弧焊机器人、电焊机器人和装配机器人是工业中最常用的机器人类型,本节重点介绍这几种机器人及其应用。

5.2.1　喷涂机器人

喷涂机器人又叫喷漆机器人(spray painting robot),是可进行自动喷漆或喷涂其他涂料的工业机器人,1969 年由挪威 Trallfa 公司(后并入 ABB 集团)发明。喷漆机器人主要由机器人本体、计算机和相应的控制系统组成。在汽车涂装工艺中,喷涂机器人的应用越来越广泛,其显著的优点是可以同时在同一生产线上混线生产多种车型,提升了涂装的自动化程度及生产效率,其六轴或七轴的运动轴系比传统的往复机和自动喷涂机更灵活。焊装完成的白车身经过涂装车间前处理、电泳等工艺后，还要经过中涂和面漆及罩光等工艺阶段，才能使汽车车身拥有漂亮的油漆外观。中涂和面漆及罩光的喷涂任务可以由机器人喷涂系统来完成。如图 5－8 所示为汽车喷涂机器人。

图 5－8　汽车喷涂机器人

5.2.2　焊接机器人

焊接机器人主要包括机器人和焊接设备两部分。机器人由机器人本体和控制柜(硬件及软件)组成。而焊接装备，以弧焊及点焊为例，则由焊接电源(包括其控制系统)、送丝机(弧焊)、焊枪(钳)等部分组成。对于智能机器人还应有传感系统，如激光或摄像传感器及其控制装置等。如图 5－9 所示为焊接机器人的基本组成。

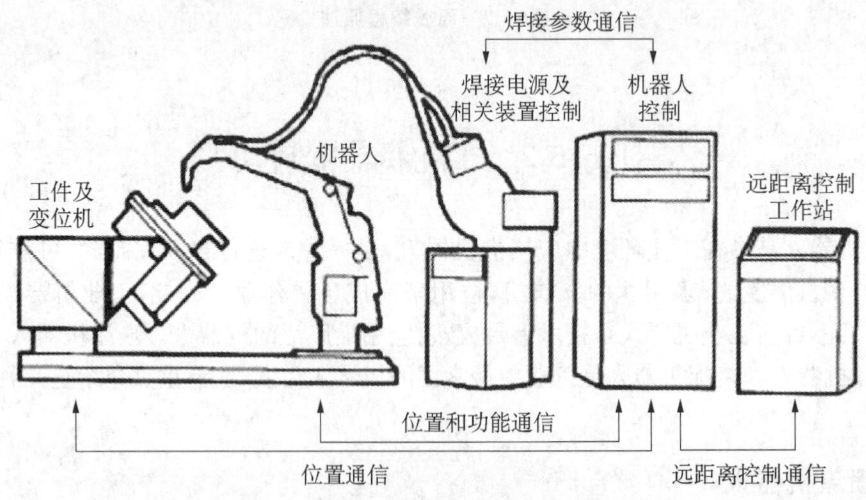

图 5－9　焊接机器人

如图 5－10 所示为一种使用平面关节型工业机器人的电弧焊接和切割的工业机器人系统。该系统由焊接工业机器人操作机及其控制装置、焊接电源、焊接工具及焊接材料供应装置、焊接夹具及其控制装置组成。

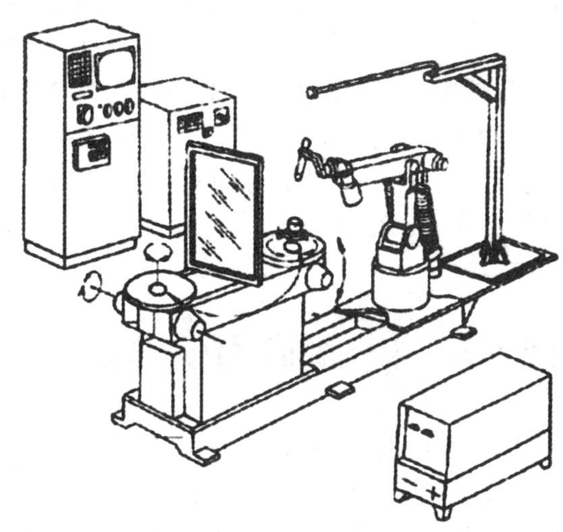

图 5-10　电弧焊接和切割的工业机器人

5.2.3　自动线上的传送机械手

该系统如图 5-11 所示，由气动机械手、传输线和货料供给机所组成。

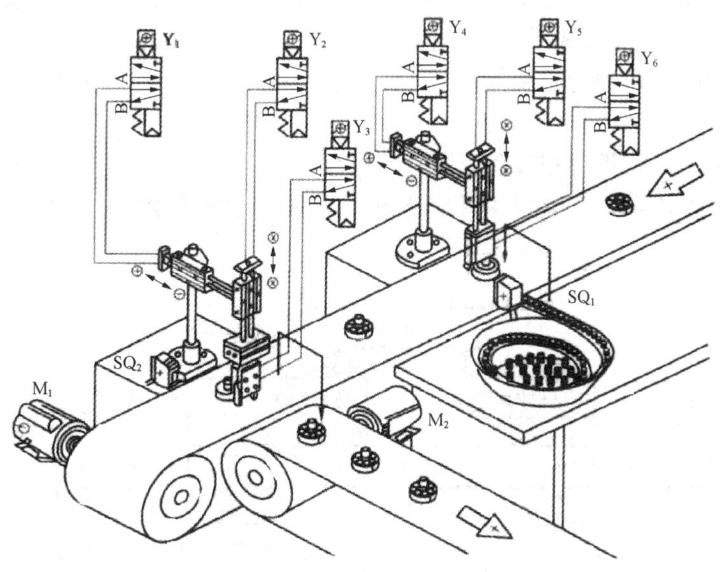

图 5-11　自动线上的机械手

按下启动按钮，开始下列操作：

(1) 电机 M1 正传，传送带开始工作，当到位传感器 SQ1 为 ON 时，装配机械手开始工作。

(2) 第一步：机械手水平方向前伸(气缸 Y4 动作)，然后垂直方向向下运动(气缸 Y5 动作)，将料柱提起来(气缸 Y6 吸合)。

(3) 第二步：机械手垂直方向向上抬起(Y5 为 OFF)，然后在水平方向向后缩(Y4 为

OFF)，然后垂直方向向下(Y5 为 ON)运动，将料柱放入货箱中(Y6 为 OFF)，系统完成机械手装配工作。

(4) 系统完成装配后，当到料传感器 SQ2 检测到信号后(SQ2 灯亮)，搬运机械手开始工作。首先机械手垂直方向下降到一定位置(Y2 为 ON)，然后抓手吸合(Y3 为 ON)，接着机械手抬起(Y2 为 OFF)，机械手向前运动(Y1 为 ON)，然后下降(Y2 为 ON)，机械手张开(Y3 为 OFF)，电机 M2 开始工作，将货物送出。

任务 5.3　柔性制造系统认知及应用

柔性制造系统(FMS)是一个以网络为基础、面向车间的开放式集成制造系统，是实现 CIMS 的基础，它具有 CAD、数控编程、分布式、数控、工夹具管理、数据采集和质量管理等功能，它能根据制造任务和生产环境的变化迅速进行调整，适用于多品种、中小批量生产。

柔性制造系统由数字控制加工系统、物料储运系统和信息控制系统等三个子系统组成。

(1) 加工系统：由加工装备、辅助装备、工艺装备。指以成组技术为基础，把外形尺寸(形状不必完全一致)，重量大致相似，材料相同，工艺相似零件集中在一台或数台数控机床或专用机床等设备上加工的系统。

(2) 物流系统：由多种运输装置构成，如传送带，机械手等，完成工件、刀具等的供给与传送的系统。

(3) 控制系统：过程控制和过程监视。

上述为三种基本组成，还包括柔性制造系统(FMS)的管理、操作与调整维护及编程等工作。FMS 的组成如图 5-12 所示。

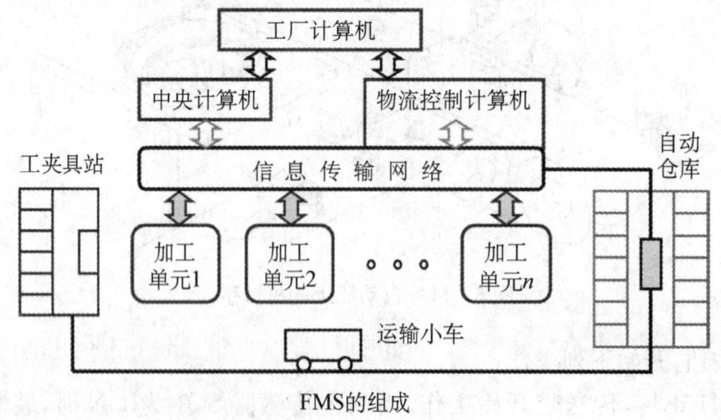

图 5-12　FMS 的组成

根据规模大小，柔性制造生产线的形式有柔性制造单元(FMC)、柔性制造系统(FMS)、柔性自动生产线(FML)和柔性制造工厂(FMF)。

柔性制造单元(FMC):FMC 由 1～2 台数控机床或加工中心构成的加工单元,并具有不同形式的刀具交换和工件的装卸、输送及储存功能。除了机床的数控装置外,通过一个单元计算机进行程序管理和外围设备的管理。FMC 适合加工形状复杂、工序简单、工时较少、批量小的零件。它有较大的设备柔性,但人员和加工柔性低。如图 5-13 所示。

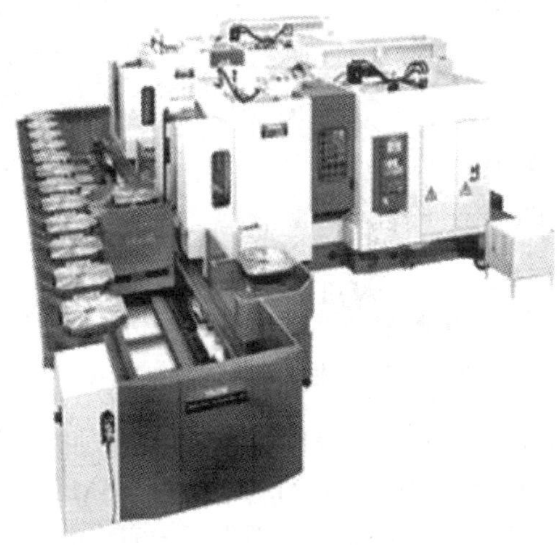

图 5-13　柔性制造单元(FMC)

柔性制造系统(FMS):FMS 以 2 台以上数控机床或加工中心为基础,配以物料传送装置、检测设备等,具有较为完善的刀具和工件的输送和储存系统。它适合加工形状复杂,加工工序多,批量大的零件。可实现在不停机的情况下,满足实现多品种、中小批量的加工管理。如图 5-14 所示。

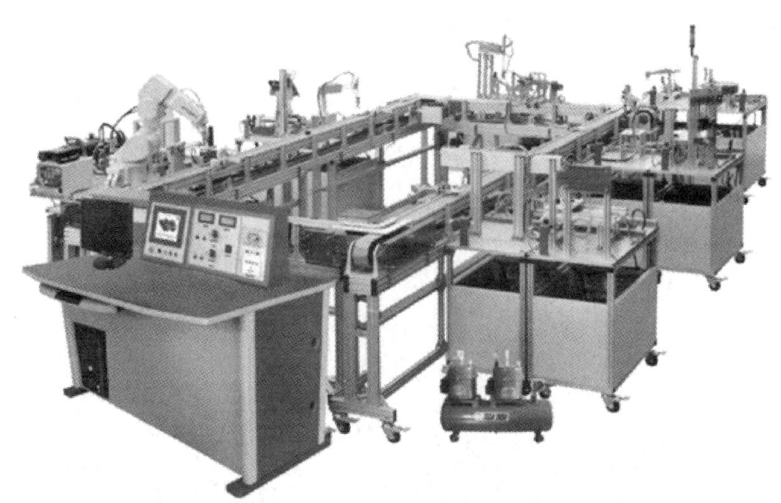

图 5-14　柔性制造系统(FMS)

柔性自动生产线(FML):FML 是把多台可以调整的机床(多为专用机床)联结起来,配以自动运送装置组成的生产线。其加工设备可以是通用的加工中心、CNC 机床,也可采用专用机床或 NC 专用机床。如图 5-15 所示。

图 5－15　柔性自动生产线(FML)

柔性制造工厂(FMF)：FMF 是由计算机系统和网络通过制造执行系统 MES，将设计、工艺、生产管理及制造过程的所有柔性单元 FMC、柔性线 FMS 连接起来，配以自动化立体仓库，实现从订货、设计、加工、装配、检验、运送至发货的完整的数字化制造过程。它是自动化生产的最高水平，反映世界上最先进的自动化应用技术。

参考文献

[1] 吕景全.自动生产线的安装与调试[M].北京:中国铁道出版社,2011.

[2] 西门子(中国)有限公司自动化与驱动集团.深入浅出西门子 S7-200 PLC[M].3 版.北京:北京航空航天大学出版社,2005.

[3] 张益.现场总线技术与实训[M].北京:北京理工大学出版社,2008.

[4] 韩志国.PLC 应用技术(西门子系列)[M].北京:中国铁道出版社,2012.

[5] 肖威.PLC 及触摸屏组态控制技术[M].北京:电子工业出版社,2011.

[6] 潘玉山.液压与气动技术[M].北京:机械工业出版社,2011.

[7] 阮友德.电气控制与 PLC[M].北京:人民邮电出版社,2009.

[8] 鲍风雨.典型自动化设备及生产线应用与维护[M].北京:机械工业出版社,2012.

[9] 陈江进,杨辉.传感器与检测技术[M].北京:国防工业出版社,2012.

[10] 张文明.嵌入式组态控制技术[M].北京:中国铁道出版社,2011.

[11] 胡向东.传感器与检测技术[M].北京:机械工业出版社,2009.

图书在版编目(CIP)数据

自动化生产线安装与调试 / 李爱民，范学慧主编.
-- 南京 ：南京大学出版社，2019.9(2022.6 重印)
ISBN 978 - 7 - 305 - 22600 - 7

Ⅰ. ①自… Ⅱ. ①李… ②范… Ⅲ. ①自动生产线－安装②自动生产线－调试方法 Ⅳ. ①TP278

中国版本图书馆 CIP 数据核字(2019)第 173949 号

出版发行　南京大学出版社
社　　址　南京市汉口路 22 号　　　　邮编　210093
出 版 人　金鑫荣

书　　名　自动化生产线安装与调试
主　　编　李爱民　范学慧
责任编辑　何永国　　　　　　　　编辑热线 025 - 83596997

照　　排　南京开卷文化传媒有限公司
印　　刷　南京玉河印刷厂
开　　本　787×1 092　1/16　印张 17.75　字数 432 千
版　　次　2019 年 9 月第 1 版　2022 年 6 月第 2 次印刷
ISBN 978 - 7 - 305 - 22600 - 7
定　　价　48.00 元

网　　址:http://www.njupco.com
官方微博:http://weibo.com/njupco
微信服务号:njuyuexue
销售咨询热线:(025)83594756

☞ **教师扫码可免费获取教学资源**